北大社·"十四五"普通高等教育本科规划教材
21 世纪高等院校实用规划教材

大学物理实验

（第 3 版）

主　编　周　严　马巧云
副主编　祝　威　张丽芳
参　编　田雅丽　黄书彬　刘　敏　王丹丽
　　　　贡婧宇　赵丹丹　贾光一　季　青
　　　　黄珍献　曹彦鹏

内容简介

大学物理实验是为工科专业和部分理科专业学生独立设置的一门必修课程，是学生进入大学后系统接受科学实验能力培养的开端，是进行科学实验方法和实验技能训练的重要基础。

本书是编者在多年物理实验教学实践的基础上编写而成的。全书分为5章，内容包括不确定度与数据处理基础、力学及热学实验、电磁学实验、光学实验、近代物理和综合实验。全书实验项目总计54个。

本书可作为高等院校物理学专业及其他专业大学物理实验课程的教学用书，也可作为相关人员的参考用书。

图书在版编目（CIP）数据

大学物理实验/周严，马巧云主编.—3版.—北京：北京大学出版社，2024.5
21世纪高等院校实用规划教材
ISBN 978-7-301-34902-1

Ⅰ.①大… Ⅱ.①周…②马… Ⅲ.①物理学—实验—高等学校—教材 Ⅳ.①O4-33
中国国家版本馆CIP数据核字（2024）第053899号

书　　　名	大学物理实验（第3版）
	DAXUE WULI SHIYAN（DI-SAN BAN）
著作责任者	周　严　马巧云　主编
策 划 编 辑	童君鑫
责 任 编 辑	黄红珍
数 字 编 辑	蒙俞材
标 准 书 号	ISBN 978-7-301-34902-1
出 版 发 行	北京大学出版社
地　　　址	北京市海淀区成府路205号　100871
网　　　址	http://www.pup.cn　　新浪微博：@北京大学出版社
电 子 邮 箱	编辑部pup6@pup.cn　总编室zpup@pup.cn
电　　　话	邮购部 010-62752015　　发行部 010-62750672　　编辑部 010-62750667
印 刷 者	北京市科星印刷有限责任公司
经 销 者	新华书店
	787毫米×1092毫米　16开本　22.25印张　528千字
	2007年3月第1版　2010年2月第2版
	2024年5月第3版　2025年6月第2次印刷
定　　　价	68.00元

未经许可，不得以任何方式复制或抄袭本书之部分或全部内容。
版权所有，侵权必究
举报电话：010-62752024　电子邮箱：fd@pup.cn
图书如有印装质量问题，请与出版部联系，电话：010-62756370

第 3 版前言

大学物理实验是理工科学生必修的一门重要的基础实验课程。本书是编者根据教育部高等学校物理学与天文学教学指导委员会物理基础课程教学指导分委员会（现为大学物理课程教学指导委员会）颁布的《理工科类大学物理实验课程教学基本要求》，结合自身多年物理实验教学经验，在第 2 版的基础上编写而成的。本次再版，优化了部分实验项目，增加了"课程导入"和部分实验的"延伸阅读"，传授知识的同时，注重价值引领。

全书共 5 章，实验项目总计 54 个。第 1 章不确定度与数据处理基础的主要内容包括测量与误差、不确定度、测量结果的表示和实验数据处理。第 2 章力学及热学实验的主要内容包括力学和热学的实验基础知识，以及基本物理量的测量和基本规律的验证。第 3 章电磁学实验的主要内容包括电磁学实验基础知识、基本物理量的测量及基本电学仪表的使用和改装。第 4 章光学实验的主要内容包括光学实验基础知识、光学现象的观察及常用光学仪器的调节和应用。第 5 章近代物理和综合实验的主要内容包括多方面的实验项目。

本次再版由天津商业大学周严（绪论、第 1 章、3-11、4-7、4-9、5-7、5-16、5-17、5-18）和马巧云（2-8、2-11、3-4、4-4、4-6、4-10、5-4、5-5、5-6）担任主编，祝威（3-7、3-9、4-12、4-13、4-14、5-1、5-15、附录）和张丽芳（2-4、4-11、5-3、5-9、5-10）担任副主编，田雅丽（2-7、2-10、3-3、3-8、3-10、3-12、5-12、5-13）、黄书彬（2-1、2-2、2-6、3-5、3-6、4-1、4-5、5-8、5-14）、刘敏（3-1、3-2）、王丹丽（2-5、4-3）、贡婧宇（2-3、3-14）、赵丹丹（2-9、4-2）、贾光一（5-2）、季青（4-8）、黄珍献（3-13）、曹彦鹏（5-11）参与编写。

本书是在天津商业大学物理教研室全体教师的共同努力下编写完成的，吴梦吉、张学义、张志津、刘跃、齐敏、姚天伟和张与鸿都曾参与本书的建设，在此，全体编写人员对上述教师作出的贡献表示衷心的感谢。本书第 1 版和第 2 版出版以来得到了高等学校师生和其他读者的厚爱，编者在此表示衷心的感谢！

由于编者水平有限，书中难免存在不妥之处，敬请广大读者批评指正。

编 者
2023 年 12 月

资源索引

目 录

绪 论 ·· 1

第1章　不确定度与数据处理基础 ········ 3

1-1　测量与误差的基本概念 ·················· 3
1-2　随机误差的估算 ···························· 5
1-3　测量的不确定度 ···························· 9
1-4　有效数字及测量结果的表示 ·········· 14
1-5　实验数据处理方法 ························ 16

第2章　力学及热学实验 ······················ 23

2-1　力学及热学实验基础知识 ············· 23
2-2　长度的测量 ··································· 31
2-3　物体密度的测定 ···························· 36
2-4　气垫导轨上滑块的速度和加速度的
　　 测定 ··· 44
2-5　气垫导轨上动量守恒定律的研究 ···· 53
2-6　气垫导轨上简谐振动的研究 ·········· 60
2-7　固体线膨胀系数的测定及温度的PID
　　 调节 ··· 63
2-8　动态法测定材料的弹性模量 ·········· 68
2-9　扭摆法测定物体转动惯量 ············· 73
2-10　落球法测定液体在不同温度下的
　　　黏度 ··· 81
2-11　拉伸法测定金属丝的弹性模量 ····· 85

第3章　电磁学实验 ······························ 91

3-1　电磁学实验基础知识 ····················· 91
3-2　伏安法测电阻 ······························· 99
3-3　电表的改装和校正 ························ 102
3-4　线性电阻和非线性电阻的伏安
　　 特性曲线 ······································ 107
3-5　三极管的伏安特性曲线 ················· 111
3-6　RC 串联电路的暂态过程 ············· 116
3-7　单臂电桥法测量电阻 ····················· 120
3-8　双臂电桥法测量电阻 ····················· 124
3-9　非平衡电桥的原理和应用 ············· 129
3-10　电位差计的使用 ·························· 136
3-11　模拟法测绘静电场 ······················ 143
3-12　用霍尔元件测量磁场 ··················· 146
3-13　示波器的使用 ······························ 152
3-14　电子元件焊接技术 ······················ 167

第4章　光学实验 ································· 174

4-1　光学实验基础知识 ························ 174
4-2　薄透镜焦距的测定 ························ 176
4-3　分光计的调整 ······························· 181
4-4　玻璃三棱镜折射率的测定 ············· 187
4-5　折射极限法测定液体的折射率 ······ 192
4-6　光栅特性及光的波长的测定 ·········· 195
4-7　用牛顿环法测定平凸透镜的曲率
　　 半径 ··· 199
4-8　用劈尖测量薄片厚度 ····················· 204
4-9　光的偏振现象 ······························· 207
4-10　照相技术 ····································· 211
4-11　菲涅耳双棱镜干涉现象 ··············· 217
4-12　用超声光栅测量声速 ··················· 222
4-13　显微镜和望远镜的组装 ··············· 229
4-14　杨氏双缝干涉 ······························ 235

第5章　近代物理和综合实验 ··············· 239

5-1　迈克尔逊干涉仪 ···························· 239
5-2　法拉第效应实验 ···························· 244

5-3	光电效应法测定普朗克常数 ……… 249	5-13	多普勒效应综合实验 …………… 302
5-4	稳态平板法测定不良导体的导热系数 …… 256	5-14	PN 结伏安特性随温度变化的测定 …………… 308
5-5	声速的测定 …………… 260	5-15	用波尔共振仪研究受迫振动 …… 313
5-6	红外物理特性及应用研究 …… 266	5-16	静态磁致伸缩系数的测定 …………… 322
5-7	密立根油滴法测定电子电荷 …… 273	5-17	铁磁材料的磁滞回线和基本磁化曲线的测定 …………… 326
5-8	温度传感器 …………… 280	5-18	巨磁电阻效应及其应用 ……… 331
5-9	光纤传感实验仪 …………… 286		
5-10	LED 光源 I–P 特性曲线测定 …… 289	**附　录** …………… 340	
5-11	光导纤维中光速的测定 …… 292		
5-12	空气热机实验 …………… 298	**参考文献** …………… 348	

绪 论

1. 物理实验的地位和作用

实验是在人工控制的条件下，使现象反复重演，并进行观测研究的过程。 科学实验和现代科学发展之间存在本质的联系。科学实验是科学理论的源泉，是工程技术的基础，是研究自然规律、认识客观世界、改造客观世界的基本手段。新的规律要靠实验发现，科学理论要由实验检验，工程技术和生产实践中的实际问题要用实验方法解决。没有严格的科学实验，科学真理就失去了检验的标准，现代科学技术就失去了源泉。实验不仅可以使科学工作者获得最可靠的第一手资料，还可以培养人们的基本科学素养和严肃、认真、实事求是的治学精神。重理论、轻实践的思想倾向是与科技现代化的需要相背离的。

物理实验在物理学的创立和发展过程中，占有十分重要的地位。物理学中许多概念的确立、物理规律的发现都以实验为基础，并受到实验检验。例如，在16世纪末17世纪初，伽利略应用实验方法发现了落体运动定律、斜面运动定律和单摆运动定律，从而在力学中引进了速度、加速度的概念，建立了惯性定律。

物理实验对现代物理学各个学科和应用技术的发展起着决定性的作用。例如，1908年荷兰莱顿低温实验室将氦液化，发现在超低温条件下，物质具有超导性、抗磁性和超流性。近年来，超导体材料和超导体技术的研究进一步蓬勃开展，为无能耗储电、输电及制造高效能电器元件等创造了极其有利的条件。虽然激光源于爱因斯坦在1916年提出的受激辐射原理，但它主要是在实验中产生和发展起来的。从1960年梅曼首次制成红宝石激光器以来，激光以其方向性强、能量密度大和相干性高等优点发展迅速，各种高效能激光器不断出现。目前，激光技术已广泛应用于测距、机加工、医疗手术和一些新式武器上。

"实验—理论—实验"是经过科学史证明的科研准则，至今不失其重大意义。物理实验是现代科学理论持续发展的必要保证。任何物理理论都是相对正确的，每向前发展一步都必须经受新实验的考验。例如，李政道和杨振宁以K介子衰变的实验事实为根据，提出了弱相互作用过程中存在宇称不守恒的假设，他们建议用β放射的实验来验证自己提出的理论。这个实验由吴健雄等完成，在此基础上初步建立了弱相互作用理论。

当然，理论具有重要的指导作用，物理实验问题的提出、设计、分析和概括也必须应用已有理论。总之，物理学的发展是在实验和理论相互推动和密切配合下进行的。要学好物理学，不仅要有丰富的理论知识，还必须重视实验课的学习，二者不可偏废，这样才能适应科技飞速发展的需要，才能做出有创造性的成果。

2. 物理实验课的目的和任务

物理实验课是对高等学校理工科学生进行科学实验基本训练的一门独立的必修基础课程，是学生进入大学后接受系统实验方法和实验基本训练的开端，是对学生进行科学实验训练的重要基础。本课程的具体任务如下。

（1）培养和提高学生的物理实验技术水平，通过对实验现象的观察、分析和对物理量的测量，加深对物理学原理的理解。

（2）培养和提高学生的科学实验能力。具体包括：能够自行阅读实验教材或资料，并正确理解原理，能够借助教材或仪器说明书，正确使用常用仪器，熟悉基本实验方法和测量方法，并能测试常用的物理量；能够正确记录和处理实验数据，说明实验结果并撰写合格的实验报告；能够运用物理学理论对实验现象进行初步分析，并作出判断；能够自行完成简单的设计性实验。

（3）培养和提高学生的科学实验素养。要求学生具有理论联系实际和实事求是的科学作风、严肃认真的工作态度、主动研究的探索精神，以及遵守纪律、爱护公共财产的优良品德。

3. 物理实验课的程序

（1）课前预习是做好实验的前提。通过预习要求达到：清楚本次实验的目的、基本原理和实验方案的思路，对实验步骤有总体观念。如观察什么现象、测量哪些物理量、如何测量、关键问题是什么及如何解决。在此基础上写出预习报告，其内容包括实验名称、实验仪器、实验原理（简写）、实验步骤（简写）、记录数据的表格。在做实验前教师检查预习报告，不预习者不准进行实验。

（2）课堂实验。学生进入实验室后，要自觉遵守实验规则，认真听取教师的指导，回答教师的提问。实验前清点所用仪器，弄清仪器的使用方法及注意事项，做到正确使用、防止损坏，未经许可不准自行换用。如仪器损坏或出现故障应立即报告教师处理。

实验过程中，要能较好地控制实验的物理过程或物理现象，有条不紊地操作，仔细观察，及时、准确地测量并记录数据。

实验完毕，将数据交教师审阅、签字后，再将仪器整理复原。

（3）写实验报告。写实验报告是学生对该实验进行总结、提高，深化实验收获的过程，要独立完成，不得抄袭或涂改数据。实验报告应字迹清楚，文理通顺，图表、数据处理正确。

实验报告的内容包括以下几方面。

① 实验名称。

② 实验目的。

③ 实验仪器（必要时应注明仪器规格、型号及仪器编号等）。

④ 实验原理（要用简明扼要的语言说明实验所依据的原理、公式及原理图）。

⑤ 实验步骤（简写）。

⑥ 数据记录与数据处理（包括原始数据、表格、实验曲线、主要计算步骤、测量结果及其不确定度）。

⑦ 问题讨论（回答思考题，记录实验中观察到的异常现象并解释出现异常现象的原因，对实验结果进行分析，记录实验装置和实验方法的改进建议及心得体会等。

第 1 章
不确定度与数据处理基础

课程导入

党的二十大报告指出："推动战略性新兴产业融合集群发展，构建新一代信息技术、人工智能、生物技术、新能源、新材料、高端装备、绿色环保等一批新的增长引擎。"这就需要运用科学方法开展科学实践，加快实现科技自立自强，使新时代伟大蓝图成为壮丽现实。

用实验方法研究物理现象，必须进行大量的观测，获得大量的数据，然后处理所得数据，找出数据之间的相互关系；另外，必须对所测结果进行分析，估算结果的可靠程度，并对所测数据给予合理的解释。为此，必须掌握有关误差理论、不确定度与实验数据处理的基本知识。

不确定度与数据处理基础

1-1 测量与误差的基本概念

物理学是一门实验科学，物理实验中通常要进行各种测量，不仅要定性地观察物理变化的过程，还要定量地测定物理量的大小。

1. 测量

测量是把被测量和体现计量单位的标准量作比较，从而确定被测量是计量单位的倍数或分数的过程，该倍数或分数值和单位一起表示被测量的测量值（数据）。因此，记录数据时测量值的大小和单位缺一不可。

测量分为直接测量和间接测量两类。

（1）直接测量。

用量具或仪表直接读出测量结果的，称为直接测量。直接测量的常用方法有直读法和

比较法两种。直读法是使用具有相应分度的量具或仪表直接读取被测量的测量值（如用米尺测量长度、用电流表测量电流等）；比较法是将被测对象直接与体现计量单位的标准器进行比较（如用电桥测电阻、用电位差计测电动势、用标准信号源和示波器测频率等）。

（2）间接测量。

由直接测量结果经过公式计算得出结果的，称为间接测量。对大多数被测物理量来说，没有直接读数用的量具或仪表，只能用间接的方法进行测量，即根据被测物理量与若干可直接测量的物理量的关系，先测出这些可以直接测量的物理量的测量值，再通过相关的公式计算得出被测物理量。例如，要测量圆柱体的体积，可以先测出圆柱体的直径和高，再通过相关的公式计算得出圆柱体的体积。其中，圆柱体的直径和高是可以直接测量的量。

此外，根据测量条件的不同，测量又可分为等精度测量和不等精度测量。

等精度测量是指在测量过程中，影响测量的因素相同的测量，即在测量条件相同的情况下进行的一系列测量。例如，由同一个人在同一地点、用同一台仪器和相同测量方法对同一被测物理量进行的连续多次测量。不等精度测量是指在测量条件部分相同或完全不同的情况下进行的一系列测量。等精度测量的数据处理比较简单，常为大多数实验采用，本书只讨论等精度测量方面的问题。

2. 测量误差

任何被测对象都具有各种特性，反映这些特性的物理量都有客观真实的值。被测物理量的客观真实数值，称为被测量的真值。测量的目的就是力图得到该真值。但是，由于测量仪器、实验条件及不确定因素伴随在测量过程中，测量结果具有一定程度的不确定性，因此，**被测量的真值是不能通过测量得出的**。测量结果只能给出被测量的近真值或最佳值，并给出其不确定度。有关不确定度的概念及其估算将在1-3节介绍，本节和1-2节只介绍有关误差的基本知识。

测量值与被测量的真值之差，称为测量误差。

由于测量误差反映的是测量值偏离被测量真值的大小和方向，因此常称为绝对误差或真误差。若被测量的测量值为 x，被测量的真值为 x_0，则测量误差（绝对误差）为

$$\Delta = x - x_0 \tag{1-1-1}$$

与绝对误差相对应，相对误差的定义为

$$E_r = \frac{\Delta}{x_0} \times 100\% \tag{1-1-2}$$

3. 误差的种类

根据误差产生的原因和性质的不同，误差可分为系统误差和随机误差两类。

（1）系统误差。

在相同条件下，多次测量同一物理量时，测量值对被测量真值的偏离（包括大小和方向）总是相同的，这类误差称为系统误差。

系统误差的主要来源如下：

① 测量仪器本身的固有缺陷。如刻度不准、砝码未经校正等。

② 测量方法或理论公式的近似性或测量方法有缺陷。如用伏安法测电阻时，若不考虑电表内阻的影响，则会使测量结果产生误差。

③ 个人习惯与偏向。如用秒表计时，掐表的反应能力（提前或滞后的倾向）。

④ 测量过程中，环境条件（温度、气压等）的变化。如尺长随温度的变化。

系统误差使测量结果具有一定的偏向，如偏大、偏小或者按一定的规律变化，其来源又是多方面的。消减系统误差是一个比较复杂的问题。只有很好地分析整个实验中依据的原理及测量的每个环节和所用仪器，才能找出产生系统误差的种种原因。系统误差的特点是稳定，不能用增加测量次数的方法使它减小。学生应该在实验中不断提高对系统误差的分析和处理能力。

消减和修正系统误差的措施如下。

① 消减产生系统误差的根源。如采用符合实际的理论公式；保证仪器装置良好，并且满足规定的使用条件；等等。

② 找出修正值对测量结果进行修正。如用标准仪器校准一般仪器，作出校正曲线进行修正；对理论公式进行修正，找出修正项大小；修正千分尺的零点；等等。

③ 在系统误差不易被确切地找出时，可选择适当的测量方法（如替换法、交换法、对称观测法、半周期偶数观测法等）设法抵消它的影响。后续章节将结合有关实验介绍这些测量方法。

④ 培养实验者的良好习惯。

（2）随机误差。

在相同条件下，多次测量同一物理量时，每次出现的误差的大小、正负没有确定的规律，以不可预知的方式变化着，这类误差称为随机误差。

在大多数情况下，随机误差是由对测量值影响不大的、相互独立的多种变化因素造成的综合效果。如各种实验条件在控制范围内的波动使测量仪器和测量对象产生的微小起伏变化；重复测量中实验者每次在对准、估读、判断、辨认上产生的微小差异；其他未知的偶然因素的影响。在多次测量中，由于随机误差具有时大时小、时正时负的特点，因此，对多次测量值取平均值，会抵消掉部分影响。

在采用多次重复测量的方法取得大量数据以后，需加以分析。分析表明：虽然每个数据中所含随机误差是不可预知的，但大量数据中所含随机误差是服从统计学分布规律的。随机误差的特点是具有随机性。如果在相同的宏观条件下，对某物理量进行多次测量，当测量次数足够多时，可以发现这些测量值呈现出一定的规律性。

在一个实验中，系统误差和随机误差一般同时存在。除此以外，还可能存在因实验者粗心大意造成的错误，如读错数、记错数等。这些错误是实验者必须避免的。

1-2 随机误差的估算

本节中，假定系统误差已经被减弱到足以被忽略的程度。

1. 随机误差的统计学分布规律

如前所述，随机误差是由一些不确定的因素或无法控制的随机因素引起的。这些因素使得每次测量中误差的大小和正负没有规律，从表面上看纯属偶然。但是，**大量实践证明：当对某个被测量物重复进行测量时，测量结果的随机误差服从一定的统计学分布规律**。

常见的一种是随机误差服从正态分布（高斯分布）规律，其分布曲线如图 1-2-1 所示。该分布曲线的横坐标 Δ 为误差，纵坐标 $f(\Delta)$ 为误差的概率密度分布函数。分布曲线的含义：在误差 Δ 附近，单位误差范围内误差出现的概率，即误差出现在 $\Delta \sim (\Delta+\mathrm{d}\Delta)$ 的概率为 $f(\Delta) \cdot \mathrm{d}\Delta$。

由图 1-2-1 可见，服从正态分布的随机误差具有以下特点。

（1）单峰性：绝对值小的误差出现的概率比绝对值大的误差出现的概率大。

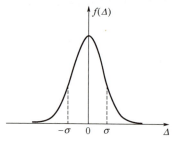

图 1-2-1　正态分布的误差概率密度分布曲线

（2）对称性：绝对值相同的正负误差出现的概率相等。

（3）有界性：绝对值很大的误差出现的概率趋于零。

（4）抵偿性：随机误差的算术平均值随测量次数的增加而减小，最后趋于零。

由此可见，增加测量次数可以减小随机误差。在实验中常采取多次测量的原因就在于此。但是，当测量次数有限时，随机误差是不能消除的，测量后必须进行误差估算。为定量估算，下面进一步考查正态分布曲线。

理论研究表明，正态分布的误差概率密度分布函数 $f(\Delta)$ 可表示为

$$f(\Delta) = \frac{1}{\sqrt{2\pi}\sigma} \mathrm{e}^{-\frac{\Delta^2}{2\sigma^2}} \qquad (1\text{-}2\text{-}1)$$

在某次测量中，随机误差出现在 $a \sim b$ 的概率应为

$$P = \int_a^b f(\Delta) \cdot \mathrm{d}\Delta \qquad (1\text{-}2\text{-}2)$$

给定的区间不同，P 也不同。给定的区间越大，误差越过此范围的可能性就越小。显然，在 $-\infty \sim +\infty$，$P=1$，即

$$\int_{-\infty}^{+\infty} f(\Delta) \cdot \mathrm{d}\Delta = 1 \qquad (1\text{-}2\text{-}3)$$

由理论可进一步证明，$\Delta = \pm\sigma$ 是曲线的两个拐点的横坐标值。当 $\Delta \to 0$ 时，$f(0) \to \dfrac{1}{\sqrt{2\pi}\sigma}$。

由图 1-2-2 可见，σ 越小，$f(0)$ 越大，分布曲线中部上升越高，两边下降越快，表示测量的离散性小；与此相反，σ 越大，$f(0)$ 越小，分布曲线中部下降越多，误差的分布范围就越宽，表示测量的离散性大。因此，在研究和计算随机误差时 σ 是一个很重要的特征量。**σ 称为标准误差**。

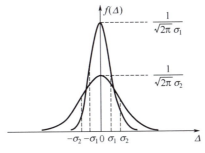

图 1-2-2　标准误差分布

2. 标准误差的统计意义

理论上，标准误差由式（1-2-4）表示，即

$$\sigma = \sqrt{\frac{\sum_{i=1}^{n}(x_i - x_0)^2}{n}} \quad (1\text{-}2\text{-}4)$$

式中，n 为测量次数；x_i 为第 i 次测量的测量值；x_0 为被测量的真值。

式（1-2-4）成立的条件是要求测量次数 $n \to \infty$。某次测量的随机误差出现在 $-\sigma \sim +\sigma$ 的概率，可以证明为

$$P = \int_{-\sigma}^{\sigma} f(\Delta) \cdot d\Delta \approx 0.683$$

同理可求，随机误差出现在 $-2\sigma \sim +2\sigma$ 和 $-3\sigma \sim +3\sigma$ 的概率分别为

$$P = \int_{-2\sigma}^{2\sigma} f(\Delta) \cdot d\Delta \approx 0.955$$

$$P = \int_{-3\sigma}^{3\sigma} f(\Delta) \cdot d\Delta \approx 0.997$$

由此可见，标准误差 σ 表示的统计意义如下：对被测量 x 任做一次测量时，误差落在 $-\sigma \sim +\sigma$ 的可能性约为 68.3%，误差落在 $-2\sigma \sim +2\sigma$ 的可能性约为 95.5%，误差落在 $-3\sigma \sim +3\sigma$ 的可能性约为 99.7%。因此，**近年来标准误差 σ 被广泛地用在随机误差的估算中。**

3. 随机误差的估算

众所周知，实际测量的次数是不可能达到无穷大的，且不可能得到被测量的真值，因此标准误差 σ 的计算只有理论上的意义。在物理实验中，随机误差的估算方法如下所述。

（1）被测量的算术平均值。

在相同条件下，对被测量 x 进行 n 次测量，测量值分别为 $x_1, x_2, \cdots, x_n$，则被测量 x 的算术平均值定义为

$$\bar{x} = \frac{1}{n}\sum_{i=1}^{n} x_i \quad (1\text{-}2\text{-}5)$$

根据随机误差的抵偿性，随着测量次数的增加，算术平均值越接近真值。因此，测量值的算术平均值为近真值或测量结果的最佳值。

（2）偏差。

测量值与算术平均值之差，称为偏差。上述某次测量的偏差可表示为

$$x_i - \bar{x}$$

（3）标准偏差。

在有限次数的测量中，可用标准偏差 s 作为标准误差 σ 的估计值。标准偏差 s 的计算公式为

$$s(x) = \sqrt{\frac{\sum_{i=1}^{n}(x_i - \bar{x})^2}{n-1}} \quad （1-2-6）$$

标准偏差 s 有时也称标准差，它具有与标准误差 σ 相同的概率含义。式（1-2-6）称为贝塞尔公式。

被测量 x 的有限次测量的算术平均值 $\bar{x}$ 也是一个随机变量，即对 x 进行不同组的有限次测量，各组测量结果的算术平均值不相同。因此，有限次测量的算术平均值也存在标准偏差。如用 $s(\bar{x})$ 表示算术平均值的标准偏差，可以证明，$s(\bar{x})$ 与 $s(x)$ 之间有如下关系

$$s(\bar{x}) = \frac{s(x)}{\sqrt{n}} \quad （1-2-7）$$

或表示为

$$s(\bar{x}) = \sqrt{\frac{\sum_{i=1}^{n}(x_i - \bar{x})^2}{n(n-1)}} \quad （1-2-8）$$

求得被测量 x 的有限次测量的算术平均值及其标准偏差 $s(\bar{x})$ 后，意味着被测量 x 的真值 x_0 落在 $\bar{x} - s(\bar{x}) \sim \bar{x} + s(\bar{x})$ 的可能性约为 68.3%；落在 $\bar{x} - 2s(\bar{x}) \sim \bar{x} + 2s(\bar{x})$ 的可能性约为 95.5%，落在 $\bar{x} - 3s(\bar{x}) \sim \bar{x} + 3s(\bar{x})$ 的可能性约为 99.7%。

【例 1-2-1】 对某长度 l 测量了 10 次，测得数据为 63.57、63.58、63.55、63.56、63.56、63.59、63.55、63.54、63.57、63.57（单位：cm）。求其算术平均值 $\bar{l}$ 及标准偏差 $s(l)$、$s(\bar{l})$。

解：算术平均值为

$$\bar{l} = \frac{1}{10}\sum_{i=1}^{10} l_i = 63.564 \text{cm}$$

标准偏差

$$s(l) = \sqrt{\frac{\sum_{i=1}^{n}(l_i - \bar{l})^2}{n-1}} = \sqrt{\frac{2040 \times 10^{-6}}{9}} \text{cm} \approx 0.015 \text{cm}$$

算术平均值 $\bar{l}$ 的标准偏差

$$s(\bar{l}) = \frac{s(l)}{\sqrt{n}} = \frac{0.015}{\sqrt{10}} \mathrm{cm} \approx 0.0047 \mathrm{cm}$$

1-3 测量的不确定度

长期以来，在报告测量的结果时，不同国家和不同学科有不同的规定，影响了国际的交流和对成果的相互利用。为加速与国际惯例接轨，国家质量技术监督局于 1999 年 1 月 11 日发布了新的计量技术规范 JJF 1059—1999《测量不确定度评定与表示》，代替了 JJF 1027—1991《测量误差及数据处理》（试行）中的误差部分，后于 2012 年进行修订（JJF 1059.1—2012《测量不确定度评定与表示》）。2017 年，国家质量监督检验检疫总局和国家标准化管理委员会共同发布了 GB/T 27418—2017《测量不确定度评定和表示》，并于 2018 年 7 月 1 日实施。如今在物理实验课程中常采用不确定度来评价测量结果的质量。

1. 测量的不确定度的基本概念

测量的不确定度（简称不确定度）是对被测量的真值所处量值范围的评定。它反映了被测量的平均值附近的一个范围，而真值以一定的概率落在其中。 不确定度越小，误差的可能值越小，测量的准确程度越高；不确定度越大，误差的可能值越大，测量的准确程度越低。

因为测量结果与很多量有关，所以不确定度来源于许多因素，这些因素对测量结果形成若干不确定度分量。因此，不确定度一般由若干分量组成。

如果这些分量只用标准误差给出，则称为标准不确定度，用符号 u（通常带有作为序号的下角标）表示。按照评定方法的不同，标准不确定度可分为两类：一类是用统计的方法评定的不确定度，称为 A 类标准不确定度；另一类是由其他方法和其他信息的概率分布（非统计的方法）估计的不确定度，称为 B 类标准不确定度。

计算 A 类标准不确定度的方法有多种，如贝塞尔法、最大偏差法、极差法等；而 B 类标准不确定度常用估计方法，要估计适当，需要确定分布规律，需要参照标准，更需要估计者的学识水平、实践经验等。因此，在物理实验课的教学中，常对计算进行理想化和简单化的处理，以利于教学。

2. A 类标准不确定度的评定

用贝塞尔法计算 A 类标准不确定度时，直接对多次测量的数值进行统计计算，求其平均值的标准偏差。因此，在物理实验课的教学中，A 类标准不确定度的计算方法如下。

对被测量 x，在相同条件下测量 n 次，以其算术平均值 $\bar{x}$ 作为被测量的最佳值。它的 A 类标准不确定度为

$$u_A(x) = s(\bar{x}) = \sqrt{\frac{\sum_{i=1}^{n}(x_i - \bar{x})^2}{n(n-1)}} \quad （1\text{-}3\text{-}1）$$

在特殊情况下，只测量一次被测量 x 时，测量结果的 A 类标准不确定度为

$$u_A(x) = s(x) \qquad (1\text{-}3\text{-}2)$$

式中，$s(x)$ 是在本次测量的"先前的多次测量"（由实验者本人或其他实验人员完成，或由生产厂家、检定单位完成）时得到的。当然，本次测量的测量条件与"先前的多次测量"时的测量条件一致。

3. B 类标准不确定度的评定

在 B 类标准不确定度的评定中往往依据的是计量器具的检定书、标准、技术规范、手册上提供的技术数据及国际上公布的常数与常量等。虽然这些信息也是通过统计方法得出的，但是给出的信息不完全，依据这些信息进行估算往往比较复杂。在物理实验课的教学中，B 类标准不确定度主要体现在对测量仪器的最大允许误差的处理上。

（1）测量仪器的最大允许误差。

生产厂家制造某种仪器时，在其技术规范中预先设计、规定了最大允许误差（又称极限允许误差、误差界限、允差等），终检时，凡是误差不超过此界限的仪器均为合格品。因此，最大允许误差是生产厂家为一批仪器规定的技术指标（过去常用的仪器误差、示值误差或准确度实际上都是最大允许误差）。它不是某台仪器实际存在的误差或误差范围，也不是使用该仪器测量某个被测量值时所得到的测量结果的不确定度。在物理实验课的教学中，测量仪器的最大允许误差通常用 $\varDelta_\text{仪}$ 表示。

测量仪器的最大允许误差是一个范围，某种仪器的最大允许误差为 $\varDelta_\text{仪}$，表明凡是该种合格仪器，其误差必定在 $-\varDelta_\text{仪} \sim +\varDelta_\text{仪}$ 之内。它的给出方式有如下两种。

① 以绝对误差形式给出。

② 以引用误差形式给出，即以绝对误差与特定值之比的百分数表示，"特定值"指的是量程值或其他值。

如量程为 1mA、1.0 级直流毫安表的最大允许误差 $\varDelta_\text{仪} = \pm (\text{mA} \times 1.0\%) = \pm 0.01\text{mA}$，其引用误差为 0.01mA/1mA=1.0%，以"1.0"在表盘上表示。

又如数字式电压表的最大允许误差 $\varDelta_\text{仪} = \pm (\text{级别}\% \times \text{读数} + n \times \text{最低位数值})$。其中 n 代表仪器固定项误差，相当于最小量化单位的倍数，只取 1，2，3，…例如，某台数字式电压表的级别为 0.02，读数为 1.1666V，$n=2$，则 $\varDelta_\text{仪} = \pm (0.02\% \times 1.1666 + 2 \times 0.0001)\text{V} = \pm 4.3 \times 10^{-4}\text{V}$。

（2）B 类标准不确定度的估计。

在物理实验课的教学中，B 类标准不确定度的估计方法如下。

对误差服从正态分布的仪器，B 类标准不确定度为 $u_B = \dfrac{|\varDelta_\text{仪}|}{3}$；

对误差服从均匀分布的仪器，B 类标准不确定度为 $u_B = \dfrac{|\varDelta_\text{仪}|}{\sqrt{3}}$。

均匀分布是指测量值的某范围内，测量结果取任一可能值的概率相等，而在该范围外的概率为零。若一时难以判断某类仪器的分布规律，可近似按均匀分布处理。在物理实验

课的教学中，一般规定（除另有说明）按均匀分布处理。

4. 合成标准不确定度

如上所述，在测量结果的质量评定中，标准不确定度有两类分量。总的标准不确定度是由各标准不确定度分量合成的。由各标准不确定度分量合成的标准不确定度称为合成标准不确定度。在直接测量的情况下，合成标准不确定度的计算比较简单；在间接测量的情况下，间接被测量往往是由若干量以一定的方式合成的，合成标准不确定度的计算则比较复杂。这是因为，不仅要考查若干量中的每个量，还要考查若干量中的每个量之间的相关性。

在物理实验课的教学中，合成标准不确定度的估计方法简化如下。

（1）当被测量量 y 是直接测量量 x，即 $y=x$ 时，合成标准不确定度为

$$u_c(y) = u(x) \tag{1-3-3}$$

$u(x)$ 的来源有无数个 A 类、B 类标准不确定度分量，分别为 $u_1(x)$, $u_2(x)$,… 如果这些分量是相互独立的，即不相关的，则有

$$u(x) = \sqrt{u_1^2(x) + u_2^2(x) + \cdots} \tag{1-3-4}$$

即**合成标准不确定度等于各标准不确定度分量的平方和的算术平方根（方和根法）**。

【**例 1-3-1**】 用螺旋测微器（测量范围为 $0 \sim 25\text{mm}$、$\Delta_{仪} = \pm 0.004\text{mm}$）测量钢丝的直径 d，5 次测量的数据为 0.575、0.576、0.574、0.576、0.577（单位：mm），求钢丝的直径 d 的算术平均值 $\bar{d}$ 及合成标准不确定度 $u_c(d)$。

解：钢丝的直径 d 的算术平均值为

$$\bar{d} = \frac{1}{n}\sum_{i=1}^{n} d_i = \frac{1}{5} \times (0.575 + 0.576 + 0.574 + 0.576 + 0.577)\text{mm} = 0.5756\text{mm}$$

测量的 A 类标准不确定度分量为

$$u_A(d) = s(\bar{d}) = \sqrt{\frac{\sum_{i=1}^{n}(d_i - \bar{d})^2}{n(n-1)}} = \sqrt{\frac{[(-0.6)^2 + 0.4^2 + (-1.6)^2 + 0.4^2 + 1.4^2] \times 10^{-6}}{5 \times (5-1)}}\text{mm}$$

$$\approx 0.5 \times 10^{-3}\text{mm}$$

测量的 B 类标准不确定度分量为

$$u_B(d) = \frac{\Delta_{仪}}{\sqrt{3}} = \frac{0.004}{\sqrt{3}}\text{mm} \approx 2 \times 10^{-3}\text{mm}$$

测量的合成标准不确定度为

$$u_c(d) = u(d) = \sqrt{u_A^2(d) + u_B^2(d)} = \sqrt{(0.5)^2 + (2)^2} \times 10^{-3}\text{mm} \approx 2 \times 10^{-3}\text{mm}$$

（2）被测量量 J 是若干个直接测量量 x, y, z,… 的函数时，即 $J = f(x, y, z, \cdots)$。

若 $x, y, z, \cdots$ 彼此无关,则合成标准不确定度可按方和根法求得,即

$$u_c(J) = \sqrt{c_x^2 u^2(x) + c_y^2 u^2(y) + c_z^2 u^2(z) + \cdots} \qquad (1\text{-}3\text{-}5)$$

式中,$c_x, c_y, c_z, \cdots$ 为不确定度的传播系数,其数值分别为

$$c_x = \left|\frac{\partial J}{\partial x}\right|, \quad c_y = \left|\frac{\partial J}{\partial y}\right|, \quad c_z = \left|\frac{\partial J}{\partial z}\right|, \cdots \qquad (1\text{-}3\text{-}6)$$

【**例 1-3-2**】 求例 1-3-1 中钢丝的横截面面积 S 的最佳值 $\overline{S}$ 及其合成标准不确定度 $u_c(S)$。

解:钢丝的横截面面积 S 的最佳值 $\overline{S}$ 为

$$\overline{S} = \frac{\pi}{4} \cdot \overline{d}^2 = \frac{\pi}{4} \times (0.5756)^2 \text{mm}^2 \approx 0.26 \text{mm}^2$$

其合成标准不确定度为

$$u_c(S) = \sqrt{c_d^2 \cdot u^2(d)} = \sqrt{\left|\frac{\partial S}{\partial d}\right|^2 \cdot u^2(d)} = \frac{2\pi}{4} \times \overline{d} \times 2 \times 10^{-3} = \frac{\pi}{2} \times 0.5756 \times 2 \times 10^{-3} \text{mm}^2$$

$$\approx 1.81 \times 10^{-3} \text{mm}^2$$

【**例 1-3-3**】 已知圆柱体直径 d 的 $\overline{d}$、$u(d)$,圆柱体高 h 的 $\overline{h}$、$u(h)$,求该圆柱体体积 V 的 $\overline{V}$、$u_c(V)$。

解:圆柱体体积 V 的最佳值为

$$\overline{V} = \frac{\pi}{4} \cdot \overline{d}^2 \cdot \overline{h}$$

圆柱体体积 V 的合成标准不确定度 $u_c(V)$ 为

$$u_c(V) = \sqrt{c_d^2 \cdot u^2(d) + c_h^2 \cdot u^2(h)}$$

式中,$c_d = \left|\frac{\partial V}{\partial d}\right| = \frac{\pi}{4} \cdot 2 \cdot \overline{d} \cdot \overline{h} = \frac{\pi}{2} \cdot \overline{d} \cdot \overline{h}$;$c_h = \left|\frac{\partial V}{\partial h}\right| = \frac{\pi}{4} \cdot \overline{d}^2$。

当 $J = f(x, y, z, \cdots)$ 为乘除或方幂的函数关系时,采用相对不确定度(不确定度与被测量的最佳值之比)可以大大简化合成标准不确定度的运算,方法是先取对数再作方和根合成,即

$$\frac{u_c(J)}{\overline{J}} = \sqrt{\left(\frac{\partial \ln f}{\partial x}\right)^2 \cdot u^2(x) + \left(\frac{\partial \ln f}{\partial y}\right)^2 \cdot u^2(y) + \cdots} \qquad (1\text{-}3\text{-}7)$$

【**例 1-3-4**】 在例 1-3-3 中,如果还测得该圆柱体质量 m 的 $\overline{m}$、$u(m)$,求该圆柱体密度 ρ 的 $\overline{\rho}$、$u_c(\rho)$。

解:该圆柱体密度的最佳值为

$$\bar{\rho} = \frac{\bar{m}}{\bar{V}} = \frac{\bar{m}}{\frac{\pi}{4} \cdot \bar{d}^2 \cdot \bar{h}} = \frac{4\bar{m}}{\pi \cdot \bar{d}^2 \cdot \bar{h}}$$

$$\frac{u_c(\rho)}{\bar{\rho}} = \sqrt{\left(\frac{\partial \ln \rho}{\partial d}\right)^2 \cdot u^2(d) + \left(\frac{\partial \ln \rho}{\partial m}\right)^2 \cdot u^2(m) + \left(\frac{\partial \ln \rho}{\partial h}\right)^2 \cdot u^2(h)}$$

因为
$$\ln \rho = \ln \frac{4}{\pi} + \ln m - \ln h - 2\ln d$$

所以
$$\frac{\partial \ln \rho}{\partial d} = -\frac{2}{\bar{d}}, \quad \frac{\partial \ln \rho}{\partial m} = \frac{1}{\bar{m}}, \quad \frac{\partial \ln \rho}{\partial h} = -\frac{1}{\bar{h}}$$

代入上式,可得

$$\frac{u_c(\rho)}{\bar{\rho}} = \sqrt{\frac{4}{\bar{d}^2} \cdot u^2(d) + \frac{1}{\bar{m}^2} \cdot u^2(m) + \frac{1}{\bar{h}^2} \cdot u^2(h)}$$

常用函数的合成标准不确定度的计算见表 1-3-1。

表 1-3-1 常用函数的合成标准不确定度的计算

函 数	合成标准不确定度
$J = x \pm y$	$u_c(J) = \sqrt{u^2(x) + u^2(y)}$
$J = x \cdot y$	$\dfrac{u_c(J)}{\bar{J}} = \sqrt{\left[\dfrac{u(x)}{x}\right]^2 + \left[\dfrac{u(y)}{y}\right]^2}$
$J = \dfrac{x}{y}$	$\dfrac{u_c(J)}{\bar{J}} = \sqrt{\left[\dfrac{u(x)}{x}\right]^2 + \left[\dfrac{u(y)}{y}\right]^2}$
$J = \dfrac{x^k \cdot y^m}{z^n}$	$\dfrac{u_c(J)}{\bar{J}} = \sqrt{k^2\left[\dfrac{u(x)}{x}\right]^2 + m^2\left[\dfrac{u(y)}{y}\right]^2 + n^2\left[\dfrac{u(z)}{z}\right]^2}$
$J = kx$	$u_c(J) = ku(x)$
$J = \sqrt[k]{x}$	$\dfrac{u_x(J)}{\bar{J}} = \dfrac{1}{k} \cdot \dfrac{u(x)}{x}$
$J = \sin x$	$u_c(J) = \cos x \cdot u(x)$
$J = \ln x$	$u_c(J) = \dfrac{u(x)}{x}$

5. 扩展标准不确定度

扩展标准不确定度是确定测量结果分散区间的参数。它所给出的置信空间有更高的置信水平,它常用标准不确定度的倍数表示,即扩展标准不确定度由合成标准不确定度乘以因子 k 得出。若用 U 代表扩展标准不确定度,则有

$$U = k \cdot u_c(J) \qquad (1\text{-}3\text{-}8)$$

式中，k 为包含因子或覆盖因子。

k 把合成标准不确定度 $u_c(J)$ 扩展了 k 倍。在物理实验课的教学中，一般取 $k=2$ 或 $k=3$。在大多数情况下，当 $k=2$ 时，区间的置信概率为 95.5%；当 $k=3$ 时，区间的置信概率为 99.7%。

1-4　有效数字及测量结果的表示

由于存在测量误差，实验中用仪器直接测得的数值都有一定的不确定度，因此测出的数据只能是近似数。由这些近似数经过计算求出的间接测量量也是近似数。显然，几个近似数的运算并不能使运算结果更准确。因此，测量数据的记录、运算和测量结果的表达都有一些规则，以体现测量结果的近似性。那么，在一般情况下，测量值能准确到哪一位？从哪一位开始有误差？在数据处理的计算中，应该用几位数字表示运算结果比较合理？怎样做能既不减小又不夸大实际测量的不确定度？这些都是学者要研究的有关有效数字的课题。

1. 有效数字

测量读数时，一般要根据测量仪器和测量条件的实际情况，估计到仪器最小刻度的下一位，即使是 0 也要读出。也就是说，读数的最后一位是估计出来的，是存疑数字。

例如，用米尺测量物体的长度，如图 1-4-1 所示。将待测物的 A 端与尺子的零点对齐，而 B 端落在 13 ～ 14mm，因此，读出的准确数字应为 13mm。根据读数规则，其超出整刻度部分应进行估读，因为 B 端约对应 13 ～ 14mm 中一个分度值的 7/10，所以可将 AB 的长度记为 13.7mm。显然 7 是估计的数字，是欠准确的，但它在一定程度上反映了客观实际，表明 AB 的长度可能为 13.6 ～ 13.8mm 中的某个数值。受观测者分辨能力的限制，在估计读数中可能会产生 ±0.1mm 的误差。

包括一位存疑（可疑）数字在内的所有从仪器上直接读出的数字称为有效数字。

虽然有效数字的最后一位可疑，但它在一定程度上反映了客观真实，也是有效的。因此，记录原始测量数据时，有效数字的位数不能随意多写或少写，在运算和表达测量结果时都应遵从一定的规则。

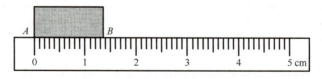

图 1-4-1　用米尺测量物体的长度

关于有效数字的几点说明如下。

（1）"0"的位置。"0"在非零数字中间或最末一位都有效，不能随意添加或省略；而表示小数点位置的"0"不是有效数字。如 0.60200kg 和 602.00g 都是五位有效数字。

（2）有效数字的位数与十进制单位的变换无关。这从上例不难看出。

（3）为避免混淆，并使记录和计算方便，当数字很大或很小，但有效数字位数较少时，一般采用科学表达式，如 0.000012km 可写成 1.2×10^{-5}km，以米为单位时，写成 1.2×10^{-2}m。

（4）参与计算的常数，如 π、e、$\sqrt{2}$、1/3 等，其有效数字的位数可以认为无限多位，可以根据运算需要选取位数。

2. 如何确定有效数字

（1）当给出（或求出）不确定度时，测量结果的有效数字由不确定度来确定。依据条件的不同，一般不确定度的有效数字可以取一位或两位。测量结果的最后一位要与不确定度的最后一位取齐，如 (2.03 ± 0.13)cm。一次直接测量结果的有效数字可以由仪器最大允许误差的不确定度确定；多次直接测量结果（算术平均值）的有效数字，由计算得到的算术平均值的不确定度确定；对于间接测量结果的有效数字，也是先算出结果的不确定度，再由不确定度确定。

（2）当未给出（或未求出）不确定度时，运算结果的有效数字不能任意选取。

对于直接测量量，在一般情况下，有效数字取决于仪器的最小分度、是否有估读取值及估读取值的近似程度。

对于间接测量量，其有效数字位数由参与运算的各直接测量量的有效数字位数及运算方式来估计。例如，3.2+0.2231，第一个数的误差在十分位上，远大于第二个数的误差，因此运算结果应写为 3.4，而不能写为 3.4231。

对于加减类型的运算，由于运算结果的不确定度总是大于或等于分量中最大的不确定度，因此运算结果的有效数字位数应由具有最大不确定度的分量决定，即运算结果的末位应与末位最高的数的末位取齐。例如，234.3+0.1234−1=233。

对于乘除类型的运算，由于运算结果的相对不确定度总是大于或等于有效数字位数最少的分量的相对不确定度，因此运算结果的有效数字位数应与有效数字位数最少的分量相同。例如，$\dfrac{36\times2.1256}{1.21^{2}}=52$。

当运算结果的第一位是 1、2、3 时，可以多保留一位有效数字。例如，$5.3\times2.3=12.2$。

以上运算规则是粗略的，只是对有效数字的一种估计。只有不确定度才是决定有效数字位数的严格依据。

3. 测量结果的表示

在物理实验课中，测量结果的表示方式规范如下。

$$\text{被测量的符号} = (\text{测量结果的值} \pm \text{不确定度的值})\text{单位}$$

或

$$\text{被测量的符号} = \text{测量结果的值}(\text{不确定度的值})\text{单位}$$

不确定度的有效数字位数一般取一位或两位。相对不确定度的有效数字位数也取一位或两位。测量数值的有效数字位数根据求出的不确定度的有效数字位数确定。即**不确定度定到哪位，测量结果的值也应定到这一位**。

例 1-3-1 中钢丝直径 d 的 $\bar{d}$ =0.5756mm、$u_c(d) = 2\times 10^{-3}$ mm，测量结果表示为

$$d = \bar{d} \pm u_c(d) = (0.576 \pm 0.002)\text{mm}$$

或

$$d = 0.576(0.002)\text{mm}$$

表示测量结果时，还常使用"相对不确定度"概念，其定义为

$$\text{相对不确定度} = \frac{\text{不确定度}}{\text{测量的平均值}}$$

1-5　实验数据处理方法

实验的数据处理是从带有随机性的观测值中用数学方法导出规律性的过程。在很多实验中，现象的随机性十分突出，使物理过程的规律性往往被现象的随机性掩盖。因此，运用适当的数据处理方法可以恰当地设计实验，由实验数据得出正确的结论。

在物理实验中，常用的数据处理方法有列表法、作图法、逐差法（环差法）、平均法及最小二乘法等。本节只介绍这些方法的特点和一般原则，以后将在实验中根据情况选用这些方法。

1. 列表法

列表法是指记录数据时，把数据列成表，是记录数据的基本方法。数据列表后，不仅简明醒目，还有助于看出物理量之间的对应关系，有助于发现实验中的问题。而且表格设计得当，还可使数据计算方便。

列表法的要求如下。

（1）列表并不是把所有数据填入一个表，写入表的通常是主要的原始数据，计算过程中的一些中间结果也可列入表。有些个别的或与其他量关系不大的数据，可以不列入表，而是写在表格的上方或下方。

（2）设计表格时，要注意数据间的联系及计算顺序，设法做到有条理、完整而又简明。

（3）把单位与物理量的名称（或符号）组成一个项目，不必在每个数据后都写上单位。自定义的符号要说明它代表什么。

（4）表中数据的写法应注意整齐统一，同一列的数值，小数点应上、下对齐。若数据的有效数字位数较多，但在表中只有后几位有变化，则只有第一个数据需要写出全部数位，以后的数据可只写出变化的数位。

2. 作图法

作图法是将物理量之间的关系用图线表示出来，既简单又直观。有了图线以后［如设函数关系为 $y = f(x)$ ］，可在图线范围内得到任意 x 值对应的 y 值（内插法）。在一定的条

件下，也可以从图线的延伸部分得到测量数据以外的数据（外推法）。若不通过图线，要想获得以上数据还要做很多的计算或重新观测。此外，利用图线可求某些物理量（如图线为直线时，通过求截距和斜率，可求出有关物理量）。运用图解法还可由图线建立相应的经验公式。

（1）作图规则。

① 作图一律用坐标纸（直角坐标纸或对数坐标纸等）。坐标纸的大小和坐标轴的比例应根据所测数据的有效数字位数和结果的需要而定，原则是测量数据中的可靠数字在图中应是准确的，最后一位存疑数字在图中应是估计的。即坐标纸的最小格对应测量数据中的最后一位可靠数字。

② 选轴：以横轴代表自变量、纵轴代表因变量，画两条粗细适当的线表示横轴和纵轴。在轴的末端近旁注明所代表的物理量及单位，中间用"/"分开。对于每个坐标，在相隔一定的距离上用整齐的数字标度。横、纵轴的标度可以不同，两轴的交点也可以不从零开始，而取比数据最小值小些的整数开始标值，以便调整图线的大小和位置，使图线占据图纸大部分且不偏于一角或一边。若数据特别大或特别小，可以提出乘积因子（如 10^{-5}、10^2 等），并标在坐标轴上最大值的右面。

③ 标点：根据测量数据，用削尖的铅笔在图上标出各测量数据点，并以该点为中心，用"+" "×" "⊙"等符号中的任一种标明。符号在图上的大小，由这两个物理量的最大绝对误差决定。同一图线上的观测点要用一种符号。如果图上有两条图线，则应用两种符号加以区别，并在图纸的空白处注明符号所代表的内容。

④ 连线：除了画校正图线要把相邻两点用直线连接，一般连线时，应尽量使图线紧贴所有的观测点而过（但应舍弃严重偏离图线的某些点），并使观测点均匀分布于图线的两侧。具体方法如下：一边移动透明的直尺或曲线板，一边用眼注视着所有的观测点，当直尺或曲线板的某一段与观测点的趋向一致时，用削尖的铅笔将观测点连成光滑曲线。如欲将此图线延伸到观测数据范围之外，则应依其趋势用虚线表示。

⑤ 写图名：在图纸顶部附近空白位置写出简洁、完整的图名。一般将纵轴代表的物理量写在前面，横轴代表的物理量写在后面，中间用符号"–"连接。在图名的下方允许附加必不可少的实验条件或图注。

（2）求直线的斜率和截距。

由于物理实验中遇到的大多数图线属于普通曲线，因此这些曲线大多可用一个方程式表示。与图线对应的方程式一般称为经验公式。下面讨论实验图线为直线的情况。

设经验公式为 $y = a + bx$，则该直线的斜率 b 为

$$b = \frac{y_2 - y_1}{x_2 - x_1} \tag{1-5-1}$$

式中，(x_1, y_1)、(x_2, y_2) 分别为图中直线上两点的坐标，这两个点不允许使用原标观测点。

若 x 轴起点为零，则可直接从图上读出截距 a（当 $x = 0$ 时，$y = a$）。如 x 轴起点不为零，则可在求出 b 后，选图线上任一点 (x_3, y_3) 代入 $y = a + bx$，即可求出截距 a 为

$$a = y_3 - bx_3 \qquad (1\text{-}5\text{-}2)$$

(x_3, y_3) 点也不允许使用原标观测点。这是一种粗略地求 a、b 的方法，后面将介绍较准确的方法。

（3）曲线改直。

因为物理实验中物理量之间的关系往往不是线性的，所以直接用测得的变量数据作图时，图线往往是曲线，不仅由图求值困难，而且不易判断结论是否正确。因此，往往进行适当的变量代换，使变量之间呈线性关系，图线也由曲线转化为直线，这样可使问题大为简化。

例如，为验证玻意耳定律 $pV = c$，由测得的 p、V 数据作 V–p 图，如图 1-5-1 所示。如果定律正确，所得曲线就为双曲线，但要判断所作曲线是否为双曲线并不容易。但是可进行变量代换，将纵轴变量改为 $\frac{1}{V}$，作 $\frac{1}{V} - p$ 图，如图 1-5-2 所示，那么玻意耳定律正确时，所得图线应为一条直线，这样就容易判断了。p，V，$\frac{1}{V}$ 的实验数据请参考表 1-5-1。

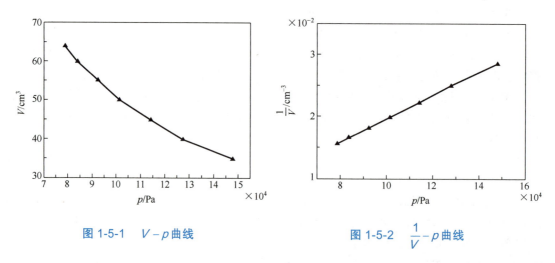

图 1-5-1　$V-p$ 曲线　　　　　图 1-5-2　$\frac{1}{V} - p$ 曲线

表 1-5-1　p，V，$\frac{1}{V}$ 的实验数据

$p(\times 10^4)$ /Pa	7.87	8.36	9.22	10.14	11.41	12.76	14.80
V/cm^3	64.00	60.00	55.00	50.00	45.00	40.00	35.00
$\frac{1}{V}(\times 10^{-2})/\text{cm}^{-3}$	1.56	1.67	1.82	2.00	2.22	2.50	2.86

当物理量之间的关系不太清楚时，有时可从实验图线大致判断它们的函数关系，再进行适当的变量代换，将原图线转化为直线。

例如，设经验公式为 $y = ax^n$。式中，a、n 为未知常数。将方程两边取对数，可得

$$\lg y = n\lg x + \lg a$$

以变量的对数代替变量作图，在坐标纸上以 lg$y$ 为纵轴，以 lg$x$ 为横轴，可得一条直线。直线的斜率和截距分别为欲求的常数 n 和 lg$a$，从而可求出 a。更简便的方法是直接在对数坐标纸上作图，不必查对数就可直接在坐标纸上标点。

综上所述，作图法可以直观地表达出物理量之间的关系，也可以根据图线找出经验公式。但是由于图纸大小受到限制，连线也具有较大的主观任意性，因此作图法只是一种粗略的方法。下面再介绍几种较准确的计算方法。

3. 逐差法（环差法）

逐差法是常用的数据处理方法，常用于求一般线性方程（如 $y=a+bx$）中的待定系数（如 a、b）。

若实验中，自变量 x 作等差变化（等间距变化），则测量数据的对应关系为

$$\left.\begin{array}{l} y_0 = a + bx_0 \\ y_1 = a + bx_1 \\ \quad\vdots \\ y_n = a + bx_n \end{array}\right\}$$

一般只测两组数据，由两个方程相减求差即可求出 b，进而求出 a。但是，为了减小误差，现在测量 n 组。怎样求差能充分利用数据？下面先采用每两个相邻的方程相减求差的方法。每两个相邻的方程相减求差，有

$$\left.\begin{array}{l} \Delta y_1 = y_1 - y_0 = b(x_1 - x_0) = b\Delta x_1 \\ \Delta y_2 = y_2 - y_1 = b(x_2 - x_1) = b\Delta x_2 \\ \quad\vdots \\ \Delta y_n = y_n - y_{n-1} = b(x_n - x_{n-1}) = b\Delta x_n \end{array}\right\}$$

对等式两边取平均值，可得

$$b = \frac{\overline{\Delta y}}{\overline{\Delta x}} = \frac{y_n - y_0}{x_n - x_0}$$

这是因为

$$\overline{\Delta y} = \frac{1}{n}\sum_{i=1}^{n}\Delta y_i = \frac{1}{n}\left[(y_1 - y_0) + (y_2 - y_1) + \cdots + (y_n - y_{n-1})\right] = \frac{1}{n}(y_n - y_0)$$

同理

$$\overline{\Delta x} = \frac{1}{n}(x_n - x_0)$$

这样只有首、末两组数据起作用，中间的数据都一一抵消了。上述相减求差的方法是不可取的，它没有充分利用数据。下面介绍一种特殊的求差方法。

将多次测量的数据分成数目相同的前、后两组，然后将前、后两组的相应项依次相减求差，这种方法称作逐差法（环差法）。 为讨论方便，设测量数据共有 $2n$ 组，每组有 n 个方程。

$$\left.\begin{aligned} y_1 &= a + bx_1 \\ y_2 &= a + bx_2 \\ &\vdots \\ y_n &= a + bx_n \end{aligned}\right\} \text{前组} \quad \left.\begin{aligned} y_{n+1} &= a + bx_{n+1} \\ y_{n+2} &= a + bx_{n+2} \\ &\vdots \\ y_{2n} &= a + bx_{2n} \end{aligned}\right\} \text{后组}$$

将前、后两组的对应项依次相减求差得：

$$\left.\begin{aligned} \Delta y_1 &= y_{n+1} - y_1 = b(x_{n+1} - x_1) = b\Delta x_1 \\ \Delta y_2 &= y_{n+2} - y_2 = b(x_{n+2} - x_2) = b\Delta x_2 \\ &\vdots \\ \Delta y_n &= y_{2n} - y_n = b(x_{2n} - x_n) = b\Delta x_n \end{aligned}\right\}$$

对等式两边取平均，得

$$b = \frac{\overline{\Delta y}}{\overline{\Delta x}} = \frac{\dfrac{1}{n}\sum_{i=1}^{n}\Delta y_i}{\dfrac{1}{n}\sum_{i=1}^{n}\Delta x_i} = \frac{\sum_{i=1}^{n}(y_{n+i} - y_i)}{\sum_{i=1}^{n}(x_{n+i} - x_i)} \qquad (1\text{-}5\text{-}3)$$

为求 a，再由

$$\sum_{i=1}^{2n} y_i = 2na + \sum_{i=1}^{2n} bx_i = 2na + b\sum_{i=1}^{2n} x_i$$

得

$$a = \frac{1}{2n}\left(\sum_{i=1}^{2n} y_i - b\sum_{i=1}^{2n} x_i\right) \qquad (1\text{-}5\text{-}4)$$

上述求 a、b 的方法为一次逐差法。当求一元二次方程的系数时，还应对测量数据连续分两次计算，即采用二次逐差法。在此不再赘述，可查阅有关文献。

总之，逐差法充分利用测量数据，具有对数据取平均的效果，比作图法精确，减小了误差，因此在物理实验中常被采用。但是，用逐差法处理的问题只限于多项式形式的函数关系，而且自变量需等间距变化，这是该方法的局限性。

4. 平均法

平均法是处理方程组数目多于变量数目时求系数的一种方法。设一方程含 k 个系数，用平均法求 k 个系数的步骤如下。

（1）将所测 n 组观测值代入方程，得 n 个方程。

（2）将所得 n 个方程分成 k 组，每组所含方程数大致相等。

（3）将每组方程各自相加，分别合并为一式，共得 k 个方程。

（4）解此 k 个方程，得 k 个系数值。

实验表明，当分组方式不同时，会有不同的结果。方程分组时，以前后顺序（按数值）分组为好。

5. 最小二乘法

当在实验中测得自变量 x 与因变量 y 的 n 个对应数据 (x_1, y_1) (x_2, y_2) $\cdots$ (x_i, y_i) $\cdots (x_n, y_n)$ 时，要找出已知类型的函数关系 $y = f(x)$，使 $y_i - f(x_i)$（称为残差）的平方和

$$\sum_{i=1}^{n}[y_i - f(x_i)]^2 = \min \text{（最小）} \quad (1\text{-}5\text{-}5)$$

这种求 $f(x)$ 的方法称为最小二乘法。

本书只讨论简单线性函数的最小二乘法，考查当独立变量只有一个，即函数关系为 $y = a + bx$ 时，用最小二乘法求出待定系数 a、b。

设

$$Q = \sum_{i=1}^{n}[y_i - (a + bx_i)]^2$$

由数学分析知，要使残差的平方和 Q 取最小值，应满足的条件是 $\dfrac{\partial Q}{\partial a} = 0$、$\dfrac{\partial Q}{\partial b} = 0$，且其二阶导数大于 0。因此，对 Q 求导，并令其为零，可得联立方程：

$$\left. \begin{array}{l} \dfrac{\partial Q}{\partial a} = -2\sum_{i=1}^{n}[y_i - (a + bx_i)] = 0 \\ \dfrac{\partial Q}{\partial b} = -2\sum_{i=1}^{n}x_i[y_i - (a + bx_i)] = 0 \end{array} \right\}$$

整理后，可写为

$$\left. \begin{array}{l} \overline{x} \cdot b + a = \overline{y} \\ \overline{x^2} \cdot b + \overline{x} \cdot a = \overline{xy} \end{array} \right\}$$

式中，$\overline{x} = \dfrac{1}{n}\sum_{i=1}^{n} x_i$；$\overline{y} = \dfrac{1}{n}\sum_{i=1}^{n} y_i$；$\overline{x^2} = \dfrac{1}{n}\sum_{i=1}^{n} x_i^2$；$\overline{xy} = \dfrac{1}{n}\sum_{i=1}^{n}(x_i \cdot y_i)$。

方程的解为

$$b = \frac{\overline{x} \cdot \overline{y} - \overline{xy}}{\overline{x}^2 - \overline{x^2}} \quad (1\text{-}5\text{-}6)$$

$$a = \overline{y} - b\overline{x} \quad (1\text{-}5\text{-}7)$$

进一步的计算表明，上述 a、b 值使 Q 的二阶导数大于零，即满足 Q 取最小值的条件。这样，用最小二乘法得出方程 $y = a + bx$ 中的 a、b 值。与作图法、平均法、逐差法相比，最小二乘法是确定待定系数的最好方法。

注意：运用最小二乘法确定待定系数时，要求每个数据的测量都是等精度的，且假定 x_i、y_i 中只有 y_i 有测量误差。在实际处理问题时，可以把相对来说误差较小的变量作为 x。

在数理统计学中，本处讲述的方法属于一元线性回归，且只是一元线性回归处理数据的方法之一，有关线性回归的完整知识不再赘述，可查阅有关文献。

【思考题】

1. 指出下列情况属于随机误差还是系统误差。
（1）米尺刻度不均匀；
（2）游标卡尺零点不准；
（3）米尺因温度改变而伸缩；
（4）最小分度后一位的估计；
（5）实验者读数时的习惯偏向；
（6）测质量时，天平未调水平。

2. 比较下列三个量的不确定度，哪个相对不确定度大？
（1）$u_1 = (54.98 \pm 0.12)\text{V}$；
（2）$u_2 = (0.550 \pm 0.012)\text{V}$；
（3）$u_3 = (0.0055 \pm 0.0012)\text{V}$。

3. 量程为 10V、级别为 0.5 的电压表，其读数的 B 类标准不确定度是多少？

4. 用秒表（最大允许误差为 0.01s）测试 5 次，测得值分别为 10.75s、10.78s、10.76s、10.80s、10.77s。求 $\bar{t}$、$u_c(t)$、$U(t)(k=3)$，并表示该测量结果。

5. 导出下面几个函数的合成标准不确定度和相对不确定度的计算式。

$J = x - y$，$J = \dfrac{x}{y}$，$J = \dfrac{x^m y^n}{z^l}$，$y = \ln x$，$y = \sin x$，$y = x^{\frac{1}{k}}$。

6. 根据有效数字的含义、运算规则，改正以下错误。
（1）$L = 12.832 \pm 0.22$；
（2）$L = 12.8 \pm 0.22$；
（3）$L = 12.832 \pm 0.2222$；
（4）18cm=180mm；
（5）$266.0 = 2.66 \times 10^2$；
（6）$0.028 \times 0.166 = 0.004648$；
（7）$\dfrac{150 \times 2000}{13.60 - 11.6} = 150000$。

第 2 章
力学及热学实验

课程导入

党的二十大报告指出："实践没有止境，理论创新也没有止境。"创造性实践是理论创新的不竭源泉。在力学及热学实验中，面对各种复杂的物理现象和难题，我们需要坚定信念，勇攀高峰，勇于创新、开拓进取，不断探索和实践，以提高实验效率和精度；始终坚持以科学的态度对待科学，以真理的精神追求真理，顺应实践发展，以满腔热忱对待新生事物，不断拓展认识的广度和深度，以新的理论指导新的实践。开展力学和热学实验可以培养学生的创新意识，提高实践能力，为未来的科学研究、创新创业和工程实践打下坚实的基础。

2-1 力学及热学实验基础知识

普通物理实验各个部分所用的仪器不尽相同，如热学部分常用到温度计，电学部分常用到电表和电阻箱，利用游标卡尺和螺旋测微器的原理制成的读数设备也常出现在光学实验中。下面仅对力学及热学实验的测量仪器、量具及器件进行介绍。

严格地说，能够用于定量描述实验现象的测量工具并不都称为测量仪器，测量仪器应具有指示器和在测量过程中可以运动的测量元件，如螺旋测微器、温度计等。而没有上述特点的称为量具，如米尺、标准电阻和标准电池等。所以，测量仪器和量具也可合称为测量器具。使用各种测量器具时，必须符合规定的正常工作条件。

1. 长度测量器具

（1）米尺。

常用的米尺量程为 0mm～100cm，分度值为 1mm。测量长度时，常可估计至 1 分度的 1/10（0.1mm）。在测量过程中，一般不用米尺的边缘端作为测量的起点，以免因边缘磨损而引入测量误差，可以选择某一刻度线（如 10cm 刻度线等）作为起点。由于米尺具有一定的厚度，因此测量时必须使米尺刻度面紧挨待测物体，以免因测量者视线方向不同而引入测量误差（视差）。

根据 GB/T 9056—2004《金属直尺》的规定，金属直尺的允许误差限见表 2-1-1。

表 2-1-1　金属直尺的允许误差　　　　　　　　　　　　　（单位：mm）

标称长度 l	允许误差
150	± 0.15
300	
500	
600	± 0.20
1000	
1500	± 0.25
2000	± 0.30

注：允许误差值按 ±(0.10+0.05 × l/500) 计算。

根据 QB/T 2443—2011《钢卷尺》的规定，使用钢卷尺测量时，自零端点起到任意线纹的示值误差限为

$$\text{Ⅰ 级}\quad \Delta = \pm (0.1 + 0.1l)\text{mm}$$

$$\text{Ⅱ 级}\quad \Delta = \pm (0.3 + 0.2l)\text{mm}$$

式中，l 是以 m 为单位的长度值，当长度不是米的整数倍时，取最接近的较大整数倍。

例如，使用 Ⅰ 级钢卷尺测量长度为 786.3mm 时，在 Δ 的计算公式中取 $l=1$m，则

$$\Delta = \pm (0.1+0.1 \times 1)\text{mm} = \pm 0.2\text{mm}$$

由于使用钢直尺和钢卷尺测量长度（或距离）不可避免地会出现由尺的线纹与被测长度的起点和终点对准条件不好、尺与被测长度倾斜、视差等引起的测量不准确度比尺本身示值误差限引入的不准确度更大一些，因此常需要根据实际情况合理估计测量结果的不确定度。

（2）游标卡尺。

由于米尺的分度值（mm）不够小，因此常不能满足测量需要。为了提高测量的精度，人们设计了游标卡尺，即在主尺旁加一把副尺。游标卡尺有多种规格，常用的游标卡尺有 10、20、50 三种分度，对应的分度值分别为 0.1mm、0.05mm、0.02mm。

正确使用游标卡尺测量时，如被测对象稳定，测量不确定度主要取决于游标卡尺的示值误差限。

符合 GB/T 21389—2008《游标、带表和数显卡尺》规定的游标卡尺，其示值误差限见表 2-1-2。

（3）螺旋测微器。

螺旋测微器（千分尺）是比游标卡尺更精密的长度测量仪器，常用的螺旋测微器的量程为 0～25mm，分度值为 0.01mm。它是将测微螺杆的角位移转变为直线位移来测量微

小长度的。螺旋测微器示值误差限见表2-1-3。

表2-1-2　有关国家标准中的游标卡尺示值误差限　　　　　　　　（单位：mm）

测量长度	游标分度值		
	0.01, 0.02	0.05	0.10
	示值误差限		
0～150	0.02	0.05	±0.10
150～200	0.03	0.05	±0.10
200～300	0.04	0.08	±0.10
300～500	0.05	0.08	±0.10
500～1000	0.07	0.10	±0.15

表2-1-3　螺旋测微器示值误差限　　　　　　　　（单位：mm）

测量长度	示值误差限
0～100	±0.004
100～150	±0.005
150～250	±0.006

2. 时间测量仪器

时间是基本物理量。**按测量内容划分，时间计量可分为时段测量和时刻测量**。例如，机械秒表是测量时段的仪器，时钟是测量时刻的仪器。在物理实验中，常用的计时仪器有机械秒表、电子秒表、数字毫秒仪等。

（1）机械秒表。

① 简介。机械秒表简称秒表，分为单针秒表和双针秒表两种。单针秒表只能测量一个过程所经历的时段，双针秒表可分别测量两个同时开始但不同时结束的过程所经历的时段。秒表由频率较低的机械振荡系统，锚式擒纵调速器，操纵秒表启动、制动和指针回零的控制机构（包括按钮、发条及齿轮）等组成。一般秒表的表盘最小分度为0.1s或0.2s，测量范围是0～15min或0～30min。有的秒表还有暂停按钮，用来进行累积计时。秒表的外形如图2-1-1所示。

② 使用方法。

a. 使用秒表前，须检查发条的松紧程度，若发现发条很松，则应当上紧发条，但不宜过紧。最上端是控制按钮，按一下开始计时，再按一下停止计时，此时秒表指示的时间为终止时刻到起止时刻的差值，记下时段数值后再按一下，指针复位到零位。

b. 秒表的准确性对计时影响很大，故在实验前，须将秒表与一只标准钟或晶体振荡式的标准电子计时仪进行校对。使用秒表进行计时测量产生的误差应分为如下两种情况考虑。

● 短时间测量（几十秒以内），其误差主要来源于启动、制动停表时的操作误差，其值约为0.2s，有时更大些。
● 长时间测量，其误差除掐表操作误差外，还有秒表的仪器误差。为了减小仪器误差，实验前可以用高精度计时仪器（如数字毫秒计等）对秒表进行校准。

（2）电子秒表。

① 简介。电子秒表是电子计时器的一种，由电子元件组成，利用石英振荡器的振荡频率作为时间基准，用液晶数字器显示时间。电子秒表比机械秒表的功能多，除显示分、秒外，还能显示时、日、月及星期，具有 1/100s 计数功能，可连续累计时间 59′59.99″。电子秒表的外形如图 2-1-2 所示。

图 2-1-1　秒表的外形

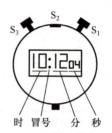
图 2-1-2　电子秒表的外形

② 使用方法。电子秒表有三个按钮，S_1 为调正按钮，S_2 为变换按钮，S_3 为秒表按钮。电子秒表正常显示的计时状态为"时、分、秒"，电子秒表在计时显示的情况下，持续按 S_3 约 2s，即可呈现秒表功能，此时按一下 S_1，即可开始自动计秒，当再次按 S_1 时秒表停止。此时液晶屏显示的时段值便是需要的时间间隔。若需要恢复到平时的计时状态，则持续按 S_1 约 2s 即可。

（3）数字毫秒计。

数字毫秒计又称电子计时仪，在实验室气垫导轨上滑块的速度和加速度的测定实验中使用的 J0201-CHJ 存贮式数字毫秒计和扭摆法测定物体转动惯量实验中使用的 DH0301 型智能转动惯量测试仪（其中的通用计数器）就属于数字毫秒计。由于数字毫秒计利用高精度的石英振荡器输出的方波作为时标信号，因此计时准确度较高、测量范围较广。数字毫秒计以 1MHz、100kHz、10kHz 石英振荡器输出信号的周期作为标准时间单位，即 0.001ms、0.01ms 或 0.1ms。数字毫秒计一般由整形电路计数门、计数器、译码器、振荡器、分频器、复原系统、触发器等组成。自动计时的开始计时和停止计时的控制信号由光电元件产生，脉冲信号从开始计时到停止计时的时间间隔内推动计数器计数，计数器显示的脉冲个数就是以标准时间为单位的被测时间。"光控"有两种计时方法：一种是记录遮光时间，即光敏二极管的光照被遮挡的时间；另一种是记录两遮光信号的时间间隔，即遮挡一下光敏二极管的光照计数器，开始计时，再遮挡一下，计数器便停止计时，两次遮光信号的时间间隔由数码管显示出来。

3. 质量测量仪器

物体的质量也是表现物体本身固有性质的一个物理量。一般的物体质量都可以用天平来称衡。天平是一种等臂杠杆，一般按称衡的精确程度划分等级，精确度低的是物理天平，精确度高的是分析天平，不同精确程度的天平配置不同等级的砝码。

（1）物理天平。

物理天平结构如图 2-1-3 所示。物理天平的主要部分是一个等臂杠杆，其支点 A 在横梁 1 的中点，B、C 分别为杠杆的重点和力点，为提高灵敏度，A、B、C 三点都用钢制刀口支在各自的玛瑙刀垫上。B、C 刀口向上，固定在横梁的两端，其刀垫固定在吊架 3 上，两个秤盘挂在各自的挂钩上。中刀口 10 的刀口向下，固定在横梁的中点，中刀垫 16 固定在升降杆上端。立柱 15 与底座 6 垂直。底座后面有水平仪 14，调节水平调节螺母 4（左右各一个）使水平仪的气泡处于中圈内时，底座呈水平而立柱呈铅直状态。横梁的两端有两个平衡螺母，用于天平空载时调节平衡。横梁上装有游码 9，用于 1mg 以下的称衡。支柱左边的杯托盘 7 可以托住无须称衡的物体。

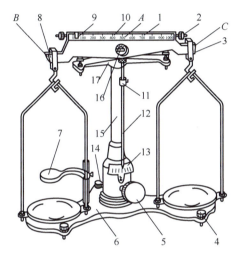

1—横梁；2—平衡螺母；3—吊架；4—水平调节螺母；5—手轮；6—底座；7—杯托盘；
8—刀口；9—游码；10—中刀口；11—感量砣；12—指针；13—刻度尺；
14—水平仪；15—立柱；16—中刀垫；17—止动架。

图 2-1-3　物理天平结构

当旋转手轮 5 时，可带动藏在立柱中的升降杆上升或下降。顺时针旋转手轮时，中刀垫通过中刀口 10 将横梁托起，使之脱离止动架 17，同时刀口 8 承担起秤盘的质量，天平灵敏地摆动起来。该操作称为启动天平。若空载时天平两臂不平衡，则可调节横梁两端的平衡螺母 2，使指针 12 指在刻度尺 13 的中心不动或做等幅摆动。

逆时针旋转手轮时，横梁下降，并落在立柱上方的止动架上，中刀口与中刀垫脱离，同时两秤盘落在底座上，从而使刀口 8 不再受力，以减少刀口与刀垫的磨损或磕碰。该操作称为止动天平。

不用杯托盘 7 时应把它转至秤盘外固定好，指针上固定有感量砣 11，产品出厂时已调好，除校准灵敏度外，不必动它，否则影响天平的灵敏度。

不同精度级别的天平配有不同等级的砝码。根据 JJG 99—2022《砝码检定规程》的规定，砝码的精度分为 E_1、E_2、F_1、F_2、M_1、M_2、M_3 等，常用砝码允差（极限允许误差）见表 2-1-4。

表 2-1-4　常用砝码允差（极限允许误差）

标称质量	质量允差 /mg					
	E_1	E_2	F_1	F_2	M_1	M_2
500g	± 0.25	± 0.8	± 2.5	± 8.0	± 25	± 80
200g	± 0.10	± 0.3	± 1.0	± 3.0	± 10	± 30
100g	± 0.05	± 0.16	± 0.5	± 1.6	± 5.0	± 16
50g	± 0.03	± 0.10	± 0.3	± 1.0	± 3.0	± 10
20g	± 0.025	± 0.08	± 0.25	± 0.8	± 2.5	± 8.0
10g	± 0.020	± 0.06	± 0.20	± 0.6	± 2.0	± 6.0
5g	± 0.016	± 0.05	± 0.16	± 0.5	± 1.6	± 5.0
2g	± 0.012	± 0.04	± 0.12	± 0.4	± 1.2	± 4.0
1g	± 0.010	± 0.03	± 0.10	± 0.3	± 1.0	± 3.0
500mg	± 0.008	± 0.025	± 0.08	± 0.25	± 0.8	± 2.5
200mg	± 0.006	± 0.020	± 0.06	± 0.20	± 0.6	± 2.0
100mg	± 0.005	± 0.016	± 0.05	± 0.16	± 0.5	± 1.6
50mg	± 0.004	± 0.012	± 0.04	± 0.12	± 0.4	—
20mg	± 0.003	± 0.010	± 0.03	± 0.10	± 0.3	—
10mg	± 0.003	± 0.008	± 0.025	± 0.08	± 0.25	—
5mg	± 0.003	± 0.006	± 0.020	± 0.06	± 0.20	—
2mg	± 0.003	± 0.006	± 0.020	± 0.06	± 0.20	—
1mg	± 0.003	± 0.006	± 0.020	± 0.06	± 0.20	—

（2）分析天平。

① 简介。分析天平的称衡方法基本与物理天平相同，但因为分析天平比物理天平精密，所以操作要求比物理天平高。

分析天平的结构与物理天平相似，也有一只游码，利用装在天平玻璃框座右壁上的机械装置把游码吊起，根据需要再移放在横梁的各个齿槽内。分析天平 1g 以下的砝码是片状的，称为片码。横梁上的零刻度恰好在中央，游码放在左臂上，相当于将砝码加在左秤盘内；若放在右臂上，则相当于在右秤盘中加砝码；将游码移至横梁的最左端或最右端，均相当于在秤盘中放 10mg 的砝码，横梁上分度为 0.1mg 和 0.2mg。此外，称衡时，为了使天平横梁的摆动受到阻尼而很快停下来，通常在秤盘上部装有空气阻尼装置，这种天平称为空气阻尼分析天平，其结构如图 2-1-4 所示。

② 使用方法及注意事项。使用分析天平时，除与物理天平相同的注意点外，还要注意下列各项。

a. 分析天平放置在玻璃框座内，操作者不能

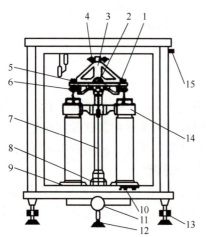

1—支点销；2—支点刀；3—横梁；4—平衡砣；
5—吊耳；6—折叶；7—指针；8—标牌；
9—秤盘；10—托盘；11—旋钮；12—垫脚；
13—螺旋脚；14—阻尼器；15—骑码执手。

图 2-1-4　空气阻尼分析天平结构

直接接触天平装置。如需调节天平的平衡螺母等物,必须戴手套操作。

b. 调零时,游码应放在横梁中央的齿槽中。

c. 旋转制动旋钮时必须缓慢小心。放置砝码后,启动横梁时不能将制动旋钮拧放到底,只能放开到恰能确定指针向哪一边偏转,然后立即关闭制动器,使横梁下降(尚未平衡时,如制动器完全打开,分析天平的横梁往往会产生严重滑移现象,并常会导致部件跌落及刀口受损等)。

d. 称衡时,秤盘不应振动,若有振动,则应轻轻关闭制动器,然后打开,反复几次可以消除振动。

e. 在观察天平是否平衡时,应将玻璃框座的门关好,以防空气对流,影响称衡。开、关玻璃框座的门时应仔细,以免扰动调整好的天平。取、放物体和砝码时,一般使用玻璃框座的侧门,尽量不使用前门。

4. 温度测量仪器

温度是物体冷热程度的表示,是基本物理量,许多物质的特征数都与温度有着密切的关系。因此,在一些科学研究和工农业生产中,温度的控制和测量显得特别重要。测量温度有以下几种仪器。

(1)汞(水银)温度计。

① 简介。汞温度计是以汞为测温物质的玻璃棒式液体温度计,主要利用汞的热胀冷缩性质来测量温度。温度计下端是球泡,内盛汞,上接内径均匀的毛细管,液体受热后,毛细管中的液柱上升,从管壁的标度可以读出相应的温度值。当汞温度计受热时,汞和玻璃都会膨胀,但由于汞的膨胀系数远大于玻璃的膨胀系数,因此温度计能显示出汞体积随温度升高而膨胀的现象。毛细管中液柱长度的变化来自汞与玻璃体积变化之差。温度计也可以用乙醇或其他有机液体作为测温物质,但多数温度计用汞作为测温物质,因为汞具有以下优点。

a. 汞不润湿玻璃。

b. 汞在 1atm(1atm=101.325kPa)下可在 -38.87(汞凝固点)~ 356.58℃(汞沸点)范围内保持液态。

c. 汞随温度上升而均匀膨胀,其体积改变量与温度改变量基本成正比,热传导性能良好,并且比较纯净,可作为较精密的液体温度计使用。

② 一些玻璃汞温度计的规格介绍。

a. 标准汞温度计。一等标准汞温度计和二等标准汞温度计是用以校正各类温度计的标准仪表。一等标准汞温度计总测温范围为 -60 ~ 500℃,0 ~ 100℃分度值为 0.05℃,其余分度值为 0.1℃,每套由 14 支测温范围不同的温度计组成,用于检定或校正二等标准汞温度计。二等标准汞温度计是用以校正常用玻璃液体温度计的标准仪表,总测温范围也为 -60 ~ 500℃,由 12 支温度计组成,分度值根据测量范围不同,最小为 0.15℃,最大为 0.5℃。标准温度计出厂时,每支温度计均有检定证书。

b. 实验玻璃汞温度计。在实验室和工业中需要较精确地测量温度时,可采用实验玻璃汞温度计,其总测温范围为 -30 ~ 250℃,由 6 支不同测温范围的温度计组成,分度值为 0.1℃或 0.2℃,采用全浸式读数。

c. 普通汞温度计。普通汞温度计的测温范围有 0～50℃、0～100℃、0～150℃等，分度值一般为1℃，多数采用全浸式读数。

（2）热电偶温度计。

① 结构原理。热电偶也称温差电偶，是由 A、B 两种成分的金属丝的端点彼此紧密接触形成的。当两个连接点处于不同温度（图2-1-5）时，在回路中就产生直流电动势，该电动势称为温差电动势或热电动势。它的值与组成热电偶的两根金属丝的材料、热端温度 t 和冷端温度 t_0 三个因素有关。t 和 t_0 相差越大，温差电动势越大。一般地，可使冷端温度保持某恒定值，如将冷端放在冰点槽中。确定材料的热电偶，温差电动势仅由热端和冷端的温差 $(t-t_0)$ 决定。由温差电动势大小和冷端温度值 t_0，可以算出热端温度。可以证明，在 A、B 两种金属之间插入第三种金属 C 时，若 C 与 A、B 的两连接点处于同一温度 t_0（图2-1-6），则该闭合回路的温差电动势与上述只有 A、B 两种金属组成回路时的数值完全相同。所以，通常把 A、B 两根不同化学成分的金属丝（一根为铂丝，另一根为铂–铑合金丝）的一端焊在一起，构成热电偶的热端（工作端）；将另两端各与铜引线（第三种金属 C）焊接，构成两个同温度（t_0）的冷端（自由端），铜引线又与测量直流电动势的仪表相连（图2-1-7），这样就组成了热电偶温度计。将热端置于待测温度处，即可测得相应的温差电动势，再根据事先校正好的曲线或数据求出温度 t_0。**热电偶温度计的优点是热容量小，灵敏度高，反应迅速，且可配以精密的直流电位差计，测量准确度较高。**

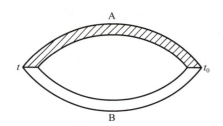

图 2-1-5　A、B 两连接点处于不同温度

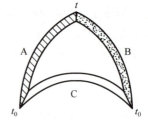

图 2-1-6　A、B 两连接点处于同一温度

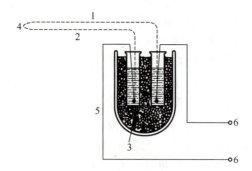

1—金属丝 A；2—金属丝 B；3—冷端接头；4—被测温度接头；
5—铜引线；6—电位差计或毫伏计接头。

图 2-1-7　热电偶温度计的结构原理

② 使用注意事项。

a. 热电偶温度计的标定是在冷端保持0℃的条件下进行的，但冷端温度很难保持恒定不变，此时一般应采取温度补偿措施来消除因冷端实际温度与标定时冷端温度（0℃）有差异而引起的误差。

b. 为了延长热电偶温度计的使用寿命和保证热电偶两根金属丝间有良好的绝缘，应用开有两只孔道的磁管将两根金属丝套起来。

c. 不能拉伸和扭曲热电偶金属丝，否则热电偶容易断裂，并且可能产生温差电动势，影响热电偶温度计的测温正确性。

在导热系数测定实验中，使用热电偶温度计测量温差电动势。

2-2 长度的测量

常用的测量长度的器具有米尺、游标卡尺、螺旋测微器和测量显微镜等。表示这些器具的主要规格是量程和分度值等，量程表示器具的测量范围，分度值表示器具所能准确读取的最小数值。由于它们所测范围和准确度不相同，因此使用时须根据被测对象及其条件选择。米尺的分度值为1mm，用米尺测量长度时只能准确地读到毫米位，毫米以下的数是估计数。使用游标卡尺和螺旋测微器可以精确地测量出毫米以下的长度，分别可以读到0.02mm（或0.1mm、0.05mm）和0.01mm。如果测量的长度为微米（10^{-6}m）数量级或更小，则要使用更精密的测量仪（如阿贝比长仪），或者采用其他方法（如用光的干涉法或衍射法等）测量。测长距离时，有光学测距仪、激光测距仪、无线电测距仪等。

【实验目的】

（1）掌握游标卡尺和螺旋测微器的使用方法。
（2）掌握游标卡尺和螺旋测微装置的原理及正确读数方法。
（3）学习正确记录数据、处理数据。

【实验仪器与用品】

游标卡尺、螺旋测微器、空心圆柱体、小圆柱体。

长度的测量

【实验原理】

1. 游标卡尺

游标卡尺外形如图2-2-1所示。

游标卡尺由主尺、游标（E）、尾尺（C）、内量爪（A′、B′）、外量爪（A、B）、紧固螺钉（F）六部分组成。外量爪（A、B）：用来测量物体的长度、外径（即物体的外部尺寸）。内量爪（A′、B′）：用来测量物体的内部长度或内径。

紧固螺钉：测量物体时，用来固定游标，便于读数。

为了提高游标卡尺的精度，其上附有可以沿主尺移动的游标。下面以20分度的游标尺为例，简单说明其原理。10分度及50分度的游标尺的原理与此相似。

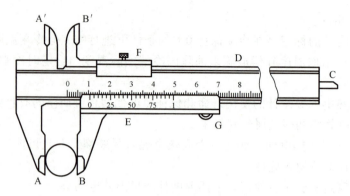

图 2-2-1　游标卡尺外形

20 分度游标卡尺就是将游标卡尺进行 20 等分，使其总长等于主尺的 39 个最小分度的长度，如图 2-2-2 所示。当卡尺的量爪合拢时，游标的零刻线与主尺的零刻线对齐，游标上的第 20 根刻度线与主尺的第 39 根分度线对齐，如果主尺上每两个分度值为 2mm，显然游标上每小格值为 1.95mm，即游标上每小格与主尺每两个分度值相差 0.05mm。

图 2-2-2　20 分度游标卡尺

游标卡尺的读数原理：游标上 n 个分度的总长 nx 与主尺上 $(cn-1)$ 个分度之长相等，即

$$nx=(cn-1)y$$

式中，n 为游标分度（游标刻线格数）；c 为游标上一个格对应的最接近主尺的格数（模数）；y 为主尺上的刻线间距（主尺分度值）；x 为游标上的刻线间距（游标分度值）。

本实验室使用的是 20 分度的游标卡尺，如图 2-2-2 所示，即游标 20 分度（刻线格数为 20 格，长与主尺 39mm 长相等），取 $c=2$，则

$$x=\left(2-\frac{1}{20}\right)y=1.95\text{mm}$$

$$\delta=\frac{y}{n}=\frac{1}{20}\text{mm}=0.05\text{mm}$$

式中，δ 为游标卡尺的最小分度值。

游标卡尺的规格：量程为 0～125mm，准确度为 0.05mm。

读测量值时应分两步：①读出游标"0"刻度线左边所对主尺上毫米的整数部分 l_0；②读出由主尺毫米整数到游标"0"刻线之间不足 1mm 的小数部分。读小数部分时，要仔细观察哪条游标刻度线与主尺上的某条刻度线对得最齐，若确定为第 K 条，则测量结果是

$$l=l_0+K\delta$$

2. 螺旋测微器

螺旋测微器是比游标卡尺精密的长度测量仪器。螺旋测微器外形如图 2-2-3 所示。它由尺架、测微螺杆、固定套筒、微分套筒、棘轮旋柄、锁紧装置及测砧七部分组成,用将测微螺杆的角位移转变为直线位移的方法来测量长度。测微螺杆上的螺距是 0.5mm,与测微螺杆连成一体的微分套筒圆周上均匀地刻着 50 条线,共有 50 个分格,微分套筒旋转一周,测微螺杆前进(或后退)0.5mm,而微分套筒旋过一个分格时,测微螺杆仅移动 0.01mm,在固定套筒上(与螺母和测量面 F 相连),还刻了一条与测微螺杆转轴平行的细刻线 S,在细刻线上方刻有 25 个分格,每分格为 1mm,在细刻线下方,从与上方"0"刻度线错开 0.5mm 处开始,也刻有 24 个分格,可标志半毫米读数。这样在与螺母和测量面 F 相连的固定套筒上形成了一把主尺,其分度值为 0.5mm。在 E、F 两测量面之间可放置待测物。微分套筒的周缘边线 H 可作为主尺上毫米和半毫米的读数指示线。S 线用来指示套筒圆周上 0.5mm 以内的读数值。

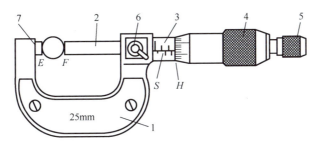

1—尺架;2—测微螺杆;3—固定套筒;4—微分套筒;5—棘轮旋柄;
6—锁紧装置;7—测砧。

图 2-2-3 螺旋测微器外形

螺旋测微器的使用方法和读数。

测量前应先校对零点,旋进微分套筒使两测量面 E、F 轻轻吻合,再旋转棘轮旋柄,听到"咔咔"声即可。此时微分套筒的周缘边线 H 应与主尺的"0"刻度线重合,而圆周上的"0"刻度线与 S 线重合。但是,用游标卡尺或螺旋测微器测量长度时,读出的数值有时并不是要测量的长度值,而与实际长度相差一个值,这个值就是开始时零点的读数。测量实际长度时要减去这个数值,这就是**零点校准**。可以用下面的公式进行零点校准。

$$l_{实} = l - l_0$$

式中,$l_{实}$ 是实际长度,即要测量的长度;l 是直接读的数;l_0 是测量面接触时"0"刻度线的读数,可正可负。

还可以引进一个数轴来判断正负,数轴上的"0"正对主尺上"0"刻度线的位置。如果两测量面接触时读数大于零,即副尺的"0"刻度线在数轴的正方向上,则 l_0 是正值,如图 2-2-4(a)所示;反之,则 l_0 是负值,如图 2-2-4(b)所示。

(a) 正值　　　　　　　　(b) 负值

图 2-2-4　游标卡尺读数示例

记下零点读数后，后退测微螺杆，在两测量面 E、F 间放置待测物体，再旋进微分套筒使待测物与 E、F 密合，此时可依如下顺序读数：首先以 H 线为准，读出 H 线左侧主尺读数；其次以 S 线为准，读出 S 线指在套筒圆周刻线的微分读数，如果 S 线没有正好指在微分套筒刻度线上，则估读；最后将主尺读数与微分套筒读数相加，即待测物体的长度，如图 2-2-5 所示。

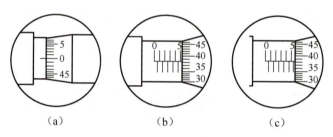

(a)　　　　　(b)　　　　　(c)

图 2-2-5　螺旋测微器读数示例

其中，图 2-2-5(a) 的读数为 0.000mm，图 2-2-5(b) 的读数为 5.382mm，图 2-2-5(c) 的读数为 5.882mm。

在螺旋测微器的尾端有棘轮装置，其作用是防止两测量面 E、F 把待测物夹得太紧，以致损坏物体和损坏螺旋测微器内部的精密螺纹。因此在使用时，当 F 将与物体接触时，或在读取零读数过程中，E、F 即将直接吻合时，不要再旋转微分套筒，而应慢慢旋转棘轮旋柄，直至听到"咔咔"声为止，表明棘轮打滑，无法带动测微螺杆前进，此时可以读数。

测量完毕，移去待测物，在两测量面 E、F 之间留有间隙，以免螺旋测微器热膨胀时，E、F 吻合过度而使螺旋测微器受损。

常用的螺旋测微器的量程为 0～25mm，分度值为 0.01mm，示值误差限为 0.004mm，通常在实验室中使用。

【实验内容与步骤】

（1）测量前确定所用仪器的量程、示值误差、零点读数。

（2）用游标卡尺测空心圆柱体的内径 d、外径 D 各 5 次，并将数据填入表 2-2-1。

（3）用螺旋测微器测小圆柱体的外径 d 和高 h 各 5 次，并将数据填入表 2-2-2。

（4）计算小圆柱体的体积 V、合成标准不确定度 $u_c(V)$、相对不确定度 $\dfrac{u_c(V)}{V}$。

【数据记录与处理】

将实验数据填入表 2-2-1、表 2-2-2，根据数据计算小圆柱体的体积、合成标准不确定度和相对不确定度。

表 2-2-1　游标卡尺测空心圆柱体

示值误差 $\Delta=0.05$mm，量程 0～125mm，零点读数 $d_0=$____mm

圆柱内径 d/mm								
1	2	3	4	5	$\bar{d}$	$u_A(d)$	$u_B(d)$	$u_c(d)$

$d=$

圆柱外径 D/mm								
1	2	3	4	5	$\bar{D}$	$u_A(D)$	$u_B(D)$	$u_c(D)$

$D=$

表 2-2-2　螺旋测微器测小圆柱体

示值误差 $\Delta=0.004$mm，量程 0～25mm，零点读数 $d_0=$____mm

$d=d_{测}-d_0$								
1	2	3	4	5	$\bar{d}$	$u_A(d)$	$u_B(d)$	$u_c(d)$

$h=h_{测}-h_0$								
1	2	3	4	5	$\bar{h}$	$u_A(h)$	$u_B(h)$	$u_c(h)$

$\bar{V}=$

$u_c(V)=$ 　　　　　　　$\dfrac{u_c(V)}{\bar{V}}=$

$V=$

【思考题】

（1）有一任意游标装置，如何确定从游标上读出的是最小值？（要求写出计算过程）

（2）分别用 10、20、50 分度游标卡尺测量长度时，读数末位有什么特点？

（3）使用螺旋测微器时应注意哪些问题？为什么？

【延伸阅读】

"失之毫厘，差之千里"，任何大型工程的建设都离不开各种参数和数据的精准测量。学习本课程时，要让学生从最基础的测量做起，通过各种基础性实验仪器的操作和基本物理量的测量，培养学生良好的实验习惯和精准测量的实验技能，做到精益求精。培养学生敬业、精益、专注、创新的工匠精神。

2-3 物体密度的测定

密度是物体本身的重要特性,不同物体的密度一般也不同。密度的测定不仅为许多实验工作所需要,而且在工农业生产中常用作原料成分的分析和纯度的鉴定。因此,学会密度的测定是十分重要的。

物体密度的测定方法不是唯一的,可以用密度计直接测量,也可通过对其质量和体积进行测量,然后经过计算获得。本实验练习用流体静力称衡法分别测定一种固体和一种液体的密度。

【实验目的】

（1）掌握测定规则与不规则物体及液体密度的方法（各一种）。
（2）掌握物理天平的使用方法。
（3）熟悉游标卡尺和螺旋测微器的使用方法。

【实验仪器与用品】

分析天平和物理天平（带砝码）、待测规则及不规则物体、待测液体、游标卡尺、螺旋测微器、量杯等。

【实验原理】

1. 密度的测定

物体的密度是指在某温度下物体单位体积的质量,即若物体的质量为 m,体积为 V,则其密度为

$$\rho = \frac{m}{V} \tag{2-3-1}$$

对于规则物体,只要用天平测出它的质量 m,用游标卡尺或螺旋测微器测出其几何尺寸并计算出物体的体积 V,即可由式（2-3-1）求出其密度 ρ。

对于不规则物体,可以采用流体静力称衡法测定其密度 ρ,测量原理如下:当忽略空气产生的浮力时,若在空气中用天平称得不规则物体质量为 m_1,则其重量为

$$W_1 = m_1 g$$

将该物体放入密度为 ρ_0 的液体中,称得其质量（物体在液体中的表观质量）为 m_2,重量为 W_2。根据阿基米德定律,浸在液体中的物体受到向上的浮力,其大小等于排开液体的重量。故两次称得的该物体的重量差应等于其所排开的液体的重量,即

$$W_2 = m_1 g - \rho_0 V g$$

W_1 与 W_2 相减,得

$$W_1 - W_2 = \rho_0 V g$$

式中，V 为该不规则物体的体积；g 为重力加速度。

将以上各式代入式（2-3-1），可得

$$\rho = \rho_0 \frac{W_1}{W_1 - W_2} \quad （2\text{-}3\text{-}2）$$

同理，如果是规则物体（设其体积为 V，V 可用长度测量的方法测得），用天平在空气中称得该物体的质量为 m_1，将该物体全部浸入密度为 ρ 的液体，称得其质量（表观质量）为 m_2，则该液体的密度为

$$\rho = \frac{m_1 - m_2}{V} \quad （2\text{-}3\text{-}3）$$

2. 天平

有关天平的结构请参见力学常用仪器简介，下面着重讨论天平的调整与使用方法。

（1）天平的规格。

天平的规格除等级外，还有如下三个主要参量。

① 感量。感量是指天平平衡时，使指针从标尺零点即平衡位置上（此时天平两个秤盘上的质量相等，指针在标尺中央）偏转一个最小分格时，天平两个秤盘上的质量之差。一般来说，感量的大小应该与天平砝码（游码）读数的最小分度值适应（如相差不超过一个数量级）。

② 灵敏度。灵敏度是指天平平衡时，在一个称盘中加单位质量的负载（常取 1mg）后指针偏转的格数。空载时，天平的灵敏度最高，此灵敏度的倒数为感量。

③ 称量。称量是指天平允许称衡的最大质量。

（2）天平的不等臂性误差。

等臂天平的两臂长度应该是相等的，但受制造、调节状况和温度不均匀等影响，天平的两臂长度不是严格相等的。因此，当天平平衡时，砝码的质量并不完全与待称物体的质量相等，造成的偏差称为天平的不等臂性误差。天平的不等臂性误差属于系统误差，随载荷的增加而增大。按计量部门规定，天平的不等臂性误差不得大于六个分度值。

为了消除天平的不等臂性误差，可以利用复称法来进行精密称衡。

（3）天平的示值变动性误差。

天平的示值变动性误差表示在同一条件下多次开启天平，其平衡位置的再现性是随机误差。受天平的调整状态、操作情况、温差、气流、静电等影响，重复称衡时各次的平衡位置产生差异。合格天平的示值变动性误差不应大于一个分度值。

（4）天平停点的确定。

为了迅速、准确地确定天平平衡时指针在刻度尺上的读数（称为停点），可采用摆动法确定其位置，而不必等指针摆动停止后读数。具体方法如下：连续读取指针奇数次（三次、五次或七次，这里取三次）摆动到偏转最大刻度时的三次读数 a_1、b_1、a_2，如图 2-3-1 所示。此时停点的位置为

$$e = \frac{\frac{1}{2}(a_1 + a_2) + b_1}{2} \tag{2-3-4}$$

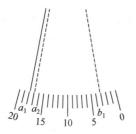

图 2-3-1 摆动法确定停点位置

读数可以从任一边摆动开始，但必须估计一位（估读到 1/10 分度值）。

（5）天平零点的确定。

先调节天平的底脚螺钉，使天平水平（立柱铅直）；再按制动旋钮，观察平衡点是否在标尺中央（图 2-3-1 中格 10）附近，如果指针基本上在标尺中央附近摆动，就可采用式（2-3-4）中介绍的摆动法确定零点的位置。即天平空载时连续读取指针三次摆动到偏转最大刻度时的读数，分别为 a_{01}、b_{01}、a_{02}，则其零点的位置为

$$e_0 = \frac{\frac{1}{2}(a_{01} + a_{02}) + b_{01}}{2} \tag{2-3-5}$$

当指针在 $e_0 = (10.0 \pm 0.5)$ 分度范围内时，认为 e_0 就是天平空载时的停点。如果 e_0 不在上述范围内，则应重新调节平衡螺母，使 e_0 处在 (10.0 ± 0.5) 分度范围内。在称衡过程中，空载停点会有一些变动，故应随时检查空载停点。

（6）天平的空载分度值和灵敏度。

设天平空载时测出的停点为 e_0，若在右盘上加 1mg 砝码（游码），此时指针的停点变为 e_1，则天平的空载分度值为

$$g_0 = \frac{1}{e_1 - e_0} \text{（毫克/格）} \tag{2-3-6}$$

它的倒数 $S = e_1 - e_0$（格/毫克）就是空载灵敏度。

（7）称衡方法。

① 单称法：确定天平的零点 e_0 后，便可测量物体的质量。单称法一般是指将被称量的物体放在左秤盘中央，砝码放在右秤盘中，选用砝码的次序应遵循由大到小、逐个试用、逐次逼近的原则，直至最后指针停点 e 接近零点 e_0，但一般很难使 $e=e_0$，于是 e 与 e_0 之间有微小偏差，说明砝码的质量 m 与物体的质量 M 相应有质量差 x，可根据灵敏度的概念求出 x。为此，在左秤盘或右秤盘中放入一个微小砝码 m'（在感量的 5 倍以下，本实验中取 1mg），此时，指针的停点由 e 变为 e'（此时要选择小砝码 m' 之值和承载盘，使 e_0 介于 e' 和 e 之间），根据灵敏度的定义，$S_1 = \frac{|e' - e|}{m'}$，$S_1$ 是在荷载下天平的灵敏度。在指针摆角不太大的情况下，可按 x 与 $(e-e_0)$ 成正比处理，于是有 $x = \frac{e - e_0}{S_1}$，x 就是与偏离 $(e-e_0)$

个分度相当的质量。由式 $x = \dfrac{e - e_0}{S_1}$ 可以得出如下内容。

a. 若 $e > e_0$,即 x 为正(物体放在左秤盘、砝码放在右秤盘,标尺分度从右到左是 $0 \sim 20$),则说明停点 e 在零点 e_0 左方,即砝码的质量 m 大于被称物体质量 M,故被测物体的质量为

$$M = m - x = m - \frac{e - e_0}{S_1} = m - \frac{e - e_0}{|e' - e|} m' \quad (2\text{-}3\text{-}7)$$

b. 若 $e < e_0$,则说明砝码的质量 m 小于物体的质量 M,故被称物体质量 $M=m+x$,但此时由于 $e-e_0<0$,因此式(2-3-7)仍成立。式(2-3-7)就是称衡质量公式。

② 复称法(高斯法):单称法只有在两臂等长时,才能精确地称衡物体的质量。往往受加工工艺等影响,天平的两臂不等长,结果砝码的质量与被称衡的物体质量不相等,为消除这一不确定因素的影响,常采用复称法。

复称法又称交换称衡法,具体方法如下:第一次将被测物体放在左秤盘中,第二次放在右秤盘中,设左右两臂长度分别为 L_1 及 L_2,两次砝码的质量分别为 m_1 及 m_2,则有下列关系。

第一次

$$ML_1 = m_1 L_2$$

第二次

$$ML_2 = m_2 L_1$$

式中,M 为被测物体质量。将上面两式两边相乘,得

$$M^2 L_1 L_2 = m_1 m_2 L_1 L_2$$

即

$$M = \sqrt{m_1 m_2} \quad (2\text{-}3\text{-}8)$$

令 $m_2 = m_1 + a$(两次砝码的质量一般是不相等的),则

$$M = \sqrt{m_1 m_2} = \sqrt{m_1^2 \left(1 + \frac{a}{m_1}\right)} = m_1 \left(1 + \frac{a}{m_1}\right)^{\frac{1}{2}}$$

一般 m_1、m_2 相差不多,即 $\dfrac{a}{m_1} \ll 1$,故将 $\left(1 + \dfrac{a}{m_1}\right)^{\frac{1}{2}}$ 按二项式定理展开,得

$$\left(1 + \frac{a}{m_1}\right)^{\frac{1}{2}} = 1 + \frac{1}{2} \cdot \left(\frac{a}{m_1}\right) + \left(-\frac{1}{8}\right)\left(\frac{a}{m_1}\right)^2 + \cdots$$

略去二次项及高次项,则有

$$M = m_1\left(1 + \frac{a}{m_1}\right)^{\frac{1}{2}} \approx m_1\left(1 + \frac{a}{2m_1}\right) = \frac{m_1 + (m_1 + a)}{2} = \frac{m_1 + m_2}{2} \quad (2\text{-}3\text{-}9)$$

为消除天平不等臂因素的影响，可采用 $M = \sqrt{m_1 m_2}$ 或 $M \approx \dfrac{m_1 + m_2}{2}$ 来计算 M。

如果用 m_1、e_1 及 m_2、e_2 表示采用复称法时被测物体分别放在左秤盘及右秤盘时的砝码质量与停点，则被测物体的质量为

$$M = \frac{m_1 + m_2}{2} - \frac{e_1 - e_2}{2S_1} \quad (2\text{-}3\text{-}10)$$

虽然式（2-3-10）中无 e_0，但仍然需要测定 e_0，因为 $x_1 = \dfrac{e_1 - e_0}{S_1}$ 只有在 $e_1 - e_0$ 很小时才成立。由于 $\dfrac{e_1 - e_0}{S_1}$ 是一个修正量，因此 x 越小越好，这就要求 e_1、e_2 均接近 e_0。

【实验内容与步骤】

1. 天平的使用方法

天平及砝码都是精密仪器，使用不当不仅会使称衡达不到应有的准确度，还会损坏天平、降低天平的灵敏度和砝码的准确度，因而使用时须遵守下列操作规程。

（1）使用天平前应看清仪器的型号规格，注意载荷量不要超过最大称量，检查天平横梁、砝码盘及挂钩安装是否正常。

（2）调节天平底脚螺钉，使底座上的"水准泡"处于中央，以保证天平的底盘水平、立柱铅直。检查空载时的停点，确定是否需要调节平衡螺母。

（3）称衡时，一般将被测物体放在左秤盘、砝码放在右秤盘（复称法除外），增减砝码须在天平制动后进行，旋转制动旋钮须缓慢小心，在试放砝码过程中不可将横梁完全支起，只要能判定指针向哪边偏斜就立即制动天平。

（4）取用砝码必须使用镊子，异组砝码不得混用，读数时须读一次总值，为避免读错数据，在将砝码由秤盘放回砝码盒前再复核一次。

（5）在观察天平是否平衡时，应将玻璃框门关上，以防空气对流影响称衡。取放物体和砝码时，一般使用侧门。

（6）使用天平时如发现故障（如横梁、秤盘滑落等）要找教师解决，不得自行处理。

2. 测量规则物体的密度

（1）测出天平空载时的零点 e_0、空载分度值 g_0 和灵敏度 S。

（2）用天平采用复称法测出规则圆柱体的质量 M。

（3）用螺旋测微器测量圆柱体外径 d，在不同部位测五次，将结果填入表 2-3-1。

（4）用游标卡尺测量圆柱体的高 h，在不同方位测五次，将结果填入表 2-3-1。

(5) 求出该圆柱体外径 d 及高度 h 的平均值 $\bar{d}$ 及 $\bar{h}$，计算出其体积 $\bar{V}=\dfrac{\pi}{4}\overline{d^2}\bar{h}$，将求得的 $\bar{V}$ 及 M 代入式（2-3-1），求出其密度 ρ 并计算出合成标准不确定度 $u_c(\rho)$。

3. 测量不规则物体密度

（1）将待测物体用细线系好后挂在天平的小钩上（连同秤盘一起），称出其在空气中的质量 m_1。

（2）将盛有大半杯水的量杯放在天平左秤盘上，然后将该物体全部浸入水（注意不要让物体触到量杯），称出该物体在水中的质量（表观质量）m_2。

（3）由附表查出室温下纯水的密度 ρ_0，由式（2-3-2）求出该物体密度 ρ 并计算出合成标准不确定度 $u_c(\rho)$。

4. 测量液体密度

（1）将盛有待测液体的量杯放在天平左秤盘上。

（2）将第 2 步中所测的规则圆柱体用细线系好后挂在天平的小钩上（连同秤盘一起），然后将该物体全部浸入待测液体（注意不要让物体触到量杯），称出该物体在待测液体中的质量（表观质量）m_2。

（3）由式（2-3-3）求出待测液体的密度 ρ 并计算合成标准不确定度 $u_c(\rho)$。

【数据记录与处理】

1. 计算规则物体的密度与不确定度

根据表 2-3-1 中数据计算圆柱体体积 $\bar{V}=\dfrac{\pi}{4}\overline{d^2}\bar{h}$，将求得的 $\bar{V}$ 及 M 代入式（2-3-1），求出规则物体的密度 ρ 并计算合成标准不确定度 $u_c(\rho)$。

表 2-3-1　规则圆柱体测量结果

项目	次数					平均值
	1	2	3	4	5	
外径 d_i/mm						
高度 h_i/mm						

2. 计算不规则物体的密度与不确定度

由附表 7 查出室温下纯水的密度 ρ_0，由式（2-3-2）求出不规则物体的密度 ρ 并计算合成标准不确定度 $u_c(\rho)$。

3. 计算液体密度与不确定度

由式（2-3-3）求出待测液体的密度 ρ 并计算合成标准不确定度 $u_c(\rho)$。

【思考题】

（1）如待测固体的密度小于水的密度，现欲采用流体静力称衡法测定其密度，应怎样做？试简要回答。

（2）若求一批用同一物质做成的、体积相等的微小球粒的直径，则采用本实验中的哪种方法可以得到比较准确的结果？

【拓展知识】测量规则物体密度的不确定度的计算方法

1. 测量规则圆柱体体积 V 的标准不确定度

测量圆柱体外径 d 的合成标准不确定度为

$$u_c(d) = \sqrt{s^2(\bar{d}) + \left(\frac{\Delta_{仪}}{\sqrt{3}}\right)^2}$$

$$s(\bar{d}) = \sqrt{\frac{\sum_{i=1}^{5}(d_i - \bar{d})^2}{5 \times (5-1)}}$$

式中，$s(\bar{d})$ 为测量圆柱体外径 d 的 A 类标准不确定度；$\Delta_{仪}$ 为螺旋测微器的最大允许误差；$\dfrac{\Delta_{仪}}{\sqrt{3}}$ 为测量圆柱体外径 d 的 B 类标准不确定度。

2. 测量圆柱体高度 h 的合成标准不确定度

$$u_c(h) = \sqrt{s^2(\bar{h}) + \left(\frac{\Delta_{仪}}{\sqrt{3}}\right)^2}$$

式中，$s(\bar{h})$ 为测量圆柱体高度 h 的 A 类标准不确定度；$\Delta_{仪}$ 为游标卡尺的最大允许误差；$\dfrac{\Delta_{仪}}{\sqrt{3}}$ 为测量圆柱体高度 h 的 B 类标准不确定度。

3. 圆柱体体积 V 的相对不确定度

$$\frac{u_c(V)}{\bar{V}} = \sqrt{4\left(\frac{u_c(d)}{\bar{d}}\right)^2 + \left(\frac{u_c(h)}{\bar{h}}\right)^2}$$

4. 规则圆柱体质量 M 的合成标准不确定度

$$u_c(M) = \sqrt{\left(\frac{1}{2} \cdot \frac{m_2}{m_1}\right)^2 u_c^2(m_1) + \left(\frac{1}{2} \cdot \frac{m_1}{m_2}\right)^2 u_c^2(m_2)}$$

式中，m_1、m_2 为将待测物体分别放在左秤盘、右秤盘时的砝码质量；$u_c(m_1)$、$u_c(m_2)$ 分别为采用复称法测量圆柱体质量时左称和右称时测量质量的合成标准不确定度。

$$u_c(m_1) = u_c(m_2) = \sqrt{u_{B_1}^2 + u_{B_2}^2}$$

u_{B_1} 是由砝码公差 $\Delta(m)$〔同一级别下不同质量的砝码，其公差 $\Delta(m)$ 不同〕引起的测量质量的标准不确定度，它属于 B 类标准不确定度。

$$u_{B_1} = \sqrt{\sum n_i \left(\frac{\Delta(m_i)}{\sqrt{3}}\right)^2}$$

式中，$\Delta(m_i)$ 为质量为 m_i 的砝码的均差；n_i 为称衡时使用该质量砝码的数目。

u_{B_2} 是由天平的示值变动性误差引起的测量质量的标准不确定度，它可通过多次测量用统计方法求得，在实验中只测量一次，可以认为此误差不超过天平的一个分度（格）。u_{B_2} 可由天平空载时实测的感量 g_0 求得。

$$u_{B_2} = \frac{g_0}{\sqrt{3}}$$

5. 规则圆柱体密度的相对不确定度

$$\frac{u_c(\rho)}{\bar{\rho}} = \sqrt{\left(\frac{u_c(V)}{\bar{V}}\right)^2 + \left(\frac{u_c(M)}{\bar{M}}\right)^2}$$

规则圆柱体密度测量的合成标准不确定度

$$u_c(\rho) = \frac{u_c(\rho)}{\bar{\rho}} \cdot \bar{\rho}$$

6. 规则圆柱体密度的测量结果

$$\rho = [\bar{\rho} \pm u_c(\rho)] \, \text{kg/m}^3$$

【延伸阅读】

最轻的金属——锂

锂是自然界中密度最小的金属，其化学性质活泼、质地柔软，在氧和空气中可以自燃。锂是一种重要的能源金属，在高能锂电池、受控热核反应中的应用使其成为解决人类长期能源供给的重要原料。

1983 年，日本化学家吉野彰造出了世界第一个可充电锂离子电池的原型，开启了锂离子电池时代，也因此获得了 2019 年诺贝尔化学奖。1990 年以来，中国锂离子电池产业从最初的模仿借鉴到逐渐自主创新，解决了锂离子电池规模化生产的科学、技术与工程问题，实现了锂离子电池从"中国制造"到"中国智造"的大转变。

当前，我国积极推进碳达峰碳中和，由此明确提出加快优化调整产业结构和能源结构，全球新能源汽车产业快速发展，动力电池成为锂离子电池产业需求增长的集中领域。

2-4 气垫导轨上滑块的速度和加速度的测定

【实验目的】

（1）了解气垫技术的原理，掌握气垫导轨和通用计数器（数字毫秒计）的使用方法。
（2）观察匀速直线运动，测量滑块的运动速度。
（3）验证牛顿第二定律。

气垫导轨上滑块的速度和加速度的测定

【实验仪器与用品】

气垫导轨及附件、J0201-CHJ 存贮式数字毫秒计、物理天平、游标卡尺等。

【实验原理】

1. 速度的测量

物体做直线运动时，其瞬时速度定义为

$$v = \lim_{\Delta t \to 0} \frac{\Delta s}{\Delta t} = \frac{ds}{dt} \tag{2-4-1}$$

根据这个定义进行计算实际上是不可能的，因为 $\Delta t \to 0$ 时，$\Delta s \to 0$，测量有困难，所以只能取很小的 Δt 及相应的 Δs，用其平均速度来代替瞬时速度。

图 2-4-1 挡光片

物体所受的合外力为零时，物体保持静止或以一定的速度做匀速直线运动。本实验被研究的物体（滑块）在气垫导轨上做"无摩擦阻力"运动，滑块上装有一个一定宽度的挡光片，当滑块经过光电门时，挡光片前沿挡光，数字毫秒计开始计时；挡光片后沿挡光时，计时立即停止。数字毫秒计上显示出两次挡光所间隔的时间 Δt；Δs 是挡光片同侧边沿之间的宽度（图 2-4-1），是已知的。根据平均速度公式，可计算出滑块通过光电门的平均速度，即

$$\bar{v} = \frac{\Delta s}{\Delta t} \tag{2-4-2}$$

可见，Δs 越小，在 Δs 范围内，滑块的速度变化也越小，平均速度 $\bar{v}$ 越能准确地反映在该位置滑块运动的瞬时速度（瞬时速度是平均速度的极限）。若滑块做匀速直线运动，则任一点的瞬时速度与任两点之间的平均速度相等。

2. 加速度的测量

当滑块在水平方向上受恒力作用时，滑块将做匀加速直线运动。滑块的加速度为

$$a = \frac{v_2^2 - v_1^2}{2s} \tag{2-4-3}$$

式中，s 为两个光电门之间的距离；v_1 和 v_2 分别为滑块经过两个光电门时的速度。

根据上述测量速度的方法，只要测出滑块通过第一个光电门的初速度 v_1、通过第二个光电门的末速度 v_2、读出两个光电门之间的距离 s（以指针为准），就可根据式（2-4-3）计算出滑块的加速度。

3. 验证牛顿第二定律

牛顿第二定律是力学中的一个基本定律，其内容是物体受外力作用时，物体获得的加速度的大小与合外力的大小成正比，并与物体的质量成反比。

如图 2-4-2 所示，滑块质量为 m_1，砝码盘和砝码的总质量是 m_2，细线的张力是 T，则有

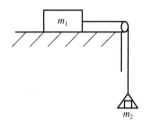

图 2-4-2　验证牛顿第二定律示例

$$m_2 g - T = m_2 a$$
$$T = m_1 a$$

合外力为

$$F = m_2 g = (m_1 + m_2) a$$

令 $M = m_1 + m_2$，则有

$$F = Ma \qquad (2\text{-}4\text{-}4)$$

由式（2-4-4）可以看出：F 越大，加速度 a 也越大；且 $\dfrac{F}{a}$ 是常量；在恒力作用下，M 大的物体，对应的加速度小，反之，对应的加速度大。由此可以验证牛顿第二定律。

【实验内容与步骤】

实验前要仔细阅读本节拓展知识 1、2，弄清仪器结构和使用方法。

（1）水平调节气垫导轨（参照拓展知识 1 气垫导轨简介）。

（2）测量速度。使滑块在导轨上运动，数字毫秒计功能设定在"S_2"（计时）功能，显示屏上依次显示出滑块经过光电门的时间，以及经过两个光电门的速度 v_1 和 v_2。将实验数据填入表 2-4-1。

（3）测量加速度。

按数字毫秒计"功能"键，将功能设定在"a"（加速度）位置。

参照图 2-4-2，在滑块挂钩上系细线，绕过导轨末端的滑轮，细线的另一端系在砝码盘（砝码盘和单个砝码的质量均为 $m_0=5\text{g}$），估计细线的长度，确保砝码盘落地前，滑块能顺利通过两个光电门。

将滑块移至远离滑轮的一端，稍静置后，自由释放。滑块在合外力 F 的作用下从静止开始做匀加速运动。此时数字毫秒计上依次显示出滑块经过两个光电门的速度 v_1、v_2 和加速度 a。

(4) 验证牛顿第二定律。

验证物体质量不变，加速度与合外力成正比。

按图 2-4-2 所示放置滑块，并在滑块上加四个砝码，将滑块移至远离滑轮一端，使其从静止开始做匀加速运动，记录通过两个光电门的加速度，再将滑块上的砝码分四次从滑块上移至砝码盘上。重复上述步骤，将实验数据填入表 2-4-2。

注意：数字毫秒计功能设定在"a"位置。

验证物体所受合外力不变时，加速度与物体质量成反比。

按图 2-4-2 所示放置滑块，测量当 m_2 =10g 时滑块由静止做匀加速运动时的加速度，再依次将四个配重块（每个配重块的质量都为 m' =50g）逐次加在滑块上，测量出对应的加速度。将实验数据填入表 2-4-3。

有关量的测量：用物理天平分别称出滑块的质量 $m_{滑块}$、砝码的质量 m_0、配重块的质量 m'；用游标卡尺测出滑块上挡光片的宽度 Δs。

【数据记录与处理】

1. 实验数据表格

表 2-4-1　速度测量数据

Δs = ____ cm

次数	滑块向左滑动			滑块向右滑动		
	v_1 / (cm·s^{-1})	v_2 / (cm·s^{-1})	$\|v_2-v_1\|$ / (cm·s^{-1})	v_1 / (cm·s^{-1})	v_2 / (cm·s^{-1})	$\|v_2-v_1\|$ / (cm·s^{-1})
1						
2						
3						
4						
5						

表 2-4-2　验证加速度与合外力关系的数据

s = ____ cm，Δs = ____ cm，$M = m_{滑块} + 5m_0$ = ____ g

次数	$m_2 = m_0$	$m_2 = 2m_0$	$m_2 = 3m_0$	$m_2 = 4m_0$	$m_2 = 5m_0$
	a/(cm·s^{-2})	a/(cm·s^{-2})	a/(cm·s^{-2})	a/(cm·s^{-2})	a/(cm·s^{-2})
1					
2					
3					
4					
5					
$\bar{a}$ /(cm·s^{-2})					

表 2-4-3　验证加速度与质量关系的数据

$s=$___cm，$\Delta s =$___cm，$m_2 =$___g，$m'=$___g

次数	$M=$ $m_{滑块}+ m_2$ $a/(\text{cm}\cdot\text{s}^{-2})$	$M=$ $m_{滑块}+ m_2 +m'$ $a/(\text{cm}\cdot\text{s}^{-2})$	$M=$ $m_{滑块}+ m_2 +2m'$ $a/(\text{cm}\cdot\text{s}^{-2})$	$M=$ $m_{滑块}+ m_2 +3m'$ $a/(\text{cm}\cdot\text{s}^{-2})$	$M=$ $m_{滑块}+ m_2 +4m'$ $a/(\text{cm}\cdot\text{s}^{-2})$
1					
2					
3					
4					
5					
$\bar{a}$（$\text{cm}\cdot\text{s}^{-2}$）					

注：表中忽略了滑轮折合质量。若用细线绕过气垫滑轮牵引滑块，则必须考虑滑轮转动的影响。因此，运动质量 M 还应包括滑轮转动时的折合质量 m''，其折合质量 m'' 为

$$m'' = \frac{m(D^2+d^2)}{2d'^2}$$

式中，m 为滑轮的质量；D 为滑轮的外径；d 为滑轮的内径；d' 为线槽的中径。

2. 实验数据处理

利用作图法处理数据。

（1）质量一定时，作出 $a-F$ 曲线。

（2）合外力一定时，作出 $a-\frac{1}{M}$ 曲线。

【思考题】

（1）怎样调整导轨水平？能否认为滑块经过光电门的时间 $\Delta t_1 = \Delta t_2$ 时导轨调平？为什么？

（2）式（2-4-4）中的质量包括哪几个物体的质量？作用在质量 M 上的作用力 F 是什么力？怎样保证质量不变？

（3）在验证物体质量不变，物体的加速度与外力成正比时，为什么把实验过程中用的砝码放在滑块上？

【拓展知识 1】气垫导轨简介

力学实验面临的困难之一是摩擦力对测量的影响。气垫导轨就是为消除摩擦设计的力学实验仪器。它通过导轨表面上均匀分布的小孔喷出气流，在导轨表面和滑块之间形成一层空气层（气垫），托起滑块，这样滑块在导轨表面的运动可以看成"无摩擦"。利用滑块在气垫导轨上的运动可以进行许多力学实验，如测定速度、加速度，验证牛顿第二定律、动量守恒定律、机械能守恒定律，研究简谐振动等。

下面对气垫导轨的结构及附件进行介绍。

1. 导轨

气垫导轨由导轨、滑块和气源等组成，其结构如图 2-4-3 所示。导轨是用一根平直、光滑的三角形铝合金制成的，固定在一根刚性较强的工字钢梁上。导轨长度为 1.5m，轨面上均匀分布着两排孔径为 0.6mm 的气孔，导轨一端封死，另一端装有进气嘴。压缩空气经管道从进气嘴进入腔体后，从气孔喷出，托起滑块，滑块漂浮的高度，视气流大小及滑块质量而定。为了避免碰伤，导轨两端及滑块上都装有缓冲弹簧。在工字钢梁的底部装有三个调节螺钉，分居在导轨的两端，双脚端螺钉用来调节轨面两侧线高度，单脚端螺钉用来调节导轨水平。或者将不同厚度的垫块放在导轨底脚螺钉下，以得到不同的斜度。导轨一侧固定有毫米刻度的米尺，便于定位光电门位置。滑轮和砝码用于对滑块施加外力。

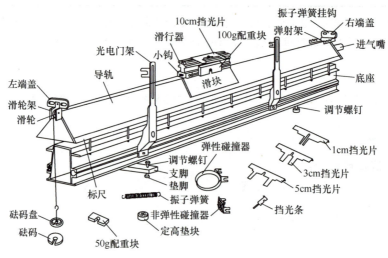

图 2-4-3 气垫导轨的结构

2. 滑块

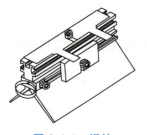

滑块（图 2-4-4）是导轨上的运动物体，也是用铝合金制成的，其下表面与导轨的两侧面精密吻合。根据实验需要，滑块上可以加装挡光片、配重块、尼龙搭扣、缓冲弹簧等附件。滑块必须保持纵向及横向的对称性，要使其质心处于导轨的中心线上。

图 2-4-4 滑块

3. 光电转换系统

光电转换系统由光电门与计数器（J0201-CHJ 存贮式数字毫秒计）组成。单边式结构的光电门如图 2-4-5 所示，其固定在导轨带刻度尺的一侧，光敏二极管和聚光灯泡呈上下安装。小灯点亮时，正好照在光敏二极管上，光敏二极管在光照时电阻为几千欧至几万欧；无光照时，电阻为兆欧级以上。利用光敏二极管在两种状态下电阻的突变所产生的脉冲信号来控制计数器，使其计数或停止计数，从而实现对时间间隔的测量。J0201-CHJ 存贮式数字毫秒计采用单片微处理器，程序化控制，可用于各种计时、计频、计数、测速等，并具备多组实验数据的记忆存储功能。

4. 气源

本实验采用专用小型气源，体积小，价格低，移动方便，适用于单机工作。若温度升高，则不宜长时间连续使用。接通电源（220V）即有气流输出，通过管道从进气嘴进入导轨，轨面气孔即有气体喷出。使用气源时，严禁进气口或出气口堵塞，否则将烧坏电动机。工作150～200h后，应清洗或更换气源滤料。

5. 气轨的调整

（1）静态调平法。

先将导轨通气，再将滑块放置在导轨上，调节导轨单脚端螺钉使滑块在导轨上保持不动或稍微左右摆动，而无定向移动，则可认为导轨已调平。

（2）动态调平法。

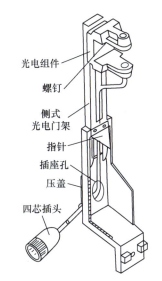

图 2-4-5　单边式结构的光电门

将两个光电门分别放置在导轨某两点处，两点之间相距约为50cm（以指针为准）。打开计数器的电源开关，导轨通气后，滑块以某速度滑行，设滑块经过两个光电门的速度分别为 v_1 和 v_2，受空气阻力的影响，对于处于水平的导轨，滑块经过第一个光电门的速度略大于经过第二个光电门的速度。因此，若滑块反复在导轨上运动，只要先后经过两个光电门的速度相差很小（两者相差5%以内），就可认为导轨已调平。否则根据实际情况调节导轨单脚端螺钉，反复观察，直到经过两个光电门的速度大体相等即可。

（3）气垫导轨使用注意事项。

① 导轨表面与滑块内表面精度要求很高，在实验中严禁敲、碰、划，以免增大表面粗糙度。

② 导轨没通气时，决不允许将滑块放在导轨上，更不允许滑块在导轨上来回滑动。更换或调整遮光片在滑块上的位置时，必须把滑块从导轨上拿下来，待调整后放到导轨上。要牢记先通气后放滑块，先拿下滑块后断气源的操作要求。

③ 要轻拿轻放滑块，切忌摔碰。

④ 实验结束后，一定要把滑块从导轨上取下来以免导轨变形。

【拓展知识2】J0201-CHJ 存贮式数字毫秒计

J0201-CHJ 存贮式数字毫秒计是具有存储功能、时基精度高（微秒级）的测量时间间隔的数字计量仪器。它集 J0201 型数字计时器，J0201-G 型数字计时器或 J0202-1 型简式计时器的全部功能于一体，可用于计数、计时等。

J0201-CHJ 存贮式数字毫秒计以 MCS-51 单片机为核心，智能度高，数据存储和处理能力强，操作简便，小数点、单位和量程自动定位、换挡，自动四舍五入智能化显示数据。除具有一般计时器的功能外，J0201-CHJ 存贮式数字毫秒计可与 J2125 型气垫导轨、J04271 型自由落体实验仪、J04227 型斜槽轨道等配合使用，测量速度、加速度、重力加速度、周期等物理量和进行碰撞等实验，并直接显示实验的速度和加速度的值。

1. 技术性能

工作条件电源：AC $220 \times (1 \pm 10\%)$V，$50 \times (1 \pm 5\%)$Hz。

环境温度：$-10 \sim 40$℃。

相对湿度：不大于 85%（40℃）。

工作时间：连续工作。

技术参数：见表 2-4-4。

表 2-4-4　J0201-CHJ 存贮式数字毫秒计技术参数

项目	技术参数
时基精度	石英晶体振荡器采用 6MHz
	1MHz ± 10Hz
数据显示	五位高度为 16.24mm、高亮度 LED 数码显示
	四个 LED 单位显示，八个 LED 功能指示
计数范围	$0 \sim 99999$
计时范围	$0.00\text{ms} \sim 99999\text{s}$
速度范围	$0.00 \sim 999\text{cm/s}$
加速度范围	$0.00 \sim 999\text{cm/s}^2$
周期	$0.00\text{ms} \sim 99999\text{s}$
时标周期	0.1ms、1ms、10ms、100ms、1s
时标幅度	不小于 5V
直流稳压输出	6V/0.5A
光电门	两个

2. 面板及后盖

面板及后盖示意图分别如图 2-4-6 和图 2-4-7 所示。

3. 使用和操作

（1）实验前准备工作。

① 将两个光电门插头分别插入 1 号、2 号光电门输入插座。

② 接上 AC 220V 电源，打开电源开关。

③ 开机后自动进入自检状态。

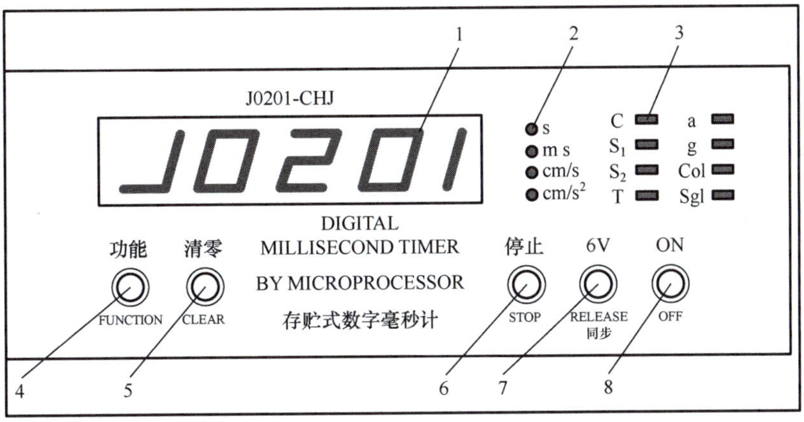

1—数据显示窗口：显示测量数据、光电门故障信息等；2—单位显示：[s]、[ms]、[cm/s]、[cm/s²]或不显示（计数时不显示单位）；3—功能：C 为计数，a 为加速度，S_1 为挡光计时，g 为重力加速度，S_2 为间隔计时，Col 为碰撞，T 为振子周期，Sgl 为时标；4—【功能】键：功能选择；5—【清零】键：清除所有实验数据；6—【停止】键：停止测量，进入循环显示数据或锁存显示数据；7—【6V/同步】键：与 J04271 型自由落体实验仪或 J04227 型斜槽轨道配合使用。

图 2-4-6 面板示意图

1—熔断丝管管座；2—外接地线接线柱；3—自由落体接口插座：与 J04271 型自由落体实验仪配合测重力加速度，也可与 J04227 型斜槽轨道配合测重力加速度；4—挡光框宽度选择开关：配合气垫导轨实验所用挡光框使用；5—电源输入：AC 220V 输入；6—电源开关；7—时标插座；8—2 号光电门输入插座；9—1 号光电门输入插座。

图 2-4-7 后盖示意图

④ 依次按【功能】键，选择需要的实验功能，循环顺序如图 2-4-8 所示。

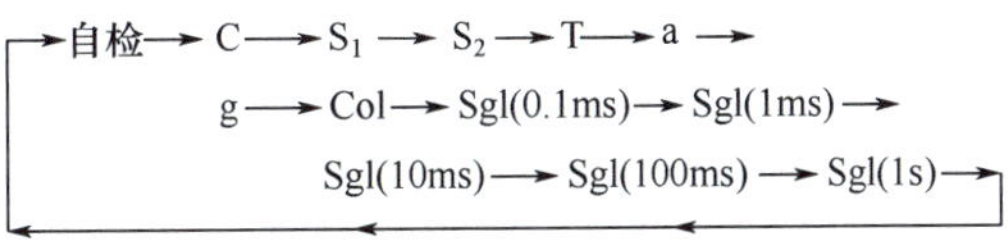

（2）光电门和显示器件的自检。

开机或按【功能】键选择自检功能，都将进入自检状态：当光电门无故障时，屏幕

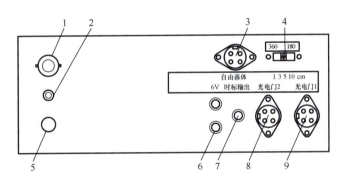

图 2-4-8 功能循环顺序

循环显示各显示器件；当光电门发生故障（如接触不良、损坏、遮挡光电门或光电门输入电路出现故障等）时，屏幕将闪烁该光电门的号码，不做循环显示工作。此时，必须先排除故障，程序才能继续运行。

（3）选择相应的功能开始实验。

① "C"：计数。

用挡光片对任一个光电门挡光一次，屏幕显示即累加一个数。

按【停止】键，立即锁存数值，停止计数。

按【清零】键，清除所有实验数据，可重新做实验。

② "S_1"：挡光计时。

用挡光片对任一个光电门依次挡光，屏幕依次显示挡光次数和挡光时间，可连续进行 1～255 次实验，但只存储前 10 个数据。

按【停止】键，立即循环显示存储的时间数据。

按【清零】键，清除所有实验数据，可重新做实验。

③ "S_2"：间隔计时。

用挡光框对任一个光电门依次挡光，屏幕依次显示挡光间隔的次数和挡光间隔的时间，可连续进行 1～255 次实验，但只存储前 10 个数据。

按【停止】键，先依次显示测量的间隔时间数据，再依次显示与之对应的速度数据，并反复循环。

按【清零】键，清除所有实验数据，可重新做实验。

④ "T"：测振子周期。

用弹簧振子或单摆振子配合一个光电门和一个挡光片（挡光片宽度不小于3mm）做实验。在振子上粘上轻小的挡光片，使挡光片通过光电门做简谐振动。

屏幕仅显示振动次数，待完成第 n（1～255 任选）个振动之后（屏幕显示 $n+1$），立即按【停止】键。此时，屏幕便自动循环显示 n 个振动期及 n 次振动时间的总和。当 $n>10$ 时，只显示前 10 个振动周期和 n 次振动时间的总和。

⑤ "a"：测加速度。

配合 J2125 型气垫导轨、挡光框和两个光电门做运动体的加速度实验。运动体上的挡光框通过两个光电门之后自动进入循环显示。

t_1：挡光框通过第一个光电门的时间（不是指 1 号光电门，而是指实验的顺序）。

t_2：挡光框通过第一个光电门至第二个光电门之间的间隔时间。

t_3：挡光框通过第二个光电门的时间。

V_1：挡光框通过第一个光电门的速度。

V_2：挡光框通过第二个光电门的速度。

a：挡光框从第一个光电门到第二个光电门之间的运动加速度。

按【清零】键，清除所有实验数据，可重新做实验。

⑥ "g"：测重力加速度。

配合 J04271 型自由落体实验仪做实验。

a. 把自由落体实验仪的光电门插头插入后盖上的自由落体接口插座。

b. 拔下 1 号光电门输入插座和 2 号光电门输入插座上的光电门。

c. 接上 AC 220V 电源，打开电源开关。

d. 按【功能】键，选择 "g" 挡。

e. 把【6V/同步】键拨到 "6V" 处，此时 J04271 型自由落体实验仪的电磁铁电源接通，吸住钢球。

f. 按【清零】键，清除数据。

g. 把【6V/同步】键拨到"同步"处，电磁铁断电，钢球被释放，数字毫秒计同步计时。

h. 待钢球通过其中一个光电门后，实验即自行结束，自动进入循环显示以下两个实验数据。

t_1：钢球自 0cm 处下落到光电门所用的时间。

t_2：钢球通过光电门的时间。

注意：自由落体实验只需一个光电门，只有使另一个光电门保持光照状态才能正常工作。

⑦ "Col"：完全弹性碰撞实验。

适用于两个物体分别通过两个光电门相向碰撞，且碰撞后分别反向通过两个光电门的完全弹性碰撞实验（其他非完全弹性的碰撞实验可用"S_2"功能完成）。

配合 J2125 型气垫导轨做完全弹性碰撞实验，使用两个挡光框和两个光电门做实验。两个挡光框完成完全弹性碰撞实验之后，自动进入循环显示以下四个时间数据和四个速度数据。

t_1：碰撞前挡光框通过 1 号光电门的时间。

t_2：碰撞后挡光框通过 1 号光电门的时间。

t_3：碰撞前挡光框通过 2 号光电门的时间。

t_4：碰撞后挡光框通过 2 号光电门的时间。

$V_{1.0}$：碰撞前挡光框通过 1 号光电门的速度。

$V_{1.1}$：碰撞后挡光框通过 1 号光电门的速度。

$V_{2.0}$：碰撞前挡光框通过 2 号光电门的速度。

$V_{2.1}$：碰撞后挡光框通过 2 号光电门的速度。

并如此反复循环。按【清零】键，清除所有实验数据，可重新做实验。

⑧ "Sgl"：时标输出。

按【功能】键，选择"Sgl"挡，再依次按【功能】键，可选择时标周期（屏幕随着依次按【功能】键显示时标周期，分别为 0.1ms，1ms，10ms，100ms，1s）；后盖上的时标插座输出幅度不低于 5V 的脉冲信号。

（4）使用注意事项。

① 仔细阅读说明书后使用仪器。

② 两个光电门必须同时插入 1 号、2 号光电门输入插座，但不得插进自由落体接口插座（该口输出的是交流信号），否则会损坏光电门。

③ 与 J04227 型斜槽轨道配合使用时，应先检查斜槽轨道上光电门的接线，若用 PMOS 集成电路的连接线路，则需修改后使用。

④ 挡光片或挡光物的宽度应不小于 3mm，挡光框或光照孔的宽度应不小于 5mm。

2-5 气垫导轨上动量守恒定律的研究

【实验目的】

（1）在弹性碰撞和完全非弹性碰撞两种情况下，验证动量守恒定律，了解其各自特点。

（2）学习一种简化处理数据的方法。

（3）学习使用气垫导轨和 MUJ–ⅡB 电脑通用计数器。

【实验仪器与用品】

气垫导轨及附件、MUJ–ⅡB 电脑通用计数器、物理天平等。

【实验原理】

1. 动量守恒定律

若系统不受外力或受到的合外力为零，则系统的总动量（组成该系统的各物体的动量矢量和）保持不变，即总动量应为

$$\vec{P} = \sum_{i=1}^{n} m_i \vec{v_i} \tag{2-5-1}$$

式中，m_i 和 $\vec{v_i}$ 分别为系统中第 i 个物体的质量和速度；n 为系统中的物体总数。

若系统所受的合外力在某个方向上的分量等于零，则系统在该方向上的总动量守恒。 本实验研究两个滑块在水平气垫导轨上沿直线发生的碰撞，如图 2-5-1 所示。受气垫的漂浮作用，滑块受到的摩擦力可忽略不计，这样发生碰撞时，系统（两个滑块）仅受内力的相互作用，而在水平方向上不受外力，系统的动量守恒，即

$$m_1 \vec{v}_{10} + m_2 \vec{v}_{20} = m_1 \vec{v}_1 + m_2 \vec{v}_2$$

在给定的方向上，矢量式可写成标量式

$$m_1 v_{10} + m_2 v_{20} = m_1 v_1 + m_2 v_2 \tag{2-5-2}$$

式中，m_1、m_2 分别为两个滑块的质量；v_{10}、v_{20}、v_1、v_2 分别为两个滑块碰撞前后的速度。

若取 $v_{20}=0$，则式（2-5-2）简化为

$$m_1 v_{10} = m_1 v_1 + m_2 v_2 \tag{2-5-3}$$

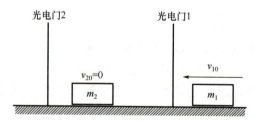

图 2-5-1 验证动量守恒定律原理图

本实验利用式（2-5-2）或式（2-5-3）验证动量守恒定律。在实验中，若能使两个物体在接近水平面内运动，且物体在碰撞方向上保持匀速，则可以更好地满足碰撞时合外力为零的条件。

2. 碰撞的性质和动能的损耗

动量守恒定律的条件只是要求系统所受合外力为零，无论何种碰撞，动量守恒定律都应成立。但碰撞中机械能是否守恒，除在碰撞过程中与外力是否对系统做功有关外，还与

碰撞的性质有关，碰撞的性质可以用恢复系数表达。恢复系数为

$$e = \frac{v_2 - v_1}{v_{10} - v_{20}} \quad (2\text{-}5\text{-}4)$$

完全弹性碰撞时，$e=1$，机械能守恒；完全非弹性碰撞时，$e=0$，机械能损耗最大；一般情况下，即非完全弹性碰撞时，$0<e<1$。这里只研究完全弹性碰撞和完全非弹性碰撞。

（1）**完全弹性碰撞。其特点是动量守恒，机械能也守恒。** 在两个滑块的相碰撞端装上缓冲弹簧，则滑块在气垫导轨上碰撞时，由于弹簧发生弹性形变（在弹性限度内）后恢复原状，因此系统的机械能（动能）可近似地看作没有损失。即碰撞前后，两个滑块的总动能保持不变，于是有

$$\frac{1}{2}m_1 v_{10}^2 + \frac{1}{2}m_2 v_{20}^2 = \frac{1}{2}m_1 v_1^2 + \frac{1}{2}m_2 v_2^2 \quad (2\text{-}5\text{-}5)$$

若取 $m_1 = m_2$，并使 $v_{20}=0$，则由式（2-5-5）与式（2-5-2）得 $v_1=0$，$v_2 = v_{10}$，即两滑块交换速度。

若取 $m_1 \neq m_2$，并仍使 $v_{20}=0$，则有

$$m_1 v_{10} = m_1 v_1 + m_2 v_2$$
$$m_1 v_{10}^2 = m_1 v_1^2 + m_2 v_2^2$$

可得

$$v_1 = \frac{m_1 - m_2}{m_1 + m_2} v_{10}, \quad v_2 = \frac{2m_1}{m_1 + m_2} v_{10}$$

（2）**完全非弹性碰撞。其特点是动量守恒，机械能不守恒。** 在两个滑块的相碰撞端装上尼龙搭扣或橡胶泥，则碰撞后两个滑块不分开并以同一速度运动，因尼龙搭扣或橡胶泥在碰撞中发生的形变不能恢复原状，故两个滑块碰撞前后的动能不守恒。设两个滑块在完全非弹性碰撞后的共同速度为 v，即 $v_1 = v_2 = v$，由式（2-5-2）可得

$$m_1 v_{10} + m_2 v_{20} = (m_1 + m_2)v$$

当 $v_{20}=0$ 时，有

$$m_1 v_{10} = (m_1 + m_2)v \quad (2\text{-}5\text{-}6)$$

若 $m_1 = m_2$，且 $v_{20}=0$，有

$$v = \frac{1}{2} v_{10}$$

3. 简化处理数据的方法

（1）完全弹性碰撞。设滑块Ⅰ的质量为 m_1，其上的挡光片宽度为 δs_1，碰撞前挡光时间为 δt_{10}，碰撞后挡光时间为 δt_1，则 $v_{10} = \dfrac{\delta s_1}{\delta t_{10}}$，$v_1 = \dfrac{\delta s_1}{\delta t_1}$。

滑块Ⅱ的质量为 m_2，其上的挡光片宽度为 δs_2，碰撞前静止，碰撞后挡光时间为 δt_2，则 $v_{20}=0$，$v_2 = \dfrac{\delta s_2}{\delta t_2}$，令 $D_1 = \dfrac{m_2}{m_1}$，$D_2 = \dfrac{\delta s_2}{\delta s_1}$，则式（2-5-3）变换为

$$m_1 \frac{\delta s_1}{\delta t_{10}} = m_1 \frac{\delta s_1}{\delta t_1} + m_2 \frac{\delta s_2}{\delta t_2}$$

$$\frac{m_2}{D_1} \frac{\frac{\delta s_2}{D_2}}{\delta t_{10}} = \frac{m_2}{D_1} \frac{\frac{\delta s_2}{D_2}}{\delta t_1} + m_2 \frac{\delta s_2}{\delta t_2}$$

$$\frac{m_2}{D_1} \frac{\delta s_2}{D_2 \delta t_{10}} = \frac{m_2}{D_1} \frac{\delta s_2}{D_2 \delta t_1} + m_2 \frac{\delta s_2}{\delta t_2}$$

$$\frac{1}{D_1 D_2 \delta t_{10}} = \frac{1}{D_1 D_2 \delta t_1} + \frac{1}{\delta t_2}$$

$$\frac{1}{\delta t_{10}} = \frac{1}{\delta t_1} + D_1 D_2 \frac{1}{\delta t_2} \qquad (2\text{-}5\text{-}7)$$

碰撞前后总动量百分偏差为

$$B = \frac{P - P'}{P} \times 100\%$$

$$\frac{P - P'}{P} = \frac{m_1 v_{10} - (m_1 v_1 + m_2 v_2)}{m_1 v_{10}} = \frac{\frac{1}{\delta t_{10}} - \left(\frac{1}{\delta t_1} + D_1 D_2 \frac{1}{\delta t_2}\right)}{\frac{1}{\delta t_{10}}} \qquad (2\text{-}5\text{-}8)$$

$$= 1 - \left(\frac{1}{\delta t_1} + D_1 D_2 \frac{1}{\delta t_2}\right) \delta t_{10}$$

碰撞后动能损耗率为

$$\frac{E - E'}{E} = \frac{\frac{1}{2} m_1 v_{10}^2 - \left(\frac{1}{2} m_1 v_1^2 + \frac{1}{2} m_2 v_2^2\right)}{\frac{1}{2} m_1 v_{10}^2}$$

$$= 1 - \left(\frac{1}{\delta t_1^2} + D_1 D_2^2 \frac{1}{\delta t_2^2}\right) \delta t_{10}^2 \qquad (2\text{-}5\text{-}9)$$

$$= \left(\frac{D_2}{\delta t_2} - \frac{1}{\delta t_1}\right) \delta t_{10}$$

由此，式（2-5-4）可表示为

$$e = \frac{v_2 - v_1}{v_{10} - v_{20}}$$

$$= \frac{D_2 \delta s_1 / \delta t_2 - \delta s_1 / \delta t_1}{\delta s_1 / \delta t_{10}} = \frac{D_2 / \delta t_2 - 1 / \delta t_1}{1 / \delta t_{10}} \qquad (2\text{-}5\text{-}10)$$

$$= \left(\frac{D_2}{\delta t_2} - \frac{1}{\delta t_1}\right) \delta t_{10}$$

当 $m_1 = m_2$ 时，$D_1 = \dfrac{m_2}{m_1} = 1$，$v_1 = 0$，有

$$\frac{P-P'}{P} = \frac{m_1 v_{10} - (m_1 v_1 + m_2 v_2)}{m_1 v_{10}} = \frac{m_1 v_{10} - m_2 v_2}{m_1 v_{10}}$$

$$= 1 - \frac{m_2 v_2}{m_1 v_{10}} = 1 - D_1 \frac{v_2}{v_{10}} = 1 - \frac{v_2}{v_{10}}$$

$$= 1 - \frac{\delta s_2 / \delta t_2}{\delta s_1 / \delta t_{10}} = 1 - \frac{\delta s_2 \delta t_{10}}{\delta s_1 \delta t_2} = 1 - D_2 \frac{\delta t_{10}}{\delta t_2}$$

$$\frac{E-E'}{E} = \frac{\dfrac{1}{2} m_1 v_{10}^2 - \left(\dfrac{1}{2} m_1 v_1^2 + \dfrac{1}{2} m_2 v_2^2\right)}{\dfrac{1}{2} m_1 v_{10}^2} \quad (\text{因为} m_1 = m_2, v_1 = 0)$$

$$= 1 - \left(\frac{v_2}{v_{10}}\right)^2 = 1 - \left(\frac{\delta s_2 / \delta t_2}{\delta s_1 / \delta t_{10}}\right)^2 = 1 - \left(\frac{\delta s_2 \delta t_{10}}{\delta s_1 \delta t_2}\right)^2$$

$$= 1 - \left(D_2 \frac{\delta t_{10}}{\delta t_2}\right)^2$$

$$e = \frac{v_2 - v_1}{v_{10} - v_{20}} = \frac{v_2}{v_{10}} = \frac{\delta s_2 / \delta t_2}{\delta s_1 / \delta t_{10}} = \frac{\delta s_2 \delta t_{10}}{\delta s_1 \delta t_2} = D_2 \frac{\delta t_{10}}{\delta t_2}$$

即

$$\left.\begin{array}{l} \dfrac{P-P'}{P} = 1 - D_2 \dfrac{\delta t_{10}}{\delta t_2} \\[2mm] \dfrac{E-E'}{E} = 1 - \left(D_2 \dfrac{\delta t_{10}}{\delta t_2}\right)^2 \\[2mm] e = D_2 \dfrac{\delta t_{10}}{\delta t_2} \end{array}\right\} \qquad (2\text{-}5\text{-}11)$$

（2）完全非弹性碰撞。完全非弹性碰撞后，m_1 和 m_2 粘在一起运动，并且测量碰撞前后的速度是用滑块 m_1 上的同一个挡光片测得的，故由式（2-5-6）即 $m_1 v_{10} = (m_1 + m_2) v$，可得 $v_{10} = \dfrac{m_1 + m_2}{m_1} v$。

在与完全弹性碰撞相同的假设条件下，有

$$\frac{\delta s_1}{\delta t_{10}} = \left(1 + \frac{m_2}{m_1}\right) \frac{\delta s_1}{\delta t}$$

$$\frac{1}{\delta t_{10}} = (1 + D_1) \frac{1}{\delta t}$$

且有

$$\frac{P-P'}{P} = \frac{m_1 v_{10} - (m_1+m_2)v}{m_1 v_{10}}$$

$$= 1 - \frac{(m_1+m_2)v}{m_1 v_{10}} = 1 - \left(\frac{v}{v_{10}} + \frac{m_2}{m_1} \cdot \frac{v}{v_{10}}\right)$$

$$= 1 - \left(\frac{\delta s_1/\delta t}{\delta s_1/\delta t_{10}} + D_1 \frac{\delta s_1/\delta t}{\delta s_1/\delta t_{10}}\right)$$

$$= 1 - (1+D_1)\frac{\delta t_{10}}{\delta t}$$

$$\frac{E-E'}{E} = \frac{\frac{1}{2}m_1 v_{10}^2 - \left(\frac{1}{2}m_1 v^2 + \frac{1}{2}m_2 v^2\right)}{\frac{1}{2}m_1 v_{10}^2}$$

$$= 1 - \frac{(m_1+m_2)v^2}{m_1 v_{10}^2} = 1 - \frac{(m_1+m_2)}{m_1}\left(\frac{\delta s_1/\delta t}{\delta s_1/\delta t_{10}}\right)^2$$

$$= 1 - (1+D_1)\left(\frac{\delta t_{10}}{\delta t}\right)^2$$

$$e = 0$$

即

$$\left.\begin{array}{l}\dfrac{P-P'}{P} = 1 - (1+D_1)\dfrac{\delta t_{10}}{\delta t} \\[2ex] \dfrac{E-E'}{E} = 1 - (1+D_1)\left(\dfrac{\delta t_{10}}{\delta t}\right)^2 \\[2ex] e = 0\end{array}\right\} \quad (2\text{-}5\text{-}12)$$

若 $m_1 = m_2$，$D_1 = 1$，则式（2-5-12）就更简单了。

验证动量守恒定律，只需比较等式（2-5-11）和式（2-5-12）两边是否相等，只要各量单位一致，就不必计算动量数值。在式（2-5-11）与式（2-5-12）中，只要把多次出现的量（如 D_1、D_2 等）计算出来，进行大量重复计算时，就可大大简化计算，对处理数据有现实意义。

【实验内容与步骤】

实验之前，安装好光电门，光电门指针之间的距离为 50cm，设定挡光片宽度为 5.00cm。将气垫导轨调水平，并将 MUJ–ⅡB 型电脑通用计数器功能设定在"碰撞"挡（参看实验 2-4 的拓展知识 1、2）。

1. 在完全弹性碰撞的情形下验证动量守恒定律

（1）在质量相等（$m_1 = m_2$）的两个滑块上分别装上挡光片，务必使挡光边与滑块运动方向垂直。将光电门放置在能记下最接近碰撞前后滑块速度的位置，保证挡光片在碰撞过程中不改变姿态并使挡光片的同一部位通过不同的光电门。接通气源后，将一个滑块

(m_2）置于两个光电门中间，并令它静止（$v_{20}=0$）。

（2）将另一个滑块（m_1）放在气垫导轨的任一端，轻轻将它推向滑块 m_2，记下滑块 m_1 通过光电门 1 的速度 v_{10}。

（3）两个滑块碰撞后，滑块 m_1 静止，而滑块 m_2 以速度 v_2 向前运动，记下 m_2 经过光电门 2 的速度 v_2（按上述步骤重复数次，将所测数据填入数据表）。

（4）在滑块上加一个砝码（或在两边加砝码），使 $m_1 > m_2$，重复上述步骤，记下滑块 m_1 在碰撞前经过光电门 1 的速度 v_{10} 及碰撞后 m_2 和 m_1 先后经过光电门 2 的速度 v_1 和 v_2。重复数次，将所测数据填入表 2-5-1。

注意：在滑块 m_2 经过光电门 2 运动到气垫导轨一端时，应使它静止，否则反弹回来，碰撞 m_1 则影响测量速度 v_1。

（5）在上述 $v_{20}=0$，$m_1=m_2$ 及 $m_1 > m_2$ 的条件下，验证动量守恒定律，计算动量百分偏差，计算恢复系数。

2. 在完全非弹性碰撞情形下验证动量守恒定律

参照实验内容 1，自行安排实验。在两个滑块的碰撞端放置尼龙搭扣，碰撞后两个滑块粘在一起运动。验证下列两种情况下，动量是否守恒：① $v_{20}=0$，$m_1=m_2$ 时；② $v_{20}=0$，$m_1 > m_2$ 时。

将实验数据填入表 2-5-2，比较完全非弹性碰撞前后的速度（用同一个挡光片测量速度），计算动量百分偏差、动能损耗率。

【数据记录与处理】

将实验数据填入表 2-5-1、表 2-5-2，并根据数据计算动量百分偏差。

表 2-5-1 完全弹性碰撞数据

$m_1=$____kg，$m_2=$____kg，$v_{20}=0$

次数	碰 撞 前		碰 撞 后					百分偏差
	$v_{10}/$ (m·s^{-1})	$P=m_1 v_{10}/$ (kg·m·s^{-1})	$v_1/$ (m·s^{-1})	$P_1'=m_1 v_1/$ (kg·m·s^{-1})	$v_2/$ (m·s^{-1})	$P_2'=m_2 v_2/$ (kg·m·s^{-1})	$P'=P_1'+P_2'$	$B=\dfrac{P-P'}{P}\times 100\%$
1								
2								
3								
4								
5								

注：若 $P < P'$ 时为不合理数据，应当剔除（请思考原因）。

表 2-5-2 完全非弹性碰撞数据

$m_1 = \underline{\quad}$ kg, $m_2 = \underline{\quad}$ kg, $v_{20} = 0$

次数	碰 撞 前		碰 撞 后		百分偏差
	v_{10} / (m·s^{-1})	$P = m_1 v_{10}$ / (kg·m·s^{-1})	v / (m·s^{-1})	$P' = (m_1 + m_2) v$ / (kg·m·s^{-1})	$B = \dfrac{P - P'}{P} \times 100\%$
1					
2					
3					
4					
5					

【思考题】

（1）在完全弹性碰撞情形下，当 $m_1 > m_2$，$v_{20} = 0$ 时，两个滑块碰撞前后的总动能是否相等？试用数据表中的测量数据验算。若不完全相等，试分析产生误差的原因。

（2）在完全非弹性碰撞实验中，为什么要用同一个挡光片测量碰撞前后的速度？

【延伸阅读】

现代科学技术中利用火箭作为运载工具，发射探测仪器、常规弹头和核弹头、人造卫星和宇宙飞船等。火箭的垂直飞行原理遵循动量守恒定律：火箭燃料燃烧产生的大量高温、高压燃气从尾部喷管高速向后方喷出，使火箭获得巨大的向前的速度，喷气速度越大，火箭飞行速度就越大。

近年来，我国在火箭发射技术方面取得了举世瞩目的成就，特别是独立自主研制的长征二号F火箭，成功实现了轨道载人运载，全面提升了我国运载火箭的国际竞争力，对我国载人航天工程战略目标的实现有决定性意义。

2-6 气垫导轨上简谐振动的研究

振动现象广泛地存在于自然界中，如钟摆的运动、被拨动的吉他琴弦的振动、列车通过桥梁时桥梁的运动等都是振动。除了机械振动，还有电磁振动（如交流电路中电流或电压的振动、无线电波中的电场和磁场的振动）等。

由振动的物体与对它施力引起振动的周围物体所构成的系统称为振动系统，通常振动系统是很复杂的。为了简化问题，人们引进了一个理想的振动模型，即简谐振子。简谐振子的运动是一种特别简单的周期运动，称为简谐振动。弹簧振子的振动是最简单的简谐振动，可以证明，一切复杂的周期振动都可表示为多个简谐振动的和。因此，通过熟悉弹簧振子的简谐振动的规律及其特征来理解复杂振动的规律是非常必要的。

【实验目的】

（1）观察简谐振动现象，测定简谐振动的周期。
（2）观察简谐振动的周期随振子质量和弹簧刚度系数的变化。
（3）学习使用气垫导轨和计时仪器。

【实验仪器与用品】

气垫导轨及附件、J0201-CHJ 存贮式数字毫秒计、弹簧等。

【实验原理】

如图 2-6-1 所示，在水平气垫导轨上的滑块两端连接两根弹簧，两根弹簧的另一端分别固定在气垫导轨的两端点。以水平方向向右作 X 轴的正方向，当滑块处于平衡位置 O 时，滑块所受的合外力为零。当把滑块从 O 点向右移动距离 x 时，左边的弹簧被拉长，右边的弹簧被压缩，如果两根弹簧的刚度系数分别为 k_1、k_2，则滑块所受到的弹性力 F 为

$$F = -(k_1 + k_2)x \tag{2-6-1}$$

式中的负号是因为弹性力 F 的方向与位移 x 的方向相反。

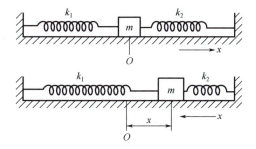

图 2-6-1　气垫导轨上简谐振动示例

在弹性力 F 的作用下，滑块向左运动。令 $k=k_1+k_2$，按照牛顿第二定律（$ma=F$），可得

$$m\frac{d^2 x}{dt^2} = -kx$$

令

$$\omega^2 = \frac{k}{m}$$

则有

$$\frac{d^2 x}{dt^2} = -\omega^2 x \tag{2-6-2}$$

式（2-6-2）是振动物体的动力学方程，对此微分方程求解，可得

$$x = x_0 \cos(\omega t + \varphi_0) \tag{2-6-3}$$

式（2-6-3）表明：滑块的运动是简谐振动。x_0 称为振幅，表示滑块运动的最大位移；ω 为振动的角频率，只与滑块的质量和弹簧的刚度系数有关；φ_0 称为初相位。

滑块所做的运动是周期运动，周期 T 可表示为

$$T = \frac{2\pi}{\omega} = 2\pi\sqrt{\frac{m}{k}} \qquad (2\text{-}6\text{-}4)$$

可见，如果弹簧的刚度系数 k 或滑块的质量 m 改变，则周期 T 也会随着改变。

将式（2-6-3）对时间求导，可得滑块的运动速度为

$$v = \frac{dx}{dt} = -\omega x_0 \sin(\omega t + \varphi_0) \qquad (2\text{-}6\text{-}5)$$

弹簧振子的能量包括滑块动能 E_k 和弹簧势能 E_p，分别为

$$E_k = \frac{1}{2}mv^2 = \frac{1}{2}m\omega^2 x_0^2 \sin^2(\omega t + \varphi_0) \qquad (2\text{-}6\text{-}6)$$

$$E_p = \frac{1}{2}kx^2 = \frac{1}{2}kx_0^2 \cos^2(\omega t + \varphi_0) \qquad (2\text{-}6\text{-}7)$$

振子的总能量为

$$E = E_k + E_p = \frac{1}{2}m\omega^2 x_0^2 \sin^2(\omega t + \varphi_0) + \frac{1}{2}kx_0^2 \cos^2(\omega t + \varphi_0)$$

因为 $\omega^2 = \dfrac{k}{m}$，所以

$$E = \frac{1}{2}m\omega^2 x_0^2 = \frac{1}{2}kx_0^2$$

由此可见，**弹簧振子的能量包括动能和势能，而动能和势能均随时间做周期性变化，动能大时势能就小，动能小时势能就大，从而保持系统的总能量不变。**

以上讨论是在忽略滑块所受摩擦力和空气阻力及弹簧质量的前提下进行的，但无论阻力多么微小，滑块最终都将停止运动。实际上，滑块的运动是一种阻尼振动。由于振幅衰减得较慢，因此可以把滑块的运动看作近似的简谐振动。

【实验内容与步骤】

实验前，应熟悉气垫导轨的使用方法和 J0201-CHJ 存贮式数字毫秒计的使用方法。

1. 测定弹簧的刚度系数

（1）将气垫导轨调水平（参阅实验 2-4 拓展知识 1），打开气源。

（2）如图 2-6-2 所示，把弹簧的一端接到气垫导轨的一端，另一端接一个滑块。滑块的另一端接带砝码盘的细线，使细线通过滑轮下垂。

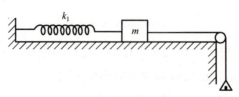

图 2-6-2　测定弹簧劲度系数

（3）记下滑块的位置 x_0，然后在砝码盘里依次放上 10g、20g、30g、40g、50g 的砝码，分别记下滑块的位置。用逐差法算出弹簧的刚度系数。计算时注意加上砝码盘的质量。

（4）换另一根弹簧重复上面的实验。

（5）用物理天平测出滑块的质量 m，按式（2-6-4）算出振动周期 T。

2. 测定弹簧振子的振动周期

（1）如图 2-6-1 所示，将振动系统放到水平气垫导轨上，将 J0201-CHJ 存贮式数字毫秒计的光电门放到初始位置处，记下滑块的初始位置，按【功能】键选择"T"挡（测振子周期），设定所测周期数为 20 次，用手推动一下滑块，使其振动，测量 20 次周期的时间，并求出周期。

（2）改变振动的振幅，共测 5 次，观察周期的变化。

（3）在滑块上放置 20g、40g、60g、80g、100g 的砝码，分别测出振动周期。

3. 验证机械能守恒

将光电门放在平衡位置处，拉开滑块 20cm，测滑块在平衡位置的速度，然后将光电门移至距平衡位置 5cm、10cm、15cm、20cm 处，测量各处的速度。注意每次都要将滑块拉至 20cm 处。根据式（2-6-6）和式（2-6-7）算出各处的动能和势能，计算总能量 $E=E_k+E_p$。

【数据记录与处理】

（1）用逐差法分别求出弹簧的刚度系数 k_1、k_2，振动系统的刚度系数为 $k=k_1+k_2$，按式（2-6-4）求出振动周期。

（2）求出 5 次周期的平均值，并求出不确定度。

（3）画出振动周期与滑块质量的关系曲线。

（4）用式（2-6-6）和式（2-6-7）分别算出各处的 E_k 和 E_p，验证机械能守恒。

【思考题】

（1）如果把刚度系数分别为 k_1 和 k_2 的两根弹簧串联起来，合成的弹簧刚度系数为多少？如果并联起来，刚度系数又为多少？

（2）在振动系统中，何处速度最大？何处加速度最大？

（3）如果气垫导轨未调节到水平状态，则对测量结果有无影响？为什么？

2-7 固体线膨胀系数的测定及温度的 PID 调节

热膨胀是固体材料中一个很重要的特性。固体因受热而引起线度变化的现象称为线膨胀。对于不同材料的固体，线膨胀程度各不相同。通常以线膨胀系数表征不同物质热膨胀的程度。一般情况下，固体的膨胀是十分微小的，但固体发生很小的热膨胀能产生很大的应力。因此，线膨胀系数是工程设计、精密仪器制造、材料焊接和加工中必须考虑的重要参数。该实验可以提高我们的安全意识，启迪我们做事更加认真仔细，引发我们对"差之毫厘，失之千里"的深思。

【实验目的】

(1) 测量金属的线膨胀系数。
(2) 学习 PID 调节的原理并通过实验了解参数设置对 PID 调节过程的影响。

【实验仪器与用品】

金属线膨胀实验仪、ZKY–PID 温控实验仪、千分表等。

固体线膨胀系数的测定及温度的 PID 调节

【实验原理】

1. 线膨胀系数

设在温度 T_0 时固体的长度为 L_0,在温度 T_1 时固体的长度为 L_1。实验指出当温度变化范围不大时,固体的伸长量 $\Delta L = L_1 - L_0$ 与温度变化量 $\Delta T = T_1 - T_0$ 及固体的长度 L_0 成正比,即

$$\Delta L = \alpha L_0 \Delta T \qquad (2\text{-}7\text{-}1)$$

式中,α 为比例系数,称为固体的线膨胀系数,由式(2-7-1)知

$$\alpha = \frac{\Delta L}{L_0 \Delta T} \qquad (2\text{-}7\text{-}2)$$

可以将 α 理解为当温度升高 1℃时,固体增大的长度与原来长度之比。多数金属的线膨胀系数为 $(0.8 \sim 2.5) \times 10^{-5}\,℃^{-1}$。

线膨胀系数是与温度有关的物理量。当 ΔT 很小时,由式(2-7-2)测得的 α 称为固体在温度为 T_0 时的微分线膨胀系数。当 ΔT 是一个不太大的变化区间时,近似认为 α 是不变的,由式(2-7-2)测得的 α 称为固体在 $T_0 \sim T_1$ 温度范围内的线膨胀系数。

由式(2-7-2)知,在 L_0 已知的情况下,**固体线膨胀系数的测量实际归结为温度变化量 ΔT 与相应的长度变化量 ΔL 的测量**。由于 α 数值较小,在 ΔT 不大的情况下,ΔL 也很小,因此准确地控制温度、测量温度及固体的伸长量 ΔL 是保证测量成功的关键。

2. 金属线膨胀实验仪

金属线膨胀实验仪外形如图 2-7-1 所示。金属棒(空心)的一端用螺钉连接在固定端,滑动端装有轴承,金属棒可在此方向自由伸长。通过流过金属棒的水加热金属,金属的膨胀量用千分表测量。支架均用隔热材料制作,金属棒外面包有绝热材料,以阻止热量向基座传递,保证测量准确。

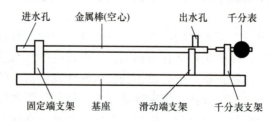

图 2-7-1 金属线膨胀实验仪外形

3. PID 调节原理

PID 调节是自动控制系统中应用极广泛的一种调节规律，自动控制系统的原理可用图 2-7-2 说明。

图 2-7-2　自动控制系统的原理框图

若被控量与设定值之间有偏差 $e(t)=$ 设定值 − 被控量，则调节器依据 $e(t)$ 及一定的调节规律输出调节信号 $u(t)$，该信号作用于执行单元，使执行单元输出操作量，操作量进一步作用于被控对象，使被控量逼近直至等于设定值。调节器是自动控制系统的指挥机构。

在温度控制系统中，调节器采用 PID 调节，执行单元是由晶闸管控制加热电流的加热器，操作量是加热功率，被控对象是水箱中的水，被控量是水的温度。

PID 调节是按偏差的比例（proportional）、积分（integral）、微分（derivative）进行调节，其调节规律可表示为

$$u(t) = K_\mathrm{P}\left[e(t) + \frac{1}{T_\mathrm{I}}\int_0^t e(t)\mathrm{d}t + T_\mathrm{D}\frac{\mathrm{d}e(t)}{\mathrm{d}t}\right] \quad (2\text{-}7\text{-}3)$$

式中，等号右边第一项为比例调节，K_P 为比例系数；第二项为积分调节，T_I 为积分时间常数；第三项为微分调节，T_D 为微分时间常数。

PID 温度控制系统在调节过程中温度随时间的一般变化关系可用图 2-7-3 表示。控制效果可用稳定性、准确性和快速性评价。

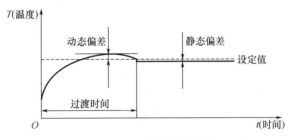

图 2-7-3　PID 温度控制系统调节过程

若系统重新设定（或受到扰动）后经过一定的过渡能够达到新的平衡状态，则为稳定的调节过程；若被控量反复振荡，甚至振幅越来越大，则为不稳定调节过程，不稳定调节过程是有害而不能采用的。准确性可用被控量的动态偏差和静态偏差来衡量，二者越小，准确性越高。快速性可用过渡时间表示，过渡时间越短越好。实际控制系统中，上述三方面指标常常是互相制约、互相矛盾的，应结合具体要求综合考虑。

如图 2-7-3 所示，系统在达到设定值后一般并不能立即稳定在设定值，而是超过设定值后经一定的过渡过程重新稳定，产生超调的原因可从系统的热惯性、传感器滞后和调节器特性等方面予以说明。系统在升温过程中加热器温度总是高于被控对象温度，达到设定

值后,即使减小或切断加热功率,加热器储存的热量在一定时间内仍然会使系统升温降温有类似的反向过程,这称为系统的热惯性。传感器滞后是指由于传感器本身热传导特性或是传感器的安装位置,传感器测量的温度比系统实际的温度在时间上滞后,系统达到设定值后调节器无法立即作出反应,产生超调。调节器特性是采用 PID 调节,这一调节方式是经典控制理论中控制系统的一种基本调节方式,是具有比例、积分和微分作用的一种线性调节。对于实际的控制系统,必须依据系统特性合理整定 PID 参数,才能取得好的控制效果。

由式(2-7-3)可见,比例调节项输出与偏差成正比,它能迅速对偏差作出反应,并减小偏差,但它不能消除静态偏差。这是由于任何高于室温的稳态都需要一定的输入功率维持,而比例调节项只有偏差存在时才输出调节量。增大比例系数 K_P 可减小静态偏差,但当系统有热惯性和传感器滞后时会使超调量加大。

积分调节项输出与偏差对时间的积分成正比,只要系统存在偏差,积分调节作用就不断积累,输出调节量以消除偏差。积分调节作用缓慢,在时间上总是滞后于偏差信号的变化。增加积分作用(减小 T_I)可加快消除静态偏差,但会使系统超调量加大,增大动态偏差,积分作用太强甚至会使系统出现不稳定状态。

微分调节项输出与偏差对时间的变化率成正比,它阻碍温度的变化,能减小超调量,克服振荡。在系统受到扰动时,它能迅速作出反应,缩短调整时间,提高系统的稳定性。

4. ZKY-PID 温控实验仪

温控实验仪包含水箱、水泵、加热器、控制及显示电路等部分。ZKY-PID 温控实验仪内置微处理器,带有液晶显示屏,具有操作菜单化,能根据实验对象选择 PID 参数以达到最佳控制,能显示温控过程的温度变化曲线和功率变化曲线及温度、功率的实时值,能存储温度变化曲线和功率变化曲线,控制精度高等特点,实验仪面板如图 2-7-4 所示。

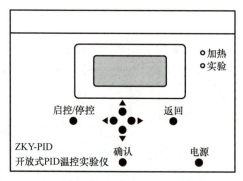

图 2-7-4 ZKY-PID 温控实验仪面板

开机后,水泵开始运转,显示屏显示操作菜单,可选择工作方式,输入序号及室温,设定温度及 PID 参数。使用◀▶键选择项目,▲▼键设置参数,按"确认"键进入下一屏,按"返回"键返回上一屏。

进入测量界面后,屏幕上方的数据栏从左至右依次显示序号、设定温度、初始温度、当前温度、当前功率、调节时间等参数。图形区以横坐标代表时间,纵坐标代表温度(功率),并可用▲▼键改变温度坐标值。仪器每隔 15s 采集一次温度及加热功率值,并将采得的数据标示在图上。温度达到设定值并保持 2min 温度波动小于 0.1℃，仪器自动判定达到平衡，并在图形区右边显示过渡时间 t（单位为 s）、动态偏差 σ 和静态偏差 e。一次实验完成退出时，仪器自动按设定的序号存储屏幕（共可存储 10 幅），以供必要时分析比较。

5. 千分表

千分表是用于精密测量位移量的量具，它利用齿条-齿轮传动机构将线位移转变为角位移，由表针的角度改变量读出线位移量。大表针转动一圈（小表针转动一格）代表线位移 0.2mm，最小分度值为 0.001mm。

【实验内容与步骤】

1. 检查仪器后面的水位管，将水箱里的水加到适当值

平常加水从仪器顶部的注水孔注入。若水箱排空后第一次加水，则应该用软管从出水孔将水经水泵加入水箱，以便排出水泵内的空气，避免水泵空转（无循环水流出）或发出"嗡嗡"声。

2. 设定 PID 参数

PID 参数可按经验方法设定为

$$K_P = 3(\Delta T)^{1/2}, \quad T_I = 30, \quad T_D = 1/99$$

ΔT 为设定温度与室温之差，设置好参数后，按【启控/停控】键开始或停止温度调节。

3. 测量线膨胀系数

实验开始前，检查金属棒是否固定良好、千分表安装位置是否合适。一旦开始升温就读数，避免再触动实验仪。

为保证实验安全，温控仪最高设置温度为 60℃。若决定测量 n 个温度点，则每次升温范围为 $\Delta T =$（60-室温）$/n$。为减小系统误差，将第一次温度达到平衡时的温度及千分表读数分别作为 T_0 及 L_0。温度的设定值每次提高 ΔT，温度在新的设定值达到平衡后，记录温度及千分表读数于表 2-7-1 中。

表 2-7-1 线膨胀系数测量数据

次数	0	1	2	3	4	5	6	7
温度 T_i/℃								
千分表读数 L_i/mm								
$\Delta T_i = T_i - T_0$								
$\Delta L_i = L_i - L_0$								

【数据记录与处理】

根据 $\Delta L = \alpha L_0 \Delta T$，由表 2-7-1 中数据用线性回归法或作图法求出 $\Delta L_i - \Delta T_i$ 直线的斜率 K，已知固体样品长度 $L_0 = 500$mm，可求出固体线膨胀系数 $\alpha = K / L_0$。

【注意事项】

（1）本实验温度不要太高。

（2）做完实验后，若 1～2 周不再做，则应把水箱中的水倒掉。

【思考题】

（1）对于一种材料来说，线膨胀系数是否一定是一个常数？为什么？

（2）你还能想到一种测微小长度的方法，从而测出线膨胀系数吗？

（3）引起固体线膨胀系数测量误差的主要因素是什么？

2-8　动态法测定材料的弹性模量

弹性模量是描述固体材料抵抗形变能力的重要物理量，是工程技术中常用的设计参数之一。弹性模量的测定可采用静态法和动态法。前者常用于大变形、常温下的测量，其缺点是不能真实地反映材料内部结构的变化，而且不能测量脆性材料、材料在不同温度下的弹性模量；后者不仅克服了前者的上述缺陷，而且更具实用价值。本实验采用后者测定材料的弹性模量。

【实验目的】

（1）理解动态法测定弹性模量的基本原理。

（2）学会用动态法测定材料的弹性模量。

（3）培养学生综合运用知识和使用常用实验仪器的能力。

【实验仪器与用品】

YM-2 型动态杨氏弹性模量测试仪、YM-2 型动态杨氏弹性模量信号发生器、示波器、试样棒（铜、不锈钢等材料）、连接线等。

【实验原理】

根据弹性力学原理，一根细长棒（长度远大于直径）做横向自由振动（又称弯曲振动）时，棒的轴线沿 x 方向满足

$$\frac{\partial^4 y}{\partial x^4} + \frac{\rho S}{EJ} \cdot \frac{\partial^2 y}{\partial t^2} = 0 \qquad (2\text{-}8\text{-}1)$$

式中，ρ 为棒的密度；S 为棒的横截面面积；E 为材料的弹性模量；J 为某截面的转动惯量。用分离变量法解方程，设

$$y(x,t) = X(x)T(t)$$

代入式（2-8-1），并在方程两边同除以 $X(x)T(t)$，得

$$\frac{1}{X} \cdot \frac{\mathrm{d}^4 X}{\mathrm{d} x^4} = -\frac{\rho S}{EJ} \cdot \frac{1}{T} \cdot \frac{\mathrm{d}^2 T}{\mathrm{d} t^2}$$

等式两边分别是变量 x 和 t 的函数，只有在等式两端都等于同一个常数时，等式才可能成立，设此常数为 K^4，则可得到以下两个方程。

$$\frac{d^4 X}{dx^4} - K^4 X = 0$$

$$\frac{d^2 T}{dt^2} + \frac{K^4 EJ}{\rho S} T = 0$$

如果棒中每点都做简谐振动，这两个线性常微分方程的通解就分别为

$$X(x) = B_1 \mathrm{ch} Kx + B_2 \mathrm{sh} Kx + B_3 \cos Kx + B_4 \sin Kx$$
$$T(t) = A\cos(\omega t + \varphi)$$

于是式（2-8-1）的通解为

$$y(x,t) = (B_1 \mathrm{ch} Kx + B_2 \mathrm{sh} Kx + B_3 \cos Kx + B_4 \sin Kx) A\cos(\omega t + \varphi)$$

式中

$$\omega = \left(\frac{K^4 EJ}{\rho S}\right)^{\frac{1}{2}} \tag{2-8-2}$$

式（2-8-2）称为频率公式，对不同边界条件、任意形状截面的试样都成立。只要根据特定的边界条件定出常数 K，代入特定截面的转动惯量 J，就可以得到具体条件下的关系式。

对于用细线悬挂起来的棒，如果悬点在试样的节点（处于共振状态的棒中位移恒为零的位置）附近，则棒的两端处于自由状态，此时边界条件如下。

自由端横向作用力 $\quad F = -\dfrac{\partial M}{\partial x} = -EJ\dfrac{\partial^3 y}{\partial x^3} = 0$

弯矩 $\quad M = EJ\dfrac{\partial^2 y}{\partial x^2} = 0$

即

$$\left.\frac{d^3 X}{dx^3}\right|_{x=0} = 0 \quad \left.\frac{d^3 X}{dx^3}\right|_{x=l} = 0$$

$$\left.\frac{d^2 X}{dx^2}\right|_{x=0} = 0 \quad \left.\frac{d^2 X}{dx^2}\right|_{x=l} = 0$$

式中，l 为棒长。

将通解代入边界条件，得到

$$\cos Kl \cdot \mathrm{ch} Kl = 1$$

用数值解法求得 K 和 l 应满足

$$Kl = 0,\ 4.730,\ 7.853,\ 10.966,\ 14.137,\ \cdots$$

由于第一个根"0"对应静止状态，因此将第二个根 4.730 记为第一个根，记作 $K_1 l$。$K_1 l$ 对应的振动频率 f_1 称为基振频率（基频）或固有频率。在上述 $K_m l$ 值中，第 1，3，5，…

个数值对应"对称形振动"，第 2，4，6，…个数值对应"反对称形振动"。最低级次的对称形和反对称形振动的波形分别如图 2-8-1（a）和图 2-8-1（b）所示。从图 2-8-1 可以看出试样在做基频振动时，存在两个节点，它们的位置距端面分别为 $0.224l$ 和 $0.776l$。

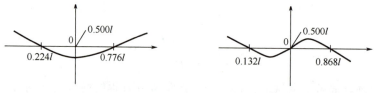

（a）最低级次的对称形振动的波形　　　（b）反对称形振动的波形

图 2-8-1　二端自由棒基频弯曲振动波形

将 $K = \dfrac{4.730}{l}$ 代入式（2-8-2），可知棒做基频振动的固有频率为

$$\omega = \left[\dfrac{(4.730)^4 EJ}{\rho l^4 S}\right]^{\frac{1}{2}}$$

解出弹性模量为

$$E = 1.9978 \times 10^{-3} \dfrac{\rho l^4 S}{J} \omega^2$$

$$= 7.8870 \times 10^{-2} \dfrac{l^3 m}{J} f^2$$

式中，m 为棒的质量。

对于圆棒（$d \ll l$），有

$$J = \int y^2 \mathrm{d}S = S\left(\dfrac{d}{4}\right)^2$$

式中，d 为圆棒的直径。可得

$$E = 1.6067 \dfrac{l^3 m}{d^4} f^2 \quad (2\text{-}8\text{-}3)$$

对于矩形棒，有

$$J = \dfrac{bh^3}{12}$$

式中，b 为棒宽；h 为棒厚。可得

$$E = 0.9464 \dfrac{l^3 m}{bh^3} f^2 \quad (2\text{-}8\text{-}4)$$

本实验中所用试样棒为圆棒，式（2-8-3）为圆棒弹性模量的计算公式，式中，l 为棒长，m 为棒的质量，d 为圆棒的直径。如果实验中测定了试样棒在不同温度下的固有频

率 f，则可算出试样棒在不同温度下的弹性模量 E。在国际单位制中，弹性模量的单位为 $N \cdot m^{-2}$。

注意：式（2-8-3）是在 $d \ll l$ 的条件下推出的，实际试样棒的径长比不可能趋于零，从而给求得的弹性模量带来了系统误差，要对求得的弹性模量进行修正，E（修正）$=KE$（未修正），K 为修正系数。当材料的泊松比为 0.25 时，基频波修正系数随径长比的变化见表 2-8-1。

表 2-8-1 基频波修正系数随径长比的变化

径长比 d/l	0.01	0.02	0.03	0.04	0.05	0.06	0.08	0.10
修正系数 K	1.001	1.002	1.005	1.008	1.014	1.019	1.033	1.051

【实验内容与步骤】

1. 测量试样棒的直径、长度和质量

（1）用游标卡尺测量试样棒的直径，在不同部位测量五次，取平均值。
（2）用米尺测量试样棒的长度，测量五次，取平均值。
（3）用天平测量试样棒的质量，测量五次，取平均值。

2. 测量试样棒在室温时的共振频率 f

（1）安装试样棒。

如图 2-8-2 所示，选择一根试样棒，将其小心地悬挂于两悬丝上，要求悬丝与试样棒轴向垂直，试样棒保持横向水平，两悬丝挂点到试样棒端点的距离相同，并处于静止状态。

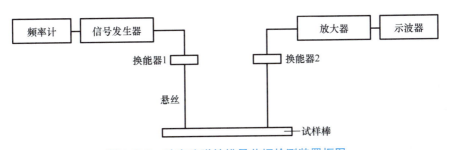

图 2-8-2 动态法弹性模量共振检测装置框图

（2）连接仪器。

按图 2-8-2 所示连接各仪器。由信号发生器输出的等幅正弦波信号加在换能器 1 上，通过换能器 1 把电信号转变为机械振动，再由悬丝把机械振动传递给试样棒，使试样棒被迫做横向振动。机械振动沿试样棒及另一端的悬丝传递给换能器 2，这时机械振动又转变为电信号。该信号经放大器放大后输入示波器并显示。

(3)开机。

分别打开示波器、动态杨氏弹性模量信号发生器的电源开关,电源指示灯亮。调整示波器,使其处于正常工作状态,选择正弦波形,适当选取输出衰减的大小。调整动态杨氏弹性模量信号发生器,调节幅度旋钮于适当的位置,按下频率范围按钮,调节频率旋钮显示当前输出频率。

(4)测量。

试样棒稳定之后,调节信号发生器频率旋钮,在估算的参考频率范围内扫描,寻找试样棒的共振频率 f。具体方法如下:当信号发生器的频率不等于试样棒的共振频率时,试样棒不发生振动,示波器上几乎没有波形信号或波形很小。当信号发生器的频率等于试样棒的共振频率时,试样棒振动,示波器上出现共振现象(正弦振幅突然变大),再调节信号发生器的频率微调旋钮。由于试样棒共振状态的建立需要一个过程,且共振峰十分尖锐,因此在共振点附近必须十分缓慢地调节频率。当波形振幅达到极大值时,记下此时的频率值 f。若此时的正弦信号的振幅太小或太大,则可以适当调节信号发生器的幅度旋钮或示波器的 Y 轴增幅,以使波形大小合适。

若测量不同材料的弹性模量,可以仿照上述方法进行测量。

【数据记录与处理】

将实验数据记入表 2-8-2。

表 2-8-2 动态法弹性模量实验数据   室温:_____℃

次 数	1	2	3	4	5
铜棒截面直径 d/mm					
铜棒长度 l/mm					
铜棒质量 m/g					
铜棒共振频率 f/Hz					
不锈钢棒截面直径 d/mm					
不锈钢棒长度 l/mm					
不锈钢棒质量 m/g					
不锈钢棒共振频率 f/Hz					
铝棒截面直径 d/mm					
铝棒长度 l/mm					
铝棒质量 m/g					
铝棒共振频率 f/Hz					

将所测各量的值代入式(2-8-3),计算出试样棒的弹性模量 E。分析计算铜棒共振频率和不锈钢棒共振频率的不确定度。

【注意事项】

(1)不能用力拉悬丝,否则会损坏换能器。

（2）不可随处乱放试样棒，一定要保持试样棒清洁，拿放时要特别小心。

（3）安装试样棒时，应先移动支架到既定位置，再悬挂试样棒。

（4）更换试样棒时一定要细心，轻拿轻放，避免把悬丝弄断或损坏试样棒。

（5）实验时，一定要待试样棒稳定后再测量。

（6）使用游标卡尺和天平时，请参考有关说明及注意事项。

【思考题】

（1）物体的固有频率和共振频率有什么不同？它们之间有什么关系？

（2）本实验是否可以使用李萨如图形法？若可以，应该如何连线？

【拓展知识】YM-2型动态杨氏弹性模量信号发生器

YM-2型动态杨氏弹性模量信号发生器的面板如图2-8-3所示。

电压表：指示输出电压的幅值，其值由幅度旋钮调节。

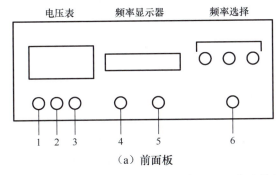
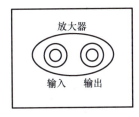

1—输出Ⅰ接口；2—输出Ⅱ接口；3—幅度旋钮；4—频率旋钮；5—频率微调旋钮；6—电源调节旋钮。

图2-8-3　YM-2型动态杨氏弹性模量信号发生器的面板

输出Ⅰ和输出Ⅱ两路并联输出，可用随机提供的专用导线与传感器、示波器等连接。

频率选择分三挡：500Hz～1kHz，1～1.5kHz，1.5～2kHz。

频率调节和频率微调：频率旋钮可粗调频率，频率微调旋钮可细调频率，调节幅度为±0.1Hz。实验时，两者必须配合使用。频率值由五位数码管显示。

放大器（在YM-2型动态杨氏弹性模量信号发生器的背板上）：如果使用的示波器灵敏度较低，可将换能器输出的信号经放大器放大后输入示波器。

2-9　扭摆法测定物体转动惯量

扭摆法测定物体转动惯量

转动惯量是刚体转动时惯性的量度，是表明刚体特性的一个物理量，转动惯量的概念、测量与计算在军事、工业、生活等领域有重要基础意义。在汽车中发动机上圆盘形齿轮的设计、直升机前后螺旋桨转动角速度的确定，以及跳水、花样滑冰运动员姿态分析都离不开转动惯量的测量或计算。

刚体转动惯量除与物体质量有关外，还与转轴的位置和质量分布（形

状、大小和密度分布）有关。对于形状简单、质量分布均匀的刚体，可以直接计算出它绕特定转轴的转动惯量。对于形状复杂、质量分布不均匀的刚体（如机械部件、电动机转子和枪炮的弹丸等），其转动惯量计算极为复杂，通常采用实验方法测定。

转动惯量的测定一般都是使刚体以一定形式运动，通过表征这种运动特征的物理量与转动惯量的关系，进行转换测定。本实验使物体做扭转摆动，由摆动周期及其他参数的测定计算出物体的转动惯量。

【实验目的】

（1）用扭摆测定几种不同形状物体的转动惯量和弹簧的扭转常数，并与理论值进行比较。

（2）验证转动惯量平行轴定理。

【实验仪器与用品】

DH0301 型智能转动惯量测试仪、扭摆及待测转动惯量的物体［实心塑料圆柱体、验证转动惯量平行轴定理用的金属细杆（杆上有两块可以自由移动的金属滑块）］等。

【实验原理】

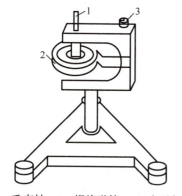

1—垂直轴；2—螺旋弹簧；3—水平仪。

图 2-9-1 扭摆的构造

扭摆的构造如图 2-9-1 所示，在垂直轴 1 上装有薄片状的螺旋弹簧 2，用以产生恢复力矩。在垂直轴的上方可以安装待测物体。垂直轴与支座间装有轴承，以降低摩擦力矩。水平仪 3 用来调整系统平衡。

将物体在水平面内转过角度 θ 后，在弹簧的恢复力矩作用下，物体开始绕垂直轴做往返扭摆运动。

根据胡克定律，弹簧受扭转而产生的恢复力矩 M 与转过的角度 θ 成正比，即

$$M = -K\theta \qquad (2\text{-}9\text{-}1)$$

式中，K 为弹簧的扭转常数。

根据转动定律，即

$$M = I\beta \qquad (2\text{-}9\text{-}2)$$

式中，I 为物体绕转轴的转动惯量；β 为角加速度。

由式（2-9-1）、式（2-9-2）得

$$\beta = \frac{M}{I} \qquad (2\text{-}9\text{-}2)$$

令 $\omega^2 = \dfrac{K}{I}$，忽略轴承的摩擦阻力矩，可得

$$\beta = \frac{\mathrm{d}^2\theta}{\mathrm{d}t^2} = -\frac{K}{I}\theta = -\omega^2\theta$$

上述方程表示扭摆运动具有角简谐振动的特性，角加速度与角位移成正比，且方向相反。此方程的解为

$$\theta = A\cos(\omega t + \phi)$$

式中，A 为角简谐振动的角振幅；ϕ 为初相位；ω 为角频率。

此角简谐振动的周期为

$$T = \frac{2\pi}{\omega} = 2\pi\sqrt{\frac{I}{K}} \tag{2-9-3}$$

或写成

$$I = \frac{T^2 K}{4\pi^2}$$

由式（2-9-3）可知，**只要实验测得物体扭摆的摆动周期，且 I 和 K 中一个量已知就可计算出另一个量。**

本实验用一个几何形状规则的物体，它的转动惯量可以根据其质量和几何尺寸用理论公式直接计算得到，再计算出弹簧的扭转常数 K。若要测定其他形状物体的转动惯量，则只需将待测物体安放在扭摆仪顶部的各种夹具上，测定其摆动周期，由式（2-9-3）即可算出该物体绕转轴的转动惯量。

【实验内容与步骤】

1. 实验内容

（1）熟悉扭摆的构造及使用方法，以及转动惯量测试仪的使用方法。
（2）测定扭摆的扭转常数（弹簧的扭转常数）K。
（3）测定塑料圆柱体与金属细杆的转动惯量，并与理论值比较，求百分误差。
（4）改变滑块在金属细杆上的位置，验证转动惯量平行轴定理。

2. 实验步骤

测量前调整扭摆支座底脚螺钉，使水准仪气泡居中，注意此时扭摆的位置不能再改变。装上金属载物盘，并将其转轴固定拧紧，不能有相对运动，此时调整光电探头的位置，使载物盘上挡光杆处于光电探头缺口中央，并且能遮住发射、接收红外光线的小孔，挡光杆与光电探头缺口不能磕碰，此时可以测定摆动周期 T。

（1）测量弹簧的扭转常数 K。

由于弹簧的扭转常数 K 不是固定常数，它与摆动角度略有关系，摆动角度在 90° 左右基本相同，在角度小时变小，因此，为了降低实验时由于摆动角度变化带来的系统误差，在测量弹簧的扭转常数 K 及待测物体的摆动周期时，摆动角度不宜过小，摆幅不宜变化过大。

载物盘的摆动周期
$$T_0 = 2\pi\sqrt{\frac{I_0}{K}}$$

$$T_0^2 = 4\pi^2 \frac{I_0}{K} \tag{2-9-4}$$

载物盘+圆柱的摆动周期
$$T_1 = 2\pi\sqrt{\frac{I_1' + I_0}{K}}$$

$$T_1^2 = 4\pi^2 \frac{I_1' + I_0}{K} \tag{2-9-5}$$

式中，I_0 为载物盘对轴的转动惯量；I_1' 为圆柱对转轴的转动惯量。

由式（2-9-4）、式（2-9-5）消去 I_0，得

$$K = 4\pi^2 \frac{I_1'}{T_1^2 - T_0^2} \tag{2-9-6}$$

式中，$I_1' = \frac{1}{8}m_1 D_1^2$，$I_1'$ 是圆柱的转动惯量理论值（其中圆柱的质量 m_1 和直径 D_1 均可测量）。将其代入式（2-9-6），得

$$K = \frac{\pi^2 \cdot m_1 D_1^2}{2(T_1^2 - T_0^2)} \tag{2-9-7}$$

只要通过实验测出 T_0、T_1，就可求出 K 值。

（2）测定均匀金属细杆对中心轴的转动惯量 I_2。

取下载物盘，把均匀金属细杆与转轴固定拧紧，将光电探头缺口中央对准金属细杆端头，并能遮光且不磕碰，将金属细杆顺时针转动 90° 左右，测量摆动周期 T_2。

由

$$T_2 = 2\pi\sqrt{\frac{I_2 + I_支}{K}}$$

得

$$I_2 = \frac{T_2^2 K}{4\pi^2} - I_支$$

式中，$I_支$ 为金属细杆的支架对轴的转动惯量（由实验室给出）。由上式可计算出均匀金属细杆对中心轴的转动惯量 I_2，并与理论值 $I_2' = \frac{1}{12}m_2 l^2$ 比较。

（3）验证转动惯量平行轴定理。

理论分析证明，若质量为 m 的物体绕通过质心轴的转动惯量为 I_c'，当转轴平行移动距离 x 时，则两个滑块对新轴的转动惯量变为

$$I_3' = I_c + 2mx^2$$

这称为**转动惯量平行轴定理**，式中 $I_c = 2I'_c$。

实验中，将转动惯量（绕质心）为 I'_c 的两个滑块对称放到金属细杆上（图2-9-2），设其质心到转轴的距离为 x，系统的转动惯量为 I，此时 I 中包括金属细杆的支架和金属细杆对中心轴的转动惯量 $I_2 + I_支$ 及两个滑块绕转轴的转动惯量 I_3，即

$$I = I_2 + I_支 + I_3$$

$$I_3 = I - (I_支 + I_2) \quad (2\text{-}9\text{-}8)$$

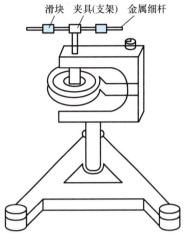

图 2-9-2 实验装置示意图

为验证转动惯量平行轴定理，将两个滑块对称放置在金属细杆两边的凹槽内，使滑块质心与转轴的距离分别为 5.00cm、10.00cm、15.00cm、20.00cm、25.00cm，测量对应的摆动周期。

测得

$$T = 2\pi\sqrt{\frac{I}{K}}$$

可得

$$I = \frac{T^2 K}{4\pi^2}$$

由式（2-9-8）可得 I_3，并将 I_3 与理论值 $I'_3 = I_c + 2mx^2$ 比较。

【数据记录与处理】

（1）确定弹簧的扭转常数 K 和物体转动惯量 I，将数据记录于表2-9-1，弹簧的扭转常数为

$$K = 4\pi^2 \frac{I'_1}{\overline{T}_1^2 - \overline{T}_0^2}$$

表 2-9-1 物体转动惯量实验数据

$K = \underline{\quad}$ N·m

物体名称	已知量	周期 T/s		转动惯量理论值（×10⁻⁴）/（kg·m²）	转动惯量实验值（×10⁻⁴）/（kg·m²）	E_r/（%）
金属载物盘		T_0		—	$I_0 = \frac{K\overline{T}_0^2}{4\pi^2}$ =	—
		$\overline{T}_0$				

续表

物体名称	已知量	周期 T/s		转动惯量理论值（×10⁻⁴）/（kg·m²）	转动惯量实验值（×10⁻⁴）/（kg·m²）	E_r/（%）
塑料圆柱体	$m_1 = 0.894$ kg $D_1 = 9.98 \times 10^{-2}$ m	T_1		$I_1' = \dfrac{1}{8} m_1 D_1^2$ =	$I_1 = \dfrac{K\overline{T}_1^2}{4\pi^2} - I_0$ =	
		$\overline{T}_1$				
金属细杆	$m_2 = 0.136$ kg $l = 0.609$ m $I_支 = 2.106 \times 10^{-5}$ kg·m²	T_2		$I_2' = \dfrac{1}{12} m_2 l^2$ =	$I_2 = \dfrac{K}{4\pi^2}\overline{T}_2^2 - I_支$ =	
		$\overline{T}_2$				

（2）验证转动惯量平行轴定理，将数据记录于表 2-9-2。

表 2-9-2　验证转动惯量平行轴定理数据记录

$X(\times 10^{-2})$/m	5.00	10.00	15.00	20.00	25.00	已知量
摆动周期 T/s						
$\overline{T}$/s						
$I = \dfrac{K}{4\pi^2} T^2$ 实验值（×10⁻⁴）/（kg·m²）						
$I_3 = I - (I_支 + I_2)$（×10⁻⁴）/（kg·m²）						
理论值（×10⁻⁴）/（kg·m²） $I_3' = I_c + 2mx^2$						$I_c = 0.764 \times 10^{-4}$ kg·m² $m = 0.241$ kg
E_r/（%）						

（3）比较实测值与理论值，计算相对误差 $E_r = \dfrac{I - I'}{I'}$，并用表 2-9-2 数据作 $I_3 - x^2$ 关系曲线。

【注意事项】

（1）弹簧的扭转常数 K 不是固定常数，它与摆动角度略有关系，摆动角度在 90°左右基本相同，在角度小时变小。

（2）为了降低实验时由摆动角度变化过大带来的系统误差，在测定物体的摆动周期时，摆动角度不宜过小，摆幅不宜变化过大。

（3）光电探头宜放置在挡光杆平衡位置处，挡光杆不能与其接触，以免增大摩擦力矩。

（4）扭摆支座应保持水平状态，不要随意挪动。

（5）安装待测物体时，支架必须全部套入扭摆垂直轴，并将止动螺钉旋紧，否则扭摆不能正常工作。

【思考题】

（1）本实验中忽略了轴承的摩擦阻力矩，导致测量值相对于理论值偏大还是偏小？

（2）测量摆动周期时，为什么要转动 90°？转动其他角度是否也可以？

（3）两个滑块不对称放置是否也可以验证转动惯量平行轴定理？为什么？

【拓展知识】DH0301 型智能转动惯量测试仪中通用计数器的使用方法

DH0301 型智能转动惯量测试仪中的通用计数器为 DHTC-1A 型，其面板如图 2-9-3 所示。

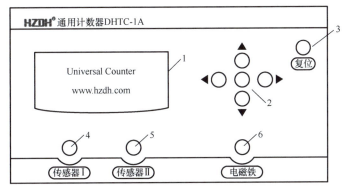

1—液晶显示器；2—功能键（含上键、下键、左键、右键和确认键）；
3—系统复位键；4—传感器Ⅰ接口（光电门Ⅰ）；5—传感器Ⅱ接口（光电门Ⅱ）；
6—电磁铁输出接口（控制电压 DC 9V）。

图 2-9-3　通用计数器面板

（1）开机或按"复位"键后，进入欢迎界面，如图 2-9-4 所示。

（2）在欢迎界面下，按任意键进入图 2-9-5 所示的菜单界面。按▲▼键可选择功能菜单。

图 2-9-4　欢迎界面

图 2-9-5　菜单界面

（3）周期测量功能菜单（实验时测试仪外接传感器Ⅰ）。

① 选择周期测量功能 Period 后，按"确认"键后进入图 2-9-6 所示的菜单。按▲▼键可选择不同选项。

```
>Set Period n：××        （周期设定）
Start measure             （开始测量）
Data query                （数据查询）
Return                    （选择Return，按【确认】键返回上一级）
```

图 2-9-6　周期测量菜单

② 选择">Set Period n:××"后，按◄►键改变 ×× 来设定周期数 n，n 最大可以设置为 99，所设即所得，如图 2-9-7 所示，不用再按"确认"键。

③ 选择">Start measure"，按"确认"键进入测试，显示图 2-9-8 所示的界面。

```
>Set Period n：10
Start measure
Data query
Return
```

图 2-9-7　设定周期数

```
Period n：10              （周期n=10）
Measuring…                （正在测量……）
×××                       （挡光杆过光电门次数）
```

图 2-9-8　周期测量界面

××× 为 0～2n，动态显示；挡光杆每经过一次光电门，××× 自动 +1，直到 ××× 为 2n+1 时直接显示测试结果，如图 2-9-9 所示。按◄►键切换 Save 和 Return，按"确认"键选择相应功能。

```
Period n：10
t：×××，×××，××× us       （10个周期总时间）
T：×××，×××，××× us       （单周期平均时间）
Save      Return          （保存      返回）
```

图 2-9-9　测试结果

选择 Return，按"确认"键返回上级；选择 Save，按"确认"键进入图 2-9-10 所示的界面。

```
Save data to
Group  ××                 （××为0～30，每次测量后××自动+1）
```

图 2-9-10　保存数据

数据保存成功后显示图 2-9-11 所示提示信息，系统自动返回周期测量菜单。

```
Data saved to group ××    （1s后自动返回周期测量菜单）
```

图 2-9-11　提示信息

④ 选择">Data query"，按"确认"键进入图 2-9-12 所示的界面。选择 Return，按"确认"键返回周期测量菜单，按▲▼键翻看数据组 ×±1 数据。

```
Group 1          Return           （数据组×      返回）
Period n: 10                      （数据组×对应的周期数）
t: ×××, ×××, ××× us               （数据组×对应的n个周期总时间）
T: ×××, ×××, ××× us               （数据组×对应的单周期平均时间）
```

图 2-9-12　数据查询界面

（4）脉宽测量功能、秒表功能及自由落体实验功能在此不再赘述。

2-10　落球法测定液体在不同温度下的黏度

液体的黏滞系数是表征液体黏滞性强弱的重要参数。在生产、工程技术、医学方面（如机械润滑油的选取、石油管道的设计、流体运载工具外形的设计及心脑血管疾病的研究）需要对液体的黏滞性进行测量。

当液体开放置于空气中时，受环境的影响（如灰尘、水分等杂质的掺入），液体黏滞系数会发生一定的变化，若能分析出黏滞系数在不同环境中的变化，则通过测量液体黏滞系数可以对环境进行分析。这一实验可以提高我们利用所学知识解决实际问题的能力，让我们切实体会到理论可以指导实践，而实践是检验真理的唯一标准。

【实验目的】

（1）用落球法测定不同温度下蓖麻油的黏度。
（2）了解 PID 温度控制的原理。
（3）练习用秒表计时，用螺旋测微器测直径。

【实验仪器与用品】

变温黏度测量仪、ZKY-PID 温控实验仪、PC396 电子秒表、螺旋测微器、小球等。

【实验原理】

1. 用落球法测定液体的黏度

一个在静止液体中下落的小球受到重力、浮力和黏滞阻力的作用，如果小球的速度 v 很小，且液体可以看成在各个方向上都是无限广阔的，则从流体力学的基本方程可以导出表示**黏滞阻力的斯托克斯公式**，即

$$F = 3\pi \eta v d \quad (2\text{-}10\text{-}1)$$

式中，η 为液体黏度；d 为小球直径。

由于黏滞阻力与小球速度 v 成正比，因此小球在下落很小的一段距离后（参见拓展知识的推导），所受三力达到平衡，小球将以 v_0 匀速下落，此时有

$$\frac{1}{6}\pi d^3 (\rho - \rho_0) g = 3\pi \eta v_0 d \quad (2\text{-}10\text{-}2)$$

式中，ρ 为小球密度；ρ_0 为液体密度。

由式（2-10-2）可解出液体黏度 η 的表达式为

$$\eta = \frac{(\rho - \rho_0)gd^2}{18v_0} \quad (2\text{-}10\text{-}3)$$

本实验中，小球在直径为 D 的玻璃管中下落，液体在各方向无限广阔的条件不满足，此时可在黏滞阻力的表达式中加修正系数（$1+2.4d/D$），式（2-10-3）可修正为

$$\eta = \frac{(\rho - \rho_0)gd^2}{18v_0(1+2.4d/D)} \quad (2\text{-}10\text{-}4)$$

当小球密度较大、直径不是太小、液体黏度较小时，小球在液体中的平衡速度 v_0 会达到较大的值。奥西恩－果尔斯公式反映了液体运动状态对斯托克斯公式的影响，即

$$F = 3\pi\eta v_0 d\left(1+\frac{3}{16}Re - \frac{19}{1080}Re^2 + L\right) \quad (2\text{-}10\text{-}5)$$

式中，Re 称为雷诺数，是表征液体运动状态的无量纲参数。

$$Re = \frac{v_0 d \rho_0}{\eta} \quad (2\text{-}10\text{-}6)$$

当 $Re<0.1$ 时，可认为式（2-10-1）和式（2-10-4）成立。当 $0.1\leq Re \leq 1$，应考虑式（2-10-5）中一级修正项的影响。当 $Re>1$ 时，还要考虑高次修正项的影响。

考虑式（2-10-5）中一级修正项的影响及玻璃管的影响后，液体黏度 η_1 可表示为

$$\eta_1 = \frac{(\rho-\rho_0)gd^2}{18v_0(1+2.4d/D)(1+3Re/16)} = \eta\frac{1}{1+3Re/16} \quad (2\text{-}10\text{-}7)$$

由于 $Re \ll 1$，$1/(1+3Re/16)$ 按幂级数展开后近似为 $1-3Re/16$，则式（2-10-7）又可表示为

$$\eta_1 = \eta - \frac{3}{16}v_0 d \rho_0 \quad (2\text{-}10\text{-}8)$$

已知或测量得到 ρ、ρ_0、D、d、v 等参数后，由式（2-10-4）计算液体黏度 η，再由式（2-10-6）计算 Re，若需计算 Re 的一级修正，则由式（2-10-8）计算经修正的液体黏度 η_1。

在国际单位制中，黏度的单位是 Pa·s（帕斯卡·秒），在厘米－克－秒单位制中，液体黏度的单位是 P（泊）或 cP（厘泊），它们之间的换算关系为

$$1\text{Pa·s} = 10\text{P} = 1000\text{cP} \quad (2\text{-}10\text{-}9)$$

2. 变温黏度测量仪

变温黏度测量仪的外形如图 2-10-1 所示。待测液体装在细长的样品管中，以使液体

温度较快地与加热水温达到平衡，样品管壁上有刻度线，便于测量小球下落的距离。样品管外的加热水套连接到温控实验仪，通过热循环水加热样品。底座下有调节螺钉，用于调节样品管的铅直。

3. PC396 电子秒表

PC396 电子秒表具有多种功能。按功能转换键，待显示屏上方出现符号"……"且第一段和第六段、第七段横线闪烁时，即进入秒表功能。此时按【开始/停止】键可开始或停止计时，多次按【开始/停止】键可以累计计时。一次测量完成后，按【暂停/回零】键，数字回零，可进行下一次测量。

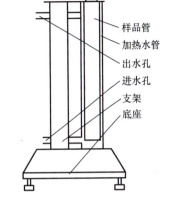

图 2-10-1　变温黏度测量仪的外形

【实验内容与步骤】

（1）检查仪器后面的水位管，将水箱内的水加到适当值。

平常加水时，从仪器顶部的注水孔注入。若水箱排空后第一次加水，则应该用软管从出水孔将水经水泵加入水箱，以便排出水泵内的空气，避免水泵空转（无循环水流出）或发出"嗡嗡"声。

（2）设定 PID 参数。

若对 PID 调节原理及方法感兴趣，则可在不同的升温区段有意改变 PID 参数组合，观察参数改变对调节过程的影响，探索最佳控制参数。

若只是把温控实验仪作为实验工具使用，则保持仪器设定的初始值，也能达到较好的控制效果。

（3）测定小球直径。

由式（2-10-6）可见，当液体黏度及小球密度一定时，雷诺数 $Re \propto d^3$。测量蓖麻油的黏度时建议采用直径为 1～2mm 的小球，可不考虑雷诺数修正或只考虑一级修正。

（4）测定小球在液体中下落速度并计算黏度。

温控实验仪温度达到设定值后等待约 10min，使样品管中的待测液体温度与加热水温完全一致，才能测定液体黏度。

用镊子夹住小球沿样品管中心轻轻放入液体，观察小球是否一直沿中心下落，若样品管倾斜，则应调节使其铅直。测量过程中，尽量避免对液体的扰动。

用秒表测量小球下落一段距离的时间 t，并计算小球速度 v_0，用式（2-10-4）或式（2-10-8）计算液体黏度 η。

实验全部完成后，用磁铁将小球吸引至样品管口，用镊子将其夹入蓖麻油中保存，以备下次实验使用。

【数据记录与处理】

（1）测量小球直径并将其结果填入表 2-10-1。

表 2-10-1　小球直径

次数	1	2	3	4	5	6	7	8	平均值
$d\ (\times 10^{-3})$ /m									

（2）测量不同温度下，小球在液体中下落一段距离所需的时间，计算小球的下落速度，并计算液体黏度，将结果填入表 2-10-2。

表 2-10-2　液体黏度的测定

$\rho = 7.8\times 10^3 \text{kg/m}^3$，$\rho_0 = 0.95\times 10^3 \text{kg/m}^3$，$D = 2.0\times 10^{-2}\text{m}$

温度/℃	时间/s						速度/(m·s^{-1})	η/(Pa·s) 测量值	η/(Pa·s) 标准值
	1	2	3	4	5	平均			
10									2.420
15									
20									0.986
25									
30									0.451
35									
40									0.231
45									
50									
55									

（3）将液体黏度的计算结果与表 2-10-2 中所给出的黏度标准值进行比较，计算相对误差。

（4）在坐标纸上作图，描绘液体黏度的测量结果与温度的关系曲线。

【注意事项】

实验完成后，应把油倒回瓶里或把样品管用封条封住，以防杂质侵入。

【思考题】

（1）实验中，如果温度不稳定，会产生什么现象？如何改进？

（2）使小球偏离量筒轴线而贴近筒壁下落，下落速度将如何变化？为什么会有这样的变化？

（3）试描述小球在液体中下落时液体的运动情况。

（4）为了避免小球下落时产生漩涡，应使小球收尾速度小一些，由式（2-10-3）可以看出，小球直径越小，它的收尾速度也越小。那么，在本实验中小球的直径是否越小越好？

【拓展知识】小球在达到平衡速度之前所经路程 L 的推导

由牛顿运动定律及黏滞阻力的表达式，可列出小球在达到平衡速度之前的运动方

程，即

$$\frac{1}{6}\pi d^3 \rho \frac{dv}{dt} = \frac{1}{6}\pi d^3 (\rho - \rho_0)g - 3\pi\eta v d \qquad (2\text{-}10\text{-}10)$$

经整理，得

$$\frac{dv}{dt} + \frac{18\eta}{d^2\rho}v = \left(1 - \frac{\rho_0}{\rho}\right)g \qquad (2\text{-}10\text{-}11)$$

这是一个一阶线性微分方程，其通解为

$$v = \left(1 - \frac{\rho_0}{\rho}\right)g \cdot \frac{d^2\rho}{18\eta} + Ce^{-\frac{18\eta}{d^2\rho}t} \qquad (2\text{-}10\text{-}12)$$

设小球以零初速度放入液体，代入初始条件（$t=0$，$v=0$），得到常数 C 并整理，得

$$v = \frac{d^2 g}{18\eta}(\rho - \rho_0)(1 - e^{-\frac{18\eta}{d^2\rho}t}) \qquad (2\text{-}10\text{-}13)$$

随着时间的增大，式（2-10-13）中的负指数项迅速趋近于零，由此得平衡速度为

$$v_0 = \frac{d^2 g}{18\eta}(\rho - \rho_0) \qquad (2\text{-}10\text{-}14)$$

式（2-10-14）与式（2-10-2）是等价的，平衡速度与黏度成反比。设从速度为零到速度达到平衡速度的 99.9% 这段时间为平衡时间 t_0，即令

$$e^{-\frac{18\eta}{d^2\rho}t} = 0.001 \qquad (2\text{-}10\text{-}15)$$

由此可计算平衡时间。

若钢球直径为 10^{-3}m，代入钢球的密度 ρ，蓖麻油的密度 ρ_0 及 40℃时蓖麻油的黏度 $\eta = 0.231\text{Pa}\cdot\text{s}$，可得此时的平衡速度 $v_0 = 0.016\text{m/s}$，平衡时间 $t_0 \approx 0.013\text{s}$。

平衡距离 L 小于平衡速度与平衡时间的乘积，在实验条件下小于 1mm，基本可认为小球进入液体后就达到了平衡速度。

2-11 拉伸法测定金属丝的弹性模量

弹性模量又称杨氏模量，是描述固体材料抵抗形变能力的物理量。弹性模量标志着材料的刚性，仅取决于材料本身的物理性质，弹性模量越大，物质越不容易发生形变。

拉伸法测定金属丝的弹性模量

【实验目的】

（1）学会用拉伸法测定材料的弹性模量。
（2）掌握用光杠杆法测量微小伸长量的原理。
（3）学会用逐差法处理数据。

【实验仪器与用品】

杨氏弹性模量测试仪、光杠杆、望远镜（附标尺）、砝码、米尺、螺旋测微器、金属丝等。

【实验原理】

任何物体受到外力作用时，其形状、大小都将发生变化，物体的这种变化称为<u>形变</u>。形变通常可分为弹性形变和塑性形变两类。撤除作用于物体的外力后，物体的形状能够完全复原，这种形变称为<u>弹性形变</u>；如果加在物体上的外力过大，以致撤除外力后，物体形状不能完全复原，留下剩余形变，这种形变称为<u>塑性形变</u>。在本实验中，只研究弹性形变，并且只研究其中的一种，即拉伸形变。

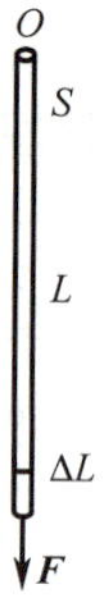

图 2-11-1 所示的棒状物体，将其一端固定于空间一点 O，设其长度为 L，横截面面积为 S。现沿其轴线方向向下施加力 F，在力 F 的作用下，棒长变化了 ΔL，F/S 代表了物体内部单位横截面面积上所受的力，因棒是均匀的，故 F/S 在棒内处处相等，称 F/S 为物体内部的应力，$\Delta L/L$ 表示长度变化的相对值，一般称为应变。那么，一个物体中应力与所发生的应变之间有什么联系呢？胡克定律建立了它们之间的联系。

图 2-11-1 棒状物体

胡克定律：在弹性限度内，物体的应力与应变成正比，即

$$\frac{F}{S} = E \frac{\Delta L}{L} \quad (2\text{-}11\text{-}1)$$

式中，E 为比例系数，称为该材料的弹性模量。弹性模量与应力及应变的大小无关，是标志该材料物理特性的一个物理量。

弹性模量的测量方法有静态法和动态法，本实验采用的是静态法。即按照式（2-11-1）有关弹性模量的定义进行测量，将式（2-11-1）进行变化，得

$$E = \frac{F/S}{\Delta L/L} \quad (2\text{-}11\text{-}2)$$

从式（2-11-2）可以看出，要想间接测得 E，需测量四个物理量 F、S、L、ΔL，其中 F、S、L 可用常规的测量方法得到，而 ΔL 因变化较小，采用一般的方法很难测准，故本实验采用光杠杆法测量。

<u>光杠杆法的基本原理</u>如图 2-11-2、图 2-11-3 所示。在图 2-11-2 中，AB 为待测金属丝，BC 为光杠杆，其长度为 b，将其 B 端与待测金属丝连接在一起，在 C 端与其垂直连接平面反射镜 M，在平面反射镜 M 的对面与其法线垂直方向上设有标尺 FE 及望远镜 G，平面反射镜 M 围绕 C 端（图 2-11-2 中 O 点）可以转动。初始时，调节整个系统达到以下要求：望远镜轴线与平面反射镜垂直，望远镜与平面反射镜等高，同时使标尺上与望远镜等高的一点 h_1 发出的光经平面反射镜反射后能够到达望远镜，则此时观察者通过望远镜能够看到 h_1 点的像，然后保持系统状态不变，在金属丝 B 端沿长度方向向下施加力 F，则在力 F 作用下，金属丝伸长 ΔL，相应光杠杆转过一个角度 θ，如图 2-11-2 所示，平面

反射镜的法线也随之转过角度 θ，由 n_0 转到 n_1，此时标尺上 h_2 点发出的光能够到达望远镜，换句话说，此时望远镜后的观察者能够看到 h_2 点的像。下面分析 ΔL 与 $\Delta h = h_2 - h_1$ 之间的联系。

对由光杠杆 BC 两次位置构成的小三角形，有

$$\tan\theta = \frac{\Delta L}{b} \tag{2-11-3}$$

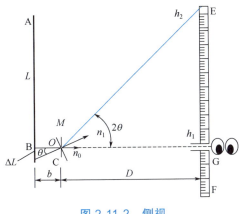

图 2-11-2 侧视　　　　　图 2-11-3 光路图

对 △h_1h_2O，有

$$\tan 2\theta = \frac{\Delta h}{D} \tag{2-11-4}$$

由于 ΔL 较小，因此 θ 很小，故

$$\tan\theta \approx \theta，\quad \tan 2\theta \approx 2\theta$$

式（2-11-3）和式（2-11-4）可近似为

$$\left.\begin{array}{l}\theta = \dfrac{\Delta L}{b} \\[6pt] 2\theta = \dfrac{\Delta h}{D}\end{array}\right\} \tag{2-11-5}$$

上述两式消去 θ，有

$$\Delta h = \frac{2D}{b}\Delta L \tag{2-11-6}$$

由式（2-11-6）可见，Δh 与 ΔL 之间有一个因子 $\dfrac{2D}{b}$，确定系统后，$\dfrac{2D}{b}$ 就是一个常数。显然，只要 $\dfrac{2D}{b} > 1$，就有 $\Delta h > \Delta L$，即将 ΔL 放大 $\dfrac{2D}{b}$ 倍。在本实验中，若当

$D=1.5\text{m}$，$b=7\text{cm}$ 时，$\dfrac{2D}{b} \approx 40$ 倍，则将 ΔL 放大了 40 倍。

这是实验中常用的一种方法——放大法，其优点是使物理量的微小变化变得较醒目、容易观测，从而可使测量精度提高。

【实验内容与步骤】

实验中用到的光杠杆、望远镜与杨氏弹性模量测试仪如图 2-11-4 和图 2-11-5 所示。

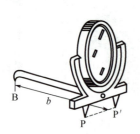

图 2-11-4　光杠杆

图 2-11-5　望远镜与杨氏弹性模量测试仪

实验步骤如下。

（1）为使待测金属丝处于铅垂位置，调节杨氏弹性模量测试仪三脚架的底脚螺钉，观察三角座平台上的水准仪，使气泡位于中心位置，则平台水平，此时金属丝处于铅垂方向。

（2）在金属丝下端加 10N 的力（加 1 个砝码）。

（3）将光杠杆放在平台上，尖脚 P 与 P′ 放在平台前面的横槽中（图 2-11-4），主杆尖 B 放在小圆台的上面，接近金属丝，但不能与金属丝相碰。调节光杠杆的平面反射镜镜面，使其大致与地面垂直。将望远镜及标尺放在平面反射镜镜面前 1.5～2m 处。调节望远镜俯仰螺钉，使望远镜大致沿水平方向，且使标尺沿铅直方向。

（4）调节望远镜、光杠杆及标尺系统。

① 保持眼与光杠杆的平面反射镜大致等高。左右移动头部，同时用眼望着平面反射镜，寻找平面反射镜反射的标尺的像的位置，找出这一位置后，参照图 2-11-3 所示的光路图，判断此时要使平面反射镜反射的标尺的像能够到达望远镜中应向何方向移动标尺，并移动标尺，直到从望远镜外侧沿望远镜的轴线方向望去，能够看到平面反射镜反射的标尺的像，此时平面反射镜反射的来自标尺的光线已经到达望远镜。

② 保持望远镜位置不动，调节望远镜目镜，使十字叉丝像最清晰，然后调节望远镜物镜，使从望远镜中看到的标尺的像清晰，消除视差。

（5）记下标尺的初始读数 h_0。

（6）增加砝码，依次使拉力分别为 20N、30N、40N、50N、60N，每增加 10N，记

下标尺的读数值 $h_1 \sim h_5$ 并填入数据表（数据表可参照表 2-11-1 或自行设计）。

（7）依次减少砝码，每次减少 10N 拉力，记下相应标尺读数 $h_5' \sim h_0'$，直至拉力为 10N。

（8）测出金属丝直径 d（测五次）、金属丝长度 L、光杠杆的长度 b 及标尺到反射镜的距离 D。

【数据记录与处理】

按以下步骤求值，将数据填入表 2-11-1。

表 2-11-1　实验数据记录

次数 i	0	1	2	3	4	5
F/N	10	20	30	40	50	60
h_i/cm						
h_i'/cm						
$\overline{h_i}$/cm						

（1）取相同重荷 W_i 下两次标尺的读数值 h_i、h_i'，按式（2-11-7）

$$\overline{h_i} = \frac{h_i + h_i'}{2} \qquad (2\text{-}11\text{-}7)$$

求出在该重荷下标尺读数的平均值 $\overline{h_i}$。

（2）按照逐差法求出 Δh 的平均值 $\Delta\overline{h}$（当 F 变化 30N 时），即

$$\begin{aligned}\Delta\overline{h} &= \frac{1}{3}(\Delta h_1 + \Delta h_2 + \Delta h_3) \\ &= \frac{1}{3}\left[(\overline{h_3} - \overline{h_0}) + (\overline{h_4} - \overline{h_1}) + (\overline{h_5} - \overline{h_2})\right]\end{aligned} \qquad (2\text{-}11\text{-}8)$$

（3）将此 $\Delta\overline{h}$ 及式（2-11-6）代入式（2-11-2），求出

$$\overline{E} = \frac{8FLD}{\pi \overline{d}^2 b \Delta\overline{h}} \qquad (2\text{-}11\text{-}9)$$

（4）求出弹性模量 E 的合成标准不确定度 $u_c(E)$，并用不确定度表示测量结果。

【注意事项】

（1）光杠杆顶尖一定要放在与待测金属丝相连的小圆台上，且不与金属丝相碰。

（2）在整个测量过程中，不得移动系统。

（3）在测量过程中读数时，要注意读数是否经过标尺的零点，若经过，则要考虑相应的正负问题。

【思考题】

（1）材料相同，但粗细、长度不同的两根金属丝，它们的弹性模量是否相同？

（2）光杠杆有什么优点？如何提高光杠杆测量微小长度变化的灵敏度？

【延伸阅读】

　　超级钢组织细密、强度高、韧性强，即使不添加镍、铜等元素也能够保持很高的强度，其晶粒直径一般为普通钢晶粒直径的 1/20～1/10。超级钢的弹性模量非常大，一般应用于造船、建筑、桥梁等行业，可以替代传统的金属板材，具有良好的应用前景。我国自主研发的超级钢——索氏体高强不锈钢 S600E 于 2017 年年底正式面世。S600E 是一项我国拥有完全自主知识产权的发明，其他科技强国的超级钢还都在实验室中，而我国是全球第一个也是唯一一个实现了超级钢工业化生产的国家。

第3章 电磁学实验

> 课程导入

　　1820年，奥斯特通过实验第一次揭示了电流能够产生磁。这一创新性的实验开辟了一个全新的研究领域，迎来了电磁学的蓬勃发展。本章内容主要包括电学基本仪表的使用和改装，电阻、电场、磁场的测量及电路方面的相关实验。通过本章的学习，能够重温经典，启迪思维，提高创新能力。

　　党的二十大报告指出，坚持创新在我国现代化建设全局中的核心地位，加快实施创新驱动发展战略。青年学生在学习基础知识和掌握基本技能的过程中，要更多地关注知识的形成过程，积极思考，不断提高自身的创新能力。

3-1 电磁学实验基础知识

　　因为电磁学实验离不开电源和各种仪器、仪表，所以在实验前，必须了解实验室常用设备（电源、仪表等）的性能及使用方法，掌握仪器的布置规则和常用电路，并牢记、遵守电磁学实验的操作规则。

1. 实验室常用设备

（1）电源。

电源是能够产生和维持一定的电动势并提供一定电流的设备。电源分为直流电源和交流电源两类。

① 直流电源。

a. 晶体管直流稳压电源。这种电源稳定性好，内阻小，输出连续可调，功率也较大，使用方便。例如实验室常用的 DH1718D-4 双路跟踪直流稳压稳流电源，最大输出电压为

32V，最大输出电流为 3A。当对电源稳定性要求更高时，可在公用稳压电源的基础上加稳压电路。

b. 蓄电池。蓄电池有铅蓄电池、铁镍电池、锂离子电池等多种。铅蓄电池的电动势为 2V，额定电流为 2A，输出电压比较稳定。铁镍电池的电动势为 1.4V，额定电流为 10A，输出电压的稳定性较差，但坚固耐用，适用于在大电流下工作，因需经常充电，故维护较麻烦。锂离子电池的电动势为 3.6V，额定电流为 20A，自放电小，平均输出电压高，使用寿命长，不含有毒有害物质。

c. 干电池。干电池的电动势为 1.5V。用旧的干电池内阻可增大到 1Ω 以上，此时虽然测得电压，但已没有电流。干电池在功率小、稳定度要求不高的情况下是很方便的直流电源。

另外，标准电池是电动势的参考标准，不能作为电源用。常用标准电池是汞镉电池，按电解液的浓度可分为饱和式和不饱和式两种。饱和式标准电池的电动势稳定，但随温度变化比后者显著得多，若已知 20℃时的电动势 E_{20}（V），则 t（℃）时的电动势为

$$E \approx E_{20} - 4 \times 10^{-5}(t-20) - 10^{-6}(t-20)^2 \text{（V）}$$

不饱和式标准电池不必进行温度修正。

标准电池按内部结构分为 H 型封闭管式和单管式两种，前者只能直立。作为国际标准的是饱和 H 型封闭管式的标准电池，按准确度分为 Ⅰ、Ⅱ、Ⅲ 三个等级。Ⅰ、Ⅱ 级的最大允许电流为 1μA，内阻不应大于 1000Ω；Ⅲ 级的最大允许电流为 10μA，内阻不应大于 600Ω。每个标准电池的电动势约为 1.018V。

② 交流电源。交流电源为供电电网电源，是 50Hz 的正弦交流电，生活中常用的 220V 交流电是相线（俗称火线）与中线（俗称零线）之间的电压。若要得到 220V 以外的其他电压值，则可通过变压器将 220V 升压或降压。生活中经常用自耦变压器调压。改变自耦变压器转柄位置，可使输出电压在 0～240V 连续改变。使用时，必须根据所需的电压、电流（或功率）选择或设计合适的变压器。

③ 电源使用注意事项。

a. 必须注意电压的大小。一般来讲 36V 以下对人身是安全的，可以直接操作；大于 36V 的电压，人体不得随便触及，以免发生危险。常用电网电压为交流 220V 或 380V，必须使用绝缘工具或采取其他绝缘措施，否则人体任何部位不得直接触及。

b. 直流电源正负极之间和交流电源的相线与地线之间不得短路。使用时，电源的最大输出电流不得超过最大允许电流。

c. 使用直流电源要注意正负极，不得接错。

（2）电表。

按读数的显示方法不同，电表可分为数字式电表和偏转式电表两大类。数字式电表使用一套电子学线路，将测量结果直接以多位的数字形式显示出来。偏转式电表是靠指针或光点在刻度尺上的偏转位置读数的电表。按工作原理，电表可分为磁电式、电磁式、电动式等。

普通物理实验室所用电表基本上都是磁电式电表。它的通电线圈在磁场中受到电磁力矩而偏转，电磁力矩与电流成正比；与此同时，与线圈转轴连接的游丝产生反抗线圈偏

转的力矩，反抗力矩与线圈转过的角度成正比。因此，当线圈通过一定的电流，线圈转到一定角度时，电磁力矩与游丝的反抗力矩达到平衡，固定在线圈上的指针指示转过的角度。因该转角与电流成正比，故磁电式电表的刻度是均匀的。磁电式电表的灵敏度高，但是它只能用来测量直流电或测量单向脉冲电流的平均值。由于正弦交流电的平均值为零，用磁电式电表测量时，电表指示永远为零，因此磁电式电表不能直接用来反映交流电的大小。

① 磁电式电表。

a. 检流计（电流计）。由于检流计经常用来检查电路中有无电流，因此允许通过的电流很小（台式检流计每格约为 10^{-5} A，光斑复射式检流计每格约为 10^{-9} A）。检测小于微安数量级的电流时，常用灵敏电流计。除内阻、满度电流等这些静态的性能指标外，还要注意它的动态特性，这反映在它的自由振荡周期 T 和临界电阻 R_c 上。使用时，应通过选择合适的 R_c 或在外电路上串联、并联一定大小的电阻等方法，使电流计尽可能工作在临界状态附近，以提高测量效率。

b. 电流表。一般将检流计加上（并联）分流电阻扩大其量程就成为电流表。电流表用来测量电路中电流的大小。分流电阻越小，电流表量程越大。一般按量程的数量级，将电流表分为微安表、毫安表、安培表。电流表主要规格如下。

- 量程：指针偏转满度时的电流值。例如，对于 C30-mA 型毫安表，量程写为 0-1.5-7.5-15-30mA，表示该毫安表有四个量程，第一个量程是 1.5mA，依此类推分别为 7.5mA、15mA、30mA，此为多量程电流表。
- 内阻：一般电流表内阻都小于 0.1Ω，毫安表、微安表的内阻可达一两百欧到一两千欧。
- 电表的仪器误差：电表在正常条件下使用时，测量值与被测量真实值之间可能产生的最大误差。例如，用电表测量 5.00A 的电流，电表读数是 4.95A，那么电表的仪器误差是 0.05A，这是因为电表的仪器误差与电表的级别和量程有关。用电表的基本误差的百分数值表示电表的准确度等级。例如，一块 0.5 级的电表的最大基本误差为 ±0.5%。电表等级分七类：0.1 级、0.2 级电表多用作标准来校正其他电表；0.5 级、1.0 级电表用于准确度较高的测量中；1.5 级、2.5 级、5.0 级为一般电表所用。用电表的准确度等级 a（也称精度，通常省略了百分号）及电表的量程 X_m 可以求出电表的最大允许误差 ΔX_m（仪器正常条件下使用时可能发生的最大误差，即仪器误差），$\Delta X_m = a\% \cdot X_m$。电表的标度尺上所有分度线上的基本误差都不能超过 ΔX_m。

例如，准确度等级为 0.5 级的电表，量程为 15mA。该电表的仪器误差为 $\Delta X_m = 0.5/100 \times 15\text{mA} = 0.075\text{mA} \approx 0.08\text{mA}$。选定电表后，该量程的仪器误差已知，可以计算出因仪器不准对应的不确定度。如上例中，测量结果的不确定度为 $u_B = \Delta X_m = 0.08\text{mA}$，可见电表测量结果的不确定度与测量示值无关，要使测量结果的误差小，通常应使示值大于量程的 2/3。

c. 电压表。一般将检流计或小量程电流表加上（串联）倍压电阻就成为电压表。电压表用来测量电路中两点之间的电压。倍压电阻越大，电压表量程越大。电压表的主要规格如下。
- 量程：指针偏转满度时的电压值。
- 内阻：电压表两端之间的电阻。同一电压表量程不同，内阻不同，但同一电压表的每伏欧姆数是相同的，为电表指针偏转到满度时，线圈通过电流 I_g 的倒数，即 $\dfrac{1}{I_g} = \dfrac{R}{V}$（每伏欧姆数）。所以电压表内阻一般用"×××Ω/V"统一表示。某量程的内阻为

$$电压表内阻 = 每伏欧姆数（\Omega/V）\times 量程$$

- 电压表的仪器误差参照电流表的仪器误差。

d. 万用表。万用表是生产和科研中常用的多量程复用直读仪表，它可以测定交直流电压、电流和电阻。常用的万用表有指针万用表和数字万用表两种。这里以数字万用表为例，介绍使用方法。

- 电压的测量：先将黑表笔插入 COM 端口，红表笔插入 VΩHz 端口；再将功能量程旋钮转至 V~（交流）或 V−（直流），并选择合适的量程；然后用红表笔探针接触被测电路正端，黑表笔探针接地或接负端，即与被测电路并联；最后读出液晶显示屏数字。

注意：如果被测电压范围未知，应将功能量程旋钮转至最高挡位，然后根据显示值转至相应挡位上。如果显示屏显示"1"，则表明超过量程范围，需将功能量程旋钮转至较高挡位。

- 电阻的测量：先关掉电路电源；接着选择电阻挡（Ω）；再将黑表笔插入 COM 端口，红表笔插入 VΩHz 插口；然后将红黑表笔探针跨接在器件两端或待测电阻的两端；最后读出液晶显示屏数字。

注意：如果电阻值超过所选的量程，则显示屏显示"1"，应将功能量程旋钮转至较高挡位。当测量电阻值超过 1MΩ 时，读数需几秒才能稳定，这是正常现象。当输入端开路时，显示过载情形。

- 电流的测量：先关掉电路电源；再将黑表笔插入 COM 端口，红表笔插入 mA 或者 20A 端口；接着将功能量程旋钮转至 A~（交流）或 A−（直流），并选择合适的量程；然后将数字万用表串联在被测线路中，使被测线路中电流流入红表笔，从黑表笔流出，再流入被测线路中；最后读出液晶显示屏数字。

注意：如果被测电流范围未知，应将功能量程旋钮转至最高挡位，然后根据显示值转至相应挡位上。如果显示屏幕显示"1"，则表明超过量程范围，需将功能量程旋钮转至较高挡位。

② 电表的参数。

了解电表的参数对了解电表的性能及正确使用电表是很重要的。

a. 表头内阻。表头内阻是指偏转线圈的直流电阻、引线电阻、接触电阻的总和，常用 R_g 表示。表头内阻是改装电表必须依据的重要参数，否则无法进行改装。

b. 表头灵敏度。表头灵敏度是指电表指针偏转到满刻度时，表芯线圈通过的电流值，用 I_g 表示。表头灵敏度即满度电流。之所以称为表头灵敏度，是因为使表头的指针偏转到满刻度所需通过的电流越小，说明表头的测量机构越灵敏。即 I_g 值反映了测

量机构的灵敏程度。因此，表头灵敏度是改装电表必须依据的另一个重要参数。常用的磁电式电表，其表头灵敏度一般为几微安、几十微安，最高为几毫安。

③ 电表使用注意事项。

a. 选择电表的准确度等级和量程。选择电表时，不应片面追求准确度越高越好，而是要根据被测量值及对误差的要求，合理选择电表的准确度等级及量程。为了充分利用电表准确度，被测量值应大于量程的 2/3。在未知被测电流或电压的情况下，应选用电表的最大量程，根据指针偏转情况逐渐调到合适的量程。

b. 电表的接入方法：使用电流表时，必须将其串联于被测电路中。使用电压表测量电压时，必须与被测电路并联。

c. 电表的正、负极不能接反，以防损坏电表。

d. 使用电表前要确认电表面板上的标记，按标记水平放置（"⊓"）或竖直放置（"⊥"）使用电表。

e. 使用电表前要检查、调节电表外壳上的零点调节螺钉，使指针指零。

f. 读数时，目光应垂直于刻度表面，对表盘上装有平面镜的电表，指针与像重合时即可。有效数字的记录一般读到最小刻度的下一位。对于多量程电表，测量前应先弄清楚所用量程的格值数（每格的值），读数时，从标尺上读出格数（应估读一位）并乘以格值数。对于数字式电表应直接记录，不估读。

g. 使用仪表时，还要注意工作条件（如温度、湿度、工作位置等），以尽量减小附加误差。

（3）电阻器。

电阻器分为可调电阻和固定电阻。

① 可调电阻。可调电阻包括电阻箱、变阻器和电位器，它们在电路中主要起控制调节作用。可调电阻的性能指标有以下两个。

a. 全电阻（最大电阻）。实验常用的电阻箱有五钮或六钮的，其全电阻为 9999.9Ω 或 99999.9Ω；变阻器的全电阻从几欧到几千欧；电位器的全电阻可达几兆欧。

b. 额定功率。电阻箱中每个电阻的额定功率都一定，一般为 0.25W。使用不同挡时，额定电流不同。变阻器的额定功率比较大，为几十瓦或几百瓦。电阻器直接标出的是额定电流，一般全电阻越大的额定电流越小。电位器的额定功率比较小。常用碳膜电位器的额定功率有 0.5W、1W、2W。线绕电位器的额定功率大一些，常用的有 3W 和 5W。使用电阻时，不允许超过额定电流（额定功率），即电阻允许通过的最大电流，否则将烧坏电阻。正确使用电阻就是要根据电路的要求计算出全电阻和额定电流，选用合适的电阻。

电阻箱的内部是用一套锰铜线绕成的标准电阻，通过旋钮选择 0～9（10）Ω 不同阻值，并在各个旋钮分别标出 ×0.1，×1，×10，…来表示各旋钮电阻的数量级。各旋钮之间的电阻是串联的，最后由接线柱引出。若要得到 4532.4Ω 电阻，则将旋钮分别旋至 4×1000，5×100，3×10，2×1，4×0.1 的位置。此时，在接线柱两端即可得到 4532.4Ω 的电阻值。电阻箱主要用于电路中需要准确电阻值的地方。其特点是可以很方便地改变电阻值，但因其额定功率很小，一般不用它控制电路中较大的电流或电压。将其作为标准电阻使用时，要注意它的级别。

电阻箱的仪器误差：不同型号的电阻箱，按误差其准确度等级 a 可分为 0.02 级、

0.05级、0.1级、0.2级和0.5级五个级别。a代表最大相对百分误差。例如，ZX–21型旋转式电阻箱为0.1级，即在环境温度为20（1±80%）℃，相对湿度小于80%的条件下，最大相对百分误差为0.1%；当电阻箱上的读数为431Ω时，最大允许误差为$0.1\% \times 431Ω \approx 0.4Ω$。一般电阻箱的误差不大于千分之几。

电阻箱的额定功率：凡未特殊标明的电阻箱，通常均以0.25W来计算最大允许电流。若使用×1000Ω电阻挡，则该挡电阻允许通过的最大电流 $I_{\max} = \sqrt{\dfrac{0.25}{1000}}A \approx 0.016A$。

现将实验室常用的ZX–21型旋转式电阻箱（0.1级，额定功率为0.25W）各挡允许通过的最大电流计算并总结于表3-1-1，供使用时参考。

表 3-1-1　ZX–21型旋转式电阻箱电流

电阻挡 /Ω	×0.1	×1	×10	×100	×1000	×10000
最大允许电流 /A	1.6	0.5	0.16	0.05	0.016	0.005
额定电流 /A	1.2	0.4	0.12	0.04	0.012	0.004

变阻器：滑线变阻器是把涂有绝缘物的电阻丝密绕在绝缘瓷管上，两端分别与瓷管上固定的接线柱A、B相连。在瓷管上方有与它平行的金属杆，其一端连有接线柱C′，如图3-1-1所示。金属杆上装有可左右滑动的接触器C，它紧压在电阻线圈上，接触处的绝缘物已刮掉。当接触器沿金属杆左右滑动时，可改变A、C或B、C间的电阻。

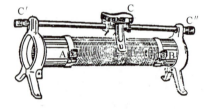

图 3-1-1　滑线变阻器

变阻器的规格：全电阻，即A、B间电阻；额定电流，即变阻器允许通过的最大电流。

滑线变阻器在电路中经常用来控制电流或电压，用它可设计成两种基本电路，即限流电路和分压电路。限流电路如图3-1-2所示，将AC段串联在电路中，B端空着不用。当滑动接触器时，AC段电阻可变，可以控制电路电流。实验前，变阻器的滑动端应放在电阻最大位置。分压电路如图3-1-3所示，变阻器的两个固定端A、B分别与电源两电极相连，滑动端C和固定端A（或B）连接到用电部分。当电源接通时，电源电压全部加在AB上，从AC（或BC）向负荷分出部分电压，AC段电阻变化时可以控制负荷上的电压，所以输出电压 U_{AC} 在（0～E）V可调。实验之前，变阻器的滑动端应放在分出电压最小位置。

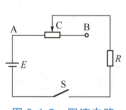

图 3-1-2　限流电路

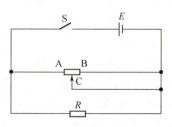

图 3-1-3　分压电路

使用限流电路选用变阻器时，应先根据实验要求的最大电流和负载 R 确定电源电压 $E=RI_{max}$，再根据限流时电流最小的情况算出变阻器全电阻值 R_0 $\left(I_{min} = \dfrac{E}{R+R_0}\right.$，$\left. R_0 = \dfrac{E}{I_{min}} - R\right)$。变阻器的全电阻值要大于电流最小时变阻器的全电阻值 R_0，注意变阻器的额定电流要大于实验所要求的 I_{min}。

使用分压电路（一般负载阻值较大），为兼顾分压均匀和减少电能消耗，一般取 $R_0 \leqslant \dfrac{R}{2}$，并使变阻器额定电流大于 E/R'，R' 是 R 与 R_0 并联的电阻值。

电位器：电位器和变阻器基本相同，可把它看作圆形的滑线电阻，也有三个接头，特点是体积小，常用在电子仪器中。

② 固定电阻。固定电阻包括碳膜电阻、碳质电阻、金属膜电阻、线绕电阻等，大量用于电子仪器仪表中。

2. 电学实验操作规则

（1）实验前，先弄清本次实验所用仪器的规格，准备好数据表，再根据电路图将各种仪器放置于合适的位置（要考虑读数、操作方便和安全，排列整齐，导线尽可能不交叉）。

（2）连接线路时切勿先接入电源两极。简单电路可从电源一极出发，顺次连接串联部分，然后连接并联部分。复杂电路可分成若干单元回路，然后顺次连接。

（3）往接线柱上接导线时，应使导线方向与接线旋转方向一致，使导线连接牢固。

（4）通电前将电路中有关仪器调节到电路中电压、电流尽可能小的位置，以保证电路安全。并且无论电路中有无高压，都要养成避免用手或身体接触电路中导体的习惯。

（5）连好线路后，经自己检查（检查电路是否正确，开关是否打开，电表和电源的正负极是否接对，量程、电阻箱数值是否正确，等等）无误后，请教师检查，经允许后，方可接通电源。

（6）改换电路或电表量程时，必须先断开电源再换接。

（7）实验完毕，先将有关仪器调到电路中的安全位置，断开开关，经教师检查实验数据后，再拆电路。拆线时，先拆电源，再将所有仪器还原，使导线成束，经教师检查后，方可离开实验室。

．常用电气元件符号见表 3-1-2，常用电气仪表面板上的标记见表 3-1-3。

表 3-1-2　常用电气元件符号

名　称	符　号	名　称	符　号
电源		单刀单掷开关	
直流电源			
交流电源		双刀单掷开关	
电阻、固定电阻 可变电阻器的一般符号		双刀双掷开关	
可断开电路的可变电阻器		双刀换向开关	
不可断开电路的可变电阻器		指示灯	
电容器的一般符号		不连接的交叉导线	
可变（调）电容器		连接的交叉导线	
电感线圈		二极管	
有铁芯的电感线圈		稳压二极管	
有铁芯的单相双线变压器		晶体管（PNP）	

注：双刀换向开关是在双刀双向开关的基础上加两根对角连接线构成的。如图 3-1-4（a）所示，当开关的双刀掷向 B、B′时，A 与 B 以及 A′与 B′接通，电流沿 ABC′RCB 流动，流向电阻 R 的电流方向为 P→O；如图 3-1-4（b）所示，当双刀掷向 CC′时，电流沿 ACRC′A′流动，流向电阻 R 的电流改变了方向，为 O→P。

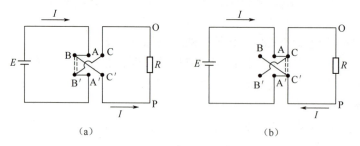

图 3-1-4　双刀换向开关

表 3-1-3 常用电气仪表面板上的标记

名　称	符　号	名　称	符　号
指示测量仪表的一般符号	○	磁电系仪表	⊟
检流计	⊘	静电系仪表	⊥
电流表	Ⓐ	直流	—
电压表	Ⓥ	交流（单相）	∼
欧姆表	Ω	直流和交流	≃
负端钮	−	以标度尺量程百分数表示的准确度等级（1.5级）	1.5
正端钮	+	以标度尺量程百分数表示的准确度等级（1.5级）	①.5
公共端钮	*	电表表面垂直向上	⊥ 或 ↑
接地	⏚	电表表面水平	— 或 →
调零器	⌒	绝缘强度试验电压为2kV	☆2

3-2 伏安法测电阻

【实验目的】

（1）学习使用电压表、电流表和滑线变阻器等基本测量仪器，掌握基本电路的连接和使用方法。

（2）用伏安法测线性电阻时正确连接电表，掌握电流表内外接法及对应的电表接入误差的计算方法。

（3）掌握滑线变阻器的限流范围及分压特性。

【实验仪器与用品】

直流双路电源（DH1718-4型）、电压表（多量程）、电流表（多量程）、滑线变阻器（两个）、待测电阻（两个）、开关及导线等。

【实验原理】

测量电阻的阻值时，一般直接用欧姆表或电桥，也常用伏安法。伏安法是用电压表测出电阻两端的电压，用电流表测出流经电阻的电流，根据欧姆定律 $R=U/I$ 求得电阻 R。以电压值为横坐标，电流值为纵坐标作图，所得的曲线称为伏安特性曲线。线性电阻的伏安特性曲线是一条直线。

当用伏安法进行测量时，电压表、电流表和待测对象的连接有两种方式，即电流表内接和电流表外接。当电表接入电路时，电表的内阻会给测量带来误差，称为**接入误差**。电表的接入方法不同会使误差程度不同。

（1）电流表内接（图3-2-1）。

有
$$I = I_A = I_X$$
$$U = U_A + U_X$$

所以
$$R = \frac{U}{I} = \frac{U_A + U_X}{I_X} = R_A + R_X = R_X\left(1 + \frac{R_A}{R_X}\right) \quad (3-2-1)$$

式中，R_A 为电流表内阻，电流表内阻会造成测量结果有一定的接入误差。此时测得的 R 比实际 R_X 大。若 R_A 已知，则可求

$$R_X = R\left(1 - \frac{R_A}{R}\right) \quad (3-2-2)$$

从式（3-2-1）可看出，只有当 $R_X \gg R_A$ 时，接入误差才可以忽略不计。故测量较大电阻时，宜采用电流表内接。

（2）电流表外接（图3-2-2）。

有
$$I = I_X + I_V$$
$$U = U_X$$

所以
$$R = \frac{U}{I} = \frac{U_X}{I_X + I_V} = \frac{1}{\frac{I_X + I_V}{U_X}} = \frac{1}{\frac{1}{R_X} + \frac{1}{R_V}} = R_X \frac{1}{1 + \frac{R_X}{R_V}} \approx R_X\left(1 - \frac{R_X}{R_V}\right) \quad (3-2-3)$$

从式（3-2-3）可看出，当待测电阻 $R_X \ll R_V$ 时，宜采用电流表外接，其接入误差可以忽略不计。若 R_V 已知，则可求

$$R_X = \frac{U}{I - I_V} = \frac{U}{I\left(1 - \frac{I_V}{I}\right)} \approx R\left(1 + \frac{R}{R_V}\right) \quad (3-2-4)$$

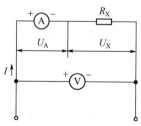

图 3-2-1　电流表内接

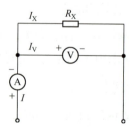

图 3-2-2　电流表外接

为了减小接入误差，应首先对 R_X、R_A、R_V 三者的相对大小有粗略的估计，然后选择恰当的连接方法。由电表内阻带来的接入误差是可以修正的。除此以外，电表本身精度直接给测量造成的误差称为**标称误差**，通常用电表级别表示。其值为最大基本误差与量程之比的百分数，即级别 $= \dfrac{|\Delta U_{\max}|}{U_{\max}} \times 100\%$。若此值为 1%，则称此表为 1 级表。电表面板上都有级别标明。用 1 级表举例，若电表量程是 3V，则测量的最大允许误差是 $3V \times 1\% = 0.03V$；若电表量程是 15V，则测量的最大允许误差为 $15V \times 1\% = 0.15V$。如果测量 1V 的电压，显然用 3V 量程比用 15V 量程测量的误差小。因此，根据待测电量选取合适的电表量程可适当减小误差。

【实验内容与步骤】

（1）按图 3-2-3 连接电路，注意将 S_2 拨向 A 时，电流表内接；拨向 B 时，电流表外接。

（2）根据 R_X 值选择测量电路（电流表内、外接）、电源及控制电路所用的变阻器规格，确定所用多量程电压表和电流表的量程。

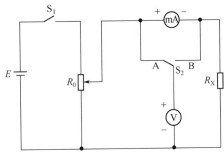

图 3-2-3 伏安法测电阻

（3）列出测量数据表（不能少于八个测量点），作出两个待测电阻的伏安特性曲线，并由其斜率求出电阻值。

（4）根据电流表的内、外接，计算本实验的接入误差并对测量结果进行修正。

（5）确定滑线变阻器的限流范围。按图 3-2-3 连接电路，R_0 用 50Ω 的滑线变阻器，R_X 使用标准电阻箱 ZX-36。分别测量当 R_X 为 5Ω、10Ω 和 50Ω 时回路的最大电流 $I_{\max}$ 与最小电流 $I_{\min}$ 一次。

（6）分析滑线变阻器的分压特性。按图 3-2-3 连接电路，R_0 用 50Ω 的滑线变阻器，R_X 使用标准电阻箱 ZX-36。分别测量当 R_X 为 10Ω、100Ω 和 200Ω 时，滑线变阻器 R_0 按十等分对应的电压变化值，数据填入表 3-2-1，作出 U_R-R_0 特性曲线，将不同 R_X 值的 U_R-R_0 特性曲线画在同一坐标图内，分析滑线变阻器的分压特性，并由图线得出结论：当 R_X/R_0 值为 × × 时，U_R-R_0 特性曲线基本上是一条直线。

【数据记录与处理】

将实验数据填入表 3-2-1，作出 U_R-R_0 特性曲线，分析滑线变阻器的分压特性。

表 3-2-1 电压 U_R

R_X/Ω	电压 U_R/V										
	0	$\dfrac{1}{10}R_0$	$\dfrac{2}{10}R_0$	$\dfrac{3}{10}R_0$	$\dfrac{4}{10}R_0$	$\dfrac{5}{10}R_0$	$\dfrac{6}{10}R_0$	$\dfrac{7}{10}R_0$	$\dfrac{8}{10}R_0$	$\dfrac{9}{10}R_0$	R_0
10											
100											
200											

【思考题】

（1）用伏安法测电阻采用电流表外接电路时，其接入误差 $\Delta R_x/R_x=-R_x/(R_x+R_V)$，式中"−"符号表示何意？请推导出过程。

（2）通过本实验你有哪些收获？

3-3　电表的改装和校正

【实验目的】

（1）测量磁电式电流计内阻及满度电流。学会将电流表改装成欧姆表的原理和方法。

（2）掌握将100μA电流表改装成较大量程的电流表和电压表的方法。

（3）设计一个 $R_中=15000\Omega$ 的欧姆表。

（4）学会校正电流表和电压表的方法。

（5）用电阻箱校准欧姆表，画校准曲线，根据校准曲线用组装好的欧姆表测未知电阻。

【实验仪器与用品】

DH4508A型电表改装与校准实验仪、四位半数字万用表、导线等。

【实验原理】

常见的磁电式电流计主要由放在永久磁场中的由细漆包线绕制的可以转动的线圈、用来产生机械反力矩的游丝、指示用的指针和永久磁铁组成。当电流通过线圈时，载流线圈在磁场中产生磁力矩 M，使线圈转动，从而带动指针偏转。因为线圈偏转角度与通过的电流成正比，所以可由指针的偏转直接指示出电流值。

1. 电流计内阻测量原理

电流计允许通过的最大电流称为电流计的量程，用 I_g 表示。电流计的线圈有一定内阻，用 R_g 表示。I_g 与 R_g 是表示电流计特性的重要参数。

测量内阻 R_g 常用半电流法和替代法。

（1）半电流法。

半电流法也称中值法。如图3-3-1所示，将被测电流计接在电路中，使电流计满偏，再用十进位电阻箱与电流计并联作为分流电阻，改变电阻值即改变分流程度，当电流计指针指示到中间值，且标准表读数（总电流强度）保持不变时，可通过调电源电压和 R_1 来实现，此时分流电阻就等于电流计的内阻。

（2）替代法。

替代法是一种运用很广的测量方法，具有较高的测量准确度。如图3-3-2所示，将被测电流计接在电路中，用十进位电阻箱替代它且改变电阻值，电路中的电压及电流（标准表读数）不变时，电阻箱的电阻值即被测电流计的内阻。

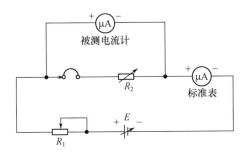
图 3-3-1 半电流法测电流计内阻

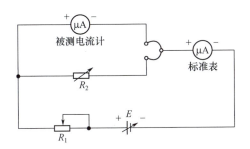
图 3-3-2 替代法测电流计内阻

2. 电流表改装为大量程电流表原理

一般磁电式电流测量机构（常称表头）具有准确度较高、刻度均匀等优点。但是其动圈允许通过的电流一般为几十微安，最多为几十毫安，要测量超过其允许的电流值，必须扩大量程。

对一块内阻为 R_g、量程为 I_g 的电流表，若通过它的电流为 I，则表头上的电压为 $U=I \cdot R_g$，即 U 与 I 具有一一对应的正比关系，因而电流表也能用来测电压，但是电压量程 $U_g = I \cdot R_g$ 很小，一般只有几百毫伏，不能满足需要。为测量较高的电压，且不超过电流表允许的电流值，必须对电流表加以改装。

根据电阻并联规律可知，如果在电流表两端并联一个阻值适当的电阻 R_2，如图 3-3-3 所示，可使电流表不能承受的部分电流从 R_2 上分流通过。这种由电流表和并联电阻 R_2 组成的整体（图中虚线框部分）就是改装后的电流表。若需将量程扩大 n 倍，则并联电阻 R_2 为

$$R_2 = \frac{R_g}{n-1} \tag{3-3-1}$$

用电流表测量电流时，电流表应串联在被测电路中，所以要求电流表应有较小的内阻。另外，在电流表上并联阻值不同的分流电阻可制成多量程的电流表。

3. 电流表改装为电压表原理

一般电流表能承受的电压很小，不能用来测量较大的电压。为了测量较大的电压，可以给电流表串联阻值适当的电阻 R_M（可用 R_1、R_2 实验），如图 3-3-4 所示，使电流表不能承受的部分电压降落在电阻 R_M 上。这种由电流表和串联电阻 R_M 组成的整体就是电压表，串联的电阻 R_M 称为扩程电阻。选取阻值不同的 R_M，可以得到不同量程的电压表。若需把电流表的电压量程由 $U_g = I_g R_g$ 扩大为 U，则只需串联的扩程电阻 R_M 为

$$R_M = \frac{U}{I_g} - R_g \tag{3-3-2}$$

用电压表测电压时，电压表总是并联在被测电路上，为了不因并联电压表而改变电路的工作状态，要求电压表有较大的内阻。

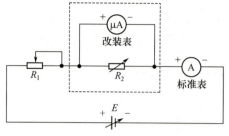

图 3-3-3　电流表扩流

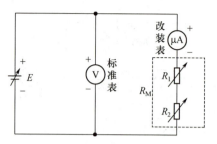

图 3-3-4　电流表改装电压表

4. 电流表改装为欧姆表

用来测量电阻的电表称为欧姆表，根据调零方式的不同，可分为串联分压式欧姆表和并联分流式欧姆表两种。电流表改装欧姆表如图 3-3-5 所示。图中 E 为电源，R_1 为限流电阻，R_2 为调零电阻，R_X 为被测电阻，R_g 为等效电流表内阻。

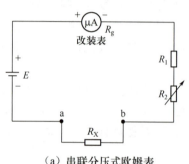

（a）串联分压式欧姆表

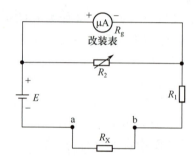

（b）并联分流式欧姆表

图 3-3-5　电流表改装欧姆表

下面以串联分压式电路为例进行说明。

如图 3-3-5（a）所示，使用欧姆表前要调"零"点，即 a、b 两端短路（相当于 $R_X=0$），调节 R_2 的阻值，使电流表满偏。可见，欧姆表的零点就是电流表标度尺的满刻度（量限），与电流表和电压表的零点正好相反。在图 3-3-5（a）中，a、b 端接入被测电阻 R_X 后，电路中的电流为

$$I = \frac{E}{R_g + R_1 + R_2 + R_X} \quad (3\text{-}3\text{-}3)$$

对于给定的电流表和电路来说，R_g、R_1+R_2 都是常量。由此可知，当电源端电压 E 保持不变时，被测电阻与电流具有一一对应的关系。即接入不同的电阻，电流表有不同的偏转读数，R_X 越大，电流 I 越小。使 a、b 两端短路，即 $R_X=0$ 时，电流为

$$I = \frac{E}{R_g + R_1 + R_2} = I_g \quad (3\text{-}3\text{-}4)$$

此时电流表满偏。

当 $R_X=R_g+R_1+R_2$ 时，电流为

$$I = \frac{E}{R_g + R_1 + R_2 + R_X} = \frac{1}{2}I_g \quad (3\text{-}3\text{-}5)$$

此时电流表指针在标度尺的中间位置，对应的阻值为中值电阻，显然

$$R_{中} = R_g + R_1 + R_2 \quad (3\text{-}3\text{-}6)$$

当 $R_X = \infty$（相当于 a、b 端开路）时，$I=0$，即电流表指针在机械零位。

所以欧姆表的标度尺为反向刻度，且刻度是不均匀的，电阻 R 越大，刻度间隔越密。如果电流表的标度尺预先按已知电阻值刻度，就可以用电流表直接测量电阻。

并联分流式欧姆表利用对电流表分流调零，具体参数可自行设计。

实际的指针式欧姆表在使用过程中，电池电压会有所改变，而电流表的内阻 R_g 及限流电阻 R_1 为常量，故要求 R_2 随着 E 的变化而变化，以满足调零的要求。设计时，用可调电源模拟电池电压的变化，范围根据设计选择。

【实验内容与步骤】

实验前，应对被改装电表进行机械调零。

1. 用半电流法或替代法测电流表的内阻

按图 3-3-1 或图 3-3-2 接线，用半电流法或替代法测出电流表的内阻。

2. 将量程 100μA 的电流表改装成量程 1mA 的电流表

（1）根据式（3-3-1）计算出分流电阻值 R_2，并调节至相应大小。将 R_1 调到 1kΩ（或其他合适阻值）。先将电源电压调到最小，再按图 3-3-3 接线。

（2）慢慢调节电源，升高电压，使改装表满偏（可配合调节 R_1。R_1 作为限流电阻，阻值不要调至最小值），记录此时标准表读数；然后调小电源电压，使改装表每隔 0.2mA（满量程的 1/5）逐步减小读数至零点；（将标准表选择开关置于 2mA 挡处）再调节电源电压按原间隔逐步增大，使改装表满偏，记下标准表相应的读数，填入表 3-3-1。

（3）以改装表读数为横坐标，标准表由大到小及由小到大调节时两次读数的平均值为纵坐标，在坐标纸上作出电流表的校正曲线，并根据两表最大误差的数值确定改装表的准确度级别。

（4）重复以上步骤，将量程为 100μA 的电流表改装成量程为 10mA 的电流表，可按每隔 2mA 测量一次。

（5）重复以上步骤，将量程为 100μA 的电流表改装成量程为 100mA 的电流表，可按每隔 20mA 测量一次。

（6）将面板上的 RG 和电流表串联，作为一个新的电流表，重新测量一组数据，并比较扩流电阻的异同（可选做）。

3. 将量程为 100μA 的电流表改装成为量程为 1.5V 的电压表

（1）根据式（3-3-2）计算扩程电阻 R_M 的阻值，可用 R_1、R_2 进行实验。

（2）按图 3-3-4 接线。用数字万用表的 2V 量程作为标准表来校准改装的电压表。

（3）调节电源电压，使改装表满偏（1.5V），记下标准表读数；然后每隔0.3V逐步减小改装表读数至零点；再按原间隔逐步增大到满量程，记下标准表相应的读数，填入表3-3-2。

（4）以改装表读数为横坐标，标准表由大到小及由小到大调节时两次读数的平均值为纵坐标，在坐标纸上作出电压表的校正曲线，并根据两表最大误差的数值确定改装表的准确度级别。

（5）重复以上步骤，将量程为100μA的电流表改装成量程为12V的电压表，可按每隔2.4V测量一次（可选做）。

4. 将电流表改装成欧姆表及标定表盘

（1）记下电流表参数I_g、R_g及所选的电源电压E。

（2）选取中值电阻。根据式（3-3-4）可知$R_g+R_1+R_2=E/I_g$，一般指针式万用表的电源电压的标称值为1.5V，改装电流表的电流标称值为100μA，可知$R_中=R_g+R_1+R_2=15000Ω$。

（3）根据R_g值和R_2电阻箱的调节范围（0～11.1111kΩ），选取限流电阻$R_1=10$kΩ。

（4）按图3-3-5（a）接线。将R电阻箱（作为被测电阻R_X）接在欧姆表的a、b端，先调节$R=0$Ω，再调节R_2，大小约为$15000Ω-R_g-R_1$。

（5）调节电源电压$E=1.5$V，微调R_2使改装电流表满偏。

（6）调节R电阻箱，取R为一组特定的数值R_{Xi}，读出相应的偏转格数d_i，将数据填入表3-3-3。利用所得R_{Xi}、d_i绘制改装欧姆表的表盘。

（7）按图3-3-5（b）接线，设计一个并联分流式欧姆表。比较其与串联分压式欧姆表的异同（可选做）。

【数据记录与处理】

（1）将待改装电流表扩大量程，并将数据填入表3-3-1。

表3-3-1 电流表扩大量程

改装表读数 /mA	标准表读数 /mA			示值误差 ΔI/mA
	减小时	增大时	平均值	
1				
2				
3				
4				
5				

根据所测结果对扩大量程后的电流表的表盘进行标定。

（2）将电流表改装为电压表，并将数据填入表3-3-2。

表 3-3-2　电流表改装为电压表

改装表读数 /V	标准表读数 /V			示值误差 ΔU/V
	减小时	增大时	平均值	
0.3				
0.6				
0.9				
1.2				
1.5				

根据所测结果，对改装成的电压表的表盘进行标定。

（3）将电流表改装为欧姆表，并将数据填入表3-3-3。

表 3-3-3　电流表改装为欧姆表

$E=$ ____ V，$R_{中}=$ ____ Ω

R_x/Ω	$\frac{1}{5}R_{中}$	$\frac{1}{4}R_{中}$	$\frac{1}{3}R_{中}$	$\frac{1}{2}R_{中}$	$R_{中}$	$2R_{中}$	$3R_{中}$	$4R_{中}$	$5R_{中}$
偏转格数 d_i									

根据所测结果，对欧姆表的表盘进行标定。

【思考题】

（1）是否有其他方法测定电流计的内阻？能否用欧姆定律测定？能否用电桥测定并保证通过电流计的电流不超过 I_g？

（2）测量高阻时，为了提高灵敏度，常使电源电压 E 提高到9V，请按本实验中被改装电流表参数，设计一个改装方案。

3-4　线性电阻和非线性电阻的伏安特性曲线

【实验目的】

（1）测绘电阻和二极管的伏安特性曲线，学会用作图法处理数据。
（2）了解二极管的单向导电性。
（3）了解直流稳压电源与万用表等电学仪器的使用方法。

【实验仪器与用品】

2AP9型二极管、DH1718D-4双路跟踪直流稳压稳流电源、MF-10型万用表、数字万用表、滑线变阻器、820Ω待测电阻、30Ω保护电阻、导线等。

【实验原理】

在一个元件两端加上电压时，元件内部有电流流过，其内部电流随外加电压的变化而变化。以电压为横坐标、电流为纵坐标可作出元件的电流－电压关系曲线，这一关系曲线称为该元件的伏安特性曲线。若流过元件的电流与元件两端的电压成正比，则元件的伏安特性曲线是一条直线，称该元件为线性元件。线性元件的特点是其参数不随电压或电流而变。若流过元件的电流与元件两端的电压不成正比，则元件的伏安特性曲线不是一条直线，称该元件为非线性元件（如二极管、三极管等），其参数与电压或电流有关。

一般金属导体是线性元件，它的电阻值与外加电压的大小和方向无关，其伏安特性曲线是一条通过原点的直线，如图3-4-1所示。从图上可以看出，直线分布在一、三象限，随着电压、电流的变化，金属导体的电阻值不变，其大小为该直线斜率的倒数，即 $R = \dfrac{1}{k} = \dfrac{U}{I}$。

二极管是非线性元件，其伏安特性曲线是一条曲线，如图3-4-2所示。二极管的图形符号如图3-4-3所示。二极管有两个极，一个为正极，另一个为负极。把二极管正极接至电路中的高电势端，负极接至电路中的低电势端，为正向接法；反之，为反向接法。当采用正向接法时二极管是导通的，采用反向接法时二极管是截止的。故二极管在电路中表现为单向导电性。当外加正向电压很低时，二极管呈现出很大的电阻，电流很小；正向电压超过一定数值后，二极管电阻变小（一般为几十欧），电流增长得很快。这个一定数值的正向电压称为死区电压，其大小与材料及环境温度有关。通常，硅管的死区电压约为0.5V，锗管的死区电压约为0.1V。因此，在使用二极管时，要注意其工作电流不能大于正向最大工作电流 I_{max}，否则会损坏二极管。当二极管在电路中反接时，反向电流很小。一般锗管（如2AP9）的反向电流是几十至几百微安，而硅管的反向电流小于1μA。但反向电压增大到一定值后，反向电流突然增大，二极管失去单向导电性，这种现象称为击穿。二极管被击穿后，一般不能恢复原来的性能，即失效。对应反向电流突然增大的这一电压称为反向击穿电压。因此，一般二极管有一个最大反向工作电压，其值通常是反向击穿电压的一半。使用二极管时，要注意加在其上的反向电压不得超过最大反向工作电压。

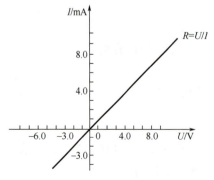

图3-4-1　一般金属导体的伏安特性曲线

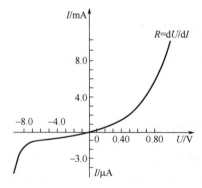

图3-4-2　二极管的伏安特性曲线

二极管的单向导电性是由其内部结构决定的。虽然本征半导体有自由电子和空穴两种载流子，但由于数量极少，因此导电能力仍然很差。如果掺入适量杂质（某种元素），则在半导体中会产生大量的自由电子或空穴。形成两种半导体：一种是 P 型，另一种是 N 型。P 型半导体中空穴的浓度远大于自由电子的浓度，以空穴导电为主；N 型半导体中自由电子的浓度远大于空穴的浓度，以自由电子导电为主。二极管就是由一块 P 型半导体和一块 N 型半导体"结合"而成的。在两种半导体的交界处，由于 P 区中空穴的浓度比 N 区大，因此空穴由 P 区向 N 区扩散；同样，由于 N 区中自由电子的浓度比 P 区大，因此自由电子由 N 区向 P 区扩散。这种扩散的结果是在交界处产生两个薄层：P 区薄层因空穴少而带负电，而 N 区薄层因自由电子少而带正电，如图 3-4-4 所示。于是在 A、B 之间形成电场，其方向恰与载流子（自由电子、空穴）扩散运动的方向相反，从而阻止自由电子和空穴的扩散，使自由电子和空穴反向漂移。所以常称带电薄层为称阻挡层。当载流子的扩散和漂移达到动态平衡时，A、B 薄层的厚度不变，从而在 P 区和 N 区的交界处形成一个特殊的区域，这个区域称为 PN 结。正是 PN 结让二极管具有单向导电性。当 PN 结加上正向电压（P 区接正，N 区接负）时，外电场与内电场方向相反，削弱了内电场的作用，使阻挡层变薄，载流子就能顺利地通过 PN 结，形成比较大的电流。所以，PN 结在正向导电时电阻很小。当 PN 结加上反向电压（P 区接负，N 区接正）时，外加电场与内电场方向相同，加强了内电场的作用，使阻挡层变厚。因为只有极少数载流子能够通过 PN 结，形成很小的反向电流，所以 PN 结的反向电阻很大。

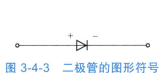

图 3-4-3　二极管的图形符号

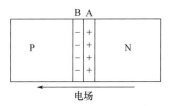

图 3-4-4　PN 结示意图

【实验内容与步骤】

1. 测绘金属膜电阻的伏安特性曲线

（1）按图 3-4-5 接线，由于待测电阻的阻值远大于毫安表内阻，因此采用毫安表内接法，并选择合适的电表量程。**注意**：在接通电源前应当把滑线变阻器的滑动端调至分压为零的位置。

（2）经教师检查线路后，接通电源。调节滑线变阻器的滑动端，使电压表读数为 0.0V，2.0V，4.0V，…，8.0V，并从毫安表读出相应的电流值。

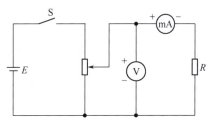

图 3-4-5　测电阻伏安特性电路

（3）把滑线变阻器的滑动端调至电压为零的位置，断开电源开关。将电阻反向，再接通电源开关。调节滑线变阻器的滑动端，使电压表读数为 0.0V，2.0V，4.0V，…，8.0V，并从毫安表读出相应的电流值。确认数据正确无误后断开电源，拆除电路。

（4）将测得的正、反向电压和电流值填入表3-4-1。

2. 测绘二极管的伏安特性曲线

测量前，记录所用二极管的型号和主要参数（如最大正向工作电流和最大反向工作电压），并判断二极管的正负极。

（1）测二极管的正向伏安特性曲线。按图3-4-6接线，测二极管的正向伏安特性曲线，其中R的阻值为30Ω，是保护电阻。电压表量程为2V，毫安表量程为10mA。经教师检查线路后，接通电源。调节滑线变阻器的滑动端，使毫安表读数为0.0mA，0.2mA，0.6mA，1.0mA，2.0mA，…，8.0mA，并从电压表读出相应的电压值，将测量数据填入表3-4-2。

（2）测二极管的反向伏安特性曲线。按图3-4-7接线。将毫安表换成微安表，量程取50μA左右，必要时可以换量程；电压表量程为20V。接通电源后，调节滑线变阻器的滑动端，使电压表读数为0.0V，1.0V，2.0V，…，8.0V，并从微安表读出相应的电流值，并填入表3-4-3。确认数据正确无误后，断开电源，拆除电路。

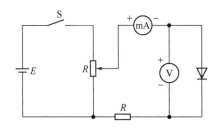
图3-4-6 二极管正向伏安特性电路

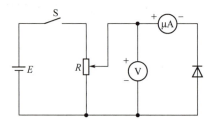
图3-4-7 二极管反向伏安特性电路

【数据记录与处理】

将实验数据分别填入表3-4-1～表3-4-3。

表3-4-1 电阻伏安特性数据

电流	电压 /V				
	0.0	2.0	4.0	6.0	8.0
正向电流 /mA					
反向电流 /mA					

表3-4-2 二极管正向伏安特性数据

电流值 /mA	0.0	0.2	0.6	1.0	2.0	3.0	4.0	5.0	6.0	7.0	8.0
电压 /V											

表3-4-3 二极管反向伏安特性数据

电压值 /V	0.0	1.0	2.0	3.0	4.0	5.0	6.0	7.0	8.0
电流 /μA									

（1）以电压为横坐标，电流为纵坐标，绘出电阻的伏安特性曲线。

（2）以电压为横坐标，电流为纵坐标，用测得的正反向电压和电流绘出二极管的伏安特性曲线。在绘制二极管的伏安特性曲线时，正反向电压和电流差别较大，故横轴正负两边单位长度表示的电压可以不同，但一定要在坐标轴的左右两端标明。同理，在纵轴上单位长度表示的电流也可以不同，但也要在坐标轴的上下两端标明。

【注意事项】

（1）测二极管正向伏安特性时，毫安表读数不得超过二极管允许通过的最大正向电流。

（2）测二极管反向伏安特性时，加在二极管上的电压不得超过二极管允许的最大反向电压。

【思考题】

（1）在二极管正向伏安特性电路中，30Ω 电阻的作用是什么？

（2）在二极管正反向伏安特性电路中，电流表的接法有什么不同？为什么要如此接？

3-5　三极管的伏安特性曲线

半导体三极管（简称三极管）是一种非常重要的、应用广泛的半导体器件，推动了电子技术的飞速发展。了解三极管的伏安特性曲线和放大原理，对工科学生来说很有必要。

【实验目的】

（1）了解三极管的结构。

（2）掌握三极管的输入/输出特性。

（3）了解三极管的基本放大原理。

【实验仪器与用品】

DH1718D-4 双路跟踪直流稳压稳流电源、MF-10 型万用表、3DG6 型三极管、电阻、滑线变阻器、开关及导线等。

【实验原理】

1. 三极管的基本结构和符号

三极管按半导体掺杂类型可分为 NPN 型和 PNP 型两大类，其示意图和图形符号如图 3-5-1 所示。从图中可以看出，三极管内部有两个 PN 结，分成三个区域，以 NPN 型三极管为例，左边的 N 型半导体称作发射区，中间的 P 型半导体称作基区，右边的 N 型半导体称作集电区。三个区分别引出三个电极，分别称为发射极（e）、基极（b）、集电极（c）。左边的 PN 结称作发射结（因为它包括在发射极电路内），右边的 PN 结称作集电结。制造三极管时，要求三极管内部满足如下要求。

（1）基区做得很薄，且掺杂浓度很低。
（2）发射区掺杂浓度比集电区掺杂浓度高，且远高于基区掺杂浓度。
（3）集电结结面积比发射结结面积大。

三极管的这些结构特点是决定其具有放大作用的内部条件。

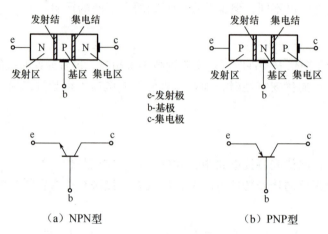

图 3-5-1　三极管示意图和图形符号

2. 三极管的放大原理

三极管正常工作时，发射结加正向电压，集电结加反向电压（$E_c > E_b$），如图 3-5-2（a）所示。下面通过分析三极管内部载流子的运动规律来了解三极管（NPN 型）的放大原理。

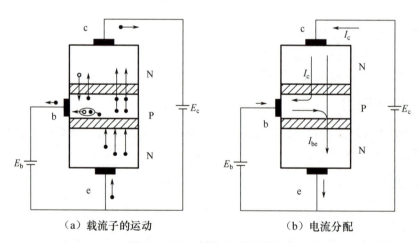

图 3-5-2　三极管电流放大原理

（1）发射区向基区发射电子的过程。由于发射结加的是正向偏压，因此发射区的多数载流子即自由电子很容易在外加电场的作用下越过发射结而进入基区，即自由电子从发射区注入基区，形成扩散电流。

当然在基区（P 型半导体）的多数载流子即空穴也会在外加电场的作用下跑向发射区，但由于基区杂质浓度很低，因此基区的多数载流子（空穴）与发射区的多数载流子形成的电流相比可略去不计；故发射极电流主要是电子电流。由于发射区的自由电子跑到基区，发射区的自由电子浓度降低，为了保持平衡，外加电压的负端不断地提供电子，形成了发射极电流 I_e。

（2）自由电子在基区的扩散和复合。由于发射区的自由电子浓度比基区的高，因此进入基区的自由电子将向集电区方向扩散，同时在扩散的过程中，自由电子可能与基区的空穴相遇，这一部分自由电子将填充空穴，无法继续扩散，称为复合。空穴不断与自由电子复合，因此基极电源要不断供给空穴（实际上是拉走受激发的价电子），从而形成基极电流 I_b。为了使发射区注入基区的自由电子尽可能多地到达集电极，复合越少越好。为此采取了两个措施：降低基区的杂质浓度，把基区制作得薄些。这样可减少自由电子在基区碰到空穴的机会，使复合减少。

（3）集电极电流的形成过程。集电结上加的是很大的反向偏压，这个电压在集电结上产生的电场对由基区向集电结扩散的自由电子来说是加速电场。故自由电子只要扩散到集电结，就被这个电场加速而穿过集电结被集电极所吸收，形成集电极电流 I_c。

从上述扩散和复合过程可知，发射区注入基区的电子并非全部到达集电区，即发射极电流 I_e 不是百分之百地分配给集电极，形成集电极电流 I_c，只是把其中的大部分分配给集电极。此外，集电区中的少数载流子（空穴）和基区中的少数载流子（自由电子）将发生漂移运动，形成电流 I_{ceo}，称为反向饱和电流，它占在 I_c 和 I_b 中的很小一部分，但受温度影响较大。

说明各电流的形成原因之后，再来了解电流的分配情况，如图 3-4-2（b）所示，只有少部分从发射区扩散到基区的自由电子被复合，绝大部分到达集电区，三极管的内部结构一旦确定，这个比例就基本上固定了。令从发射区到达集电区的载流子的比例为 $\bar{a}$，称为直流电流传输系数，即

$$\bar{a} = \frac{I_{ce}}{I_e} \quad (3\text{-}5\text{-}1)$$

I_{ce} 与 I_{be} 的比值称为三极管的直流电流放大系数，用 $\bar{\beta}$ 表示，即

$$\bar{\beta} = \frac{I_{ce}}{I_{be}} = \frac{\bar{a}I_e}{(1-\bar{a})I_e} = \frac{\bar{a}}{1-\bar{a}} \quad (3\text{-}5\text{-}2)$$

又有

$$\bar{\beta} = \frac{I_{ce}}{I_{be}} = \frac{I_c - I_{cbo}}{I_b - I_{cbo}} \approx \frac{I_c}{I_b} \quad (3\text{-}5\text{-}3)$$

$\bar{\beta}$ 值反映了三极管的电流放大作用，与 $\bar{a}$ 一样，都由三极管内部结构决定。三极管制造好之后，$\bar{a}$ 与 $\bar{\beta}$ 也就确定了，$\bar{a}$ 为 0.90～0.99，也就是 $\bar{\beta}$ 为 9～99。$\bar{\beta}$ 越大，说明三极管的电流放大能力越强。

从前面的说明还可知道，I_b 的较小变化可引起 I_c 的较大变化，这个比值称为<u>交流电流放大系数</u>，用 β 表示，即

$$\beta = \frac{\Delta I_c}{\Delta I_b} \quad (3\text{-}5\text{-}4)$$

β 与 $\bar{\beta}$ 在数值上很接近，虽然二者有不同的意义，但在工程计算时不严格区分，在以

后的分析中均以 β 表示。

3. 特性曲线

测量特性曲线的电路图如图 3-5-3 所示。

（1）输入特性曲线。**输入特性曲线是指当集电极 – 发射极电压 U_{ce} 为常数时，输入电路（基极电路）中基极电流 I_b 与基极 – 发射极电压 U_{be} 的关系曲线。**因为对于不同的 U_{ce}，有不同的特性曲线，所以输入特性曲线应该是一组曲线。当 $U_{ce}=0$（c、e 两端电位相同）时，相当于两个二极管并联在一起，特性曲线与一个二极管的差不多。但当 U_{ce} 大于一定数值时，如对硅管，$U_{ce}>1V$ 时，集电结反向偏置，并且内电场足够大，足以将从发射区扩散到基区的自由电子的绝大部分拉入集电区，如果此时增大 U_{ce}，只要 U_{be} 保持不变（从发射区扩散到基区的电子数就一定），I_b 就不再明显地减小。也就是说，$U_{ce}>1V$ 后的输入特性曲线基本上是重合的，所以，通常只作出 $U_{ce}=0V$、$U_{ce}\geq 1V$ 的两条输入特性曲线，如图 3-5-4（a）所示。

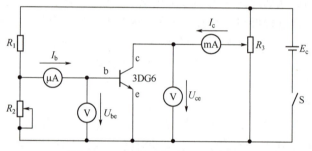

图 3-5-3　测量特性曲线的电路图

由图 3-5-4（a）可见，与二极管的伏安特性曲线一样，三极管的输入特性曲线也有一段死区电压。硅管的死区电压约为 0.5V，锗管的死区电压约为 0.2V。在正常工作情况下，NPN 型硅管的发射结电压 $U_{be}=0.6\sim 0.7V$，PNP 型锗管的发射结电压 $U_{be}=-0.3\sim -0.2V$。

（2）输出特性曲线。**输出特性曲线是指当基极电流 I_b 为常数时，输出电路中集电极电流 I_c 与集电极 – 发射极电压 U_{ce} 的关系曲线。**因为在不同 I_b 下，可得出不同的曲线，所以三极管的输出特性曲线是一组曲线，如图 3-5-4（b）所示。

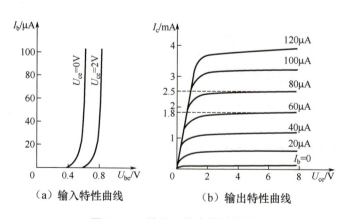

（a）输入特性曲线　　　（b）输出特性曲线

图 3-5-4　输入、输出特性曲线

当 I_b 一定时，从发射区扩散到基区的电子数大致是一定的。当 U_{ce} 很小时，随着 U_{ce} 的增大，集电结收集能力增强，I_c 增大较快。U_{ce} 超过一定数值（约 1V）后，这些电子的绝大部分被拉入集电区而形成 I_c，当 U_{ce} 继续升高时，I_c 不再明显增大，具有恒流特性。

当 I_b 增大时，相应的 I_c 也增大，曲线上移，而且 I_c 比 I_b 增大得多，这就是三极管的电流放大作用。

（3）由特性曲线计算 β 值。从输出特性曲线可以看出，当 I_b= 60μA 时，I_c=1.8mA，I_b= 80μA 时，I_c=2.5mA。由式（3-5-4）可以算出

$$\beta = \frac{\Delta I_C}{\Delta I_B} = \frac{2.5-1.8}{0.08-0.06} = 35$$

【实验内容与步骤】

（1）按图 3-5-3 接线，三极管用 3DG6 型三极管，电流表用 MF-10 型万用表的电流挡，一块用毫安挡，一块用微安挡，电压表用数字万用表的电压挡。电源电压调到 10V。

（2）测量输入特性，调节滑线变阻器 R_3，使 U_{ce} 为零，然后调节 R_2，使 I_b 为 0.0μA，5.0μA，10.0μA，15.0μA，20.0μA，…，80.0μA，读取相应的 U_{be}，填入表 3-5-1。调节 R_3，使 U_{ce} 为 2.0V，重复上面的步骤。

（3）测量输出特性，调节 R_2，使 I_b 为零，然后调节 R_3，使 U_{ce} 为 0.0V，0.1V，0.2V，0.3V，0.4V，0.5V，…，8.0V，读取相应的 I_c 值，填入表 3-5-2。调节 R_2，使 I_b 分别为 20.0μA，40.0μA，…，100.0μA，重复上面的步骤。

【数据记录与处理】

将实验数据分别填入表 3-5-1、表 3-5-2，根据数据作出输入特性曲线及输出特性曲线，并由输出特性曲线求出 β 值。

表 3-5-1 输入特性曲线实验数据 U_{be}（V）

U_{ce}/V	I_b/μA										
	0.0	5.0	10.0	15.0	20.0	30.0	40.0	50.0	60.0	70.0	80.0
0.0											
2.0											

表 3-5-2 输出特性曲线实验数据 I_c（mA）

I_b/μA	U_{ce}/V													
	0.0	0.1	0.2	0.3	0.4	0.5	0.6	0.8	1.5	2.0	3.0	4.0	6.0	8.0
0.0														
20.0														
40.0														
60.0														
80.0														
100.0														

【思考题】

（1）如何用万用表的电阻挡判定三极管的极性？
（2）制造三极管时，为什么基区要做得比较薄？

【拓展资料】

1904年，英国物理学家弗莱明发明了电子二极管。1906年，美国发明家德福雷斯特在二极管的灯丝和板极之间巧妙地加入一个栅板，从而发明了第一只真空三极管。

1946年，美国人发明了世界上第一台通用计算机——ENIAC，其使用了18000多个电子管，占地约170m^2，重约30t，耗电功率约为150kW，每秒钟可进行5000次运算。该计算机由于使用的电子管体积很大、耗电量大、易发热，因此工作时间不能太长。

1947年，美国物理学家肖克利、巴丁和布拉顿三人合作发明了晶体管，解决了电子管体积大、耗电量大的问题。1958年，美国工程师基尔比发明了第一块集成电路，包括一个锗晶体管和基于锗材料制作的电阻电容，制成了称为相移振荡器的简易集成电路。

1961年，我国科学家制作出第一个微组装集成电路。1964年，王守觉带领团队研制成功我国第一块硅晶体管微组装集成电路。它是在硅片上的集成了6个晶体管、7个电阻和6个电容共19个元件组成的阻容耦合门电路。2020年10月，华为公司发布的麒麟9000芯片是基于5nm工艺制程制造的，集成了153亿个晶体管。

3-6　RC 串联电路的暂态过程

电阻和电容是电路中的基本元件。电容和电阻的串联电路称为 RC 串联电路，简称 RC 电路。将 RC 电路的电源接通或断开，在接通或断开的瞬间，由于电容极板上的电压不能突变，因此电压会慢慢升高或慢慢降低，这一变化过程称作暂态过程。将电容通过电阻接到电源上，电容两端的电压会慢慢升高，这个过程称作充电；将已充电的电容通过电阻相连，两极板上的电压会慢慢降低，直到电压为零，这个过程称作放电。在充、放电过程中，电压和电流都是按指数规律变化的。

【实验目的】

（1）了解 RC 电路的充、放电规律。
（2）了解电容与电阻在电路中的作用及对充、放电时间的影响。
（3）掌握时间常数的物理意义及测量方法。

【实验仪器与用品】

DH1718D-4 双路跟踪直流稳压稳流电源、示波器、万用表、数字电子秒表、电阻箱、电容箱、滑线变阻器、开关及导线等。

【实验原理】

1. 充电过程

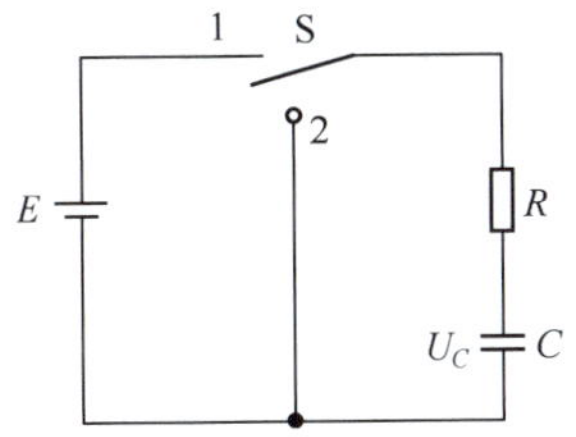

充电电路如图 3-6-1 所示，将电路中的开关 S 拨向 1 时，电源通过电阻 R 对电容 C 充电；在充电过程中的某时刻，电路中的电流为 i，电容极板上的电荷为 Q，两极板间的电压为 U_C，根据基尔霍夫电压定律，（忽略电源内阻）回路电压方程为

$$E - U_C - iR = 0 \quad （3\text{-}6\text{-}1）$$

图 3-6-1　充电电路

因为，$U_C = \dfrac{Q}{C}$，$i = \dfrac{dQ}{dt}$，所以 $i = C\dfrac{dU_C}{dt}$。代入式（3-6-1），可得充电电路的微分方程，即

$$E - U_C - RC\dfrac{dU_C}{dt} = 0 \quad （3\text{-}6\text{-}2）$$

对式（3-6-2）进行积分，由初始条件 $t=0$，$U_C=0$ 得微分方程的解为

$$U_C = E(1 - e^{-\frac{t}{RC}}) = 0 \quad （3\text{-}6\text{-}3）$$

式（3-6-3）表明，U_C 是按时间 t 的指数规律增长的，其曲线如图 3-6-2（a）所示。充电时的电流为

$$i = \dfrac{E - U_C}{R} = \dfrac{E}{R} e^{-\frac{t}{RC}} \quad （3\text{-}6\text{-}4）$$

式（3-6-4）表明充电电流 i 是按指数规律衰减的，其曲线如图 3-6-3（a）所示。

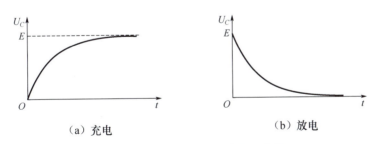

（a）充电　　　　　　　　　（b）放电

图 3-6-2　充、放电过程的电压曲线

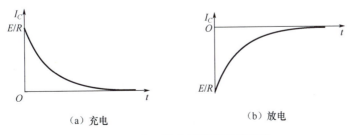

（a）充电　　　　　　　　　（b）放电

图 3-6-3　充、放电过程的电流曲线

2. 放电过程

在图 3-6-1 中，假设电容已经充电完毕，电容两端电压 $U_C=E$；将开关 S 拨向 2 时，电容上的电荷通过电阻 R 放电，电压 U_C 逐渐减小，最后趋于零，放电电流也逐渐减小。

令式（3-6-1）中的 $E=0$，可得

$$U_C + iR = 0$$

$$U_C = -RC\frac{dU_C}{dt}$$

当 $t=0$ 时，$U_C=E$，可求得电容放电时微分方程的解为

$$U_C = Ee^{-\frac{t}{RC}} \tag{3-6-5}$$

其曲线如图 3-6-2（b）所示。而放电时的电流为

$$i = -\frac{U_C}{R} = -\frac{E}{R}e^{-\frac{t}{RC}} \tag{3-6-6}$$

式中，负号表示放电时电流的方向与充电时电流的方向相反，电流曲线如图 3-6-3（b）所示。

从式（3-6-6）可以看出，在放电过程中，U_C 和 i 都是按时间 t 的指数规律减小的。

3. 充、放电过程中的时间常数和半衰期

（1）时间常数 τ。

当 $t=RC$ 时，由式（3-6-3）和式（3-6-4）可得

$$U_C = E(1-e^{-1}) \approx 0.632E$$

$$i = \frac{E}{R}e^{-1} \approx 0.368\frac{E}{R}$$

由此可见，当 $t=RC$ 时，电容上的电压上升到最大值的 63.2%，充电电流减小到初始值的 36.8%。RC 的乘积定义为 RC 电路的时间常数，用 τ 表示，$\tau =RC$，它反映充、放电的速度。τ 越小，充、放电越快；τ 越大，充、放电越慢。

从式（3-6-3）可以看出，在充电过程中，当 τ 趋近无穷大时，才有 $U_C=E, i=0$。但是，当 $t=4\tau$ 时，$U_C \approx 0.982E$；当 $t=5\tau$ 时，$U_C \approx 0.993E$。所以，当 $t=(4\sim 5)\tau$ 时，可以认为充电完毕。放电过程也一样，当 $t=(4\sim 5)\tau$ 时，可以认为放电完毕。

（2）半衰期 $T_{1/2}$。

半衰期为电容被充电到最终电压值一半时所需要的时间，用 $T_{1/2}$ 表示。设电流减小到初始值的一半所需的时间为 $T'_{1/2}$，将 $U_C=\frac{1}{2}E$ 代入式（3-6-3），将 $i=\frac{1}{2}\cdot\frac{E}{R}$ 代入式（3-6-4），可得

$$U_C = \frac{E}{2} = E(1-e^{-\frac{T_{1/2}}{\tau}})$$

$$i = \frac{1}{2} \cdot \frac{E}{R} = \frac{E}{R} e^{-\frac{T'_{1/2}}{\tau}}$$

求解方程,可得

$$T_{1/2} = T'_{1/2} = \tau \ln 2 \approx 0.693\tau \quad (3\text{-}6\text{-}7)$$

由此可见,在充电过程中,电压 U_C 到达最大值的一半和电流下降到初始值的一半所需的时间相同,皆为 0.693τ。实验时,常利用测得的半衰期来求时间常数,由式(3-6-7)可得

$$\tau \approx 1.44\, T_{1/2}$$

【实验内容与步骤】

测绘 RC 电路充、放电过程的电压曲线。

(1)按图 3-6-1 接线。其中,C 是标准电容,V 是电压表,用它的内阻作为放电电阻,注意根据所选的量程计算电压表的内阻 R_V。时间常数一般为几十秒。

(2)测量充电电压波形。将电源电压调到 10V,开关拨置 1,使电容充电,同时启动数字电子秒表,用万用表测量电容两端的电压,测量电压上升到表 3-6-1 中电压值所对应的时间,并填入表,每一电压测量两次。调节电阻 R 使电容充满电的时间大于 20s。

(3)测量放电电压波形。将开关拨置 1,调节电源电压,使电容上的电压为 10V(用 MF−10 型万用表的直流电压挡测量)。将开关拨置 2,同时启动数字电子秒表,测量电压下降到表 3-6-1 中电压值所对应的时间,并填入表中,每一电压测量两次。

(4)改变电容箱的电容值,重复上面的实验步骤。

(5)用示波器观察充、放电波形。

按图 3-6-4 接线,用信号(方波)发生器代替开关,用示波器观察时间常数很小的电路充、放电波形。在前半个周期,方波电压为 E,电容充电;在后半个周期,电压为零,电容放电,在示波器上出现连续的充、放电波形。

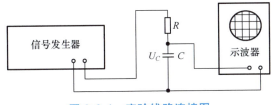

图 3-6-4　实验线路连接图

调节信号发生器的频率,观察充、放电波形的变化。最后使方波的半周期大于 5ms,充、放电过程基本完成,作出充、放电波形。

【数据记录与处理】

(1)将 RC 电路充、放电过程测得的数据填入表 3-6-1;以表中的 U_C 为纵轴,以测得的时间平均值为横轴,作出 U_C−t 曲线,再以 $\ln U_C$ 为纵轴作出 $\ln U_C$−t 曲线,分别由两条曲线求出充、放电的时间常数。

（2）利用给定的电容和电压表的内阻计算放电的时间常数和半衰期，并与用作图法求出的时间常数进行比较。

（3）用半衰期计算时间常数。

表 3-6-1　RC 电路充、放电过程测得的数据

	U_C/V	1	2	3	4	5	6	7	8	9	10
充电	1										
	2										
	平均值										
放电	1										
	2										
	平均值										

【思考题】

（1）为什么 RC 电路的 $\ln U_C$–t 曲线是一条直线？

（2）如果信号发生器前半个周期的电压值是 E，后半个周期的电压值是 $-E$，用示波器观察电容上电压的波形。

3-7　单臂电桥法测量电阻

单臂电桥法测量电阻

　　电桥法是电磁学中重要的电阻测量方法，在电测技术中有着十分广泛的应用，它具有测试灵敏、精确和方便等特点。电桥电路在自动化仪器和自动控制中应用广泛。

　　电桥分为直流电桥和交流电桥两大类。直流电桥是一种精密的电阻测量仪器，具有重要的应用价值。电桥按测量方式可分为平衡电桥和非平衡电桥。平衡电桥是把待测电阻与标准电阻进行比较，通过调节电桥平衡测得待测电阻阻值，如单臂直流电桥（惠斯通电桥）、双臂直流电桥（开尔文电桥）。直流单臂电桥是由英国发明家塞缪尔·亨特·克里斯蒂于 1833 年发明的；但是，由于 1843 年查尔斯·惠斯通对其进行了改进及推广并第一个用它来测量电阻，因此人们习惯上把这种电桥称为惠斯通电桥。1862 年，英国的威廉·汤姆森在研究利用直流单臂电桥测量低电阻时遇到困难，发现引起测量产生较大误差的原因是引线电阻和连接点处的接触电阻。这些电阻值可能远大于被测电阻值。因此，他提出了直流双臂电桥，当时称为汤姆森电桥，后因他晋封为开尔文勋爵，故改称开尔文电桥。平衡电桥只能用于测量具有相对稳定状态的物理量，而在实际工程和科学实验中，很多物理量是连续变化的，只能采用非平衡电桥才能测量；非平衡电桥的基本原理是通过桥式电路来测量电阻，再根据电桥输出的不平衡电压进行运算处理，从而得到引起电阻变化的其他物理量，如温度、压力、形

变等。交流电桥是一种比较法测量各种交流阻抗（如电容的电容量、电感的电感量）的基本仪器。常用的交流电桥有电感电桥、麦克斯韦电桥、海氏电桥、电容电桥等。

本实验采用平衡电桥中的单臂电桥测不同阻值的电阻。

【实验目的】

（1）熟悉和掌握 FQJ 型非平衡直流电桥的使用。
（2）学会利用单臂电桥法测量电阻的原理和方法。

【实验仪器与用品】

FQJ 型非平衡直流电桥、待测电阻、开关及导线等。

【实验原理】

以前经常采用伏安法测未知电阻，即测出流过未知电阻的电流 I 和它两端的电压 U，利用欧姆定律 $R_X = U/I$ 得出 R_X 值。但是，用伏安法测量时，受电表内阻的影响，无论采用图 3-7-1（a）所示的外接法还是图 3-7-1（b）所示的内接法，都不能同时测得准确的 I 和 U 值，即有一定的系统误差。其原因在于电表有内阻，且表内有电流流过。为了减小系统误差，通常采用图 3-7-2 所示的电桥测电阻。

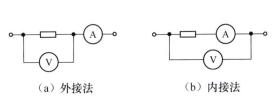

图 3-7-1　伏安法测电阻原理

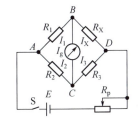

图 3-7-2　单臂电桥测电阻原理

单臂电桥是常用的直流平衡电桥。在图 3-7-2 中，R_1、R_2、R_3、R_X 组成一个四边形，每个边都称为电桥的一个臂。对角线 AD 之间接有电源 E，BC 之间接检流计 G，因为它像桥一样，所以称为电桥。R_1、R_2 为已知电阻，R_3 为标准电阻，R_X 为被测电阻。当把电路中的开关都接通以后，R_1、R_2、R_3、R_X 及检流计 G 上分别有电流 I_1、I_2、I_3、I_X、I_g 流过。适当调节各臂的电阻值，可使检流计电流 $I_g = 0$，即 B、C 两点电位相等，此时称电桥达到平衡。当电桥平衡时 $U_B = U_C$，有

$$U_{AB} = U_{AC}, \quad U_{BD} = U_{CD}$$

$$I_1 R_1 = I_2 R_2, \quad I_X R_X = I_3 R_3$$

因为 G 中无电流，所以 $I_1 = I_X$，$I_2 = I_3$，上两式相除，得

$$\frac{R_1}{R_X} = \frac{R_2}{R_3} \tag{3-7-1}$$

$$R_X = \frac{R_1}{R_2} R_3 \tag{3-7-2}$$

式（3-7-1）即电桥的平衡条件。由式（3-7-2）可知，若 R_1、R_2 为已知，则只要改变 R_3 值，使检流计 G 中无电流，并记录下此时的 R_3，就可求得 R_X。

【实验内容与步骤】

（1）量程倍率设置。电桥的量程倍率可视被测电阻自行设置，FQJ 型非平衡直流电桥面板（图 3-7-3）的桥路示意图中 R_1 是仪器内部装有的标准电阻，分别为 1000Ω、100Ω、10Ω，供量程倍率选择时使用，R_2 是仪器左边的一组可调电阻箱（R_a 或 R_b，R_a 和 R_b 为一组同轴且输出两组相同阻值的电阻箱），R_3 是仪器右边的一组可调电阻箱 R_c。如设置"×1"倍率，可使用 R_1 的 1000Ω 插孔，R_b 的"×1000"盘示值打"1"，其余盘均为 0；如设置"×0.1"倍率，可使用 R_1 的 100Ω 插孔，R_b 的"×1000"盘示值打"1"；如设置"×100"倍率，可使用 R_1 的 1000Ω 插孔，R_b 的"×10"盘示值打"1"……再用导线连接，如图 3-7-3 所示，由此可组成表 3-7-1 中不同的量程倍率。

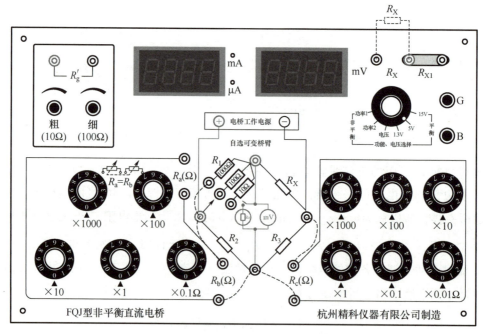

图 3-7-3　FQJ 型非平衡直流电桥面板

（2）电源工作电压选择开关建议按表 3-7-1 有效量程选择工作电源电压。

（3）锁定检流计 G（内接开关）。

表 3-7-1　单臂电桥技术参数

量程倍率	有效量程 /Ω	R_1/Ω	R_2/Ω	准确度 /（%）	工作电压 /V
×0.01	10～111.11	100	10000	0.5	1.3
×0.1	100～1111.1	1000	10000	0.3	5
×1	1k～11.111k	1000	1000	0.2	5
×10	10k～111.11k	10000	1000	1	15
×100	100k～1111.1k	10000	100	2	15

（4）根据被测电阻 R_X 的估计值，按表 3-7-1 选择量程倍率，设置好 R_1、R_2 和 R_3 的值（R_3 电阻箱的最大阻值旋钮上一定不能为零），将未知被测电阻接入 R_X 接线端子（R_X 端子上方短接片应接好）。

（5）打开仪器市电开关，面板指示灯亮。

（6）锁定工作电源开关 B，调节 R_3 各盘电阻，使检流计 G 显示为零，即电桥平衡，记录下 R_3 的阻值（工作电源开关 B 随测随开）。

（7）计算被测电阻值和不确定度。被测电阻值按式（3-7-2）计算。

用电桥测量电阻时，仪器的误差为

$$\Delta_{仪} = \frac{a}{100}\left(MR_3 + M\frac{R_N}{10}\right) \tag{3-7-3}$$

式中，R_N 是基准值，是与 R_3 读数最大值最接近的 10 的整数幂，在此电桥中 $R_N=1000Ω$；$M = \frac{R_1}{R_2}$；a 是电桥的准确度等级，其值见表 3-7-1。根据式（3-7-4）计算不确定度。

$$u(R_X) = \frac{\Delta_{仪}}{\sqrt{3}} \tag{3-7-4}$$

【数据记录与处理】

将单臂电桥测电阻数据填入表 3-7-2，根据数据计算不确定度和相对不确定度。

表 3-7-2　单臂电桥测电阻数据

待测电阻 /Ω	倍率 (R_1/R_2)	R_3/Ω	R_X/Ω	不确定度 $u(R_X)$/Ω	相对不确定度 $E_r = \frac{u(R_X)}{R_X}$	测量结果
10～111.11						
100～1111.1						
1k～11.111k						
10k～111.11k						
100k～1111.1k						

【注意事项】

（1）电桥工作电压应与所测电阻值匹配，这样在保证较高测量精度下，可扩大量程范围，要求测试时选择合适的工作电压。

（2）为了减少被测电阻热效应对测试精度的影响，希望工作电源开关 B 随测随开，即测完断开。

（3）尽量避免 R_1、R_2、R_3 阻值同时过低。

（4）仪器使用完毕，应关断市电开关，避免发生意外事故。

（5）仪器长期不用，应存放于温度为 0～40℃、相对湿度不大于 80% 的室内，并且室内不应有腐蚀性气体和灰尘，还要避免阳光直晒。

【思考题】

（1）电桥法测电阻包括哪两种？其测量电阻的范围分别为多少？
（2）单臂电桥测电阻的误差主要来源是什么？
（3）如何判断电桥是否平衡？

3-8　双臂电桥法测量电阻

【实验目的】

（1）了解双臂电桥测量低电阻的方法和原理。
（2）用双臂电桥测量导体的电阻，并计算导体的电阻率。

【实验仪器与用品】

DHQJ-5 型多功能电桥、待测四端电阻、开关及导线等。

【实验原理】

1. 双臂电桥

由于存在导线电阻及接触电阻（总称为附加电阻，其数量级约为 $10^{-3}\Omega$），因此用单臂电桥测量 1Ω 以下的低电阻时误差很大。为了消除附加电阻的影响，在单臂电桥的基础上发展了双臂电桥，它适用于 10^{-6}～$10^2\Omega$ 的电阻测量。

为了弄清在低电阻测量中附加电阻是如何影响测量结果的，下面先来分析一下用伏安法测量金属棒 AD 的电阻 R_X 的情况。一般接线图如图 3-8-1 所示。考虑到导线电阻和接触电阻，通过电流表的电流 I 在接头 A 处分为 I_1、I_2 两路。I_1 流经电流表和金属棒间的接触电阻 r_1，再流入 R_X，I_2 流经毫伏计和电流表接头处的接触电阻 r_3，再流入毫伏计。同样，当 I_1、I_2 在接头 D 处汇合时，I_1 先通过金属棒和限流电阻 R_n 间的接触电阻 r_2，I_2 先经过毫伏计和限流电阻间的接触电阻 r_4 才汇合。考虑到由接头 A 到电流表、由接头 D 到限流电阻 R_n 之间的导线电阻分别可并入电流表和限流电阻 R_n 的"内阻"，其等效电路图如图 3-8-2 所示。由图中可见，r_1、r_2 与 R_X 串联，r_3、r_4 与毫伏计串联，故毫伏计指示的电

压值包括 r_1、r_2 和 R_X 两端的电压降。在低电阻测量中，r_1、r_2 的阻值与 R_X 具有相同的数量级（甚至有时比 R_X 的数量级还大），故用毫伏计上的读数直接作为 R_X 的电压值来计算其阻值，将得不到准确的结果。如果将接线改成图 3-8-3 所示的形式，则从前面的分析可知，此时虽然接触电阻 r_1、r_2、r_3、r_4 仍然存在，但由于所处的位置不同，构成的等效电路不同，如图 3-8-4 所示。由于毫伏计的内阻远大于 r_3、r_4 和 R_X，因此毫伏计和电流表的读数可以准确地反映待测电阻 R_X 上的电压降和通过 R_X 的电流值。

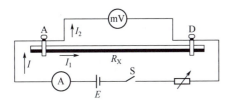

图 3-8-1　一般接线图

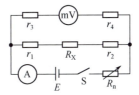

图 3-8-2　等效电路图

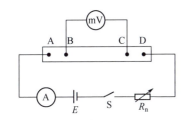

图 3-8-3　改变后的连接电路图

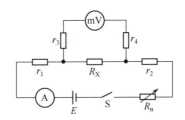

图 3-8-4　改变连接方法后的等效电路图

由上述分析可见，**测量低电阻时，将通以电流的接线端（简称电流端）A、D 和测量电压的接线端（简称电压端）B、C 分开，且将电压端放在内侧，可以避免接触电阻和导线电阻的影响。这种具有四个接线端的电阻称为四端电阻。**

分析用单臂电桥测量低电阻的情况。在普通单臂电桥（参见单臂电桥实验）的基础上，互换 R_2 和 R_X 的位置，如图 3-8-5 所示，这仍是单臂电桥，当电桥平衡时，仍有

$$R_X = \frac{R_1}{R_2} R_S。$$

由图 3-8-5 可见，电路中有 12 根导线和 A、B、C、D 四个节点，其中由 A、C 点到电源和由 D、B 点到检流计的导线电阻可分别并入电源、检流计的"内阻"，对测量结果没有影响。由于比率臂 R_1 和 R_2 可用阻值较高的电阻，因此与 R_1 和 R_2 相连接的四根导线（A—R_1、D—R_1、C—R_2、D—R_2）的电阻对测量结果影响不大，可忽略不计。由于待测电阻 R_X 是低电阻，比较臂 R_S 也应当用低电阻，因此与 R_X 及 R_S 相连的四根导线及节点的电阻不能忽略。为了消除这些附加电阻的影响，**将 R_X 及 R_S 制成四端电阻，并将其一组电压端 B_3、B_4 分别连接阻值为几百欧的电阻 R_3、R_4，再与检流计相连。另外，将 R_X、R_S 的一组电流端 B_1、B_2 用粗导线连接，这就构成了**

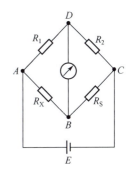

图 3-8-5　互换 R_2 和 R_X 的位置

双臂电桥，其电路图如图 3-8-6 所示。

分析图 3-8-6 所示的双臂电桥电路。在电路中，由于采用了四端电阻，因此 A_1、C_1 点的接触电阻可以并入电源及 R_n 的"内阻"，A_2、C_2 点的接触电阻可并入 R_1、R_2，B_3、B_4 点的接触电阻 r_3、r_4 可以看作与 R_3、R_4 串联，设 B_1、B_2 间的附加电阻为 r，则等效电路图如图 3-8-7 所示。

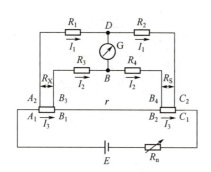

图 3-8-6　双臂电桥电路图

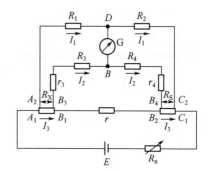

图 3-8-7　等效电路图

下面来推导双臂电桥的平衡条件。电桥平衡时，检流计中无电流通过，此时，通过 R_1、R_2 的电流相等，设为 I_1；通过 r_3、R_3、R_4、r_4 的电流相等，设为 I_2；通过 R_X、R_S 的电流相等，设为 I_3。电桥平衡时 D、B 两点电位相等，所以有

$$\begin{cases} I_1 R_1 = I_2(R_3 + r_3) + I_3 R_X \\ I_1 R_2 = I_2(R_4 + r_4) + I_3 R_S \\ I_2(r_3 + R_3 + R_4 + r_4) = (I_3 - I_2)r \end{cases} \quad (3\text{-}8\text{-}1)$$

由于 R_3、R_4 的阻值为几十欧到几百欧，r_3、r_4 的阻值一般小于 0.1Ω，因此 R_3、$R_4 \gg r_3$、r_4。另外，连接 B_1、B_2 两点的是粗导线，故 r 的阻值与 r_3、r_4 的阻值为同一数量级，因此有 $I_3 \gg I_2$，故 $I_3 R_X \gg I_2 r_3$、$I_3 R_S \gg I_2 r_4$。利用以上关系，可以将式（3-8-1）中有关 r_3、r_4 的项忽略，整理式（3-8-1），得

$$R_X = \frac{R_1}{R_2} R_S + \frac{r R_4}{R_3 + R_4 + r}\left(\frac{R_1}{R_2} - \frac{R_3}{R_4}\right) \quad (3\text{-}8\text{-}2)$$

如果 $\dfrac{R_1}{R_2} = \dfrac{R_3}{R_4}$，则式（3-8-2）中等号右侧第二项为零，此时式（3-8-2）变为

$$R_X = \frac{R_1}{R_2} R_S \quad (3\text{-}8\text{-}3)$$

这就是双臂电桥的平衡条件。

在技术上，为了保证 $\dfrac{R_1}{R_2} = \dfrac{R_3}{R_4}$ 始终成立，通常使两对比率臂（$\dfrac{R_1}{R_2}$ 及 $\dfrac{R_3}{R_4}$）采用同轴十进制电阻箱的特殊结构，在这种结构的电阻箱中，两个相同的十进制电阻箱的转臂固定在同一转轴上，当转臂转到任意位置时都保持 $R_1 = R_3$，$R_2 = R_4$。

2. 导体的电阻率

实验表明，导体的电阻与长度 L 成正比，与其横截面面积 S 成反比，即

$$R = \rho \dfrac{L}{S} \tag{3-8-4}$$

式中，ρ 为导体的电阻率，其值与导体材料的性质有关，可按下式求出

$$\rho = R \dfrac{S}{L}$$

如果导体为圆柱体，则

$$\rho = R \dfrac{\pi d^2}{4L} \tag{3-8-5}$$

式中，d 为导体的直径。

【实验内容与步骤】

1. 仪器简介

本实验所用电桥为 DHQJ-5 型多功能电桥，其双臂电桥工作方式线路图如图 3-8-8 所示。C_1、C_2、P_1、P_2 分别接待测电阻 R_X 的两个电流端和两个电压端。B 为工作电源开关。G 为接通检流计的按钮。

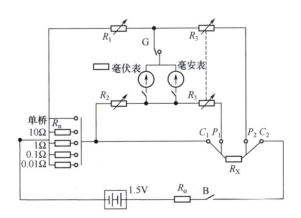

图 3-8-8　DHQJ-5 型多功能电桥的双臂电桥工作方式线路图

双臂电桥技术参数见表 3-8-1。

表 3-8-1　双臂电桥技术参数

标准电阻 /Ω	有效量程 /Ω	$R_1=R_2$/Ω	允许误差 /（%）	工作电压 /V
10	10～111.110	1000	0.1	1.5
1	1～11.1110	1000	0.1	
0.1	0.1～1.11110	1000	0.5	
0.01	0.01～0.111110	1000	1	

2. 实验步骤

（1）调节标准电阻 R_n 选择开关，按表 3-8-1 选择 R_n 值。

（2）将工作方式开关置于"双桥"挡。

（3）将电源电压选择开关置于"1.5V（双桥）"挡。

（4）将检流计 G 设为"G 内接"方式。

（5）按表 3-8-1 选择 R_1、R_2 值（注意：使用双桥时，$R_1=R_2$），并将被测四端电阻的四个端子（C_1、C_2 是电流端，P_1、P_2 是电压端）接在电桥 C_1、P_1、P_2、C_2 四个接线端上。

（6）打开市电开关，选择毫伏表作为检流计，在未接入状态下调零，调零完毕将检流计接入桥路，并选择大量程 200 mV。

（7）按下工作电源开关 B（持续时间要短，以免被测电阻发热而影响测量精度），调节 R_3 各盘电阻，使检流计指针指零。然后选择毫伏表量程为 20 mV 或 2 mV，细调 R_3 的各挡电阻，使检流计指针指零，电桥平衡。

（8）计算被测电阻阻值 R_X。

$$R_X = \frac{R_3}{R_1} R_n$$

3. 实验内容

（1）用电桥测量待测导体的电阻 R，本实验所选导体材料为铜，实验前已将其制成四端电阻。

（2）用螺旋测微计测出导体的直径 d。对不同部位测量五次，取其平均值。用米尺测量该四端电阻两电压端之间的长度 L。

（3）按式（3-8-5）求出铜的电阻率 ρ，并求出电阻率 ρ 的标准不确定度。

【数据记录与处理】

（1）用螺旋测微计测量铜棒的直径，填入表 3-8-2。

表 3-8-2　铜棒直径

次数	0	1	2	3	4	5	平均值
d/mm							

（2）测量四端电阻接入不同长度的电阻，填入表 3-8-3。

表 3-8-3 四端电阻接入不同长度所测得的电阻值

L/mm	100	200	300	400
R/Ω				

根据所测结果，计算铜棒电阻率。

【注意事项】

（1）通过待测电阻的电流较大，在测量过程中通电时间应尽量短。
（2）电桥使用完毕，应将开关 B 与按钮 G 松开，以免影响工作电源的使用寿命。
（3）仪器应保持清洁，避免阳光曝晒及剧烈振动。

【思考题】

（1）为什么单臂电桥不能用来测量低电阻？与单臂电桥相比，双臂电桥有哪些改进？为什么这些改进能消除附加电阻的影响？
（2）在双臂电桥中，如果将电流端和电压端接头的位置颠倒，其等效电路是怎样的？这样做行不行？为什么？

3-9　非平衡电桥的原理和应用

电桥可分为平衡电桥和非平衡电桥，非平衡电桥也称不平衡电桥或微差电桥。近年来，非平衡电桥在教学中受到了较多的重视，因为它可以测量一些变化的非电量，把电桥的应用范围扩展到很多领域，尤其结合现代科学技术，利用传感器、数据采集、虚拟技术等，将电桥电压采集到计算机中，可以实现数字化测量和控制。

【实验目的】

（1）掌握非平衡电桥的工作原理及与平衡电桥的异同。
（2）掌握利用非平衡电桥的输出电压测量变化电阻的原理和方法。
（3）掌握根据不同被测对象灵活选择不同的桥路形式进行测量。
（4）掌握非平衡电桥测量温度的方法，并类推至测量其他非电量。

【实验仪器与用品】

DHQJ-5 型多功能电桥、DHW-2 型温度传感实验仪、10kΩ 热敏电阻、导线等。

【实验原理】

非平衡电桥原理如图 3-9-1 所示。

非平衡电桥在构成形式上与平衡电桥相似，但在测量方法上有很大差别。平衡电桥是调节 R_3 使

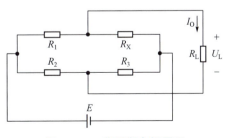

图 3-9-1　非平衡电桥原理

$I_O = 0$,从而得到 $R_X = \dfrac{R_1}{R_2} R_3$;非平衡电桥是使 R_1、R_2、R_3 保持不变,R_X 变化时 U_O 变化,再根据 U_O 与 R_X 的函数关系,通过检测 U_O 的变化测得 R_X。由于可以检测连续变化的 U_O,因此可以检测连续变化的 R_X,进而检测连续变化的非电量。

1. 非平衡电桥的桥路形式

(1) 等臂电桥。

电桥的四个桥臂阻值相等,即 $R_1 = R_2 = R_3 = R_{XO}$(其中 R_{XO} 是 R_X 的初始值),此时电桥处于平衡状态,$U_O = 0$。

(2) 卧式电桥(也称输出对称电桥)。

电桥的桥臂电阻与输出端对称,即 $R_1 = R_{XO}$,$R_2 = R_3$,但 $R_1 \neq R_2$。

(3) 立式电桥(也称电源对称电桥)。

从电桥的电源端看桥臂电阻对称相等,即 $R_1 = R_2$,$R_{XO} = R_3$,但 $R_1 \neq R_3$。

(4) 比例电桥。

桥臂电阻成一定的比例关系,即 $R_1 = KR_2$,$R_3 = KR_{XO}$ 或 $R_1 = KR_3$,$R_2 = KR_{XO}$,K 为比例系数。实际上,比例电桥是一般形式的非平衡电桥。

2. 非平衡电桥的输出

非平衡电桥的输出有两种情况:一种是输出端开路或负载电阻很大近似于开路(如负载后接高内阻数字电压表或高输入阻抗运算放大器等情况),此时称为电压输出,实际使用中大多采用这种方式;另一种是输出端接有一定阻值的负载电阻,此时称为功率输出,这种电桥简称功率电桥。

(1) 电压输出时输出电压与被测电阻的变化关系。

根据戴维南定理,图 3-9-1 所示的桥路可等效为图 3-9-2(a)所示的二端口网络。其中,U_{OC} 为输出端开路的输出电压 U_O,Z_O 为输出阻抗,等效图如图 3-9-2(b)所示。

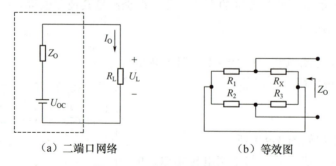

(a) 二端口网络　　　　(b) 等效图

图 3-9-2　非平衡电桥等效图

由图 3-9-2 可知

$$U_O = \frac{R_L}{Z_O + R_L} \cdot \left(\frac{R_X}{R_1 + R_X} - \frac{R_3}{R_2 + R_3} \right) \cdot E \qquad (3\text{-}9\text{-}1)$$

式中

$$Z_O = \frac{R_1 R_X}{R_1 + R_X} + \frac{R_3 R_2}{R_2 + R_3}$$

电压输出的情况下 $R_L \to \infty$，所以有

$$U_O = \left(\frac{R_X}{R_1 + R_X} - \frac{R_3}{R_2 + R_3} \right) \cdot E \qquad (3\text{-}9\text{-}2)$$

令 $R_X = R_{XO} + \Delta R$，R_X 为被测电阻，R_{XO} 为被测电阻初始值，ΔR 为电阻变化量。通过整理，式（3-9-1）、式（3-9-2）分别变为

$$U_O = \frac{\Delta R \cdot R_2}{(R_1 + R_{XO} + \Delta R)(R_2 + R_3)} \cdot E \qquad (3\text{-}9\text{-}3)$$

$$U_O = \frac{R_1}{(R_1 + R_{XO})^2} \cdot \frac{E}{1 + \dfrac{\Delta R}{R_1 + R_{XO}}} \cdot \Delta R \qquad (3\text{-}9\text{-}4)$$

这是作为一般形式非平衡电桥的输出与被测电阻的函数关系。

特殊的，对于等臂电桥和卧式电桥，式（3-9-4）简化为

$$U_O = \frac{1}{4} \frac{E}{R_{XO}} \cdot \frac{1}{1 + \dfrac{\Delta R}{2 R_{XO}}} \cdot \Delta R \qquad (3\text{-}9\text{-}5)$$

立式电桥和比例电桥的输出电压与式（3-9-4）相同。

被测电阻的电阻变化 $\Delta R \ll R_{XO}$ 时，式（3-9-4）可简化为

$$U_O = \frac{R_1}{(R_1 + R_{XO})^2} \cdot E \cdot \Delta R \qquad (3\text{-}9\text{-}6)$$

式（3-9-5）可进一步简化为

$$U_O = \frac{1}{4} \frac{E}{R_{XO}} \cdot \Delta R \qquad (3\text{-}9\text{-}7)$$

此时 U_O 与 ΔR 呈线性关系。

（2）功率输出时输出电压与被测电阻的变化关系。

功率输出时，输出电压为

$$U_O = \frac{R_L}{Z_O + R_L} \cdot \frac{\Delta R \cdot R_2}{(R_1 + R_{XO} + \Delta R)(R_2 + R_3)} \cdot E \qquad (3\text{-}9\text{-}8)$$

其中

$$Z_O = \frac{R_1 R_X}{R_1 + R_X} + \frac{R_3 R_2}{R_2 + R_3} \quad (3\text{-}9\text{-}9)$$

可见此时输出电压降低了，所以电桥的电压测量灵敏度降低了。

输出电流为

$$I_O = \frac{1}{Z_O + R_L} \cdot \frac{\Delta R \cdot R_2}{(R_1 + R_{XO} + \Delta R)(R_2 + R_3)} \cdot E \quad (3\text{-}9\text{-}10)$$

输出功率为

$$P = U_L \cdot I_O = \frac{R_L}{(Z_O + R_L)^2} \cdot \left[\frac{\Delta R \cdot R_2}{(R_1 + R_{XO} + \Delta R)(R_2 + R_3)} \right]^2 \cdot E^2 \quad (3\text{-}9\text{-}11)$$

当 $R_L = Z_O$ 时，P 的最大值为

$$P_m = \frac{1}{4Z_O} \cdot \left[\frac{\Delta R \cdot R_2}{(R_1 + R_{XO} + \Delta R)(R_2 + R_3)} \right]^2 \cdot E^2 \quad (3\text{-}9\text{-}12)$$

下面讨论 $R_L = Z_O$ 时各种桥路的输出情况。

（1）等臂电桥。

$$U_L = \frac{E}{8R_{XO}} \cdot \frac{1}{1 + \frac{\Delta R}{2R_{XO}}} \cdot \Delta R \quad (3\text{-}9\text{-}13)$$

$$I_O = \frac{E}{8R_{XO}^2} \cdot \frac{1}{1 + \frac{\Delta R}{2R_{XO}}} \cdot \Delta R \quad (3\text{-}9\text{-}14)$$

$$P_m = \frac{E^2}{64R_{XO}^3} \cdot \frac{1}{\left(1 + \frac{\Delta R}{2R_{XO}}\right)^2} \cdot \Delta R^2 \quad (3\text{-}9\text{-}15)$$

（2）卧式电桥。

$$U_L = \frac{E}{8R_{XO}} \cdot \frac{1}{1 + \frac{\Delta R}{2R_{XO}}} \cdot \Delta R \quad (3\text{-}9\text{-}16)$$

$$I_O = \frac{E}{4R_{XO}(R_{XO} + R_3)} \cdot \frac{1}{1 + \frac{\Delta R}{2R_{XO}}} \cdot \Delta R \quad (3\text{-}9\text{-}17)$$

$$P_\mathrm{m} = \frac{E^2}{32R_\mathrm{XO}{}^2(R_\mathrm{XO}+R_3)} \cdot \frac{1}{\left(1+\dfrac{\Delta R}{2R_\mathrm{XO}}\right)^2} \cdot \Delta R^2 \qquad (3\text{-}9\text{-}18)$$

（3）立式电桥和比例电桥。

$$U_\mathrm{L} = \frac{E}{2} \cdot \frac{R_1}{(R_1+R_\mathrm{XO})^2} \cdot \frac{1}{1+\dfrac{\Delta R}{R_1+R_\mathrm{XO}}} \cdot \Delta R \qquad (3\text{-}9\text{-}19)$$

$$I_\mathrm{O} = \frac{U_\mathrm{L}}{R_\mathrm{L}} = \frac{U_\mathrm{L}}{Z_\mathrm{O}} \qquad (3\text{-}9\text{-}20)$$

$$P_\mathrm{m} = U_\mathrm{L} \cdot R_\mathrm{L} = \frac{U_\mathrm{L}^2}{Z_\mathrm{O}} \qquad (3\text{-}9\text{-}21)$$

其中

$$Z_\mathrm{O} = \frac{R_1 R_\mathrm{X}}{R_1+R_\mathrm{X}} + \frac{R_3 R_2}{R_2+R_3} \qquad (3\text{-}9\text{-}22)$$

可见，当 $\Delta R \ll R_\mathrm{XO}$ 时，U_L、I_O 与 ΔR 呈线性关系，P_m 与 ΔR^2 呈线性关系，且当 $R_\mathrm{L} \neq Z_\mathrm{O}$ 时，U_L、I_O 与 ΔR 仍呈线性关系。故在功率输出情况下，仍可用输出电压、输出电流和输出功率来测量 ΔR 的值。

3. 用非平衡电桥测量电阻的方法

（1）将被测电阻（传感器）接入非平衡电桥，并进行初始平衡，此时电桥输出为零。改变被测的非电量，则被测电阻也变化。此时电桥也有相应的电压 U_O 输出。测出电压 U_O 后，可根据式（3-9-4）或式（3-9-5）计算得到 ΔR。在 $\Delta R \ll R_\mathrm{XO}$ 的情况下，可按式（3-9-6）或式（3-9-7）计算得到 ΔR。

（2）根据测量结果求得 $R_\mathrm{X} = R_\mathrm{XO} + \Delta R$，并可作出 $U_\mathrm{O} - \Delta R$ 曲线，曲线的斜率就是电桥的测量灵敏度。根据所作曲线，可由 U_O 的值得到 ΔR 的值，即可根据 U_O 测得被测电阻 R_X。

4. 用非平衡电桥测量温度的方法

一般来说，金属的电阻随温度的变化为

$$R_\mathrm{X} = R_\mathrm{XO}(1+\alpha t) = R_\mathrm{XO} + \alpha t R_\mathrm{XO} \qquad (3\text{-}9\text{-}23)$$

所以 $\Delta R = \alpha R_\mathrm{XO} \Delta t$，代入式（3-9-4），得

$$U_O = \frac{R_1}{(R_1+R_{XO})^2} \cdot \frac{E}{1+\frac{\alpha R_{XO}\Delta t}{R_1+R_{XO}}} \cdot \alpha R_{XO} \cdot \Delta t \quad (3\text{-}9\text{-}24)$$

式中，αR_{XO} 可由以下方法测得：取两个温度 t_1、t_2，测得 R_{X1}、R_{X2}，则

$$\alpha R_{XO} = \frac{R_{X2}-R_{X1}}{t_2-t_1} \quad (3\text{-}9\text{-}25)$$

根据式（3-9-24），由电桥的 U_O 求得相应的温度变化量 Δt，从而求得 $t=t_0+\Delta t$。

特殊的，当 $\Delta R \ll R_{XO}$ 时，式（3-9-24）可简化为

$$U_O = \frac{R_1}{(R_1+R_{XO})^2} \cdot E \cdot \alpha R_{XO} \cdot \Delta t \quad (3\text{-}9\text{-}26)$$

此时 U_O 与 Δt 呈线性关系。

【实验内容与步骤】

1. 用非平衡电桥测量电阻

（1）预调电桥平衡。

起始温度可以选室温或测量范围内的其他温度。

选等臂电桥或卧式电桥测一组 U_O、ΔR 数据，得 $R_{XO} = \underline{\qquad}\Omega$，可用单桥、数字电阻表测量，调节桥臂电阻，使 $U_O = 0$，并记下初始温度 $t_0 = \underline{\qquad}$℃。

（2）将 DHW-2 型温度传感实验仪的"热敏电阻"端接到非平衡电桥输入端，热敏电阻的电阻－温度特性见拓展知识1，以供参考。根据温度传感实验仪的显示温度，读取相应的电桥输出电压 U_O，每隔一定温度测量一次，数据填入表 3-9-1。

（3）用立式电桥或比例电桥重复以上步骤，测量数据并填入表 3-9-2。

2. 功率电桥测电阻的操作步骤

功率电桥工作方式简化图如图 3-9-3 所示。

（1）将多功能电桥工作方式开关置于"单桥"挡。

（2）将检流计 G 设为"G 内接"方式。

（3）工作电压选择开关建议置于"6V"挡。

（4）打开市电开关，选择毫伏表作检流计，毫伏表调零。

（5）用数字万用表在 R_P 测试端子上调节"粗调"旋钮，调整好电桥负载 R_P 值。真正的负载电阻值应再加上 10Ω（10Ω 为微安表内阻，与电流表量

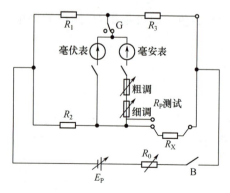

图 3-9-3　功率电桥工作方式简化图

程无关，当 R_P 值较大时，10Ω 可忽略不计）。

R_P 值也可用单臂电桥平衡方法测量，只要将 R_P 测试端子用导线短接到 R_X 端子即可。

（6）将工作方式开关置于"接入"挡，接入微安表（此时电桥负载 R_P 已与电桥输出接好）。

（7）按下微安表"接入"键，接入微安表，这时电桥负载 R_P 已与电桥输出接好。

（8）在 R_X 端子上接入已知电阻，与 R_1、R_2、R_3 构成某种电桥的非平衡状态。

（9）按下工作电源开关 B，可以同时读取负载电压值和电流值。

（10）改变 R_P 值，重复上述步骤，可以测得另一负载下的一组电压与电流值。

【数据记录与处理】

（1）选用不同电桥，测量不同温度下的电桥输出电压，分别填入表 3-9-1 和表 3-9-2。

表 3-9-1　不同温度下的电桥输出电压 1

温度 /℃										
U_O /mV										

表 3-9-2　不同温度下的电桥输出电压 2

温度 /℃										
U_O /mV										

（2）根据测量结果分别作出 R_X-t 曲线。

（3）分析以上测量的不确定度，并讨论原因。

【注意事项】

（1）电桥工作电压应与所测电阻值匹配，以保证在较高测量精度下扩大量程范围，故测试时注意选择合适的工作电压。单臂电桥可以选用多个电压，而双臂电桥只能使用 1.5V，选择其他工作电压，会大大降低双臂电桥的测试灵敏度。

（2）被测电阻热效应影响测试精度，为了减少影响，工作电源开关 B 应随测随开，测完断开，双臂电桥工作时尤要注意。

（3）测试中尽量避免 R_1、R_2、R_3 阻值同时过低。

（4）仪器使用完毕，应断开市电开关，避免发生意外事故。

（5）仪器长期不用，应存放于温度为 0～40℃、相对湿度不大于 80% 的室内，室内不应有腐蚀性气体和灰尘，并应避免阳光直晒。

【思考题】

（1）非平衡电桥和平衡电桥有什么异同？

（2）非平衡电桥是如何测量非电量的？

【拓展知识】 热敏电阻的电阻 – 温度特性

热敏电阻的电阻 – 温度特性见表 3-9-3。

表 3-9-3　热敏电阻的电阻 – 温度特性

温度 /℃	−20	−15	−10	−5	0	5	10	15	20
阻值 /kΩ	67.74	53.39	42.45	33.89	27.28	22.05	17.96	14.65	12.09
温度 /℃	25	30	35	40	45	50	55	60	65
阻值 /kΩ	10.00	8.313	6.941	5.828	4.912	4.161	3.537	3.021	2.589
温度 /℃	70	75	80	85	90	95	100	105	110
阻值 /kΩ	2.229	1.924	1.669	1.451	1.265	1.108	0.974	0.858	0.758

3-10　电位差计的使用

二十世纪五六十年代，我国使用的电位差计采用电子管放大器；七十年代的电位差计采用晶体管放大电路，具有质量轻、体积小、抗干扰能力强等优点，是广泛使用的产品；近年来，随着电子技术的提高，我国引进了一些先进的新型仪表，具有结构简单、紧凑、可靠性高，功能齐全，使用、操作和维修方便等特点。

【实验目的】

（1）掌握电位差计的工作原理。
（2）学习用电位差计测量电池的电动势。
（3）用电位差计校准电流表。

【实验仪器与用品】

UJ–36 型箱式电位差计、干电池、电阻箱、恒流源、滑线电阻、开关、导线、待校电流表等。

【实验原理】

1. 补偿原理

要测量一个电池的电动势 E_X，常采用图 3-10-1 所示的电路。由于电池有内阻 r，在电池内部不可避免地存在电位降 Ir，因此电压表的指示值 U 只是电池的端电压，即

$$U = E_X - Ir$$

显然，只有当 $I=0$ 时，电池的端电压 U 才等于电动势 E_X。

如何使电路中的电流 $I=0$ 从而测出电池的电动势呢？可以采用

图 3-10-1　常用电压表测量电路

补偿法。补偿法原理如图 3-10-2 所示，图中 E_S 为电动势可以连续调节的标准电池。G 为检流计。测量开始时，调节 E_S 的值，使流经检流计 G 的电流为零，则此时 b 点与 d 点的电位相同，因为 a 点与 c 点的电位始终相同，所以有 $U_{ab}=U_{cd}$，又因为此时电路中没有电流流过，所以有 $U_{ab}=E_X$，$U_{cd}=E_S$，即 $E_X=E_S$，称此时电路得到了补偿。在补偿状态下，只要得到 E_S 的值，就可得到待测电动势 E_X 的值。在实验中为了得到稳定、准确、可以连续调节的 E_S，常采用图 3-10-3 所示的电路。

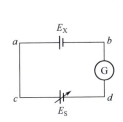

图 3-10-2　补偿法原理

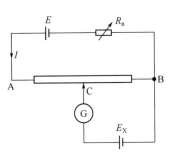

图 3-10-3　调节 E_S 的电路图

在图 3-10-3 所示的电路中，供电电源 E、限流电阻 R_n 及滑线电阻 R_{AB} 组成的回路称为辅助回路，实际上该辅助回路是一个分压器，电流流过电阻 R_{AB} 时，在其上产生电压降 U_{AB}，在 AB 间移动滑动端 C，就可以调节 CB 间的电位降 U_{CB}，电压 U_{CB} 可以代替图 3-10-2 中的 E_S。

图 3-10-3 中 E_X、U_{CB}、G 回路称为补偿回路。由前面的分析可知，只要滑线电阻 R_{AB} 两端的电压 U_{AB} 大于待测电动势 E_X，移动 C 端，总可以找到一点，使得检流计 G 不偏转，即补偿回路达到补偿状态，此时有

$$E_X = U_{CB} = IR_{CB} \qquad (3\text{-}10\text{-}1)$$

式中，I 为流经电阻 R_{AB} 的电流，称为辅助回路的工作电流；R_{CB} 为 CB 间的电阻。

只要得到 R_{CB} 及 I，即可由式（3-10-1）求出 E_X。

电位差计就是根据上述补偿原理测量电动势的。

由式（3-10-1）可见，要准确地测量 E_X，关键在于准确地测量出在补偿状态下辅助回路的工作电流 I 及电阻 R_{CB}。在线式电位差计中，电阻 R_{CB} 是一段电阻丝，可以采用长度测量的方法确定其值。在箱式电位差计中，电阻 R_{AB} 是一系列标准电阻，其阻值已知。在实际使用中，总是使电位差计在标定的工作电流 I_0 下工作，使工作电流为标定值 I_0 可以通过调节限流电阻 R_n 来实现，这一步工作称为电位差计的校准。

为了便于校准工作电流，常采用图 3-10-4 所示电路图。校准时，将开关 S 拨到 1 挡，将标准电池接入补偿回路，将 C 端移到与标准电池的电动势 E_S 对应的 R_{CB} 上（假定电位差计的工作电流已经是标定值 I_0），观察检流计 G 是否偏转，如果偏转，则调节 R_n 使检流计不偏转，此时工作电流达到标定值 I_0。校准后即可测量，测量时，将开关 S 拨到 2 挡，将待测电源接入补偿回路，注意此时不能再动 R_n，只需移动 C 端，找到使电路处于补偿状态的位置，就可以得到待测电动势 E_X 的值。

使用电位差计时，总是先校准再测量。无论是校准还是测量，依据的都是补偿原理。

2. 线式电位差计

线式电位差计的结构比较简单、直观，便于分析讨论，测量结果也较准确，其原理如图 3-10-5 所示，其中 C、D 两端都可以移动，电阻 R_{AB} 为一段电阻丝。

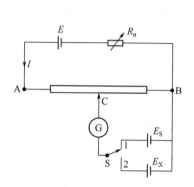

图 3-10-4　校准工作电流电路图

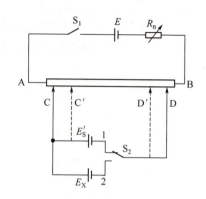

图 3-10-5　线式电位差计原理

校准电位差计时，先选定电阻丝上单位长度的电压降为 A（V/m），将开关 S_2 拨向 1 挡，再根据标准电池电动势 E_S 的值，移动 C、D 两端的位置，使 CD 间电阻丝长度

$$L_{CD} = \frac{E_S}{A} \quad (3\text{-}10\text{-}2)$$

调节限流电阻 R_n，使电路达到补偿状态。测量时，R_n 固定不动，将开关 S_2 拨向 2 挡，调节 C、D 两端的位置，使电路达到补偿状态，设此时 C、D 两端位于 C'、D'，电阻丝的长度为 $L_{C'D'}$，则有

$$E_X = AL_{C'D'} \quad (3\text{-}10\text{-}3)$$

3. 箱式电位差计

箱式电位差计原理如图 3-10-6 所示。图中的 R_1、R_2 分别为一系列标准电阻，为了使用方便，将在工作电流标定值 I_0 下与标准电阻 R_n 的阻值所对应的待测电动势 E_X 的数值（$E_X = I_0 R_n$）直接标度在各段标准电阻 R_n（仪器面板上），从而直接从仪器上读出待测电动势的大小。另外，仪器出厂时，已根据该型号的电位差计所选用的标准电池的电动势 E_S 的值及工作电流标定值 I_0，将标准电阻 R_1 的滑动端固定在需要的位置（R_1 的滑动端固定在满足 $E_S = I_0 R_S$ 的位置）。这样，测量前校准时，只需将开关 S_2 拨到 1 挡，合上开关 S_1、S_3，调节 R_2，使电路达到补偿状态，即可保证工作电流为标定值 I_0。

4. 自组式电位差计

通过前面的分析可以看到，电位差计的关键是在测量过程中保持辅助回路工作电流 I_0 稳定、已知。在自组式电位差计中采用了电子学中的恒流源。采用恒流源后，自组式电位差计的电路可简化成图 3-10-7。

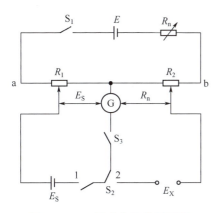
图 3-10-6　箱式电位差计原理

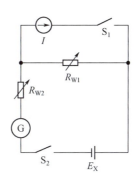
图 3-10-7　自组式电位差计电路简图

在图 3-10-7 中，恒流源 I、电阻箱 R_{W1}、开关 S_1 构成辅助回路，其工作电流 I_0 即恒流源的输出电流 I。只要恒流源稳定，使用时就无须校准。测量时，闭合开关 S_2，调节 R_{W1}，使检流计 G 指零，待测电动势 $E_X = IR_{W1}$。

在图 3-10-7 中，R_{W2} 用来保护检流计，使用时，应先将其阻值调到最大，待将电位差计调到基本达到补偿状态后，再将其阻值调到最小，再次调节 R_{W1}，直至检流计指针完全指零。

5. 标准电池

标准电池是一种用来作为电动势标准的原电池。因它的内阻很大，在充、放电情况下会极化，故不能用来供电。当温度恒定时，它的电动势很稳定。本实验所用的标准电池为 BC5 型不饱和标准电池，该电池在 20℃ 下的电动势为 1.0193V ± 500μA。其正常使用温度为 10～60℃。在该温度范围内，电池电动势的实际值与在 20℃ 下的电动势实际值之间的最大偏差如下：在 10～50℃ 不超过 300μA，在 50～60℃ 不超过 1000μA。该电池的最大允许电流为 10μA。

使用及存放标准电池时，应注意以下几点。

（1）标准电池应在规定的温度和湿度（10～60℃ 及相对湿度小于 80%）下保存和使用，防止阳光照射及其他光源、热源及冷源的直接作用。

（2）通入或取自标准电池的电流应小于 10μA，严禁用电压表或其他电表直接测量电动势，不要让人体（如通过人的手指）将标准电池两极短路。

（3）正极和负极应处于同一温度下。

（4）标准电池内是装有化学溶液的玻璃容器，要防止振动和摔碰，不可倒置。

【实验内容与步骤】

1. 用自组式电位差计测量干电池的电动势

（1）按照图 3-10-7 接线。在图中，恒流源输出电流 $I_0 = (1000 \pm 10)$μA。R_{W1} 为 ZX-25a 直流电阻箱（最小步进值为 0.01Ω，准确度等级 $a=0.002$）。

（2）粗调：将 R_{W2} 调到阻值最大，闭合开关 S_1、S_2，调节 R_{W1}，使检流计指针指零。

（3）细调：将 R_{W2} 调到阻值最小，微调 R_{W1}，使检流计指针指零。此时，待测干电池的电动势

$$E_X = I_0 R_{W1} \tag{3-10-4}$$

（4）重复测量五次，将测量结果填入表 3-10-1。

2. 用箱式电位差计校准电流表

UJ–36 型箱式电位差计的面板如图 3-10-8 所示。

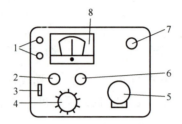

1—未知测量接线柱；2—倍率开关；3—电键开关；4—步进盘；5—滑线盘；
6—检流计电气调零旋钮；7—工作电流调节变阻器；8—晶体管放大检流计。

图 3-10-8　UJ-36 型箱式电位差计面板

UJ–36 型箱式电位差计使用方法如下。

（1）将被测电压接在两未知测量接线柱上。

（2）将倍率开关旋到所需位置，同时接通电位差计工作电源和晶体管放大检流计电源。3min 后，调节检流计电气调零旋钮，使检流计指针指零。

（3）校准工作电流。将电键开关拨向"标准"，调节工作电流调节变阻器使检流计的指针指零，工作电流达到标定值。

（4）测量。固定工作电流调节变阻器不变，将电键开关拨向"未知"，调节步进盘及滑线盘，使检流计指针指零，则待测电动势 E_X（或待测电压 U_X）为

$$E_X = （步进盘读数 + 滑线盘读数）× 倍率$$

使用电位差计进行连续测量时，应注意经常核对电位差计的工作电流（进行校准），防止工作电流发生变化。

用箱式电位差计校准电流表电路图如图 3-10-9 所示。图中 mA 为被校毫安表，R_S 为标准电阻，E 为直流电源。因电流表与标准电阻 R_S 串联，故用电位差计测得标准电阻两端的电压降 U_S 后，电流的实际值

$$I_S = \frac{U_S}{R_S} \tag{3-10-5}$$

电流表的指示值 I 与电路中电流的实际值 I_S 之间的差值 Δ 称为电流表指示值的绝对误差，其值为

$$\Delta = I - I_S \tag{3-10-6}$$

为了得到电流的实际值 I_S 而用代数法加到电流表的指示值 I 上的数值 C 称为修正

值，即

$$C + I = I_S \quad (3\text{-}10\text{-}7)$$

显然有 $C = -\Delta$。

实验步骤如下。

（1）按图 3-10-9 接线，标准电阻 R_S 可选用电阻箱。

（2）确定标准电阻 R_S 的值。选择标准电阻主要从以下几方面考虑。

① 电流表允许通过的最大电流在标准电阻上产生的电压降不应高于电位差计的量程。

② 应尽量用到电位差计的步进盘，以增加有效数字的位数。

③ 在标准电阻上消耗的功率 $W = I_S^2 R$ 不能超过额定值。

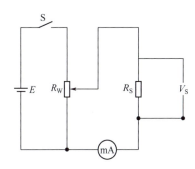

图 3-10-9　校准电流表电路图

（3）对电流表表盘上所有标有数字的刻线的指示值进行校正，并重复测量两次。

3. 用线式电位差计测量电池的电动势（选做）

11 线线式电位差计结构如图 3-10-10 所示，图中电阻丝 AB 长 11m，往复绕在木板的 11 个接线插孔 0，1，2，…，10 上，每两个插孔间电阻丝长 1m。插头 C 可插在插孔 0，1，…，10 中的任一位置。电阻丝 BD 旁附有带毫米刻度的米尺，接头 D 可在其上滑动。C、D 间的电阻丝长度可在 0～11m 间连续变化。R_n 为滑动变阻器，用来调节工作电流。双刀双掷开关 S_2 用来选择接通标准电池 E_S，或待测电池 E_X。电阻 R 用来保护标准电池及检流计。当电位差计在补偿状态下读数时，开关 S_3 必须闭合，使电阻 R 短路，以提高测量的灵敏度。

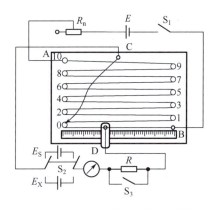

图 3-10-10　11 线线式电位差计结构

实验步骤如下。

（1）按图 3-10-10 接线。接线时，应断开所有开关，注意工作电池 E 的正、负极应与标准电池 E_S 和待测电池 E_X 的正、负极相对，否则检流计的指针不能指零。

（2）校准电位差计，先选定电阻丝单位长度上的电压降 A（V/m），再根据标准电池的电动势 E_S 调节 C、D 端，使 C、D 间电阻丝的长度

$$L_S = \frac{E_S}{A} \quad (3\text{-}10\text{-}8)$$

接通 S_1，将开关 S_2 拨向 E_S，调节 R_n，同时断续按下滑动接头 D，直到检流计的指针不偏转。按下 S_3，将 R 短路，再次微调 R_n，使检流计的指针无偏转，此时电阻丝单位长度上的电压降为 A。

（3）测量。断开 S_3，固定 R_n 不变，即维持工作电流不变。将开关 S_2 拨向 E_x，活动接头 D 移到米尺左边 0 处，按下接头 D，同时移动插头 C，找出使检流计指针偏转方向改变的两相邻插孔，将插头 C 插在数字较小的插孔上。然后向右移动接头 D，当检流计 G 的指针不偏转时，记下 C、D 间电阻丝的长度 L_x（应接通 S_3，使 R 短路）。重复以上步骤，求出 L_x 的平均值 $\overline{L}_x$，则有

$$E_x = A\overline{L}_x \text{（V）} \tag{3-10-9}$$

（4）确定测量结果的标准不确定度并给出测量结果。

【数据记录与处理】

1. 用自组式电位差计测量干电池的电动势

（1）求出 R_{W1} 及 E_x 的平均值 $\overline{R}_{W1}$ 及 $\overline{E}_x$。

（2）按照标准不确定度的合成方法，求出 E_x 的标准不确定度 $u_c(E_x)$，并给出测量结果，将数据填入表 3-10-1。

表 3-10-1 测定数据

$I_0 = (1000 \pm 10)\mu A$

测量次数	1	2	3	4	5
R_{W1}/Ω					
$\overline{R}_{W1}/\Omega$					
$\overline{E}_x = I_0\overline{R}_{W1}/V$					
$E_x = \overline{E}_x \pm u_c(E_x)/V$					

2. 用箱式电位差计校准电流表

（1）计算各点修正值 C（对每个指示值，取两次测量值的平均值作为实际值 I_S，将数据填入表 3-10-2）。以修正值 C 与电流表指示值作图，得到电流表的修正曲线。

（2）找出各次测量的实际值与指示值间的最大差值（按绝对值算）作为电流表的允许基本误差，求该值与电流表的满度值的比值，将其乘以 100 作为该电流表的级别。

表 3-10-2 测定的电流值

I/mA		0.00	0.20	0.40	0.60	0.80	1.00
I_S/mA	第一次						
	第二次						
$\overline{I}_S$/mA							

【思考题】

（1）何谓补偿原理？它的优点是什么？如果待测电压大于辅助回路电源的电动势，那么能否直接测量待测电压的值？

（2）下述情况对电位差计的测量有什么影响？

① 工作电源的电压不稳定。

② 待测电压与辅助回路电源的极性相反。

③ 辅助回路电源电动势小于待测电压。

④ 在接线中出现接触不良或断线现象。

3-11 模拟法测绘静电场

【实验目的】

（1）掌握双层式静电场实验装置的使用方法。

（2）学习用模拟法描绘静电场等势线。

（3）根据等势线与电场线的关系描绘无限长同轴电缆静电场和静电聚焦场电场线。

【实验仪器与用品】

GVZ-3 型导电微晶双层静电场描绘仪（一套）、坐标纸等。

【实验原理】

在科学实验和工程技术中，由于各种原因无法对一些物理量进行测量，也不能用解析式将其与其他能测量的物理量联系起来。为解决这类问题，人们以相似理论为依据，模仿实际情况，研制成一个类似于研究对象的物理现象或过程的模型，通过对模型测试实现对研究对象进行研究和测量，这种研究方法称为模拟法。用模拟法研究和测量时，先要考虑在被模拟的对象与直接测量的对象之间是否存在相似性，只有存在相似性时才能进行模拟。模拟法本质上是用一种易于实现、便于测量的物理状态或过程来模拟另一种不易实现、不便测量的物理状态或过程。其条件是两种状态或过程有两组一一对应的物理量，并且满足相同形式的数学规律。在本实验中，用电流场来模拟静电场。

静电场是由电荷分布决定的，确定静电场的分布对研究带电粒子与带电体之间的相互作用是非常重要的。理论上讲，如果知道了电荷的分布，就可以确定静电场的分布。在给定条件下，确定系统静电场分布的方法有解析法、数值计算法和实验法。在科学研究和生产实践中，随着静电应用、静电防护和静电现象等研究的深入，常常需要了解一些形状比较复杂的带电体或电极周围静电场的分布，此时使用理论方法（解析法和数值计算法）是十分困难的。

然而，对于静电场来说，要直接进行探测也是比较困难的。一是因为任何磁电式电表都需要有电流通过才能偏转，而静电场是无电流的；二是任何磁电式电表的内阻都远小于空气或真空的电阻，若在静电场中引入电表，则必将使电场发生畸变，同时将电表或其他探测器置于电场中会引起静电感应，使原场源电荷的分布发生变化。故不能用直接测量静电场中电位的方法来测量电位的分布。本实验用电流场的电位分布模拟静电场的电位分布。首先分析电流场和静电场中电位分布的相似性。在静电场中可用函数 $V(x, y, z)$ 代表静电场中的电位分布，则均匀介质中无源处的电位分布满足拉普拉斯方程，即

$$\frac{\partial^2 V}{\partial x^2} + \frac{\partial^2 V}{\partial y^2} + \frac{\partial^2 V}{\partial z^2} = 0$$

在电场中，电场强度可由下式计算，即

$$E = -\mathrm{grad}\, V$$

由电磁学理论可知，在静电场中，在无源区内电场强度 E 有如下积分公式：

$$\begin{cases} \oiint_s E \cdot \mathrm{d}s = 0 \\ \oint_L E \cdot \mathrm{d}L = 0 \end{cases}$$

对于在电解质中的稳恒电流场，在恒流条件下无源区的电流密度 j 分布满足如下积分公式：

$$\begin{cases} \oiint_s j \cdot \mathrm{d}s = 0 \\ \oint_L j \cdot \mathrm{d}L = 0 \end{cases}$$

在上面两个公式中，E 与 j 都是矢量，而且其数学表达式相同，说明 E 与 j 在相同边界条件下的解有相同的数学形式，所以这两种场具有相似性，实验中可以用稳恒电流场模拟静电场。在实验中，必须保证电流场中电极的形状与静电场中电极的形状相同或相似，而且布局一致。根据导体的静电平衡条件，静电场中导体表面是等势面，导体表面附近的场强与表面垂直。因此，要求电极的电导率须远大于导电介质的电导率。为满足这样的条件，电极由金属（铜或铁）制成，用导电微晶作为导电介质。

1. 无限长同轴电缆的电位分布

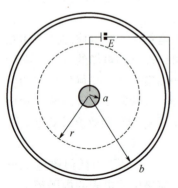

图 3-11-1　模拟无限长同轴电缆场中的电极示意图

下面分析本实验要模拟的无限长同轴电缆的电位分布。图 3-11-1 所示为模拟无限长同轴电缆场中的电极示意图。图中 a、b、r 分别是内电极的半径、外电极的半径、场中任一点到中心的距离。V_a、V_b、V_r 分别是内、外电极和场中某点的电位值。

两个带相反电荷的同轴圆柱形电极间形成电场，其电场线垂直于圆柱截面而呈辐射状分布，其电场强度随着 r 的增大而衰减，即

$$E = \frac{K}{r} \tag{3-11-1}$$

式中，K 由电极的线电荷密度而定，也可以根据两电极间的

电势值计算。电场中到中心距离为 r 的点的电位是 V_r，则

$$V_r = V_a - \int_a^r E \mathrm{d}r \tag{3-11-2}$$

将式（3-11-1）代入式（3-11-2），可得

$$V_r = V_a - \int_a^r \frac{K}{r} \mathrm{d}r = V_a - K\ln\left(\frac{r}{a}\right) \tag{3-11-3}$$

根据式（3-11-3），圆环的电位应写作 $V_b = V_a - K\ln\dfrac{b}{a}$，可得

$$K = \frac{V_a - V_b}{\ln\left(\dfrac{b}{a}\right)} \tag{3-11-4}$$

取 $V_a = V_0$，$V_b = 0$，将式（3-11-3）代入式（3-11-4），得

$$V_r = V_0 \frac{\ln\left(\dfrac{b}{r}\right)}{\ln\left(\dfrac{b}{a}\right)} \tag{3-11-5}$$

式（3-11-5）给出辐射式电场的电位分布。可以看出，凡是 r 相同的点，其电位都相等，由此推断出辐射状电场的等势线必定是以电极中心为圆心的同心圆。与实验结果进行对照，两者十分接近，说明用模拟法测静电场是可靠的。用模拟法能够测量电极系统复杂且不易计算的电场。

2. 静电聚焦场

静电聚焦场是一种用途很广的电场，电子显示系统（如示波器和电视等）中的聚焦部分都用聚焦场。但聚焦场的电位分布比较复杂，很难用数学方法求出解析表达式。在这种情况下，可以用模拟法进行分析。

用双层静电场描绘仪来模拟静电场。该装置的下层是形成电场的电极，上层是记录电位分布的一个平台。实验时，把连接电压表的探针置于电流场中，用记录针在上层的坐标纸上记录电势等势线上各点的位置。

【实验内容与步骤】

1. 描绘无限长同轴电缆中的电场电位分布

（1）在双层静电场描绘仪的上层夹好坐标纸，连接好电路，调节电源输出电压为 10V，接通电源。

（2）右手扶住探针支架的底座并轻轻移动，记录下电压值为 1.0V 时探针的位置，并在坐标纸上标明电压值。

注意：为方便处理数据，记录时至少要记录下八个等势点，而且要均匀分布。

（3）依照第（2）步依次记录电位为 2.0V、3.0V、4.0V、5.0V、6.0V、7.0V、8.0V、9.0V

等势圆周上的点。

2. 测静电聚焦场等势线

（1）在双层静电场描绘仪的上层夹好坐标纸，连接好电路，调节电源输出电压为10V，接通电源。

（2）右手扶住探针支架的底座并轻轻移动，先记录电势值为5.0V的等势线上的点，并在坐标纸上标明电压值。然后依次记录电位为1.0V、2.0V、3.0V、4.0V、6.0V、7.0V、8.0V、9.0V等势线上的点。聚焦场的形状特征在两个电极中点的连线附近最明显，故在此区域应当多取一些实验点。

【数据记录与处理】

1. 描绘无限长同心电缆中的电场电位分布

（1）根据记录的数据点，找出圆心，画出等势圆。
（2）根据电力线与等势线处处正交的特点画出电场中的电力线。

2. 测静电聚焦场等势线

（1）根据记录的数据点，画出等势线。
（2）根据电场中电场线与等势线处处正交的特点画出电场线。

【思考题】

（1）用稳恒电流场模拟静电场的理论依据是什么？
（2）实验中，选取电极和导电介质时需要注意什么？

3-12　用霍尔元件测量磁场

　　霍尔效应是物理学家霍尔于1879年发现的。霍尔效应在生产生活中有很多应用，如利用霍尔元件制作的特斯拉计可以直接用于磁场的测量，利用霍尔效应原理制作的手机皮套可以实现点亮和熄灭手机屏幕的功能。近年来，霍尔效应的理论和实验研究不断取得新进展，研究者相继发现了反常霍尔效应、量子霍尔效应等。2013年，我国物理学家薛其坤带领研究团队在国际上首次实现"量子反常霍尔效应的实验发现"，该项目荣获2018年度国家自然科学奖一等奖。这一发现是改革开放以来我国基础研究上的一个重大成果，是我国物理学工作者对人类科学知识宝库的重要贡献，标志着我国拓扑量子物理的实验研究居世界领先地位。

【实验目的】

（1）了解用霍尔元件测量磁场的原理。
（2）掌握用霍尔元件测量磁场的基本方法。
（3）测量U形电磁铁磁极缝隙中的磁感应强度。
（4）测量U形电磁铁磁极缝隙中不同位置的磁感应强度并描绘磁感应强度B随励磁电流I_M变化的曲线。

【实验仪器与用品】

霍尔效应组合实验仪一套（ZKY–HS型）等。

【实验原理】

1. 霍尔效应

将一块金属或半导体薄片放在垂直于它的磁场里，如图 3-12-1 所示，一个长度为 L、宽度为 a、厚度为 b 的 N 型半导体薄片，M、N 为其电流输入端。当稳恒电流 I 沿 X 轴方向通过薄片时，若在 Z 轴方向加均匀磁场，则电子流将在洛仑兹力 f_m 作用下偏转，使薄片侧面产生电荷积聚。电荷积聚将建立一个内电场 E_H，电子流在受到 f_m 作用的同时，还受到与 f_m 方向相反的由 E_H 引起的电场力 f_e。开始时 f_e 小于 f_m，随着积累的电荷不断增多，f_e 逐渐增大，磁感应

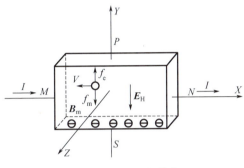

图 3-12-1　霍尔效应

强度 B 将逐渐增强，经过 $10^{-14} \sim 10^{-12}$s 达到稳定状态，当 $f_e = -f_m$ 达到动态平衡时，电子将正常流动。但在垂直于电流和磁场的 Y 轴方向上存在一个电位差 U_H。理论和实验表明，U_H 的值正比于电流 I 和磁感应强度 B 的乘积，即

$$U_H = KIB \tag{3-12-1}$$

这一现象称为霍尔效应，U_H 称为霍尔电压。式（3-12-1）中，K 为霍尔元件的灵敏度，它表示在单位磁感应强度和流经单位电流时霍尔元件两端输出电压的值，在国际单位制中，K 的单位是 V/(A·T)[伏/(安·特)]。在图 3-12-1 中，P、S 为电压输出端。

一般要求霍尔元件的灵敏度 K 高。由经典电子理论可知，N 型半导体材料的灵敏度 $K=-1/(neb)$（n 为自由电子的浓度），而 P 型半导体材料的灵敏度 $K=1/(peb)$（p 为空穴的浓度）。半导体材料的 n（或 p）较小，当薄片厚度 b 也较小时，K 值较大。因此，常用半导体材料制作霍尔元件。本实验选用 N 型半导体硅单晶片材料制成的霍尔元件，其尺寸为 $L \times a \times b = 4\text{mm} \times 4\text{mm} \times 0.5\text{mm}$，其灵敏度 K 值标示在线圈上。

为后面叙述方便，约定霍尔电压的方向是从低电位端指向高电位端。在图 3-12-1 中，霍尔电压的方向从 S 指向 P。显然霍尔电压 U_H 与两个因素有关，其方向既随 B 换向而换向，也随电流 I 换向而换向。

如果已知霍尔元件灵敏度 K，测量工作电流 I 和霍尔电压 U_H 后，可由式（3-12-2）求出待测磁场的磁感应强度 B 的大小

$$B = \frac{U_H}{KI} \tag{3-12-2}$$

B 的方向可由 P、S 两端电位高低及工作电流流向等加以判断。

实验中，流过霍尔元件的工作电流应恒定，并且元件 La 平面应与 **B** 垂直。在 **B** 的方向未知时，可缓慢转动元件平面，直到 U_H 具有最大值。

2. 与霍尔电压一起出现的几种附加电压及其消除

理论和实验表明，测量 P、S 间的电压时，除 U_H 外，还包含有如下几种附加电压。

（1）**不等位电位差 U_O**。它是因霍尔元件材料本身不均匀及电压输出端在制造时不可能绝对对称地焊接在霍尔片两侧而产生的，后者可由图 3-12-2 说明。在有电流流过霍尔元件时，P、S 两端并未处在同一等位面上，即使不加磁场，P、S 间也存在电位差 U_O。U_O 的方向只随 I 换向而换向，而与 **B** 换向无关。

（2）**温差电压 U_t**。由于载流子（自由电子或空穴）的速度有大有小，因此它们在磁场中受到的作用力并不相等。速度大的载流子绕大圆轨道运动，速度小的载流子绕小圆轨道运动。在霍尔元件上、下两平面中，一个平面快载流子较多，温度较高；另一个平面慢载流子较多，温度较低。上、下两平面之间的温度差引起 P、S 两端出现温差电压 U_t。U_t 的方向既随 **B** 换向而换向，又随 I 换向而换向。

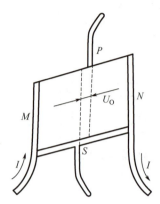

图 3-12-2 不等位电位差的产生

（3）**类似霍尔电压的附加电位差 U_P**。制作霍尔元件时，电流输入端 M、N 处的接触电阻往往不等。因此，当电流通过时，两处将产生不同的焦耳热，形成 X 方向的温度梯度，由此产生的热扩散作用使电子流动形成热扩散电流，该电流在磁场的作用下，在 P、S 间产生类似于霍尔电压的附加电位差 U_P。U_P 的方向随 **B** 换向而换向，而与 I 换向无关。

（4）**热扩散载流子在 P、S 两端引起附加的温差电压 U_S**。上述热扩散电流各个载流子的迁移速度不相同，根据（2）所述理由，又在 P、S 两端引起附加的温差电压 U_S。U_S 的方向随 **B** 换向而换向，而与 I 换向无关。

上述四个附加电压都叠加在 U_H 上，使 P、S 间的输出电压 U_{PS} 是 U_H、U_O、U_t、U_P、U_S 的代数和。若把实测的 U_{PS} 认作 U_H，则会造成较大的误差。为了尽量消除附加电压的影响，根据它们的方向随 **B**、I 换向的情况，采用不同的 **B**、I 组合测量四次 U_{PS}，然后取平均值，求出 U_H。其原因如下。

假设 **B** 和 I 的值不变，方向如图 3-12-1 所示，且假设 P、S 间的 U_O 为正，N 端的温度比 M 端的温度高，测得的 P、S 间的电压为 U_1，则

$$U_1 = U_H + U_O + U_t + U_P + U_S \tag{3-12-3a}$$

若 **B** 的方向不变，I 换向，测得的 P、S 间的电压为 U_2，则

$$U_2 = -U_H - U_O - U_t + U_P + U_S \tag{3-12-3b}$$

若 **B** 换向，I 也换向（均与最初的方向相反），测得的 P、S 间的电压为 U_3，则

$$U_3 = U_H - U_O + U_t - U_P - U_S \tag{3-12-3c}$$

若 **B** 换向，I 的方向不变（均相对最初的方向而言），测得的 P、S 间的电压为 U_4，则

$$U_4 = -U_H + U_O - U_t - U_P - U_S \quad (3\text{-}12\text{-}3d)$$

由以上四个等式得到

$$U_H = \frac{1}{4}(U_1 - U_2 + U_3 - U_4) - U_t$$

由于温差电压 U_t 一般比 U_H 小得多，在误差范围内可以略去，因此霍尔电压为

$$U_H = \frac{1}{4}(U_1 - U_2 + U_3 - U_4) \quad (3\text{-}12\text{-}4)$$

如果要求测量磁场更准确，则可以用等温槽来消除 P、S 两端的温度差或者将工作电流 I 换为交变电流，以消除 U_t 的影响。但当工作电流 I 为交流时，U_H 也是交变的，公式中的 I、U_H 均应理解为有效值。

【实验内容与步骤】

1. 实验内容

测量电磁铁磁极缝隙中的磁感应强度。

实验装置和电路简介：本实验装置由两大部分构成，即霍尔效应实验仪和霍尔效应测试仪。实验电路如图3-12-3所示。图中T为电磁铁，H为霍尔元件，A为电流表，用于显示霍尔效应测试仪的励磁电流输出；mA为毫安表，用于测量霍尔效应测试仪的工作电流输出；K_1、K_2、K_3 分别为双刀双掷换向开关。

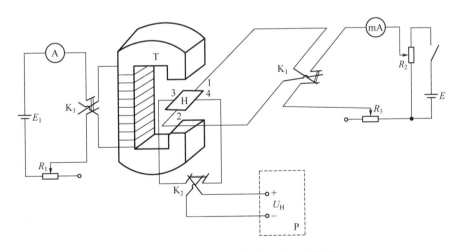

图 3-12-3　测定磁感应强度的实验电路

整个电路分为三部分：供给电磁铁的励磁电流（I_M）部分、供给霍尔元件工作电流（I_S）部分和测量霍尔电压部分。开关 K_1、K_3 的倒向可以分别改变 I、B 的方向。值得注意的是：在测量中，由于 B、I 最初可以任意选择方向，可能使 P、S 间的电压为负值，这时只需使开关 K_2 倒向即可。

霍尔效应测试仪面板上已经标出了励磁电流 I_M 输出、工作电流 I_S 输出和霍尔电压 U_H 输入，也相应地标出了励磁电流 I_M 输入、工作电流 I_S 输入和霍尔电压 U_H 输出，开关 K_1、K_2、K_3 已经连接在实验仪的相应位置上。

2. 实验步骤

（1）按照图 3-12-3 接线。未经教师检查，不得接通电源和开关 K_1、K_2、K_3。

（2）接通霍尔效应实验仪面板上的 K_2（双刀双掷开关扳向一侧），接通霍尔效应测试仪 I_S 挡，调节工作电流为 3mA 不变。

（3）接通 K_1（双刀双掷开关扳向一侧），接通霍尔效应测试仪 I_M 挡，调节励磁电流为 100mA，接通 K_3，用测试仪测出 U_1。按原理中所述的顺序，将 I、B 换向，分别测出 U_2、U_3、U_4。具体操作如下：K_1 换向，K_3 不动，测量 U_2；接着 K_1 不动（与测量 U_2 时相同），K_3 换向，测量 U_3；然后 K_3 不动（与测量 U_3 时相同），K_1 换向，测量 U_4。求出 $U_H = \frac{1}{4}(U_1 - U_2 + U_3 - U_4)$ 及 B 的值。

（4）保持工作电流 I_S 不变。将励磁电流依次取为 100mA、200mA、300mA、400mA，按步骤（2）和步骤（3），得到相应的各组 U_H、B 值并记入表，在坐标纸上作出 B–I_M 曲线。

（5）保持工作电流 I_S 为 3.00mA 不变，励磁电流为 400mA 不变，将霍尔片移至电磁铁气隙右边，即 X 和 Y 位置坐标分别为 0.00mm 和 15.00mm 处，X 位置逐步向左移动，每隔 5mm 作为一个测试点，共取十个测试点，得到相应的各组 U_H 并填入表格，求出 B 值，并在坐标纸上作出 B–X 曲线。

【数据记录与处理】

（1）测量电磁铁磁极缝隙中的磁感应强度，将所得数据填入表 3-12-1，并作图描绘磁感应强度随励磁电流变化的关系曲线（B–I_M 曲线）。

（2）测量电磁铁缝隙中不同位置的磁感应强度，将所得数据填入表 3-12-2，并作图描绘磁感应强度与位置的关系曲线（B–I 曲线）。

表 3-12-1 测量电磁铁磁极缝隙中的磁感应强度

$K=$ _____ V/（A·T），I_S=3.00mA

I_M/mA	U_1/mV	U_2/mV	U_3/mV	U_4/mV	$U_H = \frac{1}{4}(U_1 - U_2 + U_3 - U_4)$ /mV	$B = \frac{U_H}{KI_S}$ /T
100						
200						
300						
400						

表 3-12-2 测量电磁铁缝隙中不同位置的磁感应强度

I_S=3.00mA,I_M=400mA

x/mm	U_1/mV	U_2/mV	U_3/mV	U_4/mV	$U_H = \dfrac{1}{4}(U_1 - U_2 + U_3 - U_4)$ /mV	$B = \dfrac{U_H}{KI_S}$ /T
0.0						
5.0						
10.0						
15.0						
20.0						
25.0						
30.0						
35.0						
40.0						
45.0						

【注意事项】

(1) 霍尔元件质脆、引线细，使用时不可碰、压、弯，要轻拿轻放。

(2) 霍尔元件的工作电流不得超过额定值（15mA）。

【思考题】

(1) 本实验中，为什么要用三个换向开关？

(2) 如果霍尔元件在磁场中的位置固定，则测得的磁场强度和励磁电流有什么关系？

(3) 什么是反常霍尔效应？它有什么应用？

【拓展知识1】霍尔效应测试仪的使用说明

(1) 如图 3-12-4 所示，将霍尔元件样品安装在样品架上，霍尔效应测试仪具有 X、Y 调节功能及读数装置，测量时应将样品放在磁场强度最大的位置。

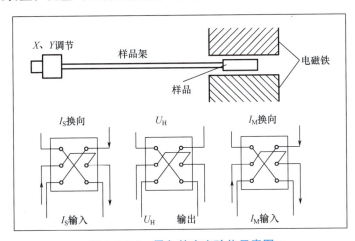

图 3-12-4 霍尔效应实验仪示意图

（2）三组双刀双掷换向开关分别为 I_S、I_M 换向开关及 U_H 测量选择开关。

【拓展知识2】霍尔效应实验仪的使用说明

霍尔效应实验仪面板如图 3-12-5 所示。

图 3-12-5　霍尔效应实验仪面板

（1）两组恒流源。

"I_S 输出"为 0～10mA 样品工作电流源，"I_M 输出"为 0～1A 励磁电流源。两组电流源彼此独立，两路输出电流值通过"I_S 输入与调节"旋钮及"I_M 输入与调节"旋钮调节，二者均连续可调。

（2）直流数字毫伏表的量程有 20mV 和 200mV，可根据需要适当选择。

实验仪使用注意事项如下。

（1）霍尔效应测试仪面板上的"I_S 输出""I_M 输出""U_H 输入"三对接线柱与霍尔效应实验仪上的三对接线柱必须正确连接，以免损坏仪表。

（2）仪器开机前，应将 I_S、I_M 输入与调节旋钮逆时针旋到底，使其输出电流趋于最小值，然后开机。

3-13　示波器的使用

示波器的使用

阴极射线（电子射线）示波器，简称示波器，主要由示波管和复杂的电子电路组成。用示波器可以直接观察电压波形，并测定电压的大小，因此，一切可转化为电压的电学量（电流、电功率、阻抗等）、非电学量（如温度、位移、速度、压力、光照强度、磁场、频率等）及其随时间的变化过程都可用示波器观测。示波器能把肉眼看不见的电信号变换成看得见的图像，便于人们研究各种电现象的变化过程。示波器利用狭窄的、由高速电子组成的电子束，打在涂有荧光物质的屏面上，产生细小的光点。在被测信号的作用下，电子束就好像一支笔的笔尖，可以在屏面上描绘出被测信号的瞬时值的变化曲线。目前，电子束不仅应用在显示成像方面，还在半导体材料加工、微电子器件刻蚀和金属焊接方面有突出的应用，是一种用途广泛的现代测量工具。

【实验目的】

（1）了解示波器的主要组成部分及其联系与配合，熟悉使用示波器和信号发生器的基本方法。

（2）观察正弦波、三角波、方波等波形。

（3）通过观察李萨如图形，学会一种测量正弦振动频率的方法，并巩固对互相垂直振动的理解。

【实验仪器与用品】

YB-4325型双踪示波器、DG1022双通道信号发生器等。

【实验原理】

1. 示波器

示波器主要由两大部分组成，即示波管及电子电路。图3-13-1所示为静电式电子示波器的基本结构。

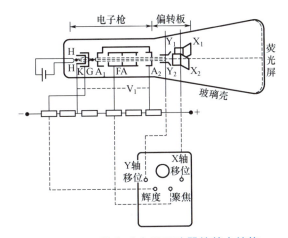

图3-13-1 静电式电子示波器的基本结构

（1）示波管。

示波管由电子枪、偏转系统和荧光屏三部分组成。

① 电子枪：电子枪由灯丝H、阴极K、调制极G及两个阳极A_1、A_2组成。阴极被灯丝加热后发出电子射线，经调制极G飞向加有正电压的阳极A_1、A_2。调制极G加了一个负电压（相对于阴极）转动电位器R_{P1}（辉度旋钮），可用于改变调制极的电压以控制发射电子数量，从而达到控制荧光屏上光点或图形亮度的目的。电子枪内的阴极K、调制极G、第一阳极A_1和第二阳极A_2的形状、位置适当，它们之间的电位分布适当配合，会使电子枪内的电场分布对于电子射线的作用来说，有类似于光学透镜组的作用，通常称为电子光学系统（电透镜）。电透镜的焦距取决于组成该电透镜的各电极的电位关系，调节第一阳极电位（转动聚焦旋钮）可使电子射线恰好聚在荧光屏上，形成一个小圆光点。

② 偏转系统：偏转系统由水平偏转板X_1、X_2和垂直偏转板Y_1、Y_2组成，如图3-13-1所示。电子射线以一定的速度沿着轴线向前运动进入垂直偏转板间，若此时Y_1的电位低于Y_2的电位，电子受到垂直于运动方向的电场力的作用，产生向上偏转的速度，改变运动方向，结果到达荧光屏时偏离轴线在其上方；反之，若Y_2的电位低于Y_1的电位，则偏向轴线下方。偏转距离正比于偏转电压。旋动"Y轴移位"旋钮，即改变这个偏转电压的大小，可使荧光屏上的光点或图形沿Y轴上下移动。同理，变动水平偏转板X_1、X_2上的

电压可使光点或图形沿水平方向左右移动。

③ 荧光屏：荧光屏上涂有一层荧光物质，电子射线打在它的上面发出可见光，不同的荧光物质发出可见光的颜色不同，且其"余辉时间"不同。余辉时间是指电子停止射击后荧光物质发出的光要滞后一段时间才能消失。根据需要，荧光屏涂附的荧光物质可采用长余辉的、中余辉的或短余辉的，在荧光屏与偏转系统之间周围的玻璃上涂附一层导电层，在荧光屏与第二阳极间加很高的正电压，使电子束再加速，以提高光点的亮度。

（2）电子电路。

① 电压放大器：示波管本身的水平和垂直偏转板的灵敏度不高（0.1～1mm/V），加于偏转板的信号电压较小时，电子束不能发生足够的偏转，以致荧光屏上的光点位移过小，不便观测。因此需要把小的信号电压先放大再加到偏转板上。为此，设置 X、Y 轴电压放大器，如图 3-13-2 所示。

从"Y 轴输入"与"接地"两端接入的输入电压 U_{in}，经衰减器（分压器）衰减为 $\frac{R+9R}{R+9R+90R}U_{in} = \frac{1}{10}U_{in}$ 后，作用于 Y 轴电压放大器（增幅器），经增幅器放大 G 倍后为 $GU_{in}/10$，作用于 Y_1、Y_2 两个偏转板，使示波管屏上光点位移增大。调节"Y 轴增幅"旋钮，即调整放大倍数 G，可连续地改变屏上的光点位移。衰减器的作用是使过大的输入电压变小，以适应 Y 轴电压放大器的要求，否则 Y 轴电压放大器不能正常工作，甚至受损。衰减率通常为三挡：1、1/10 和 1/100。但习惯上，在仪器面板上用其相对应的倒数 1、10 和 100 标示。X 轴有作用相同的衰减器及电压放大器，如图 3-13-2 所示。

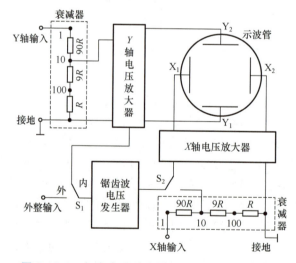

图 3-13-2　加有电压放大器的示波器原理示意图

② 扫描与整步，波形显示：要在荧光屏上观测一个从 Y 轴输入的周期性信号电压的波形，必须使一个（或多个）周期内的信号电压随时间变化的细节稳定地出现在荧光屏上，以利于观测。例如：交流电压 $U_Y = U_m\sin\omega t$，是时间的函数，人们熟悉它的正弦波形。但把 $U_Y = U_m\sin\omega t$ 电压（通过放大器）加到两个垂直偏转板时，荧光屏上的光点只是做上下方向的正弦振动。振动的频率较高时，观察是一条垂直线，不能显示出时间 t 的正弦曲

线。若荧光屏上的光点同时沿 X 轴正方向做匀速运动，则能看到光点描出了时间函数的一段曲线。若光点沿 X 轴正向匀速移动了 U_Y 的一个周期之后，迅速反跳到原来开始的位置，再重复 X 轴正向的匀速运动，则光点的正弦运动轨迹和前一次的运动轨迹重合。每个周期都重复同样的运动，光点的轨迹就能保持固定位置。重复频率较高时，可在荧光屏上看见连续不动的一个周期函数曲线（波形）。光点沿 X 轴正向的匀速运动及反跳的周期过程，称为扫描。获得扫描的方法是在两个水平偏转板之间加上一个周期的与时间成正比的电压（锯齿波电压），如图 3-13-3 所示。锯齿波的周期 T（或频率 $f=1/T$）可由电路进行连续调节，如 SB-10 示波器的扫描频率为 10Hz～500kHz，相应的周期为 2×10^{-6}～0.1s。不同型号的示波器，扫描频率的范围有差异。

不难理解，扫描周期是 Y 轴信号周期的 n（整数）倍时，荧光屏上将稳定地出现 n 个周期的 U_Y 函数波形。但是，两个独立发生的电振荡频率在技术上难以调节成准确的整倍数，因而荧光屏上的波形发生横向移动，不能稳定，造成观测困难。解决的方法是用 Y 轴信号频率控制扫描发生器的频率，使信号频率准确地等于扫描频率或成整数倍。电路的这个作用称为**整步（或同步）**，是由

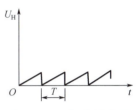

图 3-13-3　锯齿波电压

放大后的 Y 轴电压作用于锯齿波电压发生器来完成的。如图 3-13-2 所示，开关 S_1 接到"内"，开关 S_2 与锯齿波电压发生器相连。当需要从"X 轴输入"端输入信号电压时，将开关 S_2 拨到右边，锯齿波电压发生器不再起作用。

2. 由李萨如图形测频率

如果在垂直偏转板和水平偏转板上同时加正弦变化的电压，则荧光屏上亮点的运动是这两个互相垂直振动的合成，称为**李萨如图形**，如图 3-13-4 所示。**利用李萨如图形可以测量未知频率**。如果以 f_x 和 f_y 分别代表加在水平偏转板和垂直偏转板上电压的频率，N_x 为图形与水平线相切的切点数，N_y 为图形与垂直线相切的切点数，则有 $\dfrac{f_y}{f_x}=\dfrac{N_x}{N_y}$。

若 f_y 为已知，则可以求出未知频率 f_x。

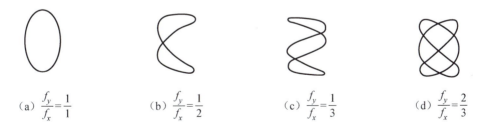

(a) $\dfrac{f_y}{f_x}=\dfrac{1}{1}$　　(b) $\dfrac{f_y}{f_x}=\dfrac{1}{2}$　　(c) $\dfrac{f_y}{f_x}=\dfrac{1}{3}$　　(d) $\dfrac{f_y}{f_x}=\dfrac{2}{3}$

图 3-13-4　李萨如图形

实际操作时，不可能将 $f_x:f_y$ 调整成准确的整数比，因此两个振动的周相差发生缓慢的变化，图形不可能稳定，调到变化最缓慢即可。

【实验内容与步骤】

1. 示波器使用前的检查

（1）熟悉各旋钮的作用（参见拓展知识1），按下"自动"键，垂直方式选择 CH1，触发源选择 CH1，示波器面板上的其他按键设置按照拓展知识1中的基本操作设置。

（2）接通电源，电源指示灯变亮，约 20s 后，示波管荧光屏上显示光迹，仪器进入正常工作状态。

（3）顺时针调节辉度旋钮和聚焦旋钮，将光迹亮度调到适当且最清晰。

（4）调节 CH1 位移旋钮及光迹旋转旋钮，将扫描线调到与水平中心刻度线平行。

2. 观察波形

（1）观察正弦波。将信号源产生的正弦波信号直接输入 X 轴输入端。

（2）调节 VOLTS/DIV 选择开关，使荧光屏上波形的垂直幅度在坐标刻度以内。调节 TIME/DIV 扫描开关，使荧光屏上出现一个缓慢变化的正弦波形。调节电平旋钮，使波形稳定。

（3）改变扫描电压的频率（调节 TIME/DIV 扫描开关），观察正弦波形的变化，使荧光屏上出现两个、三个等正弦波形。

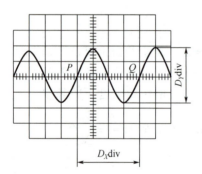

图 3-13-5　U_{p-p} 值和时间的测量

3. 交流电压的测量

设荧光屏上的波形如图 3-13-5 所示。根据荧光屏 Y 轴坐标刻度，读得信号波形的峰–峰值为 $D_Y$div（格）。在图 3-13-5 中，$D_Y=3.6$div。如果 VOLTS/DIV 挡级标称值为 0.2V/div，则待测信号峰–峰值为

$$U_{p-p}=0.2\text{V/div} \cdot D_Y\text{div}=0.2D_YV_0$$（图 3-13-5 中 $U_{p-p}=0.72$V）

如果待测信号通过 10∶1 探极输入，则

$$U_{p-p}=0.2\text{V/div} \cdot D_Y\text{div} \times 10=2D_Y\text{V}=7.2\text{V}$$

测量电压峰值时要注意选择适当的 V/div 值，即在满足测量范围的前提下，V/div 值尽可能小，使显示的波形尽可能大，以提高测量精度。

根据荧光屏上刻度的情况，考虑如何调节波形的位置，以便准确地读出 D_Y 值。读数前，检查 VOLTS/DIV 选择开关的微调旋钮是否顺时针旋足。

4. 时间测量

在图 3-13-5 中，P、Q 两点的时间间隔 t 就是正弦电压 U_Y 的周期 T_Y。根据荧光屏 X 轴坐标刻度，可得信号波形 P、Q 两点的水平距离为 $D_X$div（图 3-13-5 中 $D_X=4.0$div）。如果 TIME/DIV 扫描开关挡级的标称值为 0.5ms/div，则 P、Q 两点的时间间隔

$$t=0.5\text{ms/div} \cdot D_X\text{div}=(0.5 \times 4.0)\text{ms}=2.0\text{ms}$$

因为正弦电压周期 $T_Y=2.0$ms，所以正弦电压的频率

$$f = \frac{1}{T_y} = \frac{1}{2.0 \times 10^{-3}} \text{ Hz} = 5.0 \times 10^2 \text{Hz}$$

5. 其他量的测量

正弦波观测完毕，可以继续观测三角波和方波等波形，并分别测量它们电压的峰–峰值及周期、频率等。

6. 观察李萨如图形

观察李萨如图形，测量正弦信号频率。将 DG1022 双通道信号发生器产生的正弦信号送入 X 轴输入端和 Y 轴输入端，按下"X-Y"键，触发源选择 CH2，固定 X 轴输入的正弦信号频率，改变 Y 轴输入的正弦信号频率，观察李萨如图形。

取 $f_x : f_y$ 分别为 1/1、1/2、1/3、2/3、3/1、2/1 时，列表并画出观测到相对应的李萨如图形，求出 Y 轴未知信号 f_y 频率。

将自制信号发生器产生的正弦信号送入示波器的 Y 轴输入端，调节 X 轴输入端的信号频率，求出自制信号的频率。

【数据记录与处理】

将实验所得数据及计算结果填入表 3-13-1。

表 3-13-1　正弦信号频率及其平均值

$f_y : f_x$	图　形	f_x	f_y	$\overline{f_y}$
1 : 1				
1 : 2				
1 : 3				
2 : 3				
3 : 1				
2 : 1				

【思考题】

（1）用示波器测量信号电压的峰–峰值和周期前一定要对示波器进行校准，应如何校准？简述其方法和步骤。

（2）如果示波器是良好的，但由于某些旋钮的位置未调好，荧光屏上看不见亮点。请问是哪几个旋钮位置不合适？应该怎样操作找到亮点？

（3）方波信号从 Y 轴输入示波器，荧光屏上仅显示一条铅垂线，试问这是什么原因？应调节哪些开关和旋钮使荧光屏显示出方波？

（4）当示波器的扫描频率远大于或远小于 Y 轴信号的频率时，荧光屏上是什么图形？

【拓展知识 1】YB-4325 型双踪示波器

YB-4325 型双踪示波器面板如图 3-13-6 所示。

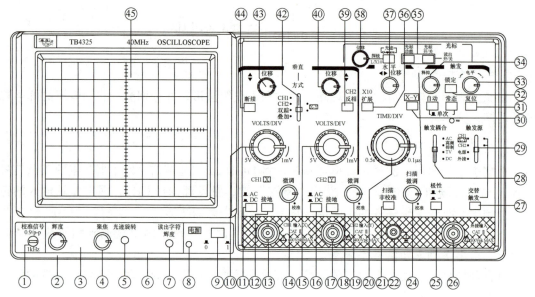

图 3-13-6　YB-4325 型双踪示波器操作面板

YB-4325 型双踪示波器的操作方法如下。

1. 基本操作

按表 3-13-2 设置仪器的开关及控制旋钮或按键。

表 3-13-2　双踪示波器的基本操作方法

项　目	编　号	设　置
电源（POWER）	9	弹出
辉度（INTENSITY）	2	顺时针 1/3 处
聚焦（FOCUS）	4	适中
垂直方式（VERT MODE）	42	CH1
断续（CHOP）	44	弹出
CH2 反相（INV）	39	弹出
垂直位移（POSITION）	40，43	适中
衰减开关（VOLTS/DIV）	10，15	0.5V/div
微调（VARIABLE）	14，17	校准位置
AC—DC—接地（GND）	11，12，16，18	接地（GND）
触发源（SOURCE）	29	CH1
耦合（COUPLING）	28	AC
触发极性（SLOPE）	25	+
交替触发（TRIG ALT）	27	弹出
电平锁定（LOCK）	32	按下

续表

项　　目	编　　号	设　　置
释抑（HOLD OFF）	34	最小（逆时针方向）
触发方式	31	自动
TIME/DIV	20	0.5ms/div
扫描非校准（SWP UNCAL）	21	弹出
水平位移（POSITION）	37	适中
X10扩展（X10MAG）	36	弹出
X-Y	30	弹出

按上述方法设定开关和控制按钮后，将电源线接到交流电源插座，然后按如下步骤操作。

（1）打开电源开关，电源指示灯变亮，约20s后，示波管屏幕上显示光迹，如60s后仍未出现光迹，应按上表检查开关和控制按钮的设定位置。

（2）调节辉度旋钮和聚焦旋钮，将光迹亮度调到适当且最清晰。

（3）调节CH1位移旋钮及光迹旋转旋钮，将扫描线调到与水平中心刻度线平行。

（4）将探极连接到CH1输入端，将$2U_{p-p}$校准信号加到探极上。

（5）将AC—DC—接地开关置于AC，屏幕上会出现图3-13-7所示的波形。

（6）调节聚焦旋钮，使波形最清晰。

（7）为便于观察信号，将VOLTS/DIV开关和TIME/DIV开关调到适当的位置，使信号波形幅度和周期适中。

（8）调节垂直位移和水平位移旋钮到适当位置，使显示的波形对准刻度线且能方便读出电压幅度（U_{p-p}）和周期T。

上述为示波器的基本操作步骤。CH2的单通道操作方法与CH1类似。

2. 双通道操作

将垂直方式开关置于双踪（DUAL），此时，CH2的光迹也显示在屏幕上，CH1光迹为校准信号方波，CH2因无输入信号而显示为水平基线，如图3-13-7所示。

如同通道CH1，将校准信号接入通道CH2，AC—DC—接地开关置于AC，调节垂直位移旋钮40和43，双通道信号波形图如图3-13-8所示。

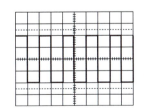

图3-13-7　CH2输入信号时的波形图

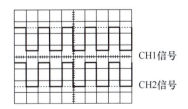

图3-13-8　双通道信号波形图

双通道操作（双踪或叠加）时，触发源开关选择CH1或CH2信号，如果CH1和CH2信号为相关信号，则均稳定显示波形；如果CH1和CH2信号为不相关信号，必须使用交替触发开关，则两个通道不相关信号波形也都被稳定同步。但此时不可同时按下断续开关和交替触发开关。

5ms/div 以下的扫描范围使用"断续"方式，2ms/div 以上扫描范围使用"交替"方式，当按下断续开关时，在所有扫描范围内均以"断续"方式显示两条光迹，"断续"方式优先于"交替"方式。

3. 叠加操作

将垂直方式开关置于相加（ADD），可在屏幕上观察到 CH1 和 CH2 信号的代数和，如果按下 CH2 反相开关，则显示为 CH1 和 CH2 信号之差。如果想得到精确的相加或相减，借助垂直微调旋钮可将两通道的偏转系数精确调整到同一数值。

垂直位移可由任一通道的垂直位移旋钮调节，观察垂直放大器的线性，将两个垂直位移旋钮调节到中心位置。

4. X-Y 与 X 外接操作

按下"X-Y"键，内部扫描电路断开，由触发源开关选择的信号驱动水平方向的光迹。当触发源开关设定为"CH1（X-Y）"时，示波器为 $X-Y$ 工作方式，CH1 为 X 轴、CH2 为 Y 轴；当触发源设定为"外接"时，示波器便以 X 外接方式扫描工作。

（1）$X-Y$ 操作。

将垂直方式开关和触发源开关均设为"X-Y"，则 CH1 为 X 轴，CH2 为 Y 轴，可进行 $X-Y$ 工作。

注意：$X-Y$ 工作时，若要显示高频信号，则必须注意 X 轴和 Y 轴之间相位差及频带宽度。

（2）X 外接操作。

作用在外触发输入端的外接信号驱动 X 轴，任一垂直信号由垂直方式开关选择。当垂直方式开关设定为双踪时，CH1 和 CH2 信号均以"断续"方式显示，如图 3-13-9 所示。

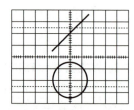　　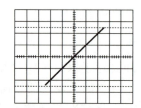

（a）双通道 $X-Y$ 操作　　　　　　　　（b）X 轴CH1

图 3-13-9　$X-Y$ 操作与 X 外接操作

5. 触发

由于正确的触发方式直接影响示波器有效操作，因此必须熟悉各种触发功能及操作方法。

（1）触发源开关功能。

选择需要显示的信号或是与显示信号具有时间关系的触发信号作用于触发，以便在屏幕上显示稳定的信号波形。

CH1：CH1 输入作为触发信号。

CH2：CH2 输入作为触发信号。

电源（LINE）：电源信号用作触发信号，这种方法用于被测信号与电源频率相关信号时有效，特别是测量音频电路、闸流管电路等工频噪声时。

外接（EXT）：扫描由作用在外触发输入端的外加信号触发，使用的外接信号与被测信号具有周期性关系，由于被测信号不作为触发信号，因此波形的显示与测量信号无关。

触发源信号选择功能见表 3-13-3。

表 3-13-3　触发源信号选择功能

触发源	垂直方式			
	CH1	CH2	DUAL	ADD
CH1	由 CH1 信号触发			
CH2	由 CH2 信号触发			
LINE	由交流电源信号触发			
EXT	由外接输入信号触发			

（2）耦合开关的功能。

根据被测信号的特点，用耦合开关选择触发信号的耦合方式。

交流（AC）：交流耦合方式，由于触发信号通过交流耦合电路，因此排除了输入信号的直流成分的影响，可得到稳定的触发。在低频（10Hz 以下），使用交替触发方式且扫描较慢时，如产生抖动可使用直流方式。

高频抑制（HF REJ）：触发信号通过交流耦合电路和低通滤波器（约 50kHz，3dB）作用到触发电路，触发信号中高频成分通过滤波器被抑制，只有低频信号部分才能作用到触发电路。

电视（TV）：电视触发，以便观察电视视频信号，触发信号经交流耦合通过触发电路，将电视信号馈送到电视同步分离电路，分离电路拾取同步信号作触发扫描用，视频信号能稳定显示。调整 TIME/DIV 扫描开关，扫描速率根据电视的场和行进行如下切换：TV–V：0.1ms/div～0.5s/div；TV–H：0.1～0.5μs/div。极性开关设定如图 3-13-10 所示，以便与视频信号一致。

直流（DC）：触发信号直接耦合到触发电路，触发需要触发信号的直流部分或需要显示低频信号及信号占空比很小时，使用此种方式。

（3）极性开关功能。

极性开关用于选择图 3-13-11 所示触发信号的极性。

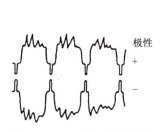

图 3-13-10　极性开关设定

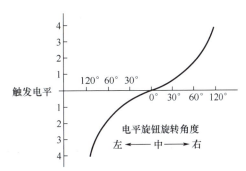

图 3-13-11　触发信号的极性

"+"：设定在正极性位置，触发电平产生在触发信号上升沿。

"-"：设定在负极性位置，触发电平产生在触发信号下降沿。

（4）电平控制器控制功能。

电平旋钮用于调节触发电平以稳定显示图像，一旦触发信号超过控制旋钮所设置触发电平，扫描就被触发且屏幕上稳定显示波形，顺时针旋动旋钮，触发电平向上变化，反之向下变化，变化特性如图 3-13-12 所示。

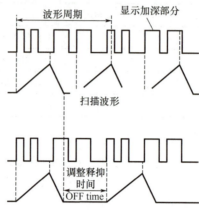

图 3-13-12　触发信号的变化特性

电平锁定：按下电平锁定开关，触发电平被自动保持在触发信号的幅度之内，且不需要进行电平调节就可得到稳定的触发，只要屏幕信号幅度或外接触发信号输入电压在要求范围内［YB4325：50Hz～20MHz≥2.0div（0.25V）；YB4345：50Hz～40MHz≥2.0div（0.25V）］，该自动触发锁定功能就是有效的。

（5）释抑控制功能。

当被测信号为两种以上频率的复杂波形时，电子控制触发可能并不能获得稳定波形。此时，可通过调整扫描波形的释抑时间（扫描回程时间），使扫描与被测信号波形稳定同步。

图 3-13-13（a）所示为屏幕交叠的几条不同的波形，当释抑旋钮在最小状态时，很难观察到稳定同步信号。

图 3-13-15（b）所示的信号不需要部分被释抑，屏幕显示的波形没有重叠现象。

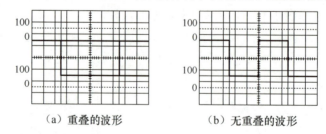

图 3-13-13　有无重叠的波形

【拓展知识2】 DG1022 双通道信号发生器

1. 仪器面板简介

DG1022 双通道信号发生器具有简单、功能明晰的面板，如图 3-13-14 所示，面板上包括各种功能按键、旋钮及菜单键，可以进入不同的功能菜单或直接获得特定的功能应用。

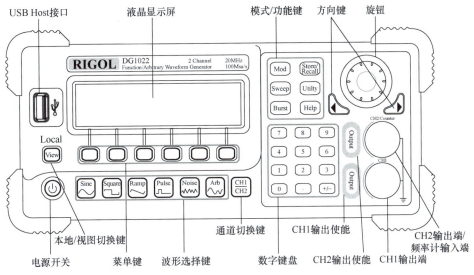

图 3-13-14　DG1022 双通道信号发生器面板

2. 仪器显示界面

DG1022 双通道信号发生器提供了三种界面显示模式：单通道常规显示模式（图 3-13-15）、单通道图形显示模式（图 3-13-16）及双通道常规显示模式（图 3-13-17）。这三种显示模式可通过面板左侧的 View 按键切换。用户可通过 $\boxed{\dfrac{CH1}{CH2}}$ 按键来切换活动通道，设定所有通道的参数及观察、比较波形。

图 3-13-15　单通道常规显示模式

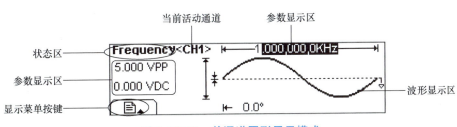

图 3-13-16　单通道图形显示模式

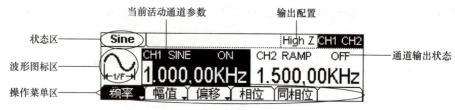

图 3-13-17　双通道常规显示模式

3. 波形设置

在面板左侧下方有一系列带有波形的按键，如图 3-13-18 所示，它们分别是正弦波、方波、锯齿波、脉冲波、噪声波、任意波，此外还有两个与波形设置有关的按键，即通道切换键和本地/视图切换键。

图 3-13-18　按键选择

以下对波形选择的说明均在常规显示模式下进行。

（1）使用 Sine 按键，波形图标变为正弦信号，并在状态区左侧出现 "Sine" 字样。设置频率/周期、幅值/高电平、偏移/低电平、相位可以得到不同参数值的正弦波。

（2）使用 Square 按键，波形图标变为方波信号，并在状态区左侧出现 "Square" 字样。设置频率/周期、幅值/高电平、偏移/低电平、占空比、相位可以得到不同参数值的方波。

（3）使用 Ramp 按键，波形图标变为锯齿波信号，并在状态区左侧出现 "Ramp" 字样。设置频率/周期、幅值/高电平、偏移/低电平、对称性、相位可以得到不同参数值的锯齿波。

（4）使用 Pulse 按键，波形图标变为脉冲波信号，并在状态区左侧出现 "Pulse" 字样。设置频率/周期、幅值/高电平、偏移/低电平、脉宽/占空比、延时可以得到不同参数值的脉冲波。

（5）使用 Noise 按键，波形图标变为噪声信号，并在状态区左侧出现 "Noise" 字样。设置幅值/高电平、偏移/低电平可以得到不同参数值的噪声信号。

（6）使用 Arb 按键，波形图标变为任意波信号，并在状态区左侧出现 "Arb" 字样。设置频率/周期、幅值/高电平、偏移/低电平、相位可以得到不同参数值的任意波信号。

（7）使用 CH1/CH2 按键可切换通道，可以对当前选中的通道进行参数设置。在常规和图形模式下均可以进行通道切换，以便用户观察和比较两通道中的波形。

（8）使用 View 按键切换视图，使波形显示在单通道常规显示模式、单通道图形显示模式、双通道常规显示模式之间切换。此外，当仪器处于远程模式时，按下该按键可以切换到本地模式。

4. 输出设置

在面板右侧有两个按键，用于控制通道输出、频率计输入。

（1）使用 Output 按键，启用或禁用面板的输出连接器输出信号。按下 Output 按键的通道显示"ON"且按键灯被点亮。

（2）在频率计模式下，CH2 对应的 Output 连接器作为频率计的信号输入端，CH2 自动关闭，禁用输出。

5. 基本波形设置

（1）设置正弦波。

使用 Sine 按键，在常规显示模式下，屏幕下方显示正弦波的操作菜单，左上角显示当前波形名称，如图 3-13-19 示。使用正弦波的操作菜单设置正弦波的输出波形参数。正弦波的参数主要包括频率/周期、幅值/高电平、偏移/低电平、相位。通过改变这些参数，得到不同的正弦波。在操作菜单中选中"频率"，光标位于参数显示区的频率参数位置，通过数字键盘、方向键或旋钮修改正弦波的频率。

（2）设置输出频率/周期

按下 Sine 按键，选择"频率/周期"—"频率"，设置频率参数值，如图 3-13-20 所示。屏幕显示的频率为上电时的默认值或预先选定的频率。更改参数时，如果当前频率值对于新波形是有效的，则继续使用当前值。若要设置波形周期，则选择"频率/周期"—"周期"（当前选项反色显示）。

图 3-13-19　正弦波参数值设置显示界面

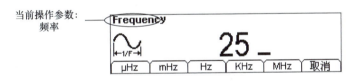

图 3-13-20　设置频率参数值

输入所需的频率值。使用数字键盘直接输入所选参数值，然后选择频率所需单位，按下对应所需单位的软键。也可以使用左、右键选择需要修改的参数值的数位，使用旋钮改变该数位值。

（3）设置输出幅值。

按下 Sine 按键，选择"幅值/高电平"—"幅值"，设置幅值参数值，如图 3-13-21 所示。

图 3-13-21　设置幅值参数值

屏幕显示的幅值为上电时的默认值或预先选定的幅值。更改参数时，如果当前幅值对于新波形是有效的，则继续使用当前值。若要使用高电平或低电平设置幅值，则选择"幅值/高电平"或"偏移/低电平"，以切换到"高电平"或"低电平"设置。

输入所需的幅值。使用数字键盘或旋钮输入所选参数值，然后选择幅值所需单位，按下对应所需单位的软键。

（4）设置偏移电压。

按下 Sine 按键，选择"偏移/低电平"—"偏移"，设置偏移电压参数值。屏幕显示的偏移电压为上电时的默认值或预先选定的偏移量。更改参数时，如果当前偏移量对于新波形是有效的，则继续使用当前偏移值。

输入所需的偏移电压。使用数字键盘或旋钮输入所选参数值，然后选择偏移量所需单位，按下对应于所需单位的软键。

（5）设置起始相位。

按下 Sine 按键，选择"相位"，设置起始相位参数值。屏幕显示的初始相位为上电时的默认值或预先选定的相位。更改参数时，如果当前相位对于新波形是有效的，则继续使用当前相位。

输入所需的相位。使用数字键盘或旋钮输入所选参数值，然后选择相位所需单位，按下对应所需单位的软键。

（6）设置方波。

按下 Square 按键，在常规显示模式下，屏幕下方显示方波的操作菜单。使用方波的操作菜单设置方波的输出波形参数。方波的参数主要包括频率/周期、幅值/高电平、偏移/低电平、占空比、相位。改变这些参数可以得到不同的方波。

（7）设置占空比。

按下 Square 按键，选择"占空比"，设置占空比参数值，如图 3-13-22 所示。屏幕中显示的占空比为上电时的默认值或预先选定的数值。更改参数时，如果当前值对于新波形是有效的，则使用当前值。

输入所需的占空比。使用数字键盘或旋钮输入所选参数值，然后选择占空比所需单位，按下对应所需单位的软键，信号发生器立即调整占空比，并以指定的值输出方波。

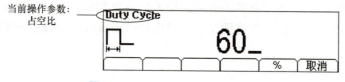

图 3-13-22　设置占空比参数值

（8）设置锯齿波。

按下 Ramp 按键，在常规显示模式下，屏幕下方显示锯齿波的操作菜单。使用锯齿波的操作菜单设置锯齿波的输出波形参数。锯齿波的参数包括频率/周期、幅值/高电平、偏移/低电平、对称性、相位。改变这些参数可以得到不同的锯齿波。

（9）设置对称性。

按下 Ramp 按键，选择"对称性"，设置对称性的参数值，如图 3-13-23 所示。屏幕中显示的对称性为上电时的值或预先选定的百分比。更改参数时，如果当前值对于新波形是有效的，则使用当前值。

输入所需的对称性。使用数字键盘或旋钮输入所选参数值，然后选择对称性所需单位，按下对应所需单位的软键，信号发生器立即调整对称性，并以指定的值输出锯齿波。

图 3-13-23　设置对称性参数值

3-14　电子元件焊接技术

电子电路的焊接、组装与调试在电子工程技术中占据重要地位。所有电子产品的制作都要经过设计、焊接、组装、调试等程序。其中，焊接是电子产品制作过程中的重要流程，是直接影响电子产品的工作性能和可靠性的基本环节。良好的焊接质量，可以使电路具备良好的稳定性、可靠性；反之，不良的焊接质量容易留下安全隐患，甚至会导致元件和电路板损坏。

电子制作—叮咚门铃

工程师和电子爱好者要自行设计、制作电子产品和电子设备，就必须熟练掌握电子焊接技术。

【实验目的】

（1）了解叮咚门铃的工作原理。
（2）学会识别电阻、电容器、二极管等常用电子元件。
（3）掌握电路中各种电子元件的插件焊接方法。

【实验仪器与用品】

叮咚门铃套件（含印制电路板、电子元件、导线、扬声器等）、直流稳压电源、电烙铁、烙铁架、焊锡丝、偏口钳、剥线钳、镊子等。

【实验原理】

1. 叮咚门铃发声原理

扬声器是声系统设备的终端环节，是一种把电信号转换为声信号的电声转换装置。根据电信号转换为声信号的方式，扬声器大致可分为电磁式、电动式与压电式等；根据声波的发射方式，扬声器可以分为直射式与号筒式两类。

本实验中使用的是直射式电动扬声器，其主要由永久磁铁、音圈和纸盆（膜片）组成，如图 3-14-1 所示。当音频电流通过音圈时，音圈周围形成交变磁场。此磁场与永久磁铁产生的恒定磁场相互作用，迫使音圈沿着轴向振动，使与音圈相连的纸盆或膜片带动周围的空气一起振动,从而产生声音并在空气中传播。音圈中音频电流的频率决定了扬声器的音调,音频电流决定了声压。通过电子电路控制输出电流振荡频率,可以使本实验中叮咚门铃发出"叮""咚"两种音调的声音。

2. 电子电路

叮咚门铃电路的核心部件——NE555 芯片是一种应用普遍的计时集成电路。利用此芯片外接电阻、电容可以搭建出单稳态触发器和多谐振荡器,在很多电子产品中都有应用。NE555 芯片共有八个引脚,其排列与功能如图 3-14-2 所示。

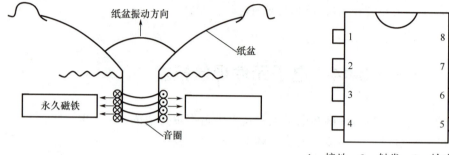

1—接地;2—触发;3—输出;4—复位;
5—控制电压;6—阈值;7—放电;8—电源。

图 3-14-1 直射式电动扬声器截面图   图 3-14-2 NE555 芯片引脚排列及功能

本实验电路是由 NE555 芯片外接电阻、电容搭建的多谐振荡器,如图 3-14-3 所示。接通电源后,由于 4 脚触发电压小于 1V,因此 NE555 集成电路不工作,电路没有输出,扬声器不响。当按下开关按钮 K_1 时,二极管 D_2 导通,给电容器 C_3 充电,当 4 脚电压高于 1V 时,NE555 集成电路开始工作。经分析可得,输出高电平时间 $t_1 = (R_2 + R_3)C_4 \ln 2$,

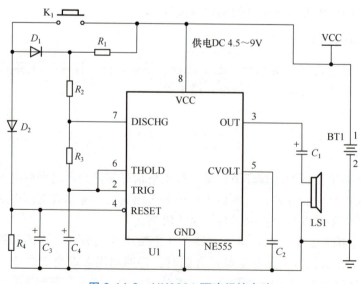

图 3-14-3 HK0031 叮咚门铃电路

输出低电平时间 $t_2 = R_3 C_4 \ln 2$，振荡周期 $T = (R_2 + 2R_3) C_4 \ln 2$，扬声器发出"叮"声。当松开开关按钮 K_1 时，电容器 C_3 储存的电能经电阻 R_4 放电，但 4 脚继续维持高电平而保持振荡，此时电阻 R_1 也接入振荡电路，输出高电平时间 $t_1 = (R_1 + R_2 + R_3) C_4 \ln 2$，输出低电平时间 $t_2 = R_3 C_4 \ln 2$，振荡周期 $T = (R_1 + R_2 + 2R_3) C_4 \ln 2$，振荡频率变小，扬声器发出"咚"声。当电容器 C_3 上的电能释放一段时间后，4 脚电压低于 1V，此时电路停止振荡，NE555 集成电路停止工作，声音停止。

【电子元件识别】

电子电路由若干电子元件组成，这些基本的电子元件是构成电子电路的基础。在电子元件的焊接过程中，首先必须理解常用电子元件的性能与用途，了解其型号，掌握其识别方法。本实验中用到的电子元件包括五色环电阻、二极管、电容器、NE555 芯片等。下面对常用电子元件色环电阻、二极管、电容器进行介绍。

1. 色环电阻

电阻用 R 表示，它的基本单位是 Ω（欧姆）。常用的电阻有色环电阻、排型电阻和片状电阻。本实验中用到的是五色环电阻，其外观如图 3-14-4（a）所示。较大的两头称为金属帽，中间几道有颜色的圈称为色环，用于显示阻值和误差。色环共有 12 种颜色，表示不同的数字，前三环表示有效数字，第四环表示倍率，最后一环表示误差，具体颜色与数值、倍率和误差的对应关系，见表 3-14-1。例如，一个五色环电阻的色环为黄、紫、黑、红、棕，表示该电阻的阻值为 $470 \times 10^2 \Omega = 47.0 \text{k}\Omega$，误差为 ±1%。

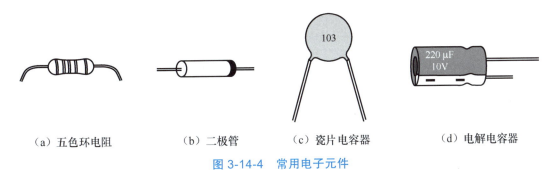

（a）五色环电阻　　　（b）二极管　　　（c）瓷片电容器　　　（d）电解电容器

图 3-14-4　常用电子元件

表 3-14-1　五色环电阻读数方法

颜色	第一环	第二环	第三环	倍率 /Ω	误差 /（%）
黑	0	0	0	10^0	
棕	1	1	1	10^1	±1
红	2	2	2	10^2	±2
橙	3	3	3	10^3	
黄	4	4	4	10^4	

续表

颜色	第一环	第二环	第三环	倍率/Ω	误差/(%)
绿	5	5	5	10^5	±0.5
蓝	6	6	6	10^6	±0.25
紫	7	7	7	10^7	±0.1
灰	8	8	8	10^8	
白	9	9	9	10^9	
金				10^{-1}	±5
银				10^{-2}	±10

2. 二极管

二极管用字母 D 表示，内部有 PN 结，具备单向导电特性，即把二极管正极接到电路的高电位端，负极接到低电位端时，电路导通，反之截止。本实验所用二极管如图 3-14-4（b）所示，其中涂黑的一端为负极，另一端为正极。

3. 电容器

电容器用字母 C 表示，其基本单位是 F（法拉）。常用的电容器有瓷片电容器、电解电容器等。瓷片电容器外形如图 3-14-4（c）所示，其外壳由陶瓷制成，外形为扁平的近圆形，这种电容器没有极性。电解电容器外形如图 3-14-4（d）所示，它具有极性，其中一只引脚上方标有负号且较短，表示该引脚为负极，另一只引脚为正极。

【焊接基础知识】

焊接是指用专用工具将元件的引脚与印制电路板上的焊盘通过焊锡相连接的过程。经过焊接形成焊点，一方面起到固定作用，防止元件松动；另一方面使元件与焊盘电位一体实现电路导通。

1. 焊接工具

（1）电烙铁。

电烙铁是常用的焊接工具。合理选择电烙铁对提高焊接质量和效率具有直接的作用。选择功率适当的电烙铁，能够保证焊接温度适宜，焊料融化迅速，焊点光滑、牢固。功率太小，焊料融化较慢甚至不能融化，使焊接无法进行；功率过大，过多的热量传递到元件上，使元件焊点过热，造成元件损坏，甚至可能造成电路板损坏。

常见的电烙铁有直热式电烙铁、感应式电烙铁、恒温式电烙铁等。本次实验使用直热式电烙铁。直热式电烙铁包括外热式和内热式，结构如图 3-14-5 所示。直热式电烙铁主要由烙铁头、烙铁芯、手柄等部件构成。

（2）焊锡丝。

焊锡是一种常见的焊料，由锡铅合金制成。锡的熔点约为 232 ℃；铅的熔点约为

327℃；而锡铅比例为 6∶4 的焊锡，其熔点约为 190℃。锡铅合金的机械强度高，表面张力及黏度低，抗氧化能力强。本实验所用焊锡丝是将焊锡制成管状，管内填充助焊剂，焊接时不需要额外添加助焊剂，使用便捷。

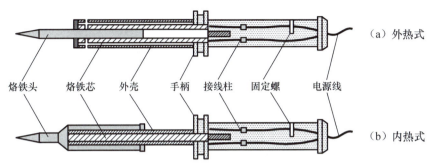

图 3-14-5　直热式电烙铁结构

由于铅是一种对人体有害的重金属，因此操作时应戴手套或者操作后洗手，避免食入。同时助焊剂加热产生的挥发物对人体有害，如果操作时口鼻离烙铁头太近，则容易吸入有害气体，所以焊接时，烙铁和操作者口鼻应至少保持 30cm，最好在 40cm 以上。

2. 手工焊接工艺

（1）元件安装。

元件在电路板上的安装方式有卧式安装和立式安装两种，如图 3-14-6 所示。卧式安装元件紧贴电路板，具有稳定性好、较牢固、不易脱落的特点。立式安装具有密度较大、占用电路板面积小、拆卸方便的特点。

安装前，元件引脚应根据安装方式进行加工。加工时，不能将引脚齐根弯折，应保留 1.5mm 以上；同时引脚弯曲应呈圆弧形，圆弧半径大于引线直径的 1～2 倍。在插装过程中，要使同类元件的高度尽量保持一致。

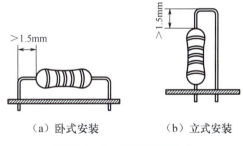

（a）卧式安装　　（b）立式安装

图 3-14-6　元件安装方式

常见元件安装前要先分辨出元件的安装方式，考虑元件是否具有极性等问题。集成电路安装前要弄清方向和引脚排列顺序，不能装错。本实验采用集成电路底座，应先焊好底座，再安装芯片。

（2）操作手势。

焊接时，一般左手拿焊锡，右手拿电烙铁。电烙铁有反握法、正握法、握笔法三种常用的握法。在工作台上焊印制电路板等焊件时一般采用握笔法，如图 3-14-7（a）所示。焊锡丝一般有两种拿法，如图 3-14-7 所示，可以根据个人习惯选择。

使用电烙铁要配置烙铁架，其一般放置在工作台右前方，使用完电烙铁后放置在烙铁架上，并应该随时注意导线等不要与烙铁头、烙铁架接触，以免高温损坏绝缘层，导致漏电危险。

（a）电烙铁握法（握笔法）

（b）焊锡丝拿法

图 3-14-7　操作手势

（3）五步焊接法。

电子元件焊接初学者一般从五步焊接法开始学习和训练，如图 3-14-8 所示。具体操作步骤如下：①准备施焊，先检查电烙铁，烙铁头应保持清洁，左手拿焊锡丝，右手拿电烙铁，将烙铁头和焊锡丝靠近，看准焊点位置，处于随时可以焊接的状态；②加热焊件，将烙铁头沿 45° 方向贴紧被焊元件引脚和电路板焊盘进行加热，把热量传导到焊点上，使焊点升温；③熔化焊锡，待焊点加热到能熔化焊锡的温度后，将焊锡丝沿 45° 方向从烙铁头的对侧送至焊接处的表面；④移开焊锡丝，熔化适量的焊锡后，迅速移开焊锡丝；⑤移开烙铁，待焊锡完全浸润焊点后，熔化的焊锡在焊盘和引脚处呈锥状，移开电烙铁，形成理想的焊点。

合格焊点的焊接面外观必须是明亮、光滑、内凹的，元件的引脚和电路板上的焊盘形成良好的浸润，浸润角度小于 60°，注意避免出现虚焊、锡量过多、锡量过少、桥接等问题。

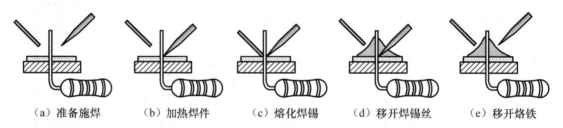

（a）准备施焊　　（b）加热焊件　　（c）熔化焊锡　　（d）移开焊锡丝　　（e）移开烙铁

图 3-14-8　五步焊接法

【实验内容与步骤】

1. 焊接准备

阅读叮咚门铃套件的使用说明书，对照元件清单，检查、分辨电子元件，将元件放在元件盒内，防止散落丢失。准备一段焊锡丝。

检查电烙铁外观，检视电线表面有无损坏、有无裸露铜线，确保实验安全。检查无误后，将电烙铁置于烙铁架上，将海绵擦浸湿并置于烙铁架对应位置，打开电烙铁电源。

2. 焊接步骤

采用五步焊接法，将所有电子元件焊接到电路板上，并剪断多余的引脚。焊接顺序遵循先低后高的原则，具体焊接顺序为二极管→电阻→瓷片电容器→开关→集成电路芯片底座→电解电容器→导线和扬声器。焊接完毕及时关闭电烙铁电源，确保安全。

3. 安装与调试

检查叮咚门铃外观，注意观察有无不合格焊点等问题，检查无误后，将 NE555 芯片插装到底座上。连接直流稳压电源正负极，按下门铃开关，检查门铃能否正常工作。如果不能，则需要再次仔细检查电路板有无虚焊、短路、安装错误等问题，排除故障，直至门铃正常工作。

4. 注意事项

（1）正确使用电烙铁，避免烫伤。
（2）注意合理控制用锡量，用锡量不要过少，避免虚焊；也不要过多，避免短路。
（3）插装芯片时，注意集成电路芯片方向要正确，同时防止芯片引脚折断。
（4）注意二极管和电解电容器的正负极，并区分不同型号的电解电容器。

【思考题】

（1）叮咚门铃音量较小，有哪些方法可以放大音量？
（2）NE555 芯片还有哪些可能的应用？

【延伸阅读】

"卡脖子"技术

2018 年以来，随着美国对中兴通讯、华为及众多我国高科技公司的打压，有些技术和产品未获得美国许可无法提供给我国企业，而我国短期内还没有找到替代品，即出现了所谓的"卡脖子"技术。

这场中美经贸摩擦让中国人对"卡脖子"这个词有了切身体会。自力更生是中华民族立于世界民族之林的奋斗基点，自主创新是我们攀登世界科技高峰的必由之路。只要广大科技工作者以强烈的创新信心和决心，勇于攻坚克难、追求卓越、赢得胜利，积极抢占科技竞争和未来发展制高点，就一定能肩负起历史赋予的重任，为建设世界科技强国创造辉煌业绩。

第4章 光学实验

我们生活的世界五彩缤纷，全是靠光的作用。人类很早就开始了对光学现象的观察、研究和利用。从春秋战国时期《墨经》中记载的小孔成像到西汉时期《淮南万毕术》中记载的削冰取火，再到南宋《演繁露》中描述的露滴分光，我国人民在光学方面取得了丰硕成果，对世界光学发展作出了重大贡献。从托马斯·杨用双缝验证光的波动性到爱因斯坦发现激光原理，再到1960年第一台激光器的诞生，人类对光的理解和应用越来越广泛。近年来，随着"中国天眼"的建成和启用，量子卫星"墨子号"的发射成功，我国科技迅猛发展，光学成为深空探索、量子科技和空间通信等前沿科技发展的重要基础。本章选取了一些几何光学实验和波动光学实验，通过这些经典实验的学习和实践夯实基础、筑牢根基，为实现党的二十大报告提出的"实现高水平科技自立自强，进入创新型国家前列"目标培养人才。

4-1 光学实验基础知识

力学、热学和电学实验是做好光学实验的重要基础。在光学实验中会遇到两个最突出的问题：一个是精密仪器的调节和使用，另一个是理论和实验的紧密结合。

1. 光学实验中的注意事项

光学仪器的精密度很高，在使用前，应先进行调整和检验。初次接触没有使用过的仪器，必须先了解它的工作性能、正确使用方法、注意事项等，再在教师的指导下才能开始实验。若使用维护不当，则光学元件及机械部分很容易损坏。常见的损坏有以下几种。

（1）物理原因和机械原因：跌落、振动、挤压及冷热不均匀造成的损坏，会使部分甚至全部元件无法使用。磨损的危害性也很大，如光学元件表面附有不清洁的物质时，用手或粗糙的物品擦拭，会在光学元件表面留下划痕，导致其成像模糊甚至根本不能成像。

（2）化学原因：污损、发霉及酸、碱等对光学元件表面的腐蚀。

鉴于上述原因，使用光学仪器时，必须注意以下事项。

（1）使用前必须仔细阅读仪器使用说明书，严格按要求操作。

（2）仪器上所有的锁紧螺钉、螺母不得拧得过紧。

（3）微动手轮（柄）到头后不能强行转动，应使粗动部分退回手轮（柄）。

（4）轻拿、轻放，勿使仪器受到振动，必须避免跌落到地面。使用完毕，不得随意乱放仪器，要物归原处。

（5）在任何时候都不允许用手接触光学表面（光线在此表面反射或折射），只能接触经过磨砂的表面（毛面），如透镜的侧面，棱镜的上、下底面等，如图4-1-1所示。

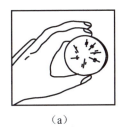 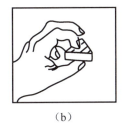 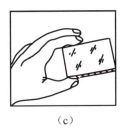

（a）　　　　　　　　（b）　　　　　　　　（c）

图4-1-1　可以接触的面

（6）光学表面有污物时，不得私自处理，要及时向教师说明。在教师指导下，对于没有薄膜的光学表面，可用干净的镜头纸轻擦或用橡皮球吹去灰尘，然后才能继续使用。

（7）光学仪器装配很精密，拆卸后很难复原，因此严禁私自拆卸仪器。

（8）在暗室中要先熟悉各仪器和元件安放的位置。在黑暗条件下摸索仪器时，要手贴桌面，动作要轻缓，以免碰倒或带落仪器。

2. 常用光源

（1）钨丝白炽灯。

钨丝白炽灯用钨丝通电加热作为光辐射源。一般白炽灯的辐射光谱是连续光谱，除可见光外，还有红外线和紫外线，所以任何光敏元件都能和它配合接收光信号。

钨丝白炽灯的特点：使用寿命短且发热大、发光效率低、动态特性差，但对接收光敏元件的光谱特性要求不高。在普通白炽灯基础上制作的发光器件有溴钨灯和碘钨灯，它们体积较小、发光效率高、使用寿命也较长。

（2）气体放电灯。

气体放电灯是利用电流通过气体产生发光现象制成的灯。

气体放电灯的辐射光谱是不连续的，光谱与气体的种类及放电条件有关。改变气体的成分、压力、阴极材料和放电电流，可得到主要在某光谱范围的辐射。

低压汞灯、氢、钠灯、镉灯、氦灯是光谱仪器中常用的光源，统称光谱灯。例如低压汞灯的辐射波长为254nm，钠灯的辐射波长为589nm，它们经常用作光电检测仪器的单色光源。如果将光谱灯涂以荧光剂，由于光线与涂层材料的作用，荧光剂可以将气体放电谱线转化为更长的波长，通过对荧光剂的选择可以使气体放电发出某范围的波长。气体放电灯消耗的能量仅为白炽灯的 1/3 ～ 1/2。

（3）发光二极管。

发光二极管由半导体 PN 结构成，其工作电压低、响应快、使用寿命长、体积小、质量轻，因此获得了广泛的应用。

在半导体 PN 结中，P 区的空穴因扩散而移动到 N 区，N 区的自由电子则扩散到 P 区，在 PN 结处形成势垒，从而抑制了空穴和自由电子的继续扩散。当 PN 结上加正向电压时，势垒降低，自由电子由 N 区注入 P 区，空穴则由 P 区注入 N 区，称为少数载流子注入。注入 P 区的自由电子和 P 区的空穴复合，注入 N 区的空穴和 N 区的自由电子复合，这种复合同时伴随着以光子形式放出能量，因而有发光现象。

（4）激光器。

激光具有高方向性、高单色性和高亮度。激光波长从 0.24μm 到远红外整个光频波段范围。

激光器种类繁多，按工作物质可分为固体激光器（如红宝石激光器）、气体激光器（如氦 – 氖气体激光器、二氧化碳激光器）、半导体激光器（如砷化镓激光器）和液体激光器。

3. 常用光学仪器

常用光学仪器有光具座、读数显微镜、望远镜、分光计、迈克尔逊干涉仪、摄谱仪等。

4-2　薄透镜焦距的测定

薄透镜焦距的测定

光学仪器种类繁多，而透镜是光学仪器中的基本元件。古时候人们就已经知道透镜具有聚焦和放大作用。我国西汉时期《淮南万毕术》中就有关于冰透镜的记载："削冰令圆，举以向日，以艾承其影，则火生。"即我们今天所说的削冰取火。从古至今，透镜的发展经历了一个漫长过程，其作用在安防、车载、数码相机、激光、光学仪器等领域发挥得淋漓尽致，随着市场的不断发展，透镜技术的应用越来越广泛。目前仍在开发中的超先进的液态透镜便采用了人眼晶状体的原理，这种透镜由两种具有不同传导性、绝缘性和折射率的液体构成，借由表面张力效应调整透镜的厚度和形状，进而自由地改变焦距。由于其无须聚焦结构及驱动装置，因此人们对其在各个领域的应用期望极大。

反映透镜特性的一个重要物理量是焦距。在不同的使用场合，为了不同的目的，需要选择不同焦距的透镜或透镜组。要测定透镜的焦距，常用的方法有平面镜法和物距像距法。对于凸透镜还可用移动透镜二次成像法（又称共轭法），应用这种方法，只需测定透镜本身的位移，测法简便，测量精度高。

同时，为了正确地使用光学仪器，必须掌握透镜成像的规律，学会光路的调节技术和焦距的测量方法。

【实验目的】

（1）学习测定透镜焦距的方法，验证透镜成像公式。

（2）掌握简单光路的分析和调整方法。

【实验仪器与用品】

凸透镜、凹透镜、米尺等。

【实验原理】

1. 透镜成像公式

透镜分为两类：凸透镜和凹透镜。凸透镜具有使光线会聚的作用，凹透镜具有使光线发散的作用。

因为光线通过凸透镜均向光轴偏折，所以凸透镜也称会聚透镜，平行于主轴的光线通过凸透镜将会聚于实焦点 F，透镜中心（称为光心）O 到焦点 F 的距离称为焦距 f［图 4-2-1（a）］。光线通过凹透镜后均远离主轴而偏折，所以凹透镜也称发散透镜。平行于凹透镜主轴的光线通过凹透镜，光线好像是由透镜的虚焦点 F' 发出的，透镜中心 O 到虚焦点 F' 的距离称为焦距 f［图 4-2-1（b）］。当透镜的厚度远小于焦距时，这种透镜称为薄透镜。在近轴光线（指通过透镜中心并与主轴成很小夹角的光束）的条件下，薄透镜（包括凸透镜和凹透镜）成像的规律可表示为

$$\frac{1}{u}+\frac{1}{v}=\frac{1}{f} \tag{4-2-1}$$

式中，u 为物距；v 为像距；f 为透镜的焦距；u、v 和 f 均从光心 O 点算起。

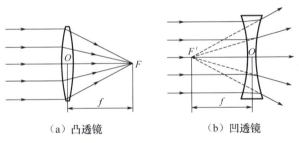

（a）凸透镜　　　　　（b）凹透镜

图 4-2-1　透镜的焦点和焦距

物距 u 恒取正值。像距 v 的正负由像的实虚来确定，实像时 v 为正，虚像时 v 为负。对于凸透镜，f 为正值；对于凹透镜，f 为负值。为了便于计算透镜的焦距 f，式（4-2-1）可改写为

$$f=\frac{uv}{u+v} \tag{4-2-2}$$

只要测得物距 u 和像距 v，便可算出透镜的焦距 f。

2. 凸透镜焦距测量原理

自准直法： 如图 4-2-2 所示，将物体 AB 置于凸透镜的前焦平面上，此时物体任一点发出的光束经透镜后成为平行光，由平面镜反射后再经透镜会聚于前焦平面上，得到一个大小与原物相同的倒立实像 $A'B'$。此时，屏与透镜之间的距离等于透镜的焦距 f。

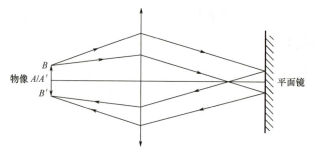

图 4-2-2 自准直法测凸透镜焦距

二次成像法： 又称共轭法或贝塞尔法。如图 4-2-3 所示，设物和屏间的距离为 L（**要求 $L>4f$**），且 L 保持不变。移动透镜，当它在 O_1 处时，屏上将出现一个放大的清晰的像（设此时物距为 u，像距为 v）；当它在 O_2 处（设 O_1O_2 之间的距离为 e）时，屏上得到一个缩小的清晰的像。

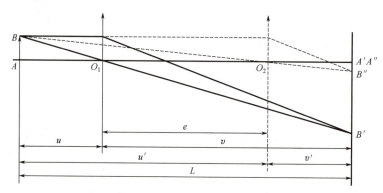

图 4-2-3 二次成像法测凸透镜焦距

按照透镜成像公式 [式（4-2-1）]，在 O_1 处有

$$\frac{1}{u}+\frac{1}{L-u}=\frac{1}{f} \tag{4-2-3}$$

在 O_2 处有

$$\frac{1}{u+e}+\frac{1}{v-e}=\frac{1}{f} \tag{4-2-4}$$

因式（4-2-3）和式（4-2-4）等号右边相等，而 $v=L-u$，故

$$u=\frac{L-e}{2} \tag{4-2-5}$$

将式（4-2-5）代入式（4-2-3），得

$$\frac{2}{L-e}+\frac{2}{L+e}=\frac{1}{f}, \quad 即 \quad f=\frac{L^2-e^2}{4L} \tag{4-2-6}$$

利用这个方法，只要测定 L 和 e 就能算出 f 值。把焦距的测量归结为对于可以精确测

定的量 L 和 e 的测量，避免了由于光心位置估计不准确所带来的误差。

3. 凹透镜焦距的测量原理

物距像距法：如图 4-2-4 所示，从物点 A 发出的光线经过凸透镜 L_1 后会聚于 B 点。假若在凸透镜 L_1 和像 B 之间插入一个焦距为 f 的凹透镜 L_2，然后调整（增大或减小）L_2 与 L_1 的间距，受凹透镜的发散作用，光线的实际会聚点将移到 B' 点。根据光线传播的可逆性，如果将物置于 B' 点，则由物点发出的光线经过凹透镜 L_2 折射后所成的虚像将落在 B 点。令 $\overline{O_2B'}=u$，$\overline{O_2B}=v$，并考虑凹透镜 f 和 v 均为负值，由式（4-2-1）得

$$\frac{1}{u}-\frac{1}{v}=-\frac{1}{f} \quad 或 \quad f=\frac{uv}{u-v} \tag{4-2-7}$$

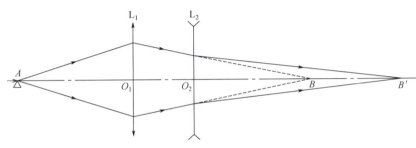

图 4-2-4　物距像距法测凹透镜焦距

【实验内容与步骤】

1. 光学元件同轴等高的调整

薄透镜成像公式［式（4-2-1）］仅在近轴光线的条件下成立。所谓近轴光线，是指通过透镜中心部分并与主光轴夹角很小的光线。为了满足这一条件，常在透镜前加光阑挡住边缘光线；或者选用一个小物体，把它的中点调到透镜的主轴上，使入射到透镜的光线与主光轴夹角很小。对于由多个透镜等元件组成的光路，应使各光学元件的主光轴重合，以满足近轴光线的要求。习惯上把各光学元件与主光轴的重合称为同轴等高。显然，同轴等高的调节是光学实验必不可少的步骤。

调节时，先用眼睛判断，将光源和各光学元件的中心轴调节成大致重合，再借助仪器或者应用光学的基本规律来调整。在本实验中，利用透镜成像的共轭原理进行调整。

（1）按图 4-2-3 放置物、透镜和屏，使 $L>4f$，然后固定物和屏。

（2）当移动透镜到 O_1 和 O_2 两处时，屏上分别得到放大的像和缩小的像。物点 A 在主光轴上，其两次成像位置重合于 A'；物点 B 不在主光轴上，则它的两次成像位置 B'、B'' 分离开。当 B 点在主光轴上方时，放大的像点 B' 在缩小的像点 B'' 下方；反之，则表示 B 点在主光轴下方。调节物点的高度，使经过透镜两次成像的位置重合，即达到了同轴等高。

（3）若固定物点 A，调节透镜的高度，也可以出现步骤（2）中的现象。根据观察到的透镜两次成像的位置关系，判断透镜中心是偏高还是偏低，最后将系统调成同轴等高。

2. 凸透镜焦距的测量

（1）自准直法。

① 沿米尺装好各器件，并粗调至同轴等高。
② 移动透镜，直至在屏上获得物体的倒立实像。
③ 调整平面镜，并微动透镜，使像最清晰且与物大小相等。
④ 分别记下屏和透镜的位置 x_1、x_2。
⑤ 重复测量五次，求得透镜焦距的平均值。

（2）二次成像法。

① 沿米尺布置各器件并调至共轴。
② 放置好物和屏，使两者之间的距离大于四倍焦距，并分别记下位置读数 L_1、L_2。
③ 紧靠米尺移动透镜，使物体在屏上成一清晰的放大像，记下透镜所在位置 O_1 的读数 x_1。
④ 移动透镜，直至在屏上成一清晰的缩小像，记下透镜所在位置 O_2 的读数 x_2。
⑤ 计算 O_1O_2 的距离 e，由式（4-2-6）算出透镜的焦距。
⑥ 重复以上步骤，保持物和屏不动，移动透镜，测量相应数据。
⑦ 对每一组数据分别算出焦距 f，按不确定度处理实验数据。

注意：间距 L 不要取得太大，否则将使一个像缩小得很小，以致难以确定凸透镜成像最清晰的位置。

3. 凹透镜焦距的测量

（1）物距像距法。

如图 4-2-4 所示，先用凸透镜 L_1 成像在屏上，再将凹透镜 L_2 放在屏与凸透镜 L_1 之间，量出屏与凹透镜的距离 v，利用公式 $f = \dfrac{uv}{u-v}$ 求出 f。改变凹透镜的位置，重复以上步骤六次，按不确定度处理实验数据。

（2）自准直法测凹透镜焦距（图 4-2-5）。

① 将物（OA）、凸透镜 L_1、屏放在导轨上，使物成像于屏上，记下屏在导轨上的位置（D 点）。
② 拿掉屏，在凸透镜 L_1 与 D 点之间放上凹透镜 L_2，并在 D 点后放一平面镜。
③ 移动凹透镜 L_2，使之发散光线经平面镜反射至物旁成一清晰的像（$O'A'$），记下凹透镜 L_2 在导轨上的位置，则凹透镜 L_2 与 D 点之间的距离为凹透镜的焦距。

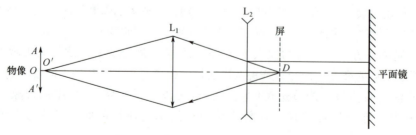

图 4-2-5　自准直法测透凹镜焦距

【数据记录与处理】

将自准直法测量凸透镜焦距数据填入表 4-2-1，将二次成像法测量凸透镜焦距数据填入表 4-2-2。其余表格自拟。

透镜焦距标准值 $f_0=$_____ cm

表 4-2-1　自准直法测量凸透镜焦距

次数	物的位置 x_1/cm	透镜位置 x_2/cm	$f=|x_1-x_2|$/cm	$\bar{f}$ /cm	E_r/(%)
1					
2					
3					
4					
5					

表 4-2-2　二次成像法测量凸透镜焦距

物的位置 $L_1=$_____ cm，屏的位置 $L_2=$_____ cm，二者之间的距离 $L=$_____ cm

次数	大像位置 x_1/cm	小像位置 x_2/cm	$e=|x_1-x_2|$/cm	$\bar{e}$/cm	$\bar{f}=\dfrac{L^2-\bar{e}^2}{4L}$/cm	E_r/(%)
1						
2						
3						
4						
5						

计算相对误差 $E_r=\dfrac{f-f_0}{f_0}$，填入相应表格，其中 f_0 从透镜上读取。

【注意事项】

（1）使用光学元件时要轻拿轻放，避免磕碰。
（2）光学元件表面要保持干燥清洁，不可用手触摸其光学面。
（3）共轴调节时，要注意观察成放大像和缩小像时像的中心位置是否发生变化。

【思考题】

（1）用二次成像法测透镜焦距时，为什么要使 $L>4f$？此法测焦距有什么优点？
（2）能用眼睛直接看见实像吗？为什么人们喜欢用白屏或毛玻璃屏看实像？

4-3　分光计的调整

分光计是精确测定光线偏转角的仪器，很多物理量（如折射率、波长等）的测定都要用到它，正确地调整分光计对减小测量误差、提高测量的准确度是十分重要的，并且分光计的调整方法通用于一般光学仪器的调整。

分光计的调整

【实验目的】

（1）了解分光计的构造和工作原理。
（2）学习分光计的调整方法。

【实验仪器与用品】

JJY1′型分光计、平行平面镜、三棱镜、汞灯等。

【实验原理】

JJY1′型分光计由以下四部分组成。

（1）阿贝式自准直望远镜：由目镜、全反射小棱镜、分划板和物镜组成。

（2）平行光管：可调狭缝套筒装在平行光管上，调整狭缝套筒，使狭缝正好位于物镜的焦平面上，这样就能使照在狭缝上的光线经凸透镜后成为平行光线。

（3）可升降载物台：载物台套在仪器主轴上，可绕主轴回转。

（4）游标盘、度盘：游标盘与望远镜联动，度盘（主刻度盘）与载物台联动；游标盘的最小分度值为1′，度盘的最小分度值为30′。

分光计读法是以游标盘的零刻线为准，读出度值，再找游标盘与度盘刚好重合的刻线的分值，如图 4-3-1（a）所示，分光计的读数为 175°25′；如果度值超半格，则读数为 175°55′。

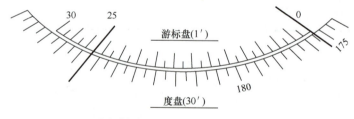

（a）例：分光计的读数为 175°25′

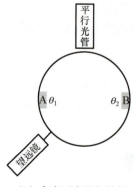

（b）左右两窗的起始值

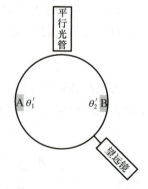

（c）转动度盘后左右两窗的读数值

图 4-3-1　角度读法

为了提高读数精度，仪器在180°方向有两个读数窗，读数时可按式（4-3-1）取平均值。

$$\varphi = \frac{1}{2}\left[\left|\theta_1 - \theta_1'\right| + \left|\theta_2 - \theta_2'\right|\right] \tag{4-3-1}$$

式中，φ为望远镜实际转动角度值；θ_1、θ_2为第一次读数值［左右两窗的起始值，如图4-3-1（b）所示］；θ_1'、θ_2'为转动度盘后左右两窗的读数值［图4-3-1（c）］。

注意： θ_1'、θ_2'不能和θ_1、θ_2颠倒。读数时，眼睛左右移动，反射像和实际观察的数字重合后进行读数，可以避免读数误差。

分光计光学系统组成如图4-3-2所示。光线经小方孔1进入刻有透光十字窗的小棱镜2，从十字窗投射出去，自准直望远镜的反射像为绿色小十字。当望远镜光轴垂直于反射面时，小十字应位于距分划板中心2mm的一条十字线上（图4-3-3），狭缝体4位于平行光管物镜5的焦平面上。当狭缝被照明时，光线以平行光的形式发射，然后通过载物台上的各种附件，由自准直望远镜接收观察，进行各种实验。

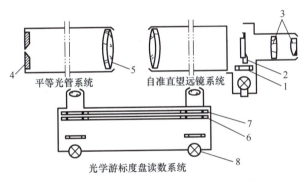

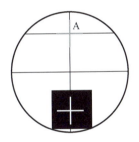

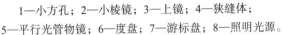

1—小方孔；2—小棱镜；3—上镜；4—狭缝体；
5—平行光管物镜；6—度盘；7—游标盘；8—照明光源。

图4-3-2 分光计光学系统组成　　　　　图4-3-3 光线成像示例

【实验内容与步骤】

1. 调整

分光计的构造简图如图4-3-4所示。

调节分光计，使平行光管发出平行光，望远镜聚焦于无穷远，同时使平行光管和望远镜的光轴与仪器的转轴垂直。调节前先目测粗调，再调节望远镜倾斜度螺钉，使望远镜水平。调节平行光管倾斜度螺钉，使平行光管水平。调节载物台的三个调平螺钉，使载物盘均匀升起1mm左右并保持水平。粗调同轴等高，然后对各部分进行调节。

（1）调节望远镜：接通电源，从目镜处观察十字分划板。移动目镜筒可使分划板成像清晰，在载物台面上放置一平行平面镜，将十字透光窗射来的光线反射回分划板。此时（图4-3-3）可看到A处清晰的绿色十字像，前后移动目镜筒使其清晰，然后以晃头法（左右晃头观察十字像与十字叉丝间有无相对运动）检查，若无视差，则望远镜已聚焦于无穷远。

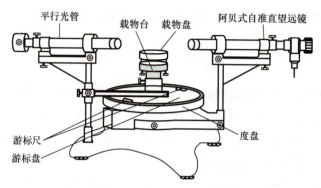

图 4-3-4 分光计的构造简图

（2）调节望远镜与分光计转轴垂直：在载物台上放一平行平面镜，将平行平面镜反射的十字透光窗的绿色十字像调节到分划板 A 处（图 4-3-3），望远镜光轴即与分光计转轴垂直。在此步骤中，平行平面镜在载物台上的放置方法有两种 [图 4-3-5（a）]：第一种是平行平面镜垂直于载物台两个螺钉的连线，载物台可调节的螺钉是 a_2 和 a_3；第二种是平行平面镜平行于载物台两个螺钉的连线，载物台可调节的螺钉是 a_1。调节过程中要用到 1/2 调节法，如图 4-3-5（b）所示，当绿色十字像与最上面的十字叉丝相距 d 时，调节望远镜的倾斜度螺钉，使绿色十字像移动 $d/2$ 的距离，剩余 $d/2$ 的距离由载物台螺钉控制调节。将载物台转动 180°，调节螺钉 a_2 和望远镜的倾斜度螺钉，利用 1/2 调解法把绿色十字像调到最上面十字叉丝的中心位置。如此反复数次，直到两面的反射绿色十字像都在最上面十字叉丝的中心位置。

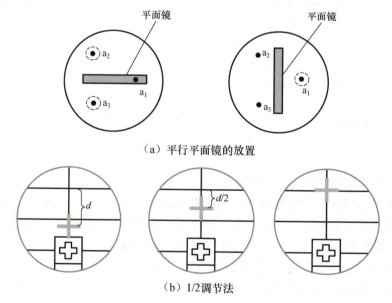

(a) 平行平面镜的放置

(b) 1/2 调节法

图 4-3-5 调节望远镜与分光计转轴垂直

（3）调节平行光管：调节平行光管，使其发出平行光并与望远镜光轴平行。打开汞灯（注意取下载物台上的平行平面镜），将望远镜对准平行光管，调宽并前后移动狭缝，使其像清晰。调窄并转动狭缝呈水平，调节平行光管倾斜度螺钉，使狭缝与中央水平叉丝重合，再将狭缝调竖直。

2. 测量三棱镜的顶角

测量三棱镜顶角的方法有反射法和自准法两种，本实验采用反射法。如图 4-3-6 所示，将三棱镜放在载物台上，使棱镜的顶角对准平行光管并使其尽量靠近载物台中心（否则棱镜折射面的反射光不能进入望远镜），平行光管射出的光束照在棱镜的两个折射面上，先用眼睛从这两面观察，然后将望远镜左、右转动到Ⅰ、Ⅱ位置，观察两面反射光是否等高且与十字叉丝的纵丝平行，若不等高，可调节载物台的调平螺钉，调好后再

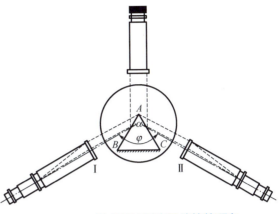

图 4-3-6 用反射法测定三棱镜的顶角

转至Ⅰ处，调节望远镜的微调螺钉，使分划板上十字叉丝的纵丝对准狭缝，即可从左（A窗）、右（B窗）游标读出角度 θ_1、θ_2；再将望远镜转到Ⅱ处，同理读出角度 θ_1'、θ_2'，由图 4-3-6 得顶角

$$A = \frac{\varphi}{2} = \frac{1}{4}\left[|\theta_1 - \theta_1'| + |\theta_2 - \theta_2'|\right] \tag{4-3-2}$$

重复测量三次，求出顶角的平均值。

【数据记录与处理】

将测量三棱镜顶角 A 的数据填入表 4-3-1，然后求出顶角的不确定度及相对不确定度。

表 4-3-1 测量三棱镜的顶角 A 数据

次数	望远镜位置				$|\theta_1 - \theta_1'|$	$|\theta_2 - \theta_2'|$	A	$\overline{A}$
	左（Ⅰ处）		右（Ⅱ处）					
	A 窗（θ_1）	B 窗（θ_2）	A 窗（θ_1'）	B 窗（θ_2'）				
1								
2								
3								

顶角测量的不确定度如下。

A 类：$u_A(A) = \sqrt{\dfrac{\sum\limits_{i=1}^{n}(A - \overline{A})^2}{n(n-1)}}$

B 类：依据不同型号的仪器求出相应的 B 类不确定度

$$u_B(A) =$$

则

$$u(A) = \sqrt{u_A^2(A) + u_B^2(A)}$$

顶角的测量结果为

$$A =$$

相对不确定度

$$\frac{u(A)}{\bar{A}} =$$

【思考题】

调节望远镜光轴与仪器转轴垂直后，调节载物台的螺钉会不会破坏这种垂直性？

【拓展知识】

1. 过零点读数的处理

例如，在用分光计测量三棱镜顶角 A 实验时，有如下一组数据：$\theta_1 = 254°6'$，$\theta_2 = 74°5'$，$\theta_1' = 134°3'$，$\theta_2' = 314°4'$。

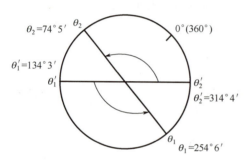

图 4-3-7 过零点读数的处理示例

从图 4-3-7 可以看出，当右边窗口逆时针转动时，中间经过 0°（360°）刻度。θ_2 的读数可以看成

$$360° + 74°5' = 434°5'$$

则顶角

$$A = \frac{1}{4}[(254°6' - 134°3') + (434°5' - 314°4')] = 60°1'$$

2. 消除分光计的偏心差

分光计的读数系统有两个转轴：一个是游标盘的转轴，另一个是度盘的转轴。若这两个转轴不是同轴的，则将引入读数偏心差。偏心差的消除方法：在游标盘的某一直径的两端开两个读数窗口，对两个窗口的读数取平均值。

在图 4-3-8 中，O 点是度盘的中心，O′ 点是游标盘的中心。O 点与 O′ 点不同心，当游标盘转动一定角度 φ 时，无论是 AB 上的读数还是 A′B′ 上的读数都不能反映 φ，而且 $\varphi \neq \varphi_1 \neq \varphi_2$。根据平面几何的圆内角定理得

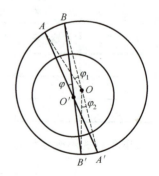

图 4-3-8 消除分光计的偏心差示例

$$\varphi = \frac{1}{2}(\varphi_1 + \varphi_2) = \frac{1}{2}(AB读数 + A'B'读数)$$

4-4　玻璃三棱镜折射率的测定

分光计是用来准确测量角度的仪器。光学实验中测量角度的情况很多，如测量反射角、折射角、衍射角等。用分光计不仅可以间接测量光波的波长，还可以间接测量折射率和色散率等。本实验就利用分光计间接测量玻璃三棱镜的折射率。折射率是介质材料光学性质的重要参数。实验中，要求学生正确调整和使用分光计，观察棱镜的色散光谱，测量棱镜对某些波长的折射率，并进一步掌握折射率与光波波长的有关概念。

【实验目的】

（1）初步掌握分光计的调整方法。
（2）观察色散现象，测定玻璃三棱镜对紫光、绿光和黄光的折射率。

【实验仪器与用品】

JJY1′型分光计、汞灯、玻璃三棱镜等。

【实验原理】

物质的折射率与通过物质的光的波长有关。当光从空气射到折射率为 n 的介质分界面时会发生偏折，如图 4-4-1 所示。入射角 i_1 和折射角 i_2 遵从折射定律，即

$$n = \frac{\sin i_1}{\sin i_2}$$

因此，只要测出入射角 i_1 和折射角 i_2 就可以确定物体的折射率 n，故测定折射率的问题转化为对角度的测量。

若将待测物质制成三棱镜，如图 4-4-2 所示，则△ABC 表示三棱镜的横截面；AB 和 AC 是透光的光学表面，又称折射面，其夹角 α 称为三棱镜的顶角。BC 为毛玻璃面，称为三棱镜的底面。假设一束单色平行光 SD 入射到三棱镜的一个折射面（AB 面），经两次折射后，由另一个反射面（AC 面）射出，入射光与 AB 面法线的夹角 i_1 称为入射角，出射光与 AC 面法线的夹角 i_4 称为出射角，入射光 SD 与出射光 ES′ 的夹角 δ 称为偏向角。

根据图中的几何关系，偏向角为

$$\delta = (i_1 - i_2) + (i_4 - i_3) = (i_1 + i_4) - (i_2 + i_3) \quad (4\text{-}4\text{-}1)$$

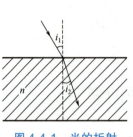

图 4-4-1　光的折射

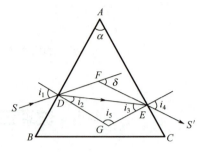

图 4-4-2　棱镜的折射

在 △DGE 中，$i_2 + i_3 + i_5 = 180°$；在 ▱ADGE 中，$i_5 + \alpha = 180°$，可得

$$\alpha = i_2 + i_3 \tag{4-4-2}$$

则

$$\delta = i_1 + i_4 - \alpha \tag{4-4-3}$$

对于给定的棱镜，α 是固定的，δ 随 i_1 和 i_4 变化。而 i_4 又是 i_1 的函数，偏向角 δ 也仅随 i_1 而变化。由实验得知，在 δ 随 i_1 变化的过程中，δ 有极小值，称为最小偏向角 $\delta_{\min}$。对 δ 求导

$$\frac{d\delta}{di_1} = 1 + \frac{di_4}{di_1}$$

δ 取最小值的必要条件是 $\frac{d\delta}{di_1} = 0$，于是得

$$\frac{di_4}{di_1} = -1 \tag{4-4-4}$$

按折射定律，光在 AB 面和 AC 面折射时有

$$\begin{cases} \sin i_1 = n \sin i_2 \\ \sin i_4 = n \sin i_3 \end{cases} \tag{4-4-5}$$

又可得

$$\begin{aligned}
\frac{di_4}{di_1} &= \frac{di_4}{di_3} \times \frac{di_3}{di_2} \times \frac{di_2}{di_1} = \frac{n \cos i_3}{\cos i_4} \times (-1) \times \frac{\cos i_1}{n \cos i_2} \\
&= -\frac{\cos i_3 \sqrt{1 - n^2 \sin^2 i_2}}{\cos i_2 \sqrt{1 - n^2 \sin^2 i_3}} \\
&= -\frac{\cos i_3 \sqrt{\sin^2 i_2 + \cos^2 i_2 - n^2 \sin^2 i_2}}{\cos i_2 \sqrt{\sin^2 i_3 + \cos^2 i_3 - n^2 \sin^2 i_3}} \\
&= -\frac{\sqrt{1 + (1 - n^2) \tan^2 i_2}}{\sqrt{1 + (1 - n^2) \tan^2 i_3}} = -1
\end{aligned}$$

可得 $\tan i_2 = \tan i_3$，而 i_2 和 i_3 必小于 $\pi/2$，所以 $i_2 = i_3$，由式（4-4-5）可得 $i_1 = i_4$，可见 δ 取最小值的条件是

$$i_2 = i_3 \text{ 或 } i_1 = i_4 \tag{4-4-6}$$

此时入射光和出射光的方向关于三棱镜对称。

将式（4-4-6）代入式（4-4-3），可得

$$i_1 = \frac{1}{2}(\delta_{\min} + \alpha)$$

而 $\alpha = i_2 + i_3 = 2i_2$，所以 $i_2 = \frac{\alpha}{2}$。

根据折射定律，三棱镜对单色光的折射率为

$$n = \frac{\sin i_1}{\sin i_2} = \frac{\sin\frac{1}{2}(\delta_{\min} + \alpha)}{\sin\frac{\alpha}{2}} \tag{4-4-7}$$

因此，**为了测定玻璃三棱镜的折射率 n，需要测量三棱镜的顶角 α 和三棱镜对单色光的最小偏向角 $\delta_{\min}$**，然后依据式（4-4-7）即可算出折射率 n。

由于玻璃对不同波长的光折射率不同，因此最小偏向角不同，即三棱镜的某位置对一定方向的某波长的光束来说是最小偏向角的位置，但对同一方向的另一种波长的光束来说不是最小偏向角的位置，这会造成色散现象。

【实验内容与步骤】

1. 调整分光计

调整分光计，使其达到以下要求。

（1）望远镜聚焦于无穷远。

（2）望远镜的光轴和平行光管光轴均与分光计的中心轴垂直。

（3）平行光管发出平行光。

2. 调节三棱镜的主截面与仪器转轴垂直

由于图 4-4-2 中光路在三棱镜主截面内（主截面是指与三棱镜各棱正交的横截面），因此需调节三棱镜的主截面与仪器转轴垂直，使平行光束在棱镜的主截面内折射，具体方法如下：将三棱镜放在载物台上，调节光学面 AB 和 AC 与仪器转轴平行，即与已调好的望远镜光轴垂直。调节时，将三棱镜的三条边垂直于载物台的调平螺钉 a、b、c 的连线，如图 4-4-3 所示。转动载物台，使 AB 面正对望远镜，调节螺钉 a 或 b 使 AB 面与望远镜光轴垂直（不可调望远镜的仰角螺钉，否则失去标准），然后使 AC 面正对望远镜，调节螺钉 c，使 AC 面与望远镜光轴垂直，直到 AB、AC 两个侧面反射

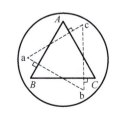

图 4-4-3　调节三棱镜

回来的十字像都与望远镜中的十字叉丝重合。

3. 测汞灯色散后，黄、绿、紫三色光的最小偏向角

使三棱镜折射面的法线与平行光管轴线的夹角大致为60°，如图 4-4-4 所示。先用眼睛观察找到折射光的大致方向，再缓慢转动载物台（改变入射角 i_1），此时应使望远镜随一条光谱线（如紫色谱线）转动，注意谱线的移动方向。根据谱线移动的方向判断偏向角减小的方向。继续沿着这个方向缓慢转动载物台直到谱线不前移而将反向移动，说明此时偏向角有最小值，即最小偏向角，如图 4-4-5 所示。将望远镜转到谱线移动逆转的位置，缓慢地左右转动载物台并使望远镜跟踪谱线。当找到谱线即将开始反向移动的位置时，固定载物台和望远镜。微调望远镜，使分划板中央十字线的竖线精确对准谱线的中央，从两个读数窗口内分别读出角度 θ_1 和 θ_2，然后使望远镜对准入射线（可从三棱镜上方通过），读取入射光位置读数 θ_1' 和 θ_2'，则最小偏向角

$$\delta_{\min} = \frac{1}{2}\left[|\theta_1 - \theta_1'| + |\theta_2 - \theta_2'|\right]$$

重复此步骤，以相同方法分别测出黄光（两条）、绿光、紫光的最小偏向角。

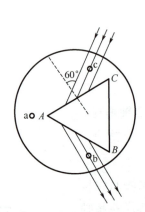

图 4-4-4　法线与轴线夹角为 60°

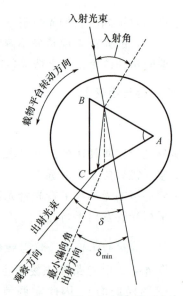

图 4-4-5　最小偏向角的测定

4. 计算三棱镜对黄光、绿光、紫光的折射率

将在实验中测得的三棱镜顶角和对应各种光波长的最小偏向角的数据填入表 4-4-1，按式（4-4-7）算出三棱镜对黄光、绿光、紫光的折射率。

【数据记录与处理】

（1）将实验测得数据填入表 4-4-1，计算折射率。

表 4-4-1　测量各色光的最小偏向角及其对玻璃的折射率

光的颜色及波长 / nm	次数	出射光位置		入射光位置		$\delta_{\min} = \dfrac{\left|\theta_1 - \theta_1'\right| + \left|\theta_2 - \theta_2'\right|}{2}$	$n = \dfrac{\sin\dfrac{\delta_{\min}+\alpha}{2}}{\sin\dfrac{\alpha}{2}}$
		(A) θ_1	(B) θ_2	(A) θ_1'	(B) θ_2'		
紫 435.8	1						
	2						
	3						
	4						
	5						
绿 546.1	1						
	2						
	3						
	4						
	5						
黄Ⅰ 577.0	1						
	2						
	3						
	4						
	5						
黄Ⅱ 579.1	1						
	2						
	3						
	4						
	5						

（2）计算折射率的不确定度，并写出实验结果。

（3）根据测得的各种波长光的折射率，作被测三棱镜的色散曲线（n-λ 曲线）。

【思考题】

（1）实验中，如何在载物台上放置三棱镜？为什么不能任意放置？

（2）证明用相隔 180° 的两游标读数取平均值的方法测量角度时，可以消除由度盘中心与望远镜转轴中心不重合（偏向差）带来的周期性误差。

（3）玻璃对什么颜色可见光的折射率最大？

【延伸阅读】

神奇的光谱

1663 年，在剑桥大学读书的牛顿开始研究颜色的问题。1666 年，他开始研究光谱。1671 年，他作出判断：白色的太阳光是一种由折射率不同的光线组合成的复杂的混合光。1675 年，他进一步说明了光的不同折射率与颜色的关系，正确地解释了太阳光通过三棱镜后会展现光谱的原因。

1802 年，英国化学家沃拉斯顿提出太阳光谱中各颜色间并不是完全连续的，其中夹杂着很多暗线。1814 年，德国物理学家夫琅禾费发现火焰光谱都是线状的、不连续的，在某确定的位置上都出现两条明亮的黄线；他又发现在太阳光谱中有许多暗线，后人把这些暗线叫作夫琅禾费线。

1859 年，本生和基尔霍夫发现一种金属对应一种特有的谱线，从而共同发明了光谱分析法。1859 年 10 月 20 日，基尔霍夫利用光谱分析证明太阳上有氢、钠、铁、钙、镍等元素。本生和基尔霍夫认为，光谱分析法能够测定天体和地球上物质的化学组成，还能够用来发现地壳中含量非常少的新元素。他们首先分析了当时已知元素的光谱，给各种元素做了光谱档案，它就像人的指纹各不相同。1860 年，本生和基尔霍夫利用光谱分析法发现了元素铯，1861 年又发现了元素铷。

1861 年，克鲁克斯发现了铊；1863 年，赖希李希特发现了铟；1875 年，布瓦博德朗发现了镓；1879 年，尼尔森发现了钪；1886 年，文克勒发现了锗。他们用的都是光谱分析法。

4-5 折射极限法测定液体的折射率

折射率是反映介质材料光学性质的一个重要参数，在实际工作中常常用到。折射极限法（或掠入射法）是测定液体折射率的一种方法，常用的仪器有分光计、阿贝折射计和 V 棱镜折射仪等，这里采用分光计来测定。

【实验目的】

（1）了解用折射极限法测定折射率的原理。

（2）掌握用分光计测定液体折射率的方法。

（3）进一步巩固分光计的调整和使用方法。

【实验仪器与用品】

JJY1′型分光计、钠光灯、三棱镜、毛玻璃、待测液体等。

【实验原理】

当光线从一种均匀介质进入另一种均匀介质时，要发生折射现象。根据折射定律可知，入射角 i 的正弦与折射角 r 的正弦之比 n_{12} 被定义为介质 2 相对于介质 1 的相对折射率，即

$$n_{12} = \frac{\sin i}{\sin r}$$

任何一种介质相对于真空的折射率称为该介质的绝对折射率，简称折射率。由于在常温、常压下，空气的折射率为 1.0002926，因此在一般的光学实验中所说的折射率都是相对于空气而言的。

设棱镜 ABC 的折射率为 n，顶角为 α，AB 面上是待测液体，用毛玻璃或三棱镜夹住，设待测液体的折射率为 n_x（$n_x<n$），假设有一单色光源以入射角 i_1 从 AB 面入射，在三棱镜内经过两次折射后，以角度 i_4 从 AC 面出射，则由折射定律可知

$$n_x \sin i_1 = n \sin i_2 \tag{4-5-1}$$

$$n \sin i_3 = \sin i_4 \tag{4-5-2}$$

根据几何关系有

$$\alpha = i_2 + i_3 \tag{4-5-3}$$

因为是扩展光源，光线会从各个角度入射到 AB 面，其中就有入射角为 90° 的入射光线（称为掠入线），相应的折射角 i_2 处于临界状态，称为临界角，此时出射角 i_4 变得最小，称为折射极限角。当出射角小于折射极限角时，将没有光线射出，此时从望远镜可以看到半明半暗的半荫视场，其中间有明显的分界线。将 i_1=90° 代入式（4-5-1）和式（4-5-2），由式（4-5-3）消去 i_2、i_3，可得

$$n_x = \sin\alpha \sqrt{n^2 - \sin^2 i_4} - \cos\alpha \sin i_4 \tag{4-5-4}$$

式（4-5-4）就是计算液体折射率的公式。实验中，将分光计望远镜的中心线对准半荫视场的分界线，记下两个读数窗口的数值，可以得到出射光线相对于分光计的角度；再用自准直法测得三棱镜 AC 面的法线角度，两个角度相减就可以得到出射 i_4 的值。

得到扩展光源的方法很简单，只要在光源前加上一块毛玻璃，就可以把一般光源变成扩展光源。扩展光源经过液面进入棱镜的 AB 面时，部分经过液面的光线的传播方向与棱镜的 AB 面平行，这就是入射角为 90° 的入射光线，即掠入线。

如果知道三棱镜的顶角和折射率，只要测出出射角 i_4 就可以算出 n_x，这种方法称为折射极限法。同样，把三棱镜放在空气中，此时 n_x=1，如果知道三棱镜的顶角，测出 i_4 就可以算出三棱镜的折射率，即

$$n = \sqrt{1 + \left(\frac{\sin i_4 + \cos\alpha}{\sin\alpha}\right)^2} \tag{4-5-5}$$

这是测定三棱镜折射率的另一种方法。

【实验内容与步骤】

1. 测量三棱镜的顶角

（1）调整分光计，调节望远镜使之聚焦于无穷远，调节望远镜与分光计转轴垂直，调节方法见实验 4-2，由于不用平行光管，无须调整。

（2）将三棱镜放在载物台上，用自准直法测三棱镜 AB 面的法线角度，将左、右两个窗口的读数 θ_1、θ_2 填入表 4-5-1。用同样的方法测三棱镜 AC 面的法线角度 θ_1'、θ_2'，填入表 4-5-1。计算顶角 $\alpha = 180° - [|\theta_1 - \theta_1'| + |\theta_2 - \theta_2'|]/2$。

（3）重复步骤（1）和步骤（2），至少测三次。

2. 测定三棱镜的折射率

（1）如图 4-5-1 所示，将毛玻璃放到三棱镜 AB 面靠近 B 的位置，把钠光灯放在毛玻璃前，将钠光灯变成扩展光源，眼睛对着 AC 面观察，粗略估计半明半暗分界线的位置。

（2）将望远镜转到该位置，可以在目镜中看到半明半暗的分界线，仔细调整望远镜，将十字准线准确地对准明暗分界线，记下两个读数窗口的读数。

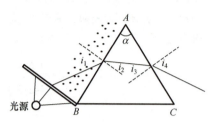

图 4-5-1　测定三棱镜的折射率

（3）用自准直法测三棱镜 AC 面的法线位置，记下两个窗口的读数，填入表 4-5-2。

（4）重复上面的步骤，至少测三次。用式（4-5-5）计算三棱镜的折射率。

3. 测定液体的折射率

（1）用酒精将三棱镜的 AB 面和毛玻璃的表面擦拭干净，将被测液体均匀地涂在三棱镜的表面，使它形成一层均匀的液膜，用毛玻璃夹紧，中间不要有气泡。

（2）按测定三棱镜折射率的方法测出射角 i_4，至少测五次，将读数值填入表 4-5-3。

（3）换一种液体重复上面的步骤。

【数据记录与处理】

将测量三棱镜的顶角、测定三棱镜的折射率和液体的折射率的数据分别填入表 4-5-1～表 4-5-3。

表 4-5-1　测量三棱镜的顶角

次数	AB 面的法线位置读数		AC 面的法线位置读数	
	（窗口1）θ_1	（窗口2）θ_2	（窗口1）θ_1'	（窗口2）θ_2'
1				
2				
3				

表 4-5-2　测定三棱镜的折射率

$\lambda = 5.893 \times 10^{-7}$m，$\alpha =$ _____

次数	出射光 i_4 位置读数		出射光 i_4 法线位置读数	
	窗口1	窗口2	窗口1	窗口2
1				
2				
3				

表 4-5-3　测定液体的折射率

$\lambda=5.893\times10^{-7}$m，$\alpha=$_____，$n=$_____

次数	出射光 i_4 位置读数		出射光 i_4 法线位置读数	
	窗口 1	窗口 2	窗口 1	窗口 2
1				
2				
3				
4				
5				

用表中的数据求出三棱镜的顶角、折射率和它们的不确定度；求出待测液体的折射率，并求出合成不确定度。

【注意事项】

（1）在给三棱镜涂被测液体前，一定要用酒精将三棱镜的表面擦拭干净。
（2）被测液体不要涂太多，以免弄脏分光计。

【思考题】

（1）为什么本实验用钠光灯而不用汞灯？
（2）为什么用扩展光源而不用平行光管的平行光？

4-6　光栅特性及光的波长的测定

衍射光栅是由大量排列紧密、均匀的平行狭缝构成的。根据多缝衍射原理，复色光通过衍射光栅后会形成按波长顺序排列的谱线，称为光栅光谱。因此光栅和棱镜一样是重要的分光元件。利用分光原理制成的单色仪和光谱仪，在研究谱线结构、物质结构和对元素的定性定量分析中得到了极其广泛的应用。光纤光栅、阵列波导光栅、大尺寸的脉冲压缩光栅等一系列新型光栅的产生促进了光纤通信、照明技术和光存储等产业的发展。

【实验目的】

（1）观察光通过光栅的衍射现象，了解干涉条纹的特点。
（2）进一步熟悉分光计的使用和调整方法。
（3）用光栅测定汞灯在可见光范围内谱线的波长。

【实验仪器与用品】

JJY1′型分光计、透射光栅（300lines/mm）、汞灯等。

【实验原理】

衍射光栅一般可以分为两类：用透射光工作的透射光栅和用反射光工作的反射光栅。本实验所用的是平面透射光栅。透射光栅是在光学玻璃片上刻划大量相互平行且宽度和间距相等的刻痕而制成的。它相当于一组数目极多、排列紧密均匀的平行狭缝。

若以单色平行光垂直照射在光栅面上，则透过各狭缝的光线因衍射将向各个方向传播，经透镜会聚后相互干涉，并在透镜焦平面上形成一系列被相当宽的暗区隔开的间距不相等的明条纹。

由夫琅禾费衍射理论知，产生衍射明条纹的条件为

$$d\sin\varphi_k = \pm k\lambda \quad (k = 0, 1, 2\cdots) \tag{4-6-1}$$

式中，d 为光栅常数，$d=a+b$，其中 a 是狭缝的宽度，b 是相邻狭缝之间不透光部分的宽度；λ 为入射光波长；k 为明条纹（光谱线）级数；φ_k 为 k 级明条纹的衍射角。式（4-6-1）称为光栅方程。

如果入射光不是单色光，而是由几种不同波长的光组成的复色光，则由式（4-6-1）可以看出，光的波长不同，其衍射角 φ_k 也不相同，于是复色光将被分解为单色光。而在中央明条纹（$k=0$，$\varphi_k=0°$）处，任何波长的光均满足式（4-6-1），即在 $\varphi_k=0°$ 的方向上，各种波长的光谱线重叠在一起，组成中央明条纹。在中央明条纹两侧对称分布着 $k=1$，$2\cdots$ 级光谱，各级光谱线都按波长顺序依次排列成一组彩色谱线，形成了光栅的衍射光谱，如图 4-6-1 所示。

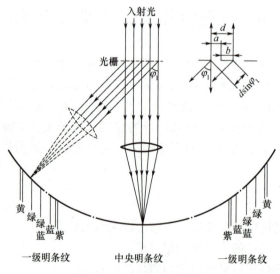

图 4-6-1 光栅衍射示意图

如果已知光栅常数 d，用分光计测出 k 级光谱中某明条纹的衍射角 φ_k，按式（4-6-1）即可算出该明条纹所对应的单色光的波长 λ。反之，如果波长 λ 是已知的，则可求出光栅常数。

【实验内容与步骤】

1. 分光计和衍射光栅的调节

利用分光计进行光栅的衍射实验，首先要调整分光计，调整方法参见实验4-3。调整应满足以下要求：

（1）望远镜聚焦于无穷远。
（2）望远镜的光轴、平行光管光轴均与分光计的中心轴垂直。
（3）平行光管发出平行光。

衍射光栅的调节应满足以下要求。

（1）平行光管发出的平行光垂直于光栅面。
（2）平行光管的狭缝与光栅刻痕平行。

调节方法：用光栅的正、反两面分别代替分光计的调整实验中的平面镜来调整分光计，使望远镜聚焦于无穷远，望远镜的光轴与分光计的中心轴垂直。光栅按图4-6-2所示置于分光计的载物台上，光栅面垂直于载物台倾斜度调节螺钉a和b的连线，先使光栅平面和平行光管轴线大致垂直，再以光栅面作反射面，调节望远镜和载物台倾斜度调节螺钉，然后通过望远镜目镜观察，找到由光栅平面反射回来的清晰的十字像，利用1/2调节法使其与分划板上方的十字叉丝重合且无视差。将载物台连同光栅转180°，重复以上步骤，使绿色十字像始终与分划板上方十字叉丝重合。

取下光栅，打开汞灯，照亮平行光管的竖直狭缝，调节狭缝的宽度、清晰度和位置，重新放上光栅。转动望远镜，此时可以从目镜中观察到汞灯的一系列光谱线。注意观察判断中心亮条纹左右两侧光谱线的排列方向与望远镜分划板上十字叉丝的横丝是否平行，若平行，则说明狭缝与光栅刻痕平行，否则可调节载物台倾斜度调节螺钉c（不能再动螺钉a和b）。

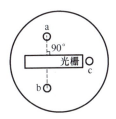

图4-6-2　光栅放置方式

2. 测量汞灯各光谱线的衍射角

左右转动望远镜，仔细观察谱线的分布规律，将望远镜移到黄色谱线的外侧，然后使望远镜缓慢地向内侧移动，十字叉丝的纵丝依次与黄Ⅱ、黄Ⅰ、绿、蓝谱线重合，越过零级谱线后又分别与另一侧蓝、绿、黄Ⅰ、黄Ⅱ四条谱线重合，分别读出各光谱线的正负一级和二级谱线所对应的两游标的读数。由上述方法，测出衍射角，计算各光谱线的波长。

由于衍射光谱对中央明条纹是对称的，因此衍射角为

$$\varphi_k = \frac{1}{4}\left[\left|\theta_{-kA} - \theta'_{+kA}\right| + \left|\theta_{-kB} - \theta'_{+kB}\right|\right] \quad (4\text{-}6\text{-}2)$$

为使十字叉丝精确对准光谱线，在望远镜固定后，调节微调螺钉。为了不漏测数据，可将望远镜移至最左端从 −2、−1、+1、+2 级依次测量，将数据填入表4-6-1。

测量的具体步骤：记录光栅常数，将测得的数据代入式（4-6-1），计算出各光谱线的波长。

【数据记录与处理】

将测定汞灯各光谱的波长数据填入表 4-6-1，然后计算汞灯各光谱的波长及其不确定度，并正确表示测定结果。

表 4-6-1　测定汞灯各光谱的波长

级数	汞灯光谱线	望远镜位置Ⅰ（左）(−k)		望远镜位置Ⅱ（右）(+k)		$\varphi = \dfrac{|\theta_1 - \theta_1'| + |\theta_2 - \theta_2'|}{4}$	波长 /nm $\lambda = \dfrac{d\sin\varphi}{k}$
		窗口A θ_1	窗口B θ_2	窗口A θ_1'	窗口B θ_2'		
一级	蓝						
	绿						
	黄Ⅰ						
	黄Ⅱ						
二级	蓝						
	绿						
	黄Ⅰ						
	黄Ⅱ						

【注意事项】

（1）光栅是精密光学器件，严禁用手触摸刻痕，以免弄脏或损坏。

（2）汞灯产生的紫外光很强，不可直视，以免灼伤眼睛。

【思考题】

（1）狭缝宽度对光谱的观测有什么影响？当狭缝太宽或太窄时，将出现什么现象？为什么？

（2）用光栅观察自然光时，会看到什么现象？为什么紫光离中央"0"级最近？红光离中央"0"级最远？

（3）分析光栅和棱镜分光的主要区别。

【延伸阅读】

衍射光栅原理是苏格兰数学家詹姆斯·格雷戈里受光线透过鸟类羽毛的启发而发现的。公认的最早的人造光栅是德国物理学家夫琅禾费在1821年制成的，它是一个极简单的金属丝栅网。现在精制的光栅，在1cm宽度内刻有几千条乃至上万条刻痕。光栅面积大可获得高集光率和分辨本领，精度高可获得更好的光谱分析结果，但将光栅"做大"和"做精"是世界性难题。2016年年底，中国科学院长春光学精密机械与物理研究所研制出一台大型高精度光栅刻划机，并刻制出一块400mm×500mm的中阶梯光栅，它不仅代表着我国的光栅刻划技术达到世界领先水平，还代表着我国的高端光谱仪器从此不再因光栅而受制于人。

4-7　用牛顿环法测定平凸透镜的曲率半径

用牛顿环法测定平凸透镜的曲率半径

【实验目的】

（1）观察等厚干涉现象之一——牛顿环的特征。
（2）学会用牛顿环测定平凸透镜的曲率半径。
（3）熟悉读数显微镜的用法。

【实验仪器与用品】

读数显微镜（JXD–2 型）、牛顿环、钠光灯等。

【实验原理】

如图 4-7-1 所示，将一块曲率半径为 R（R 较大，一般为几米）的平凸透镜的凸面放置在一块平面光学玻璃片上，在透镜凸面和平面玻璃片之间夹有一层空气薄膜，薄膜厚度从中间接触点到边缘逐渐增大。

当单色平行光垂直入射时，在空气薄膜的上、下两表面反射的光相干。当空气折射率取为 1 时，两束光的光程差仅与薄膜厚度有关。在薄膜厚度相同处，干涉情况相同，即同一干涉条纹对应的薄膜厚度相同，产生等厚干涉。可见，干涉条纹是以接触点为中心的一簇明暗相间的同心圆环——牛顿环。

设某暗环的半径为 r_k，该处薄膜厚度为 e_k，则由图 4-7-1 可知

$$r_k^2 = R^2 - (R-e_k)^2$$

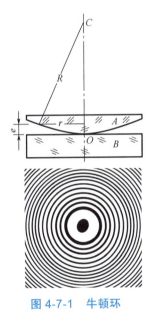

图 4-7-1　牛顿环

因 $R \gg e_k$，略去上式展开后的 e_k^2 项，得

$$r_k^2 = 2Re_k \tag{4-7-1}$$

又由干涉条件，可得

$$2e_k + \frac{\lambda}{2} = (2k+1)\cdot\frac{\lambda}{2} \quad (k=0,1,2\cdots) \tag{4-7-2}$$

由式（4-7-1）、式（4-7-2）可得

$$r_k^2 = kR\lambda \quad (k=0,1,2\cdots) \tag{4-7-3}$$

若已知入射光波长 λ，并测得第 k 级暗环的半径 r_k，则由式（4-7-3）可算出所用平凸

透镜的曲率半径 R。

但是，实际观测牛顿环时会发现，牛顿环中心不是一个暗点，而是一个不是很清晰的暗斑。这是因为当透镜与平面玻璃片被固定而接触时，接触压力会引起形变，使接触处不是一个点而是一个面。这样，不容易确定圆心，直接测量 r_k 也很困难。与此同时，某个条纹的级数 k 也具有某种程度的不确定性。

实际测量曲率半径 R 时，先直接测量暗斑外第 n 个和第 m 个暗环的直径（$m > n$），然后取这两个环数差为 $m - n$ 的暗环的直径平方差 $D_m^2 - D_n^2$，由式（4-7-3）可导出

$$R = \frac{D_m^2 - D_n^2}{4(m-n)\lambda} \tag{4-7-4}$$

可见，R 与 m 或 n 的确切级数无关，测量时无须准确地确定圆心。为了减小误差并便于计算，本实验中取 $m - n = 25$。

【实验内容】

1. 熟悉读数显微镜的结构和用法

读数显微镜是一种应用广泛的测量长度的仪器。本实验使用 JXD-2 型读数显微镜测定牛顿环直径（图 4-7-2）。JXD-2 型读数显微镜的调整方法详见拓展知识。

当测微鼓轮转动时，镜筒支架带动镜筒沿导轨移动。鼓轮的最小分度值为 0.01mm，鼓轮转一周，镜筒移动 1mm。牛顿环直径测量原理如图 4-7-3 所示。使目镜视场中十字叉丝的纵丝与圆相切，记下镜筒位置 x_m，转动鼓轮，当十字叉丝的纵丝再与圆相切时，记下 x'_m，则直径 $D_m = |x_m - x'_m|$。

图 4-7-2 用 JXD-2 型读数显微镜测定牛顿环直径

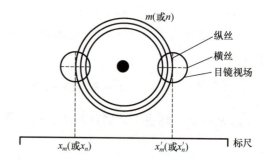

图 4-7-3 牛顿环直径测量原理

2. 观察干涉条纹的分布特点

实验中应观察各级条纹粗细是否一致、条纹间隔如何变化、中心是暗斑还是亮斑等。要注意牛顿环的位置与显微镜量程的配合（镜筒应放在中间），移动牛顿环，使十字叉丝交点尽量对准牛顿环圆心，做好测量准备。

3. 测量 $m=50,49,48,47,46$ 和 $n=25,24,23,22,21$ 暗纹的直径

逆时针（或顺时针）转动鼓轮，使镜筒向左（或向右）移动，注意观察十字叉丝的纵丝扫过的暗环数量，直到第 55 环左右，顺时针（或逆时针）转动鼓轮，使十字叉丝的纵丝与第 50 个暗环相切，记下镜筒位置 x_{50}。继续按此方向转动鼓轮，并记下在 $m=49,48,47,46$ 及 $n=25,24,23,22,21$ 时镜筒的位置 x_{50}、x_{49}、x_{48}、x_{47}、x_{46} 及 x_{25}、x_{24}、x_{23}、x_{22}、x_{21}。此后继续按此方向转动鼓轮，测出上述暗环的另一侧与十字叉丝的纵丝与暗环相切时镜筒的位置 x'_{21}、x'_{22}、x'_{23}、x'_{24}、x'_{25} 及 x'_{46}、x'_{47}、x'_{48}、x'_{49}、x'_{50}。

【数据记录与处理】

把实验所得数据填入表 4-7-1。

表 4-7-1　测量牛顿环直径的平方差

$\lambda = 5.893 \times 10^{-7}$ m, $m-n=25$

环数	m	50	49	48	47	46
环的位置 /mm	x_m					
	x'_m					
环的直径 /mm	$D_m = |x_m - x'_m|$					
环数	n	25	24	23	22	21
环的位置 /mm	x_n					
	x'_n					
环的直径 /mm	$D_n = |x_n - x'_n|$					
$D_m^2 - D_n^2$ / mm²						
$\overline{D_m^2 - D_n^2}$ / mm²						

测得牛顿环上所用平凸透镜的曲率半径 R 的近似值为

$$\overline{R} = \frac{\overline{D_m^2 - D_n^2}}{4(m-n)\lambda} = \underline{\qquad}(\mathrm{m})$$

计算 R 的不确定度 $u(R)$ 时，可设 $m-n$ 及 λ 为常数。

【注意事项】

（1）点燃钠光灯，放好牛顿环，待钠光灯发光正常后，调整平面玻璃片使目镜视场中充满黄光（平面玻璃片应处于图 4-7-2 所示位置）。

（2）调焦时，首先调整目镜位置以看清十字叉丝，并使十字叉丝的横丝与镜筒移动方向平行；其次缓慢地移动调焦手轮，使镜筒自下而上地移动、看清干涉条纹（从上而下容易撞坏平凸透镜）；最后消除视差（使十字叉丝与图像处在同一平面内）。

（3）在测量过程中，为消除由正→反或反→正行程的空回量产生的测微差，需单方向转动鼓轮（在观察过程中不考虑此点）。

【思考题】

（1）实验中观察到的牛顿环中心是暗斑还是亮斑？为什么？
（2）牛顿环的条纹间距是如何变化的？为什么？
（3）用读数显微镜测量牛顿环直径时，以弦长代替直径是否会引入误差？为什么？
（4）如何解释用白光照射产生的彩色牛顿环？

【拓展知识】JXD-2 型读数显微镜

1. 用途

JXD-2 型 50mm 读数显微镜是一种结构简单、应用广泛的长度测量或观察用仪器。在长度测量中，可进行直角坐标的测量、工件表面及凹痕的宽度或长度的测量、有关刻线宽及刻线距等的测量、布氏硬度及维氏硬度实验压痕的测量。

用作观察显微镜时，以比较法检查工件表面质量。由于测量架部分可脱离，且可以固定在机床上直接对加工零件表面进行检查，因此该仪器可广泛应用于机械、冶金、光学、电子、科研等部门的检查室和实验室。

2. 结构与性能

（1）显微镜放大倍数：20 倍。
（2）最小分度值：0.01mm。
（3）测量范围：50.00mm。
（4）示值误差（最大累计误差）不超过：0.015mm。
（5）仪器质量：5kg。
（6）总质量：6kg。

JXD-2 型读数显微镜分为测量架部分和底座部分，结构如图 4-7-4 所示。

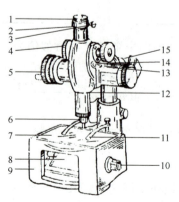

1—目镜；2—锁紧圈；3—锁紧螺钉；4—调焦手轮；5—测微鼓轮；6—物镜；7—台面玻璃；8—反光镜；9—底座；10，13—手轮；11—弹簧压片；12—立柱；14—标尺；15—横杆。

图 4-7-4　JXD-2 型读数显微镜结构

目镜 1 用锁紧圈 2 和锁紧螺钉 3 紧固于镜筒内，物镜 6 通过螺纹旋入镜筒内，镜筒可由调焦手轮 4 调焦。旋转测微鼓轮 5 时，镜筒支架带动镜筒部分沿圆筒导轨移动，通过横杆 15 可将测量架插入立柱 12 的十字孔，利用横杆 15 上的方形槽和立柱的十字孔定位，可使测量架有不同的方向。立柱 12 可在底座 9 内旋转，升降用手轮 10 固紧。弹簧压片 11 插入底座孔以固定工件，用旋转手轮 13 转动反光镜 8。

3. 使用前的检查

使用仪器前，要对转动部分、显微镜光学系统部分进行一次检查，目的在于确保测量结果的正确性。

（1）转动部分的检查。

① 测微鼓轮的转动应灵活、平稳，无卡滞和急进现象。

② 调焦手轮的转动应平稳、阻力均匀、带轮（或齿轮）与镜筒（或齿条）无相对滑动，镜筒应可靠地停留在需要位置，十字线无明显的旋转现象。

③ 目镜应可靠地固紧在镜筒上。

④ 弹簧压片应能将工件牢靠地固定在台面上，并保持弹性。

（2）测微鼓轮与标尺的检查。

① 当显微镜被停止挡限制位置时，指示刻线应重合，不重合度不得超过刻线宽度。

② 测微鼓轮的空回量不超过 1/30，即不超过 0.033mm。

（3）显微镜光学系统部分的检查。

① 目镜视野洁净，不允许有影响测量工作的污点、水珠。视野内照明应光亮、清晰、均匀。

② 目镜分划板应清晰，不允许存在污点、水珠。

③ 台面玻璃应平整、光滑、无崩裂划痕。

4. 使用方法

仪器应该在室温（20±3）℃条件下使用，仪器和被检工件应在该温度下放置足够长的时间，以使温度与室温相同。仪器应平放在平稳、牢固、无振动的工作台上，并应有足够的照明。

长度测量：将工件放在台面玻璃上，用弹簧压片牢固地压紧，并使工件的下面与台面全面接触，调整目镜使分划板清晰，转动调焦手轮，从目镜观察被测工件应清晰可见。调整被测工件，使其被测部分的横向与镜筒移动方向平行，纵向与移动方向垂直。

调整方法：转动测微鼓轮，使显微镜从 O 点移到 50 点，同时观察分划板。十字叉丝的横丝对被测部位的偏移量，可通过移动被测工件消除。松开锁紧螺钉，转动目镜，使十字叉丝的横丝与被测部位重合或平行。此项工作需反复调整直至位置正确。

转动测微鼓轮，同时观察分划板，使十字叉丝的纵丝正切被测工件的起点 a，并记下标尺与测微鼓轮的示数之和。沿同方向转动测微鼓轮（可以消除由正→反、反→正行程的空回量而产生的测微差），使十字叉丝的纵丝恰好停止在被测工件的止点 a'，并记下标尺与测微鼓轮的示数之和，则所测长度 $L=|a-a'|$。以图 4-7-5 为例，$a=17.600$mm，$a'=19.002$mm，则 $L=19.002-17.600=1.402$mm。

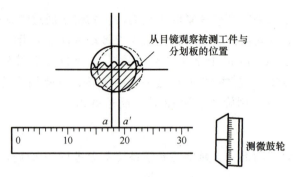

图 4-7-5　仪器使用方法示意

4-8　用劈尖测量薄片厚度

劈尖干涉

【实验目的】

（1）观察另一种等厚干涉现象——劈尖干涉的特征。
（2）学会用劈尖测量微小厚度（或微小直径）的方法。
（3）进一步熟悉读数显微镜的用法。

【实验仪器与用品】

读数显微镜（JXD–2 型）、劈尖装置（一套）、钠光灯等。

【实验原理】

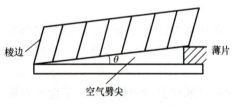

图 4-8-1　实验原理示意图

如图 4-8-1 所示，将两块光学玻璃板叠在一起，在一端插入薄片（或细丝），则在两块玻璃板之间形成空气劈尖。当用单色平行光垂直照射时，劈尖薄膜上、下两表面反射的两束光发生干涉。两束光在厚度为 e 处的光程差为 δ，考虑半波损失及空气薄膜的折射率 $n_2=1$，有

$$\delta = 2e + \frac{\lambda}{2} \qquad (4\text{-}8\text{-}1)$$

显然，在厚度 e 相同处，干涉情况相同，将产生一簇与两块玻璃板交接线（称为棱边）平行且间隔相等的明暗相间的直条纹，且在满足下式的厚度 e 处产生暗条纹。

$$2e + \frac{\lambda}{2} = (2k+1)\frac{\lambda}{2} \quad (k=0,1,2\cdots) \qquad (4\text{-}8\text{-}2)$$

显然，在 $e=0$（棱边）处，对应 $k=0$，是暗纹，称为 0 级暗纹；$e_1=\frac{\lambda}{2}$ 处为一级暗纹，第 k 级暗纹处空气薄膜厚度为

$$e_k = k\lambda/2 \qquad (4\text{-}8\text{-}3)$$

两相邻暗纹处空气薄膜的厚度差为

$$\Delta e = e_{k+1} - e_k = \frac{\lambda}{2} \qquad (4\text{-}8\text{-}4)$$

若玻璃板间夹角（称为顶角）为 θ，条纹间距（两相邻暗纹或明纹间的距离）为 l，则

$$\sin\theta = \frac{\Delta e}{l} = \frac{\lambda/2}{l} \qquad (4\text{-}8\text{-}5)$$

式（4-8-5）表明，当 λ、θ 一定时，l 为常数，即条纹是等间距的；当 λ 一定时，θ 越大，l 越小，条纹越密。因此，θ 不宜太大。

要求插入薄片厚度 d（图4-8-2），可以先测出 L（棱边到薄片距离）和条纹间距 l，再由式（4-8-5）及 $\sin\theta = \dfrac{d}{L}$ 求得

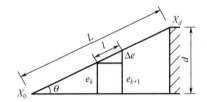

图 4-8-2　求所插入薄片厚度方法示意图

$$d = L\sin\theta = L\frac{\lambda}{2l}$$

或

$$d = \frac{L}{l} \cdot \frac{\lambda}{2} \qquad (4\text{-}8\text{-}6)$$

当已知入射光波长为 λ 时，测出 L 及 l，即可由式（4-8-6）求出薄片厚度（或细丝直径）d。

【实验内容与步骤】

（1）调整读数显微镜（参见实验4-7）。

（2）观察劈尖干涉的特点。

将被测薄片（或细丝）夹在两块玻璃板的光学平面间，并置于显微镜载物台上。调焦后，观察到清晰的干涉条纹时，旋转测微鼓轮，使镜筒平移，仔细观察干涉情况（如棱边处是否为暗纹，暗纹是否直；薄片边缘处情况；条纹间距大小；等等）。

（3）测量薄片厚度（或细丝直径）d。

① 调整薄片和两块玻璃板之间的相对位置，使棱边、薄片边缘均与干涉条纹平行且与镜筒移动方向垂直，并固定在镜筒可动范围之内，使目镜中十字叉丝的纵丝与条纹平行。

② 测量条纹间距 l 的平均值：转动测微鼓轮，找到棱边，单方向转动测微鼓轮，测出棱边外连续十条暗纹（中心）的位置，然后用逐差法处理数据，求出 l，即

$$\bar{l} = \frac{\sum_{i=1}^{5}\left(\frac{|X_{i+5}-X_i|}{5}\right)}{5}$$

或

$$\bar{l} = \frac{\sum_{i=1}^{5}|X_{i+5}-X_i|}{25} \tag{4-8-7}$$

③ 测量棱边到薄片边缘间距（测五次）

$$\bar{L} = \left|\overline{X_d} - \overline{X_0}\right|$$

式中，X_0 为棱边位置；X_d 为薄片边缘（靠近棱边且与之平行）的位置。

（4）计算 $\bar{d} = \frac{\bar{L}}{\bar{l}} \cdot \frac{\lambda}{2}$，并求出不确定度。

【数据记录与处理】

把实验所得数据填入表 4-8-1。

表 4-8-1 劈尖干涉法测量薄片厚度

$\lambda = 5.893 \times 10^{-7}$ m

次数	X_i/mm	X_{i+5}/mm	$l_i = \frac{|X_{i+5}-X_i|}{5}$/mm	$\bar{l} = \frac{\sum_{i=1}^{5}l_i}{5}$/mm	$(\bar{l}-l_i)^2$/mm²	$s(\bar{l})$/mm
1						
2						
3						
4						
5						
次数	X_0/mm	X_d/mm	$L=|X_d-X_0|$/mm	$\bar{L}$/mm	$(\bar{L}-L)^2$/mm²	$s(\bar{L})$/mm
1						
2						
3						
4						
5						

用合成不确定度法求出直径的不确定度。

【注意事项】

（1）不能用手触摸组成劈尖的玻璃板的光学平面。
（2）测 L 及 l 时，要注意防止反向时仪器空程引起的误差。

【思考题】

（1）实验中，棱边处观察到的是亮纹还是暗纹？为什么？
（2）实验中，棱边处是否为一条直线？为什么？
（3）当薄片厚度增大（L 不变）时，条纹如何移动？条纹间距如何变化？

4-9 光的偏振现象

光的偏振性质证实了光波是横波，即光的振动方向垂直于其传播方向。对光波偏振性质的研究不仅使人们加深了对光的传播规律和光与物质相互作用规律的认识，而且在光学计量、光弹性技术、薄膜技术等领域有着重要的应用。

【实验目的】

（1）观察光的偏振现象。
（2）了解产生和检验偏振光的基本方法。

【实验仪器与用品】

偏振片、钠光源、玻璃片、1/4 玻片等。

【实验原理】

光波是一种电磁波，它的电矢量 E 和磁矢量 H 相互垂直，并垂直于光的传播方向 C。通常人们用电矢量 E 代表光的振动方向，并将电矢量 E 和光的传播方向 C 所构成的平面称为光的振动面。在传播过程中，光波电矢量的振动方向始终在某确定方向的称为线偏振光或平面偏振光，如图 4-9-1 所示。振动面的取向和光波电矢量随时间做有规律的变化，光波电矢量末端在垂直于传播方向的平面上的轨迹呈椭圆或圆时，称为椭圆偏振光或圆偏振光。通常光源发出的光波有与光波传播方向垂直的一切可能的振动方向，没有一个方向的振动比其他方向的占优势。这种光源发射的光对外不显现偏振现象，称为自然光。

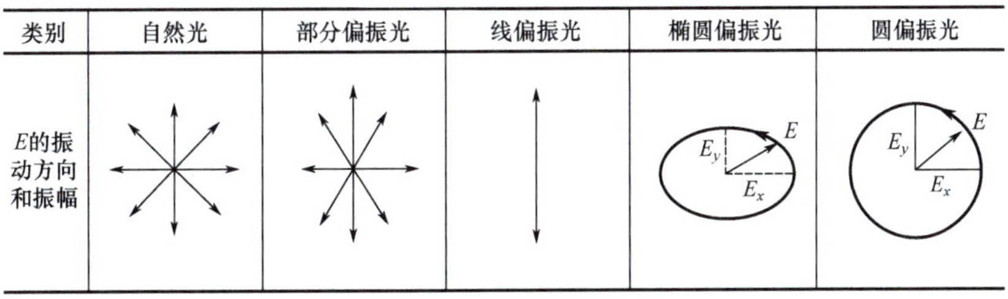

类别	自然光	部分偏振光	线偏振光	椭圆偏振光	圆偏振光
E 的振动方向和振幅					

图 4-9-1 偏振光

1. 起偏器、检偏器及马吕斯定律

将自然光变成偏振光的器件称为起偏器，用来检验偏振光的器件称为检偏器。实际上，起偏器和检偏器是互相通用的。具有二向色性的物质能吸收某方向的光振动而仅让与此方向垂直的光振动通过。若将硫酸碘奎宁晶粒涂于透明薄片上并使晶粒定向排列，则可制成偏振片。

当自然光射到偏振片上时，振动方向与偏振化方向垂直的光被吸收，振动方向与偏振化方向平行的光透过偏振片，从而获得偏振光。自然光透过偏振片后，只剩下沿透光方向的光振动，透射光成为平面偏振光。

若在偏振片 P_1 后面放偏振片 P_2，则 P_2 可以用作检验经 P_1 后的光是否为偏振光，即 P_2 起检偏器的作用。当起偏器 P_1 和检偏器 P_2 的偏振化方向有夹角时，则通过检偏器 P_2 的偏振光强满足马吕斯定律，即

$$I=I_0\cos^2\theta \tag{4-9-1}$$

式中，I_0 为经偏振片 P_1 后的光强；I 为通过偏振片 P_2 的透射光的光强。

当 $\theta=0$ 时，$I=I_0$，光强最大；当 $\theta=\pi/2$ 时，$I=0$，出现消光现象；当 θ 为其他值时，透射光强介于 $0 \sim I_0$ 之间。

（1）双折射起偏。

某些单轴晶体（如方解石和石英等）具有双折射现象。当一束自然光射到这些晶体上时，由界面射入晶体内部的折射光常为传播方向不同的两束折射光线，这两束折射光是光矢量振动方向不同的线偏振光。其中一束折射光始终在入射面内，其振动方向垂直于传播方向，称为寻常光（或 o 光）；另一束折射光一般不在入射面内且不遵循折射定律，其在主平面内振动，称为非寻常光（或 e 光）。研究发现，这类晶体存在这样一个方向，沿该方向传播的光不发生双折射，该方向称为光轴。

（2）反射和折射时光的偏振。

当自然光在两种透明介质的界面上反射和折射时，反射光和折射光就能成为部分偏振光或平面偏振光，而且反射光中垂直入射面的振动较强，折射光中平行入射面的振动较强（部分偏振光是指光波电矢量只在某确定方向上占相对优势）。实验发现，当改变入射角 i 时，反射光的偏振程度也随之改变，当 i 等于特定角 i_0 时，反射光只有垂直于入射面的振动，变成了完全偏振光。此时入射角 i_0 满足 $\tan i_0 = n_2/n_1$（n_1 和 n_2 为两种介质的折射率），这个规律称为布儒斯特定律，i_0 称为布儒斯特角或起偏角。由此证明：当入射角为布儒斯特角时，反射光和折射光的传播方向是相互垂直的。

2. 偏振光的产生

（1）玻璃片反射产生偏振光。

当自然光以 $\phi=\tan^{-1}n$ 的入射角入射在折射率为 n 的非金属表面（如玻璃片）上时，反射光为线偏振光，其振动面垂直于入射面，此时的入射角称为布儒斯特角（玻璃的布儒斯特角约为 57°）。

（2）光线穿过玻璃片堆产生偏振光。

当自然光以布儒斯特角入射到一叠玻璃片上时，各层反射光都是平面偏振光，而折射

光因逐渐失去垂直于入射面的振动部分而成为部分偏振光，玻璃片越多，折射透过的光越接近线偏振光，其振动面与入射角平行。

（3）由二向色晶体产生偏振光。

物质对不同方向的光振动具有选择吸收的性质，称为二向色性，如天然的电气石晶体、硫酸碘奎宁晶体等。二向色晶体有选择吸收寻常光（o光）或非寻常光（e光）的性质。一些矿物和有机化合物具有二向色性。实验采用的硫酸碘奎宁晶体膜是具有二向色性的偏振膜，当自然光通过此种偏振膜时，可获得偏振光。

（4）由双折射产生偏振光。

由于各向异性晶体的双折射作用，入射的自然光折射后成为两条光线，即o光和e光，而这两种光都是平面偏振光。如方解石做成的尼科尔棱镜只能让e光通过，使入射的自然光变为偏振光。

3. 椭圆偏振光、圆偏振光的产生

当平面偏振光垂直入射到厚度为d、表面平行于自身光轴的单轴晶片时，o光和e光沿同一方向前进，但传播速度不同，从而产生相位差。在方解石（负晶体）中，e光传播速度比o光快；而在石英（正晶体）中，o光传播速度比e光快。因此，通过晶片后两束光的光程差和相位差分别为

$$\delta = (n_o - n_e)d \tag{4-9-2}$$

$$\Delta = \frac{2\pi}{\lambda}(n_o - n_e)d \tag{4-9-3}$$

式中，λ为光在真空中的波长；n_o和n_e分别为晶片对o光和e光的折射率。

由式（4-9-3）可知，经晶片射出后，o光和e光合成的偏振光因相位差的不同而有不同的偏振方式（在偏振技术中，常将这种能使相互垂直的光振动产生一定相位差的晶片称为玻片）。晶片厚度不同，对应不同的相位差和光程差。

光程差满足

$$\delta = (2k+1)\frac{\lambda}{2} \quad (k=0,1,2\cdots) \tag{4-9-4}$$

为1/2玻片。

光程差满足

$$\delta = (2k+1)\frac{\lambda}{4} \quad (k=0,1,2\cdots) \tag{4-9-5}$$

为1/4玻片。

平面偏振光通过1/4玻片后，一般变为椭圆偏振光；当$\theta=0$或$\theta=\pi/2$时，出射的仍为平面偏振光；当$\theta=\pi/4$时，出射的为圆偏振光。所以，可以用1/4玻片获得椭圆偏振光和圆偏振光。

【实验内容与步骤】

1. 自然光和平面偏振光的检验

（1）将平行光直接射到偏振片上，以其传播方向为轴转动偏振片 360°，用眼睛直接观察透射光强的变化。

（2）在偏振片 P_1 的后面放上偏振片 P_2，再转动任意一个偏振片 360°，用眼睛直接观察透射光强的变化情况。将两次观察结果填入表 4-9-1，进行比较，并作出结论。

2. 圆偏振光和椭圆偏振光的产生与检验（图 4-9-2）

（1）在光源和 P_2 间插入一片偏振片 P_1，使入射光成为单色光。转动 P_2，用眼睛直接观察光强变化到光斑最暗（此时 P_1 和 P_2 透光方向垂直）。

（2）保持 P_1 和 P_2 不动，在 P_1 和 P_2 间插入 1/4 玻片 C。转动玻片至光斑最暗（用眼睛直接观察）。以此时玻片光轴位置为起点，转动 1/4 玻片，使其光轴与起始位置的夹角依次为 15°、30°、45°、60°、75°、90° 时分别转动 P_2 一周，将观察到的光斑明暗变化情况填入表 4-9-2，并对 P_2 的入射光偏振态分别作出判断。

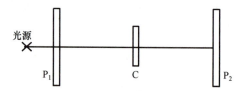

图 4-9-2 圆偏振光和椭圆偏振光的产生与检验装置示意图

【数据记录与处理】

将自然光和平面偏振光的检验、圆偏振光和椭圆偏振光的产生与检验的观察结果及判断情况分别填入表 4-9-1、表 4-9-2。

表 4-9-1 自然光和平面偏振光的检验

偏振片	P 转一周，透射光强的变化	P 转动一周，出现消光的次数	入射光偏振态
放一个			
放两个			

表 4-9-2 圆偏振光和椭圆偏振光的产生与检验

1/4 波片转角	P_2 转一周，透射光强的变化	P_2 转一周，出现消光的次数	P_2 入射光偏振态
15°			
30°			
45°			
60°			
75°			
90°			

【思考题】

（1）光的偏振现象说明了什么？一般用哪个矢量表示光的振动方向？

（2）偏振器的特性是什么？什么是起偏器和检偏器？

（3）产生线偏振光的方法有哪些？将线偏振光变成椭圆偏振光或圆偏振光要用什么器件？在什么状态下产生？实验中如何判断线偏振光、椭圆偏振光和圆偏振光？

4-10 照相技术

照相技术是一门专业技术，涉及光学、化学及机械的有关知识。采用照相技术能够准确、迅速地将实物、图像、文字资料记录和保存下来。照相除应用在日常生活和生产中外，在科研、测量等领域中也有着广泛的应用，如示波器瞬间摄影、金相分析、光谱分析、X 射线分析、全息摄影、航空测量及空间技术等。照相技术不仅是人们生活所需，还是适应现代高科技发展必备的实验技能。

【实验目的】

（1）了解照相机的构造、原理及使用方法。

（2）了解感光底片和 CCD（charge coupled device，电荷耦合器件）的基本知识。

【实验仪器与用品】

数码单反照相机等。

【实验原理】

1. 照相机类型简介

照相机是摄影的主要工具，自 1839 年世界上第一台有实用价值的照相机问世以来，随着科学技术的不断发展，照相机技术有了很大的发展。照相机不仅种类繁多，而且其结构和性能越来越先进，特别是近年来随着电子技术的蓬勃发展，照相机进入了数码时代。在照相机发展历程中，常用照相机大体分为两类：一类是使用胶卷成像的胶卷照相机，另一类是使用 CCD 成像的数码照相机。

（1）胶卷照相机。

按照相机成像所使用的感光底片的不同，常见的胶卷照相机可以分成以下几类。

① 120 照相机。这种照相机成像所使用的感光底片为 120 胶卷，一卷胶卷可以拍摄 12 张或 16 张底片，相应成像底片的尺寸为 6cm×6cm 或 6cm×4.5cm。按照相机结构和取景方式的不同，可将 120 照相机分为三种类型。

a. 折合式照相机：国产的如海鸥 203 型等，这种相机现在已很少见到。

b. 双镜头反光式照相机：国产的有海鸥 4A、4B、4C 型等。

c. 单镜头反光式照相机：国产的有长城、东风等。

120 照相机比较笨重，不便于携带，目前市场上已较少见，但由于其成像尺寸比较大，拍摄后的底片便于放大成大幅面的照片，因此为专业摄影人士所喜爱。

② 135 照相机。这种照相机成像使用的感光底片为 135 电影胶片，一卷胶卷可以拍摄 36 张底片，成像底片尺寸为 24mm×36mm。常见的 135 照相机有以下两类。

a. 基线旁轴取景式照相机：如东方 S_3、S_4，海鸥 205 型等。

b. 单镜头反光式照相机：如海鸥 DF-1、孔雀 DF-1、珠江 S201 型等。

（2）数码照相机。

数码照相机是近几十年伴随着计算机技术和半导体技术的飞速发展及广泛应用而迅速发展起来的照相机。早在 20 世纪 60 年代，人们就开始了对 CCD 芯片的研究与开发，通过卫星系统从太空向地面发送航天照片。1975 年，柯达开发出世界上第一台数码照相机。数码照相机一般采用传统的光学镜头成像，但与传统照相机不同的是，它不是将被摄物成像在感光底片上，而是成像在 CCD 上，并通过 CCD 输出数字信号，将这些数字信号存储在数码照相机内部的存储器中。由于数码照相机内存储的是数字信号，可以很方便地通过串行通信接口或 USB 接口输入计算机，借助计算机的强大功能，通过软件对图像进行后期处理，可以得到以前只有借助专业人员的高超专业技巧、手工绘制才能得到的各种效果。因此，数码照相机一经问世，就受到了各行各业的广泛欢迎，得到了广泛的应用。

2. 照相机的构造

虽然照相机种类繁多，但无论是哪一种照相机，要实现拍摄影像的基本功能，其逻辑结构都基本相同，一般必须具备**镜头、光圈、快门、机身、取景器、测距调焦装置、输片机构**等。135 单镜头反光式照相机的光路如图 4-10-1 所示。下面结合图 4-10-1，介绍照相机中各基本逻辑单元的作用和使用方法。

（1）镜头。

镜头将被摄物成像于感光底片处。为了提高成像质量，尽可能地消除或减少各种像差和色差，现代照相机的镜头都是由多片凹凸透镜分成几组构成的。图 4-10-1 所示照相机的镜头由六片透镜分成四组构成。

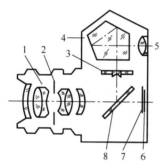

1—镜头；2—光圈；3—裂像式棱镜对焦器；
4—玻璃五棱镜；5—取景目镜；6—感光底片；
7—帘布式快门；8—平面镜（可向上做 45° 的转动）。

图 4-10-1　135 单镜头反光式照相机的光路

一个镜头无论由几片透镜分成几组构成，最终的结果都相当于一个基本消除各种像差和色差的凸透镜，具有一定的焦距。

一般按镜头的焦距与胶片画幅对角线长度的比值，将镜头分为标准镜头、长焦镜头和广角镜头三种。通常将镜头焦距近似等于胶片画幅对角线长度的照相机镜头称为标准镜头，比标准镜头焦距长的镜头称为长焦镜头，比标准镜头焦距短的镜头称为广角镜头。

标准镜头的特点是在照片上产生的影像符合原来景物的透视，呈 45° 左右的视角，与人眼睛的视域大致相同，它比长焦镜头焦距短、视域大，比广角镜头焦距长、视域小。

长焦镜头的特点是焦距长、视域小、成像较大，在相同距离内拍摄相同景物，用相同大小的底片可以将被摄场景的某个局部拍得比标准镜头大，起到了望远镜的作用，所以有将长焦镜头称作望远镜头的。

广角镜头的特点是焦距短、视域广、成像比较小，用相同大小的底片可以拍出比标准镜头角度宽广的景物。

另外，近年来出现的变焦镜头，其焦距在一定范围内是可以变化的，使用起来更加方便。

有关镜头的常用性能参数还有镜头的相对孔径（D/f）（D 是镜头的最大透光孔径，f 是镜头的焦距），相对孔径 D/f 越大，镜头的透光能力越强，现在常见镜头的相对孔径为 1∶2。

（2）光圈。

光圈的结构如图 4-10-2 所示。光圈是由位于镜头透镜组间的一组薄金属片组成的可变光阑，圆形光阑的孔径 D 可以连续变化。光圈的作用主要有两个：控制底片上的光照度 E（光照度是指单位时间内照射到底片上单位面积上的光的能量）和调节景深。

像平面上光照度 E 和光阑的孔径 D 及镜头焦距 f 的关系为

$$E = K\left(\frac{D}{f}\right)^2 \tag{4-10-1}$$

式中，K 是与被摄物亮度及镜头的透光情况有关的系数；$\frac{D}{f}$ 为镜头的相对孔径。由式（4-10-1）可见，对焦距一定的镜头来讲，像平面上（底片上）的光照度与光阑孔径的平方成正比。一般照相机上都以相对孔径的倒数（$F = \frac{f}{D}$）来标度光圈，称为光圈数，光圈数越大，光阑的孔径越小，相应像平面上的光照度越小。在图 4-10-2 中分别画出了光圈数为 5.6、11 的情况，可以非常清楚地看到光圈数大、孔径小。常见的光圈数有 1.4，2.0，2.8，4，5.6，8，11，16，22，32。

光圈数是以 $\sqrt{2}$ 为公比的等比级数，显然，相邻的两挡光圈所对应的在感光底片上的光照度恰好相差一倍。

光圈调节景深原理如图 4-10-3 所示。

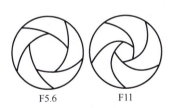

图 4-10-2　光圈的结构

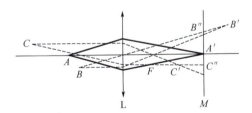

图 4-10-3　光圈调节景深原理

设透镜 L 对轴上物点 A 成像于像平面 M 上的 A' 点，同时，透镜 L 也将物空间的物点 B、C 成像于像空间的 B'、C' 点，从像平面 M 上来看，物点 B、C 在其上形成的像 B''、C'' 分别为一弥散圆斑，如果这些圆斑的线度 d 小于人眼的分辨率，则仍认为这两点的像是清晰的，与人眼的分辨极限相对应的物空间两物点 B、C 之间的最大纵向距离，称为镜头的景深。显然，位于景深范围内的物体都可在底片上成清晰的像。

景深的大小与光圈的相对孔径、镜头的焦距及物距有关。

当镜头的焦距及物距不变时，光圈相对孔径越大（光圈数越小），景深越小；反之，景深越大。

当光圈的相对孔径及镜头的焦距不变时，物距越大，景深越大。

当光圈的相对孔径及物距不变时，焦距越小，景深越大。

（3）快门。

前面讲到的光圈只能控制底片上光的照度，要使底片感光合适，还必须控制底片的曝光时间，快门就是用机械的方法控制光在底片上照射时间的装置。常见的快门有两种，即中心快门和帘布快门，快门开启的时间一般有 1s、1/2s、1/4s、1/8s、1/15s、1/30s、1/60s、1/125s、1/250s、1/500s、1/1000s、B、T 等挡，照相机上快门的数字是其开启时间的倒数，常称为快门速度，即若标记为 30，则快门开启时间为 1/30s。除此之外，还有"B"门及"T"门，"B"门是按下快门按钮时快门打开，放开按钮时，快门关闭，它适用于 5s 以上的曝光。"T"门是按下快门按钮，快门打开，再按一下就合上，适用于 10s 以上的长时间曝光。

由于相邻两挡光圈数所对应的光照度差一倍，而相邻两级快门速度所对应的曝光时间也差一倍，因此可以采用不同的光圈数和快门速度的组合，使底片获得的曝光量相同。例如，若光圈用 8 时，快门速度为 125 所获得的曝光量正确，则光圈用 16、快门速度为 30 及光圈为 4、快门速度为 500，所对应的曝光量是相同的，这三种组合的差别表现在光圈为 16 时，底片成像的景深较大，但快门速度低，不宜拍摄运动物体；而光圈为 4 时，景深小，但快门速度较高，可以拍摄运动物体。所以，可以按照拍摄时被摄物的具体情况，合理地选择光圈与快门速度的组合。

（4）机身。

机身一方面将镜头、光圈、快门、上片卷片装置及取景测距装置连接在一起，另一方面，它在镜头与底片间形成一段遮暗的空间（常称暗箱），其间距刚好等于像距。

（5）取景器。

取景器用来观察拍摄景物的范围，并决定对景物的取舍，安排景物在画面中的布局。

（6）测距调焦装置。

由于物距与像距是一一对应的，而摄影时，一般都是先固定物距，为了使被摄物在底片处成像清晰，必须使像距与物距相适应，实现这一步骤在物理学中称为调焦，在照相技术中称为对光，由照相机上的测距器来完成。结构简单的照相机没有测距装置，拍摄前，首先要准确估计被摄景物与照相机之间的距离，然后将镜头上的调焦环转到与距离相应的刻度上。新型照相机一般都装有测距、调焦联动装置。一般的普及型照相机，如海鸥 205 型、东方 S_3 型等，测距调焦时，将取景窗口中的两个圆点对准被摄物，转动调焦环，当两个圆点中的物体重合时，像距自动调好，高级一些的照相机采用单镜头反光式测距调焦，即测距与摄像使用同一镜头，转动调焦环时，镜头前后移动，通过照相机内一反光镜将被摄物成像于毛玻璃上，再经过玻璃五棱镜及取景目镜，使人眼可以看到被摄物，转动调焦环调焦至看到清晰的被摄物，此时距离自动调好。图 4-10-1 中毛玻璃上的小棱镜用于精确调焦，即只有当调焦准确时，在取景窗口中看到的被摄物上、下两部分才是连续的，否则是错开的，常称为裂像式调焦。由于在单镜头反光式相机中取景测距与摄影采用的是同一镜头，因此没有视差，另外，还可以更换不同焦距的镜头，国产照相机如孔雀 DF-1 型、海鸥 DF 型、珠江 S201 型等都属于此类照相机。

（7）输片机构。

胶卷照相机一般采用输片与快门联动方式。扳动输片扳柄，卷过已曝光的底片，使新的待拍摄的底片位于镜头后的像平面上。同时，将控制快门开启时间的机械弹簧装置上好，它可以避免空拍和重拍。

而数码照相机中的感光元件是其核心部件之一，用于将光信号转换为电信号并传递给图像处理器。图像处理器将感光元件采集到的电信号转换为数字信号，进行优化处理。存储器用于保存数码相机拍摄的照片和视频。

3. 感光底片

感光底片的作用是通过照相机的光学原理，把自然界的实物变为影像记录下来。常用的感光底片（如胶卷、相纸）由多层物质组成。在片基（乙酸纤维片、玻璃片、纸等）上涂一层乳胶。黑白底片乳胶层的主要成分是明胶和以卤化物为主的感光物质（主要是溴化银 $AgBr$）。在光照作用下，溴化银晶粒中产生光化效应与化学变化，还原出少量金属银原子而形成潜影。反应过程为

$$Br^- + h\nu \rightarrow Br + e$$
$$Ag^+ + e \rightarrow Ag$$

式中，$h\nu$ 为光子的能量；e 为电子。

由于被还原的银原子数和曝光量 $H=Et$（光照度 × 时间）成比例，因此曝光后银原子在底片上将按光照强弱形成一定的分布。少量银原子形成一个个核心，称为潜影，这一过程称为曝光。然后在暗室中将底片放在显影液中进行处理。感光强的地方（光照强的部分）显影快，还原的银原子多，形成的黑色密度也大。许多细小金属银堆积起来，形成深浅不同的影像。

不同的感光底片，其性能也有差异，通常用感光速度、反差、光谱灵敏度三个指标来表示底片的性能。

彩色底片的成色原理是利用感光层中的不同染料对不同颜色光线的敏感性，记录和展示照片中的彩色信息，通过显影和定影等化学处理，使感光层中的染料发生变化，并转化为可见的彩色图像。

4. 感光速度

感光速度表示感光底片具有的感光能力，也就是感光底片对光线的敏感程度。这是感光底片最重要、最基本的性能。拍摄者使用感光底片时，必须考虑感光底片的感光速度，否则将无法使用。因为感光底片的感光速度有高低之分。在相同拍摄条件下，欲取得类似的拍摄效果，感光速度低的比感光速度高的需要的曝光量大，这就需要对照相机上光圈和快门速度的调节有所不同。各国对感光速度规定的标准并不统一，但其共同点是在一定的冲洗条件下，用达到某规定密度（感光底片上黑点）所需的曝光量的倒数来表示感光速度。达到这一规定密度所需的曝光量越小，感光速度越高。

一般来说，感光底片的感光速度高时，其上银粒较粗，感光速度低时，其上银粒较

细。并且感光速度高的感光底片"灰雾"现象比感光速度低的感光底片严重。"灰雾"是指在感光底片上没有感光的部分,显影时部分银原子被还原,使底片变灰。受"灰雾"的影响,影像色调不明朗,层次少,影纹不清晰。感光底片的感光速度决定了所需的正常平均曝光量,因此,为了得到曝光合适的感光底片,应综合地考虑光圈、曝光时间和感光底片的感光速度三个因素。

5. CCD

CCD 是 20 世纪 70 年代初发展起来的一种新型半导体器件。CCD 使用一种高感光度的半导体材料制成,能把光线转变为电荷,通过模数转换器芯片转换成数字信号,数字信号经过压缩后由照相机内部的闪速存储器或内置硬盘卡保存,因而可以轻而易举地把数据传输给计算机,并借助计算机的处理手段,根据需要和想象来修改图像。CCD 由许多感光单位组成,通常以百万像素为单位。当 CCD 表面受到光线照射时,每个感光单位都将电荷反映在组件上,所有感光单位产生的信号加在一起,就构成了一幅完整的画面。由于 CCD 是数码照相机的重要部件,因此其性能直接影响数码照相机的性能。

衡量 CCD 质量的指标很多,如像素数量、CCD 尺寸、灵敏度、信噪比等,其中像素数量及 CCD 尺寸是重要的指标。像素数量是指 CCD 上感光元件的数量。摄像机拍摄的画面可以理解为由很多个小的点组成,每个点都是一个像素。显然,像素数量越多,画面就会越清晰,如果 CCD 没有足够的像素数量,拍摄出来的画面的清晰度会大受影响。因此,理论上 CCD 的像素数量应该越多越好。但 CCD 像素数量的增加会使制造成本及成品率下降,像素数量增加到某数量后,再增加对拍摄画面清晰度的提高效果不明显。CCD 尺寸是指感光器件的面积大小,感光器件的面积越大,捕获的光子越多,感光性能越好,成像质量越高。

【实验内容与步骤】

(1) 熟悉照相机结构,确认照相机上电源开关、快门按钮、调焦环、取景器、播放按钮等部件的位置,练习操作。

(2) 选取校园中某景物,拍摄远景、中景、近景、特写画面。

(3) 对运动人物或物体进行拍摄。

(4) 在室内外拍摄人像。

(5) 练习微距拍摄。

(6) 拍摄结束后,将照片导入计算机。

【注意事项】

(1) 严禁摔、挤、压、振动照相机。

(2) 保持照相机内外清洁,防止灰尘和水进入照相机,拍摄完毕,应将镜头盖盖在镜头上,严禁用手摸或手帕擦镜头。

(3) 拍摄时应保持照相机平直,必须保持照相机稳定,按动快门时,不要用力过猛,以免带动照相机而留下虚影。

(4) 测距要准确,特别使用大光圈拍摄时要严格对焦,以免造成影像模糊。

【思考题】

(1) 光圈的作用是什么？
(2) 什么是镜头的景深？

4-11　菲涅耳双棱镜干涉现象

波动光学研究光的波动性质、规律及其应用，主要内容包括光的干涉、衍射和偏振。1818年，菲涅耳的双棱镜干涉实验不仅对波动光学的发展起到了重要作用，还提供了一种非常简单的测量单色光波长的方法。

【实验目的】

(1) 观察菲涅耳双棱镜的干涉现象及干涉条纹的变化。
(2) 学会用双棱镜测单色光的波长。

【实验仪器与用品】

光具座、菲涅耳双棱镜、可调狭缝、钠光灯、测微目镜和凸透镜等。

【实验原理】

如果两列频率相同的光波沿着几乎相同的方向传播，并且这两列光波的相位差不随时间变化，那么在两列光波相交的区域内，光强的分布不是均匀的，在某些地方表现为增强，在另一些地方表现为减弱（甚至可能是零），这种现象称为光的干涉。为了观察到稳定的光的干涉现象，通常利用光具组将同一波分解为两列波，使它们走过不同的光程后重新叠加并发生干涉。分解波列的方法有分振幅法和分波面法两种。

1. 分振幅法

当一束光投射到两种透明介质的分界面上时，部分光波被反射，部分光波被折射，这种方法称为分振幅法。牛顿环、劈尖干涉和迈克尔逊干涉都属于分振幅干涉。

2. 分波面法

分波面法的原理是将点光源的波面分割为两部分，使之分别通过两个光具组，经反射或折射后交叠起来，在一定区域内产生干涉场。菲涅耳双棱镜干涉、杨氏干涉属于分波面干涉。图 4-11-1 所示为菲涅耳双棱镜干涉条纹产生原理。

菲涅耳双棱镜可以看成由两个顶角很小（约为1°）的直角棱镜底边连接而成。通过狭缝 S 的单色光被双棱镜折射成两束，在两束光的交叠区（图 4-11-1 中以斜线表示）内产生明暗相间的干涉条纹。S_1 和 S_2 是 S 因折射产生的两个虚像，相当于杨氏双缝，可称虚光源。S_1 和 S_2 与 S 近似在同一平面上。S 与屏 M 的距离为 D，S_1 和 S_2 的距离为 d，条纹间距为 ΔX。

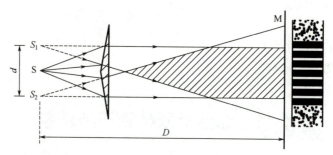

图 4-11-1　菲涅耳双棱镜干涉条纹产生原理

设 S_1 和 S_2 到屏上任一点 P_k 的光程差为 Δ，P_k 与 P_0 的距离为 X_k，则当 $d \ll D$ 和 $X_k \ll D$ 时，如图 4-11-2 所示，可得到

$$\Delta = \frac{X_k}{D} d \tag{4-11-1}$$

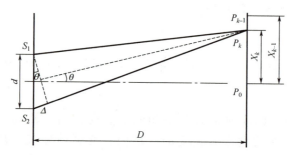

图 4-11-2　条纹间距与光程差及其他几何量的关系

当光程差 Δ 为波长的整数倍，即 $\Delta = \pm k\lambda$（$k=0,1,2\cdots$）时，得到明条纹。此时，由式（4-11-1）可知

$$X_k = \pm \frac{k\lambda}{d} D \tag{4-11-2}$$

由式（4-11-2）得到相邻两明条纹的间距为

$$\Delta X = X_{k+1} - X_k = \frac{D}{d} \lambda \tag{4-11-3}$$

于是

$$\lambda = \frac{d}{D} \Delta X \tag{4-11-4}$$

对暗条纹也可得到相同结果。式（4-11-4）为**本实验测量光波波长的公式**。

【实验内容与步骤】

1. 实验装置的调整

图 4-11-3 所示是双棱镜干涉实验装置，W 为钠光灯，S 为狭缝，B 为双棱镜，L 为透镜，M 为测微目镜。

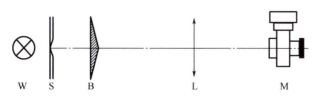

图 4-11-3　双棱镜干涉实验装置

（1）调整要求。

根据光的干涉理论和条件，为获得对比度好、清晰的干涉条纹，调节好的光路必须满足以下条件。

① 光路中各元件同轴等高。

② 单缝与双棱镜脊严格平行，通过单缝的光对称地射在双棱镜的棱脊上。

③ 单缝宽度合适，否则干涉条纹对比度很差。

（2）调整步骤。

① 目测粗调：将钠光灯、狭缝、双棱镜、透镜和测微目镜按图 4-11-3 所示次序放置在光具座上，狭缝应靠近钠光灯，狭缝中心和钠光灯窗口中心等高，目测调节狭缝中心、双棱镜中心、凸透镜中心与测微目镜中心等高。

② 确定光轴：点亮钠光灯，取下双棱镜，移动测微目镜使狭缝与测微目镜分划板之间的距离大于 4 倍凸透镜的焦距。

a. 粗调：适当开大狭缝，取一张白纸置于测微目镜前，沿导轨移动凸透镜，白纸上可得到狭缝的像。用"大像追小像"方法调节共轴。成小像时，横向调节测微目镜，使小像位于测微目镜中心；成大像时，横向调节透镜，使大像位于测微目镜中心。如此反复调节，使得大像和小像都落在测微目镜中心。

转动狭缝使之成水平方向，重复上述操作，调节测微目镜和透镜的高低，使得水平方向的大像和小像都落在测微目镜中心。

b. 细调：适当关小狭缝，从测微目镜中观察狭缝的像，重复上述"大像追小像"操作，使狭缝在竖直方向时的大像和小像都落在测微目镜分划板中央的 4mm 刻线上；使狭缝在水平方向时的大像和小像都落在测微目镜分划板的中央，通过十字叉丝的交点。

至此，狭缝中心到测微目镜中心的连线平行于光具座的导轨，同时平行于凸透镜的光轴。

2. 放置和调整双棱镜

从狭缝过来的光通过双棱镜折射成两束光，干涉现象就发生在两束光相交叠的区域，整个区域都处在测微目镜中，通过测微目镜可以观测到干涉条纹。

将双棱镜放置在光具座导轨上靠近狭缝处，转动狭缝成竖直并使之与双棱镜的棱脊平行。适当开大狭缝，取一张白纸置于测微目镜前，沿光轴移动凸透镜，在白纸上可看到放大的双狭缝像。横向调节双棱镜位置，使狭缝的两个像等亮度。适当关小狭缝，从测微目镜中观察大、小双缝像都应对称地落在分划板中央刻度 4mm 线两侧。

3. 调出清晰的干涉条纹

取下凸透镜，通过测微目镜观察，两束光交叠的区域是一条明亮的光带，且落在测微目镜分划板的中央，干涉条纹就呈现在光带中。但实际往往看不到干涉条纹，这主要是光源的空间相干度太低以致不能发生干涉。此时只要小心地关小狭缝，并微微转动狭缝方向，使狭缝严格平行于双棱镜的棱脊，测微目镜的视场中就会出现清晰的干涉条纹。

4. 测量前的准备

（1）本实验需直接测量干涉条纹的间距 ΔX、相干光源的大像间距 b 和小像间距 b'，测量前必须观测到这些现象，考虑误差分配的合理性，要尽量使各量的相对误差接近，还必须合理安排各个光学元件在光具座上的位置。

移动测微目镜，使之与狭缝的距离略大于 4 倍的凸透镜焦距，并把透镜置于其间。沿光轴移动透镜，观察相干光源两次所成的大像和小像，并调整测微目镜与狭缝的距离，使两次成像时透镜移动的距离尽量小，也就是 b 接近 b'。把狭缝和测微目镜锁定在光具座上。

本实验的干涉条纹是非定域条纹，在两相干光束交叠的区域处处都有干涉条纹。因为测微目镜置于干涉场内任何地方都有干涉条纹落在分划板上，所以干涉条纹和分划板之间不存在视差，测量时不需要调节"消视差"。

（2）调节目镜，看清十字叉丝。

（3）松开接口固定螺钉，沿光轴整体转动测微目镜，使分划板双线夹住的暗条纹也通过十字叉丝的交点，这时分划板方向与条纹方向垂直。

5. 观察实验现象并作出相应的解释

（1）干涉条纹疏密变化。

固定狭缝和测微目镜的位置，沿导轨缓慢移动双棱镜，观察干涉条纹间距的变化情况。固定狭缝和双棱镜的位置，改变测微目镜的位置，观察干涉条纹疏密程度的变化，记录观察到的现象并作出解释。

（2）白光条纹。

用白光光源代替钠光灯，观察干涉条纹，描述观察到的现象并作出解释。

（3）空间相干性。

调出最清晰的干涉条纹后，缓慢小心地把狭缝逐渐开大，仔细观察并描述观察到的现象。

（4）两相干光源不相等时干涉条纹的可见度。

调出最清晰的干涉条纹后，缓慢小心地移动双棱镜，使两相干光源的强度比发生变化，观察干涉条纹可见度的变化。

6. 测单色光的波长

根据前面的分析，要得到单色光的波长 λ，必须完成对干涉条纹间距 ΔX，两相干光源的间距 d 和相干光源到观察屏之间的距离 D 的测量。确定狭缝、双棱镜和测微目镜在导轨上的位置，并将它们锁定在光具座导轨上。

（1）测量 ΔX。

旋转测微目镜的鼓轮，使十字叉丝移到分划板的一端，再反方向旋转，使叉丝中心对准某级暗条纹，从测微目镜上读取此条纹的位置 X_1；同方向继续旋转移动叉丝中心，逐次对准下一级暗条纹中心，记录暗条纹的位置 X_2, X_3, …, X_{10}，共测 10 条暗条纹的位置，并填入数据记录表格。测量时应缓慢转动鼓轮，且始终只沿同一方向，中途不得反转，否则会产生回程误差。

（2）测量 d 和 D。

d 是两相干光源的间距，与狭缝到双棱镜的距离有关，在测量过程中不得改变狭缝到双棱镜的距离。本实验采用二次成像法进行测量。

① 将凸透镜置于测微目镜与双棱镜之间，沿导轨缓慢往狭缝方向移动透镜，直至测微目镜视场中出现两相干光源的放大像（两条竖亮线），用左右逼近法确定成像的清晰位置，注意消除视差。转动测微目镜鼓轮，使分划板竖直准线或十字叉丝交点依次对准两条狭缝的中心，测出两相干光源放大像的间距 b，同时读取透镜滑块在导轨上的位置及狭缝滑块在导轨上的位置。计算放大像时，透镜中心到狭缝中心的距离为 s。

② 沿导轨往测微目镜方向移动透镜，直到在测微目镜分划板上看到两相干光源的缩小像。重复上述操作，只要测出两相干光源缩小像的间距 b' 和成小像时透镜中心到狭缝的距离 s'，就可计算 d 和 D 的值。

$$d = \sqrt{bb'} \qquad (4\text{-}11\text{-}5)$$

$$D = s + s' \qquad (4\text{-}11\text{-}6)$$

【数据记录与处理】

（1）设计数据表格，记录测量条纹间距 ΔX、测量虚光源之间的距离 d 及 D 的测量数据，分析并计算各自的测量不确定度 $u(\Delta X)$、$u(d)$ 和 $u(D)$。测微目镜 $\Delta_1 = 0.005\text{mm}$，测量位置的对线误差限 $\Delta_2 = 0.001\text{mm}$，成像清晰位置的判断误差限 $\Delta_3 = 1\text{mm}$，导轨上米尺的读数误差限 $\Delta_4 = 0.5\text{mm}$。

（2）根据式（4-11-4）计算波长 λ，用不确定度传递公式计算 λ 的测量不确定度 $u(\lambda)$，并正确表示波长 λ 的测量结果。

【思考题】

（1）本实验中的狭缝起什么作用？为什么狭缝太宽会降低干涉条纹的可见度？

（2）为什么双棱镜的两个折射角要很小？

（3）根据凸透镜的成像规律，证明 $d = \sqrt{bb'}$，式中 d 为两虚光源之间的距离，b 和 b' 为两次成像时狭缝像之间的距离。

（4）如果用小孔代替狭缝，得到的干涉图样是什么形状？为什么本实验用狭缝而不用小孔？

【拓展知识】测微目镜简介

1. 测微目镜的结构

测微目镜是利用螺旋测微原理测量成像于其分划板上像大小的仪器，其结构外形示意图如图 4-11-4 所示。旋动鼓轮，转动丝杆可推动可动分划板左右移动。可动分划板上刻有双线和十字叉丝，其移动方向垂直于目镜的光轴，固定分划板上刻有毫米标度线。鼓轮刻有 100 分格，每转一圈可动分划板移动 1mm。其读数方法与螺旋测微计相似，双线或叉丝交点位置由固定分划板读出，毫米以下的读数由鼓轮读出，最小分度值为 0.01mm。

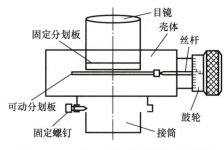

图 4-11-4　测微目镜结构外形示意图

2. 使用要点

（1）目镜可在架上前后调节，改变目镜和十字叉丝的距离可以适应不同使用者的差异。

（2）被测量的像应在十字叉丝平面上。判断方法为移动眼睛，看十字叉丝和物像有无相对移动，即可消除视差。

（3）测量时，转动鼓轮推动可动分划板，使十字叉丝的交点或双线依次与被测像两端重合，得到首尾两个读数，其差值为被测像的尺寸。

（4）测量时，应注意使鼓轮始终沿一个方向转动，以避免回程误差。移动可动分划板的同时，一定要注意观察十字叉丝的位置，不能使它移出毫米标度线。

4-12　用超声光栅测量声速

本实验仪器常用于声光效应实验，在光路中放置产生声波振动的介质，实现透过光的调制，而且调制效果可以与声信号存在可计算的联络。通过该实验了解调制光信号的方法以及实现这一过程的方式，同时为测量液体（非电解质溶液）中的声速提供另一种思路和方法，而且采用超声光栅技术测量液体中的声速具有设备简单、操作方便、测量精度高等优点。

【实验目的】

（1）学会调节和使用分光计。

（2）掌握超声光栅声速仪的测量原理。

（3）学会用超声光栅测量声速。
（4）学会用逐差法处理数据。

【实验仪器与用品】

JJY1′型分光计、WSG-Ⅰ型超声光栅声速仪、纯净水等。

【实验原理】

光波在介质中传播时被超声波衍射的现象，称为超声致光衍射（也称声光效应）。

超声波作为一种纵波在液体中传播时，其声压使液体分子产生周期性的变化，促使液体的折射率相应地呈周期性变化，形成疏密波。此时，如果有平行单色光沿垂直于超声波传播方向通过疏密相间的液体，则会被衍射，这一作用类似光栅，故称为超声光栅。

超声波传播时，若前进波被一个平面反射，则会反向传播。在一定条件下，前进波与反射波叠加而成超声频率的纵向振动驻波。驻波的振幅可以达到单一行波的两倍，加剧了波源和反射面之间液体的疏密变化程度。某时刻，纵驻波的任一波节两边的质点都涌向这个节点，使该节点附近成为质点密集区，而相邻的波节处为质点稀疏区；半个周期后，这个节点附近的质点又向两边散开变为稀疏区，相邻波节处变为密集区。在这些驻波中，稀疏作用使液体折射率减小，而压缩作用使液体折射率增大。在距离等于波长 A 的两点，液体的密度相同，折射率也相等，如图 4-12-1 所示。

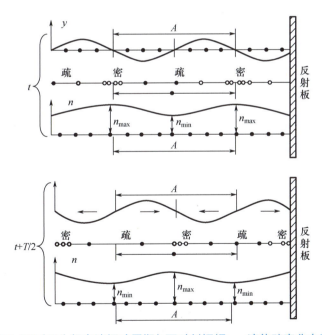

图 4-12-1　在 t 和 $t+T/2$（T 为超声波振动周期）两时刻振幅 y、液体疏密分布和折射率 n 的变化

单色平行光（波长为 λ）沿着垂直于超声波传播方向通过上述液体时，折射率的周期变化使光波的波阵面产生了相应的相位差，经透镜聚焦出现衍射条纹。这种现象与平行光通过透射光栅的情形相似。因为超声波的波长很短，所以只要盛装液体的液体槽的宽度能

够维持平面波（宽度为L），槽中的液体就相当于一个衍射光栅。图 4-12-1 中超声波的波长A相当于光栅常数。

超声波在液体中产生的光栅作用称作超声光栅。当满足声光拉曼 – 奈斯衍射条件$\lambda L \ll A^2$时，这种衍射相当于平面光栅衍射，可得如下光栅方程，即

$$A\sin\phi_k = k\lambda \tag{4-12-1}$$

式中，k为衍射级次；ϕ_k为零级与k级间夹角。

在调好的分光计上，由单色光源和平行光管中的凸透镜（L_1）与可调狭缝 S 组成平行光系统，如图 4-12-2 所示。

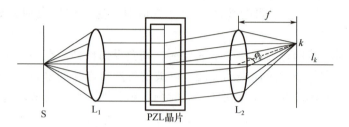

图 4-12-2　WSG-I 超声光栅仪衍射光路图

让光束垂直通过装有锆钛酸铅压电陶瓷片（或称 PZT 晶片）的液槽，在玻璃槽的另一侧，用自准直望远镜中的物镜（L_2）和测微目镜组成测微望远镜系统观测。若振荡器使 PZT 晶片发生超声振动，形成稳定的驻波，则可从测微目镜观察到衍射光谱。从图 4-12-2 中可以看出，当ϕ_k很小时，有

$$\sin\phi_k = \frac{l_k}{f} \tag{4-12-2}$$

式中，l_k为衍射光谱零级至k级的距离；f为透镜的焦距。所以超声波的波长为

$$A = \frac{k\lambda}{\sin\phi_k} = \frac{k\lambda f}{l_k} \tag{4-12-3}$$

超声波在液体中的传播速度为

$$v = A\nu = \frac{\lambda f \nu}{\Delta l_k} \tag{4-12-4}$$

式中，ν为振荡器和锆钛酸铅陶瓷片的共振频率；Δl_k为同一色光相邻衍射条纹间距。

【仪器介绍】

分光计的结构及调整如下。

1. 分光计的结构

JJY1′型分光计的外形如图 4-12-3 所示。

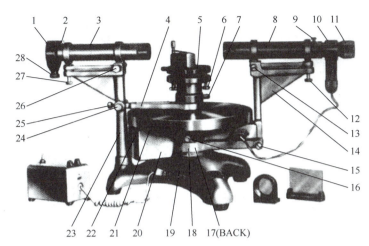

1—狭缝装置；2—狭缝装置锁紧螺钉；3—平行光管部件；4—制动架 2；5—载物台；
6—载物台调平螺钉（三只）；7—载物台锁紧螺钉；8—望远镜部件；9—目镜锁紧螺钉；
10—阿贝式自准直目镜；11—目镜视度调节手轮；12—望远镜光轴高低调节螺钉；
13—望远镜光轴水平调节螺钉；14—支臂；15—望远镜微调螺钉；16—转座与角度止动螺钉；
17—望远镜止动螺钉；18—制动架 1；19—底座；20—转座；21—度盘；22—游标盘；23—立柱；
24—游标盘微调螺钉；25—游标盘止动螺钉；26—平行光管光轴水平调节螺钉；
27—平行光管光轴高低调节螺钉；28—狭缝宽度调节手轮。

图 4-12-3　JJY1'型分光计的外形

在底座的中央固定中心轴，度盘和游标盘套在中心轴上，可以绕中心轴旋转，度盘下端有推力轴承支撑，使旋转轻便灵活。度盘上刻有 720 等分的刻线，每一格的格值都为 30'，对径方向设有两个游标读数装置，测量时，读出两个读数值，然后取平均值，这样可以消除偏心引起的误差。

立柱固定在底座上，平行光管部件安装在立柱上，平行光管的光轴位置可以通过立柱上的调节螺钉 26、27 进行微调，平行光管带有狭缝装置，可沿光轴移动和转动，狭缝的宽度可在 0.02～2mm 调节。

阿贝式自准直望远镜安装在支臂上，支臂与转座固定在一起，并套在度盘上，当松开转座与角度止动螺钉时，转座与度盘一起旋转，当旋紧转座与角度止动螺钉时，转座与度盘可以相对转动。旋紧制动架与底座上的望远镜止动螺钉，借助制动架 1 末端上的望远镜微调螺钉可以对望远镜进行微调（旋转），与平行光管一样，望远镜系统的光轴位置也可以通过调节螺钉 12、13 进行微调。望远镜系统的目镜可以沿光轴移动和转动，目镜的视度可以调节。

分划板视场如图 4-12-4 所示。

载物台套在游标盘上，可以绕中心旋转，旋紧载物台锁紧螺钉、制动架 2 和游标盘的止动螺钉，借助立柱上的游标盘微调螺钉可以对载物台进行微调（旋转）。放松载物台锁紧螺钉，载物台可根据需要升高或降低。将载物台调到所需位置后，旋紧载物台锁紧螺钉，载物台有三个调平螺钉可调节，使载物台面与旋转中心线垂直。

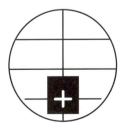

图 4-12-4　分划板视场

外接 6.3V 电源插头，接到底座的插座上，通过导线通到转座的插座上，望远镜系统的照明器插头插到转座的插座上，这样可避免望远镜系统旋转时电线随之拖动。

2. 分光计调整

（1）目镜调焦。

目镜调焦的目的是使眼睛通过目镜能很清楚地看到目镜中分划板上的刻线。

调焦方法：先旋出目镜视度调节手轮，然后一边旋进，一边从目镜中观察，直到分划板刻线成像清晰，再慢慢地旋出手轮，至目镜中的像的清晰度将被破坏而未破坏时为止。

（2）望远镜调焦。

望远镜调焦的目的是将目镜分划板上的十字叉丝调整到物镜的焦平面上，也就是望远镜对无穷远处调焦。具体方法如下。

接上灯源（把从变压器出来的 6.3V 电源插头插到底座的插座上，把目镜照明器上的插头插到转座的插座上）；把望远镜光轴位置调节螺钉 12、13 调到适中的位置。在载物台的中央放上附件光学平行平板，其反射面对着望远镜物镜，并且与望远镜光轴大致垂直。

通过调节载物台调平螺钉和转动载物台，使望远镜的反射像和望远镜光轴在一条直线上。从目镜中观察，此时可以看到亮十字像，前后移动目镜，对望远镜进行调焦，使亮十字像清晰，然后利用载物台调平螺钉和载物台微调机构，将亮十字像调到与分划板上方的十字叉丝重合，往复移动目镜，使亮十字像和分划板上的十字叉丝无视差重合。

（3）调整望远镜的光轴垂直于旋转主轴。

① 调整望远镜光轴高低调节螺钉，使反射回来的亮十字像精确地位于在分划板上的十字叉丝上。

② 把游标盘连同载物台平行平板旋转 180° 时，观察到亮十字像可能与十字叉丝有一个垂直方向的位移，即亮十字像可能偏高或偏低。

③ 调节载物台调平螺钉，使位移减小一半。

④ 调整望远镜光轴高低调节螺钉，使垂直方向的位移完全消除。

⑤ 把游标盘连同载物台、平行平板再转过 180° 检查其重合程度。重复步骤③和步骤④，使偏差得到完全校正。

（4）将分划板十字叉丝调成水平或垂直。

当载物台连同光学平行平板相对于望远镜旋转时，观察亮十字像是否水平移动，如果分划板十字叉丝的横丝与亮十字像的移动方向不平行，则要转动目镜，使亮十字像的移动方向与分划板十字叉丝的横丝平行，注意不要破坏望远镜的调焦，然后将目镜锁紧螺钉旋紧。

（5）平行光管的调焦。

平行光管调焦是为了把狭缝调整到物镜的焦平面上，也就是平行光管对无穷远处调焦。具体方法如下。

① 打开目镜照明器上的光源，打开狭缝，用漫射光照明狭缝。

② 在平行光管物镜前放一张白纸，检查白纸上形成的光斑，调节光源的位置，使得在整个物镜孔径上照明均匀。

③ 移开白纸，把平行光管光轴水平调节螺钉调到适中的位置，将望远镜管正对平行

光管，从望远镜目镜中观察，调节望远镜微调机构和平行光管高低调节螺钉，使狭缝位于视场中心。

④ 前后移动狭缝机构，使狭缝清晰地在望远镜分划板平面上成像。

（6）调整平行光管光轴高低调节螺钉，升高或降低狭缝像的位置，使得狭缝对目镜视场的中心对称。

（7）将平行光管狭缝调成垂直。

旋转狭缝机构，使狭缝与目镜分划板十字叉丝的纵丝平行，注意不要破坏平行光管的调焦，然后将狭缝装置锁紧螺钉旋紧。

3. 超声光栅声速仪的结构

超声光栅声速仪（WSG-Ⅰ超声光栅声速仪）由超声信号源、超声池、高频信号连接线、测微目镜等组成，并配置了具有约11MHz共振频率的锆钛酸铅陶瓷片。实验应以JJY1′型分光计为实验平台，超声光栅声速仪面板如图4-12-5所示，超声池在分光计上的放置如图4-12-6所示。

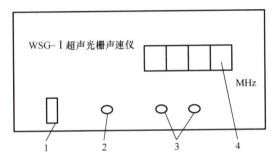

1—电源开关；2—频率微调钮；3—高频信号输出端（无正、负极区别）；4—频率显示窗。

图 4-12-5 超声光栅声速仪面板

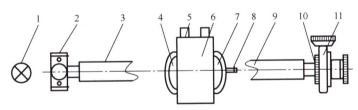

1—单色光源（汞灯）；2—狭缝；3—平行光管；4—载物台；5—接线柱；6—液体槽；
7—液体槽座；8—锁紧螺钉；9—望远镜光管；10—接筒；11—测微目镜。

图 4-12-6 超声池在分光计上的位置（其中2、3、4、9为分光计配置）

【实验内容与步骤】

（1）调整分光计，用自准直法使望远镜聚焦于无穷远，望远镜的光轴与分光计的转轴中心垂直，至平行光管与望远镜同轴并射出平行光，观察望远镜的光轴与载物台的台面平行。目镜调焦，分划板十字叉丝清晰，并以平行光管射出的平行光为准，调节望远镜使观察到的狭缝清晰，狭缝应调至最小，实验过程中无须调节。

(2)采用低压汞灯做光源。

(3)将待测液体(如蒸馏水、乙醇或其他液体)注入液体槽,液面高度以液体槽侧面的刻线为准。

(4)将液体槽座卡在分光计载物台上,液体槽卡住载物台边的缺口对准锁紧螺钉的位置,放置平稳,并用载物台侧面的锁紧螺钉锁紧。

(5)将此液体槽(可称其为超声池)平稳地放置在液体槽座中,放置时转动载物台,使液体槽两侧表面基本垂直于望远镜和平行光管的光轴。

(6)两支高频连接线的一端插入液体槽盖板的接线柱,另一端接入超声光栅声速仪电源箱的高频信号输出端,然后将液体槽盖板盖在液体槽上。

(7)开启超声信号源电源,从阿贝式目镜观察衍射条纹,仔细调节频率微调钮,使电振荡频率与锆钛酸铅陶瓷片固有频率基本相同而产生共振,此时,衍射光谱的级次会显著增多且更为明亮。

(8)如此前分光计已调整到位,左右转动超声池(可转动分光计载物台或游标盘,细微转动时,可通过调节分光计望远镜的微调螺钉实现),使射于超声池的平行光束完全垂直于超声束,同时观察视场内的衍射光谱左右级次亮度及对称性,直到从目镜中观察到稳定、清晰的左右各 3～4 级的衍射条纹为止。

(9)按上述步骤仔细调节,可观察到左右各 3～4 级以上的衍射条纹。

(10)取下阿贝式目镜,换上测微目镜,接筒出厂时已装在测微目镜上,对测微目镜调焦,应能清晰观察到衍射条纹。利用测微目镜逐级测量其位置读数(如从 −3,…,0,…,+3),再用逐差法求出条纹间距的平均值。

(11)按式(4-12-4)计算声速。

$$v = \frac{\lambda v f}{\Delta l_k}$$

式中,λ 为光波波长(汞蓝光为 435.8nm,汞绿光为 546.1nm,汞黄光为 578.0nm);v 为共振时频率计的读数;f 为望远镜物镜焦距(170mm);Δl_k 为同一种颜色相邻衍射条纹间距。

【数据记录与处理】

在测微目镜中分别读出黄、绿、蓝三种颜色的各级衍射条纹的位置,并填入表 4-12-1 和表 4-12-2。

表 4-12-1　衍射条纹的位置读数　　　　　　　　　　(单位:mm)

颜色	级次								
	−4	−3	−2	−1	0	1	2	3	4
黄									
绿									
蓝									

表 4-12-2　衍射条纹的平均间距　　　　　　　　　　　　　（单位：mm）

颜色	$x_0 - x_{-4}$	$x_1 - x_{-3}$	$x_2 - x_{-2}$	$x_3 - x_{-1}$	$x_4 - x_0$	$\overline{\Delta x}$	$\overline{\Delta l_k} = \overline{\Delta x}/4$
黄							
绿							
蓝							

分别用三种波长测得的平均间距计算声速，再求出声速的总的平均值，并将其与理论值进行比较。声速的理论值可参照本实验拓展知识。

【思考题】

（1）什么是声光效应？
（2）实验中，超声波波长与超声光栅常数存在什么关系？
（3）使用测微目镜时有哪些注意事项？

【拓展知识】物质的声速及温度系数

20℃时纯净物质的声速及温度系数见表 4-12-3。

表 4-12-3　20℃时纯净物质的声速及温度系数

液体	$v_0/(\text{m}\cdot\text{s}^{-1})$	$A/(\text{m}\cdot\text{s}^{-1}\cdot\text{K}^{-1})$
苯胺	1658	−4.6
丙酮	1192	−5.5
苯	1326	−5.2
海水	1510～1550	—
普通水	1497	2.5
甘油	1923	−1.8
煤油	1295	—
甲醇	1123	−3.3
乙醇	1180	−3.6

注：表中 A 为温度系数，对于其他温度 t 的速度可近似按公式 $v_t = v_0 + A(t - t_0)$ 计算。

4-13　显微镜和望远镜的组装

显微镜是由一个透镜或多个透镜的组合构成的一种光学仪器，是人类进入原子时代的标志。 1590 年，荷兰的亚斯·詹森发明了光学显微镜，但其并没有用这些仪器做过任何重要的观察。荷兰商人列文虎克学会了磨制透镜，并第一次描述了肉眼看不见的许多微小植物和动物。他改良的显微镜促进了微生物学的发展,所以列文虎克被称为"显微镜之父"。

望远镜是一种利用透镜或反射镜及其他光学器件观测遥远物体的光学仪器,望远镜的发明促进了航天事业的发展。1608年,荷兰的眼镜商汉斯·利伯希制造了第一架望远镜。1609年,意大利的伽利略·伽利雷发明了40倍双镜望远镜,这是第一部投入科学应用的实用望远镜。

2017年10月,中国科学院国家天文台对外公布,被誉为"中国天眼"的500m口径球面射电望远镜(FAST)发现两颗新脉冲星,距离地球分别约4100光年和1.6万光年。这是我国射电望远镜首次发现脉冲星,被称为"天眼之父"的总工程师南仁东曾说:"FAST是全世界最先进、最灵敏的射电望远镜,将探索宇宙百亿光年的微弱信号。"FAST团队真正做到了用科研"铁军"托举大国重器。

【实验目的】

(1)了解显微镜和望远镜的构造和放大原理,掌握其使用方法。
(2)了解视放大率并掌握其测量方法。
(3)进一步熟悉透镜成像规律。
(4)设计组装显微镜和望远镜。

【实验仪器与用品】

显微镜、开普勒望远镜等。

【实验原理】

显微镜主要用于观察近处的小物体,望远镜主要用于观察远处的目标,它们的作用都是增大被观察物对人眼的张角,即放大视角。两者的光学系统比较相似,都是由物镜和目镜组成的。物体先通过物镜成一中间像,再通过目镜来观察,两者对物体的放大能力都用视角放大率表示。

显微镜和望远镜的视角放大率 M 定义为

$$M = \frac{\text{用仪器时虚像所张的视角} \alpha_1}{\text{不用仪器时虚像所张的视角} \alpha_2}$$

1. 显微镜的放大原理

显微镜中物镜的焦距比较短,而且目镜的视角放大率较高。物镜和目镜都是复杂的透镜组,但在研究其原理时,可采用单个凸透镜来表示物镜和目镜。如图4-13-1所示,将高度为 y 的被观察物体 PQ 置于物镜 L_o 物方焦点 F_o 外侧附近,物体经 L_o 成高为 y_1' 的放大倒立实像 $P_1'Q_1'$(中间像),其位置正好适合眼睛通过目镜来观察,即中间像位于目镜 L_e 物方焦点 F_e 内侧附近,它经物镜成高度为 y' 的放大倒立虚像 $P'Q'$(最终像)于眼睛明视距离或其之外的某处。由于眼睛离目镜 L_e 很近,因此由图可见最终像对眼睛的视角近似等于中间像对目镜光心 O_e 的张角,即有

$$\tan(-\omega) = \tan(-\omega')$$

因 O_e 到中间像的距离近似等于目镜物方焦距 f_e ($f_e = -f_e'$)，故 $\tan(-\omega) = -y_1'/f_e'$，于是有

$$\tan\omega = \tan\omega' = \frac{y_1'}{f_e'} \quad (4\text{-}13\text{-}1)$$

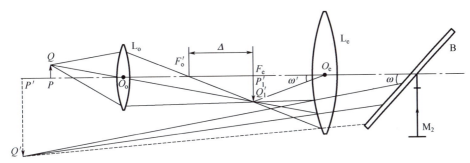

图 4-13-1　显微镜的光路图

如果不用显微镜，人眼直接观察放在明视距离 s_0（约为 25cm）处的被观察物体 PQ 时视角为 ω_e，则有

$$\tan\omega_e = \frac{y}{s_0} \quad (4\text{-}13\text{-}2)$$

因此显微镜的视角放大率公式为

$$M = \frac{\tan\omega}{\tan\omega_e} = \frac{y_1'}{y} \cdot \frac{s_0}{f_e'} = \beta_o M_e \quad (4\text{-}13\text{-}3)$$

式中，β_o 为物镜横向放大率；M_e 为目镜视角放大率。

设 Δ 为 F_o' 到 F_e 的距离（称为光学间隔，一般为 17～19cm），由牛顿成像公式推导的横向放大率得 $x' \approx \Delta$，$f' = f_o'$，则 $\beta_o = -\dfrac{\Delta}{f_o'}$，代入视角放大率公式，得

$$M = -\frac{\Delta}{f_o'} \cdot \frac{s_0}{f_e'} \quad (4\text{-}13\text{-}4)$$

一般 f_o' 取得很小（高倍的只有 1～2mm，而 f_e' 为几厘米左右，在镜筒长度固定的情况下，如果物镜和目镜的焦距给定，则显微镜的视角放大率确定。

近代科学的发展对显微镜提出了各种特殊要求，于是出现了双目立体显微镜、金相显微镜、干涉显微镜、偏光显微镜、荧光显微镜、相衬显微镜、X 射线显微镜、电子显微镜、扫描隧道显微镜等，它们在生产实践和科学研究中得到了广泛应用。

2. 望远镜的放大原理

望远镜是一种用来观察远处物体的光学系统。望远镜也由物镜和目镜组成，其中物镜具有较长的焦距，当用望远镜观察天体时，物镜像方焦点与目镜物方焦点重合，即光

学间隔为零；观察有限远景物时，需将目镜沿光轴后移一段距离，即光学间隔不为零但很小。望远镜可分为两类：若物镜和目镜的像方焦距均为正（两个凸透镜），则为开普勒望远镜；若物镜的像方焦距为正，目镜的像方焦距为负（凹透镜），则为伽利略望远镜。

一束来自远方且与主轴成倾角 U 的平行光束，经物镜 L_o 成像在物镜的像方焦平面（也是目镜 L_e 的物方焦平面）上为 Q'，再经目镜成为一束平行于 $Q'O_2$ 的连线且与光轴呈倾角 U' 的平行光束，它所成的像（最终像）位于无限远处。

望远镜所成最终像对眼睛的视角为倾角 U'，无限远处物体对眼睛的视角 U_e 即倾角 U，于是对于开普勒望远镜（图 4-13-2），有

$$\tan(-U') = \frac{-y'}{-f_2} = -\frac{y'}{f_2'}$$

即

$$\tan(U') = \frac{y'}{f_2'} \tag{4-13-5}$$

对于伽利略望远镜（图 4-13-3），有

$$\tan(U') = \frac{-y'}{f_2} = \frac{y'}{f_2'} \tag{4-13-6}$$

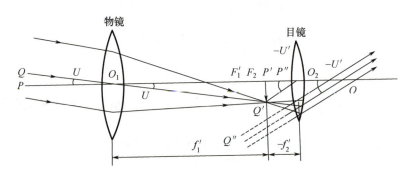

图 4-13-2　开普勒望远镜

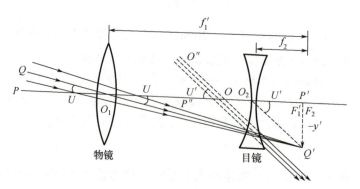

图 4-13-3　伽利略望远镜

不用望远镜时直接看远物，视角为 U，可以得出

$$\tan(U) = \frac{-y'}{f_1'} \tag{4-13-7}$$

式中，f_2、f_2' 分别为目镜的物、像方焦距；f_1' 为物镜的像方焦距。

望远镜的视角放大率（在无限远处时望远镜的视角放大率）为

$$M = \frac{\tan U'}{\tan U} = -\frac{f_1'}{f_2'} \tag{4-13-8}$$

可见物镜焦距越长，目镜焦距越短，M 越大，对于开普勒望远镜，$M < 0$，生成倒立像；而对于伽利略望远镜，$M > 0$，生成正立像。

上述望远镜为折射望远镜，除其外，还有反射和折反射两类望远镜，它们的主要区别在于物镜结构。折射望远镜的物镜由透镜组成，反射望远镜的物镜由反射镜组成，折反射望远镜的物镜由透镜和反射镜共同组成。现代望远镜已不再单纯作为助视仪器，而是广泛应用于照相、光谱分析、光度计量等许多领域。

【实验内容及步骤】

1. 设计并组装显微镜

（1）参照拓展知识中的图 4-13-4 布置各器件，调等高同轴。

（2）将透镜 L_o 与 L_e 的距离定为 24cm。

（3）沿米尺移动靠近光源毛玻璃的微尺 M_1，从显微镜系统中得到微尺放大像。

（4）在 L_e 后放置一块与光轴成 45°的平玻璃板，距此玻璃板 25cm 处放置白光源（图 4-13-4 中未画出）照明的毫米尺 M_2。

（5）微动物镜前的微尺 M_1，消除视差，读出未放大的毫米尺 M_2 30 格所对应的微尺 M_1 的格数 a。

显微镜的测量放大率 $M = \frac{30 \times 10}{a}$；显微镜的计算放大率 $M = \frac{25\Delta}{f_o' f_e'}$

（6）本实验学生还可以自主设计并组装放大率不同的显微镜。

2. 设计并组装望远镜

（1）参照拓展知识中的图 4-13-5 组装成开普勒望远镜，用一只眼睛观察，对约 3m 远处的标尺调焦，并对准两个红色指标间的"E"字（距离 d_1=5cm）。

（2）用另一只眼睛直接注视标尺，经适应性练习，在视觉系统获得被望远镜放大的和直观标尺的叠加像，再测出放大的红色指标内直观标尺的长度 d_2。

（3）求出望远镜的测量放大率 $M = d_2/d_1$ 并与计算放大率 $M = f_1'/f_2'$ 作比较。

（4）本实验中，学生还可以自主设计并组装放大率不同的望远镜。

注意：标尺放在有限距离 S 处时，可对望远镜放大率 M' 做如下修正：

$$M' = M\frac{S}{S+f_1}$$

当 $S > 100f_1$ 时，修正量 $\frac{S}{S+f_1} \approx 1$。

【思考题】

（1）光学仪器的视角放大率是如何定义的？
（2）显微镜的视角放大率与哪些量有关？
（3）提高显微镜的视角放大率有哪些可能的途径？
（4）开普勒望远镜与伽利略望远镜有什么区别？
（5）组装望远镜时，如何选择物镜和目镜？是否可选用组装显微镜时所用的目镜？

【拓展知识】

1. 显微镜的实验装置图

显微镜的实验装置示意图如图 4-13-4 所示。

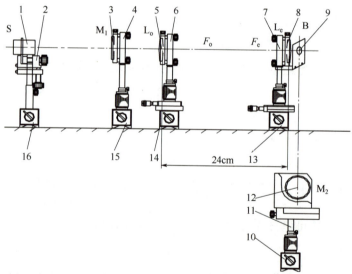

1—小照明光源 S（GY-20D）；2—干版架（SZ-12）；3—微尺 M_1（1/10 mm）；
4—二维架（SZ-07）或透镜架（SZ-08）；5—物镜 L_o（$f_o' = 45$ mm）；6—二维架（SZ-07）；
7—三维调节架（SZ-16）；8—目镜 L_e（$f_e' = 29$ mm）；9—45° 玻璃架（SZ-45）；
10，15—升降调节座（SZ-03）；11—双棱镜架（SZ-41）；12—毫米尺 M_2（$l = 30$ mm）；
13，14—三维平移底座（SZ-01）；16—通用底座（SZ-04）。

图 4-13-4　显微镜的实验装置示意图

2. 望远镜的实验装置图

开普勒望远镜的实验装置示意图如图 4-13-5 所示。

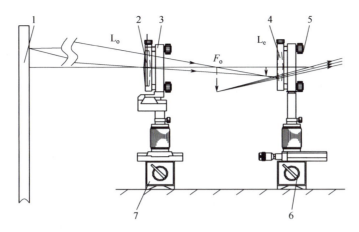

1—标尺；2—物镜 $L_0(f_0' = 225mm)$；3—二维架（SZ-07）；4—目镜 $L_e(f_e' = 45mm)$；
5—二维调节架（SZ-07）；6—三维平移底座（SZ-01）；7—二维平移底座（SZ-02）。

图 4-13-5 开普勒望远镜的实验装置示意图

4-14 杨氏双缝干涉

1801 年，托马斯·杨进行了光的干涉实验（又称杨氏实验），最早以明确的形式确立了光波叠加原理，用光的波动性解释了干涉现象。杨氏实验在物理学史上有着重要的地位，而且通过对其干涉条纹特性的分析可以得出许多重要的理论及实际意义的结论，从而大大丰富和深化了人们对干涉原理及光场干涉性的认识。这个实验首次提供了测定波长的方法。

自激光诞生后，干涉得到了更广泛的应用，小到纳米尺度、大到天体的精确测量都离不开激光干涉。2008 年四川汶川地震使人们对地震前期预报的需求变得日趋紧迫，纳米振动测量技术是研究地层声波传播规律的基础工具，使用激光波长作为测量基本刻度的激光干涉仪是目前精确度最高、应用最为广泛的高精度测量仪器。

【实验目的】

（1）了解光的干涉装置并通过安装和调试观察干涉现象。
（2）利用干涉条纹测定相应的未知量（波长或者双缝间距）。

【实验仪器与用品】

光源、光具座、杨氏双缝实验相应配件（具体见拓展知识）等。

【实验原理】

杨氏双缝干涉如图 4-14-1 所示，用单色光照在开有狭缝 S 的不透明的遮光板上，后面放置开有双缝 S_1 和 S_2（对应位置相当于点 s_1、s_2）的光阑。若 S、S_1 和 S_2 是相互平行的狭缝，则可在屏上形成明暗相间的直线形条纹。

通过矢量叠加的方法，可以算出屏幕上两束相干光叠加后的光强为

$$\overline{I} = A_1^2 + A_2^2 + 2A_1A_2\cos(\varphi_2 - \varphi_1) \quad (4\text{-}14\text{-}1)$$

式中，A_1 和 A_2 分别为两列波的振幅；φ_1 和 φ_2 分别为相位。

当 $\varphi_2 - \varphi_1 = 2k\pi(k = 0, 1, 2, 3\cdots)$ 时，$\overline{I} = (A_1 + A_2)^2$，合振动加强，干涉相长。

当 $\varphi_2 - \varphi_1 = (2k+1)\pi(k = 0, 1, 2, 3\cdots)$ 时，$\overline{I} = (A_1 - A_2)^2$，合振动减弱，干涉相消。

下面分析干涉条纹分布的特点，假设振源 s_1 和 s_2 的振动可表示为

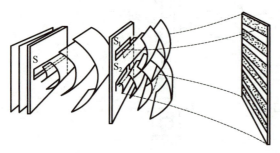

图 4-14-1　杨氏双缝干涉

$$\left.\begin{array}{l} E_{01} = A_{01}\cos(\omega t + \varphi_{01}) \\ E_{02} = A_{02}\cos(\omega t + \varphi_{02}) \end{array}\right\} \quad (4\text{-}14\text{-}2)$$

式中，E_{01} 和 E_{02} 分别为 s_1 和 s_2 的振动位移；A_{01} 和 A_{02} 分别为 s_1 和 s_2 的振幅；φ_{01} 和 φ_{02} 分别为 s_1 和 s_2 的初相位；ω 为频率。此后两列波同时到达空间另一点 P（图 4-14-2）时，P 点的振动为

$$\left.\begin{array}{l} E_1 = A_1\cos\left[\omega\left(t - \dfrac{r_1}{v_1}\right) + \varphi_{01}\right] \\ E_2 = A_2\cos\left[\omega\left(t - \dfrac{r_2}{v_2}\right) + \varphi_{02}\right] \end{array}\right\} \quad (4\text{-}14\text{-}3)$$

式中，v_1 和 v_2 分别为两列波在 r_1 和 r_2 两段路程上的传播速度。两列波在 P 点相遇后，在任意时刻的相位差为

$$\begin{aligned} \Delta\varphi &= \omega\left(\dfrac{r_1}{v_1} - \dfrac{r_2}{v_2}\right) + (\varphi_{01} - \varphi_{02}) \\ &= \dfrac{2\pi}{\lambda}(n_2 r_2 - n_1 r_1) + (\varphi_{01} - \varphi_{02}) \end{aligned} \quad (4\text{-}14\text{-}4)$$

这里定义折射率和路程的乘积为光程，用 Δ 表示，即 $\Delta = nr$，令 δ 为光程差，$\delta = n_2 r_2 - n_1 r_1$。

若整个装置在空气中，则 $n_2 = n_1 = 1$，假设 $\varphi_{01} = \varphi_{02}$，则有

$$\Delta\varphi = \dfrac{2\pi}{\lambda}(r_2 - r_1) \quad (4\text{-}14\text{-}5)$$

当 $\Delta\varphi = 2k\pi$ 或者 $r_2 - r_1 = 2k\dfrac{\lambda}{2}(k = 0, \pm1, \pm2\cdots)$ 时，两列波叠加后的强度最大，形成明条纹，即干涉相长。

当 $\Delta\varphi = (2k+1)\pi$ 或者 $r_2 - r_1 = (2k+1)\dfrac{\lambda}{2}(k = 0, \pm1, \pm2\cdots)$ 时，两列波叠加后的强度最小，

形成暗条纹，即干涉相消。

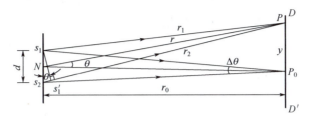

图 4-14-2　光程差的计算

从图 4-14-2 中可以看出，在近轴和远场近似条件（$r \gg d$ 和 $r \gg \lambda$）下

$$r_2 - r_1 \approx s_2 s_1' = d\sin\theta \quad (4\text{-}14\text{-}6)$$

当光强为最大值时，有

$$r_2 - r_1 \approx d\sin\theta = k\lambda \quad (4\text{-}14\text{-}7)$$

由于 $r_0 \gg d$，因此 $\sin\theta \approx \tan\theta = \dfrac{y}{r_0}$，$y$ 为观察点 P 到 P_0 的距离，故强度为最大值的点满足

$$d\sin\theta \approx d\dfrac{y}{r_0} = k\lambda$$

或

$$y = k\dfrac{r_0}{d}\lambda \,(k = 0,\ \pm 1,\ \pm 2\cdots) \quad (4\text{-}14\text{-}8)$$

强度为最小值的点满足

$$d\dfrac{y}{r_0} = (2k+1)\dfrac{\lambda}{2}$$

或

$$y = (2k+1)\dfrac{r_0}{d}\dfrac{\lambda}{2}\,(k = 0,\ \pm 1,\ \pm 2\cdots) \quad (4\text{-}14\text{-}9)$$

由上式可得，相邻两条强度最大的条纹或者相邻两条强度最小的条纹的顶点之间距离为

$$\Delta y = y_{k+1} - y_k = \dfrac{r_0}{d}\lambda \quad (4\text{-}14\text{-}10)$$

由此可知，若已知 r_0、λ，则测出 Δy 即可算出狭缝间距 d；若已知 d、r_0，则测出 Δy 也可算出入射光的波长 λ。

【实验内容与步骤】

（1）按照拓展知识里的实验装置示意图安装好杨氏双缝干涉实验的各附件，并按照下述步骤进行调整。

（2）使钠光通过透镜 L_1 会聚到狭缝 S 上，用透镜 L_2 将 S 成像于测微目镜分划板 M 上，然后将双缝 D 置于 L_2 近旁。调节狭缝、双缝与测微目镜分划板的毫米刻线平行，并适当调窄狭缝之后，目镜视场出现便于观测的杨氏干涉条纹。

（3）用测微目镜测量干涉条纹的间距 Δy，用米尺测量双缝至目镜焦面的距离 r_0，用显微镜测量双缝的间距 d，根据 $\Delta y = \dfrac{r_0}{d}\lambda$ 计算钠光的波长 λ。

【数据记录与处理】

将实验数据填入表 4-14-1。

表 4-14-1　杨氏双缝干涉测钠光波长　　　　　　　　　（单位：mm）

次数	1	2	3	4	5
干涉条纹位置读数 y_n					
干涉条纹位置读数 y_{n+1}					
$y_{n+1}-y_n$					
$\Delta y=(y_{n+1}-y_n)/5$					

根据 $\Delta y = \dfrac{r_0}{d}\lambda$ 计算钠光的波长 λ。

【思考题】

（1）干涉条纹的间距与哪些因素有关？如果双缝的间距减小，则干涉条纹如何变化？

（2）如果光源选用白光，则会在接收屏上看到什么现象？

【拓展知识】杨氏双缝干涉实验装置图

杨氏双缝干涉实验装置示意图如图 4-14-3 所示。

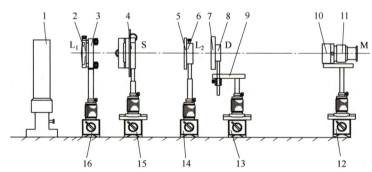

1—钠灯（加圆孔光阑）；2—透镜 L_1（$f'=50\text{mm}$）；3—二维架（SZ-07）；4—可调狭缝 S（SZ-27）；5—透镜架（SZ-08，加光阑）；6—透镜 L_2（$f'=150\text{mm}$）；7—双棱镜调节架（SZ-41）；8—双缝 D；9—延伸架；10—测微目镜架；11—测微目镜；12，13，15—二维平移底座（SZ-02）；14，16—升降调节座（SZ-03）。

图 4-14-3　杨氏双缝干涉实验装置示意图

第5章
近代物理和综合实验

 课程导入

19世纪末20世纪初,"以太漂移"的零结果和黑体辐射的"紫外灾难"引发了物理学的又一次深刻革命,由此诞生了近代物理学。

近代物理学革命的主要成果莫过于爱因斯坦的相对论和普朗克等人建立的量子力学,基于这两大理论的发展产生了现代新技术。近年来,我国在量子通信领域取得了巨大的飞跃,继2016年8月我国研制的世界首颗量子科学实验卫星——"墨子号"升空后,2022年7月,我国成功发射了世界首颗量子微纳卫星——"济南一号"。另外,我国在量子计算、量子光学、半导体物理及磁性材料等领域的基础研究和应用方面都取得了举世瞩目的成就。

纵观历史,物理学的发展直接推动着科学技术的进步,它已经广泛渗透到现代技术的各个领域。党的二十大报告指出,必须坚持科技是第一生产力、人才是第一资源、创新是第一动力。因此,青少年要认识到只有具备扎实的物理学基础知识,并且在实践中不断创新,才能掌握现代技术,从而为我国成为新时代的科技强国贡献自己的力量。

5-1 迈克尔逊干涉仪

迈克尔逊干涉仪是由美国物理学家迈克尔逊和莫雷于1881年研制成的,它对近代物理起着重要的作用。**迈克尔逊与莫雷在1887年利用这一装置做的著名的迈克尔逊–莫雷实验否定了"以太"的存在,这是爱因斯坦建立狭义相对论的实验基础之一。**除此之外,该装置在干涉计量中也有着广泛的应用,如测定微小的长度、气体的折射率和光谱的精细结构等。后来人们又将干涉仪的基本原理应用到许多方面,研制成各种形式的干涉仪,如泰曼–格林干涉仪和傅里叶干涉分光计等。

迈克尔逊干涉仪

美国路易斯安那州和华盛顿州的激光干涉引力波天文台是典型的基于迈克尔逊干涉仪和法布里-珀罗干涉仪的地面引力波探测器,其被寄希望于探测到频率为20Hz~10kHz的引力波信号。

【实验目的】

(1)掌握迈克尔逊干涉仪的调整和使用方法。
(2)观察迈克尔逊干涉仪形成的干涉条纹,区别等倾干涉、等厚干涉。
(3)学会用迈克尔逊干涉仪测定氦氖激光的波长。

【实验仪器与用品】

迈克尔逊干涉仪、多束光纤氦氖激光光源等。

【实验原理】

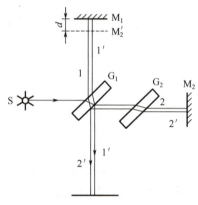

图 5-1-1 迈克尔逊干涉仪结构简图

迈克尔逊干涉仪是根据光的干涉原理来测量长度或长度变化的精密光学仪器,有多种结构形式。迈克尔逊干涉仪是实验室中常用的一种干涉仪,其结构简图如图 5-1-1 所示。

图 5-1-1 中,M_1、M_2 是在相互垂直的两臂上放置的两个平面反射镜。M_2 是固定的,M_1 可沿导轨前后移动(由精密丝杠控制)。M_1 和 M_2 的背面各有两个(或三个)调节螺钉,用来调节平面反射镜的方位。在 M_2 下方还有两个附有拉簧的微调螺钉,用于微调的 M_2 方位。

G_1、G_2 是两块材料相同、厚度相等的平行平面玻璃板。G_1 的第二表面上涂有半透(半反)膜,用来将入射光分成振幅近乎相等的两束光 1 和 2,故 G_1 称为分光板,它与两臂均呈 45°。G_2 称为补偿板,它补偿了光束 1 和 2 之间附加的光程差。G_1 和 G_2 平行放置。

M_1 的位置由三个读尺确定。主尺在导轨左侧,最小分度为 1mm;在仪器正面的窗口内有一个圆盘刻度尺,其有 100 个分度,最小分度为 0.01mm;右侧的微动鼓轮上也有 100 个分度,最小分度为 10^{-4}mm。

注意: BD 型干涉仪的粗调手柄右侧装有离合器扳手。离合器扳手拨向上方时,离合器处于接合状态;反之,处于分离状态。离合器扳手在下方时,可转动粗调手柄使 M_1 转动。离合器扳手在上方时,只可通过转动右侧的微动鼓轮使 M_1 微动。

如图 5-1-1 所示,从光源 S 射出的光束,到达分光板 G_1 的半透膜处被分成两部分:反射光 1 向着 M_1 前进,透射光 2 向着 M_2 前进,这两束光分别在 M_1、M_2 上反射后逆着各自的入射方向到达 1′、2′,最后都到达屏处。由于这两束光来自光源上同一点,因此是相干光,故在屏处的观察者能看到干涉条纹。

2′ 光在分光板 G_1 的第二面上反射,使 M_2 在 M_1 附近形成平行于 M_1 的虚像,因此光在 M_1 和 M_2 上的反射相当于来自 M_1 和 M_2' 的反射。由此可见,迈克尔逊干涉仪中产生的干涉与 M_1 和 M_2' 间的空气薄膜所产生的干涉是等效的。

当 M_1 与 M_2' 平行（M_1 与 M_2 相互垂直）时，可观察到圆形条纹（等倾干涉条纹）；当 M_1 和 M_2' 呈很小的角度时，在一定条件下，可以观察到直线形的干涉条纹（等厚干涉条纹）。

1. 等倾干涉条纹

当 M_1 与 M_2' 平行、相距为 d 时，从扩展光源 S 发出的入射角为 i 的平行光经过 M_1、M_2' 反射后（图 5-1-2）所形成的反射光束 $1'$、$2'$ 之间的光程差为

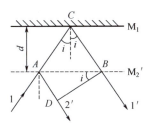

图 5-1-2　实验原理示意图

$$\delta = 2nd\cos i$$

若空气折射率 $n=1$，有

$$\delta = 2d\cos i \qquad (5\text{-}1\text{-}1)$$

证明如下

$$\begin{aligned}\delta &= AC + BC - AD \\ &= 2AC - AD \\ &= 2\frac{d}{\cos i} - AB\sin i\end{aligned}$$

把 $AB = 2d\tan i$ 代入上式，整理可得

$$\delta = 2d\cos i$$

当 d 一定时，入射光中所有倾角相同的光束具有相同的光程差和干涉情况，因此称为等倾干涉。当在屏处观察时，可看见一簇同心的明暗相间的圆形干涉条纹。

设光束 1、2 在分光板 G_1 的半透膜处无半波损失，则对第 k 级明条纹有

$$2d\cos i = k\lambda \qquad (5\text{-}1\text{-}2)$$

当 $i=0$ 时，$\cos i = 1$，表明条纹圆心处（$\delta = 2d$）的级数 k 最大，从圆心向外的圆条纹级数逐渐减小。

当 d 增大时，对于任一级干涉条纹（如第 k 级）必定以减小其 $\cos i_k$ 值来满足式（5-1-2），意味着该级条纹向 i_k 增大的方向移动，即向外扩展。此时观察者将看到条纹好似从圆心处冒出，且条纹变细变密；反之，当 d 减小时，好似条纹向中心缩进去，且条纹变粗变疏。 冒出或缩进一个干涉圆环，相应光程差变化一个入射单色光的波长，而 d 只变化半个波长。若观察到 ΔN 个干涉条纹的变化，则 d 变化了 Δd，显然有

$$\Delta d = \Delta N \frac{\lambda}{2} \qquad (5\text{-}1\text{-}3)$$

或

$$\lambda = \frac{2\Delta d}{\Delta N} \quad (5\text{-}1\text{-}4)$$

由式（5-1-4）可见，只要测出干涉环变化数量 ΔN 及相应的 M_1 的移动距离 Δd，就可以求出入射单色光源的波长 λ；若已知 λ、ΔN，则可求出 M_1 的移动距离 Δd。

2. 等厚干涉条纹

当 M_1、M_2' 相距很近时，调节 M_2 的方位，使 M_1 与 M_2' 之间呈很小的夹角，即形成空气劈尖。当单色平行光垂直入射（$i=0°$）时，光程差只与空气膜厚度有关，同一厚度处干涉情况相同，因此干涉条纹为一簇与劈尖棱边平行的明暗相间的直条纹。当移动 M_1 时，条纹变化数量 ΔN 与 M_1 的移动距离 Δd 及波长 λ 的关系仍符合式（5-1-3）和式（5-1-4）。

当实验中使用的光源并非单色平行光源，而是激光经扩束透镜后发出的单色光时，它在不同倾角方向上总会发出相应的平行光束。其中 $i=0°$ 方向的平行光束可产生直线形的等厚干涉条纹。这种现象会在 M_1、M_2' 交线附近 $d \to 0$ 的很小范围内出现。

【实验内容与步骤】

1. 调整迈克尔逊干涉仪，观察等倾干涉条纹

（1）调节三脚底座下的三个螺钉，使仪器处于水平位置。

（2）接通多光束激光光源的电源后，调节激光头支架使光束大致与 M_2 垂直，且使光斑位于分光板 G_1 的中心部位。此时，一般可从毛玻璃屏上观察到等倾干涉条纹。如从毛玻璃屏上观察不到等倾干涉条纹，则可按步骤（3）进行调整。

（3）移开毛玻璃屏，实验者面对分光板 G_1（戴上防护眼镜），可观察到两排红色的光点，调节 M_2 背面的三个螺钉，使两排反射光点重合（只调节 M_2 背面的三个螺钉不能使两排反射光点重合时，可调节 M_1 背面的三个螺钉），此时 M_1 与 M_2 相互垂直，移回毛玻璃屏，一般可从毛玻璃屏上观察到等倾干涉条纹（M_1、M_2 背面的三个螺钉不宜拧得过紧）。

（4）转动微动鼓轮，观察条纹的冒出和缩进现象，判断 d 是增大还是减小，同时观察条纹粗细、疏密的变化。

2. 利用等倾干涉条纹变化测氦氖激光波长

转动微动鼓轮，条纹每冒出（或缩进）50 次，记录 M_1 的位置（由三个读尺确定）一次，连续记录十次。由 $\lambda = \dfrac{2\Delta d}{\Delta N}$ 求出氦氖激光的波长 λ（氦氖激光波长的标准值为 632.8nm）。

3. 观察等厚干涉条纹

慢慢转动粗动手轮（BD 型干涉仪先使离合器扳手在下方），使干涉条纹逐渐向圆心缩进（此时条纹变粗变疏），直到整个视场条纹变成大致等距的曲线形状（此时 M_1 与 M_2' 基本重合），调解 M_2 下方的两个附有拉簧的微调螺钉，使 M_1 与 M_2' 呈很小的夹角，直到视场中出现直线形干涉条纹为止，观察条纹特点。

【数据记录与处理】

将测得的数据填入表 5-1-1，并按要求计算波长 λ 及其不确定度 $u(\lambda)$。

表 5-1-1 测定氦氖激光波长

干涉条纹变化数 n_1	0	50	100	150	200
M_1 的位置 d_1/mm					
干涉条纹变化数 n_2	250	300	350	400	450
M_1 的位置 d_2/mm					
$\Delta N = n_2 - n_1$	250	250	250	250	250
$\Delta d = (d_2 - d_1)$ /mm					
$\Delta \bar{d}$ /mm					
$\lambda = \dfrac{2\Delta \bar{d}}{\Delta N}$ /nm					

不确定度的计算

$$\Delta \bar{d} = \frac{\sum_{i=1}^{n} \Delta d_i}{n} = \frac{\Delta d_1 + \Delta d_2 + \Delta d_3 + \Delta d_4 + \Delta d_5}{5} \qquad (5\text{-}1\text{-}5)$$

$$u(\Delta \bar{d}) = \sqrt{\frac{\sum_{i=1}^{n}(\Delta d_i - \Delta \bar{d})^2}{n(n-1)}} \quad (n=5) \qquad (5\text{-}1\text{-}6)$$

$$u(\lambda) = \frac{2}{\Delta N} u(\Delta \bar{d}) \qquad (5\text{-}1\text{-}7)$$

$$\lambda = \bar{\lambda} \pm u(\lambda) \qquad (5\text{-}1\text{-}8)$$

【注意事项】

（1）微动鼓轮有较大的空程差，计数时，微动鼓轮应始终按一个方向转动。

（2）计数时，必须缓慢转动微动鼓轮。

【思考题】

（1）等倾干涉的圆条纹与牛顿环的等厚干涉的圆条纹有什么区别？

（2）等厚干涉的直条纹间距是否相等？等倾干涉的圆条纹间距是否相等？当 d 变化时，条纹各间距如何变化？

5-2　法拉第效应实验

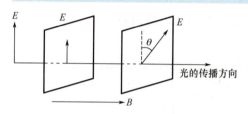

图 5-2-1　法拉第效应示意图

1845 年，英国物理学家法拉第在实验中发现，当一束线偏振光通过非旋光性介质时，如果在介质中沿光的传播方向施加一个外磁场 B，则在光通过介质后，光振动（指电矢量 E）的振动面会转过一个角度 θ，如图 5-2-1 所示，这种外磁场使介质产生旋光性的现象被称为法拉第效应，也称磁致旋光效应。

此后，人们在许多固体、液体和气体中都观察到磁致旋光现象。对于顺磁介质和抗磁介质，光偏振面的法拉第旋转角 θ 与光在介质中通过的路程 l 及外加磁场磁感应强度 B 在光传播方向上的分量成正比，即 $\theta=VBl$，其中 V 为费尔德常数。对于不同介质，偏振面旋转方向不同，习惯上规定，偏振面旋转方向与磁场方向满足右手螺旋定则的称为右旋介质，$V>0$；反向旋转的称为左旋介质，$V<0$。

与天然旋光物质的旋光效应不同，对于给定的物质，法拉第效应中光偏振面的旋转方向仅由磁场的方向决定，而与光的传播方向无关，利用这一特点，可以使光在介质中往返数次且使旋转角度增大。

从唯象模型上，法拉第效应可以通过下面的描述进行简单解释：线偏振光可以被分解为左旋圆偏振光和右旋圆偏振光，在无外加磁场时，被检测介质对这两种圆偏振光具有相同的折射率和光传播速度，故两种圆偏振光在介质中传播相同的距离后，它们的相位移相同，叠加后的线偏振振动面不会发生偏转。但是，当施加外磁场后，磁场与物质的相互作用改变了物质的光学特性，两种圆偏振光在介质中传播时具有不同的传播速度和介质折射率，因此，两者在介质中通过相同的距离后产生了不同的相位移，叠加后的线偏振振动面相对于入射光的线偏振振动面发生了旋转。

由于当时各方面技术条件的限制，法拉第效应被发现后的 100 多年里，始终未获得过实质性的应用。直到 20 世纪 60 年代，随着激光器的出现及光电子技术的发展，法拉第效应才逐渐得到了广泛的应用。例如，在半导体物理的研究中，它被用来测量载流子的有效质量和提供能带结构的知识；在电工技术测量中，它被用来测量电路中的电流和磁场；特别是在激光技术中，利用法拉第效应制成了光波隔离器或单通器（在激光多级放大技术和高分辨率激光光谱技术中是不可缺少的器件）。此外，在激光通信、激光雷达等技术中应用了基于法拉第效应的光频环行器、调制器等。

【实验目的】

（1）了解法拉第效应的物理现象及经典理论。

（2）采用实验室提供的仪器设备，初步掌握测量磁光效应的基本方法。
（3）确定待测样品的费尔德常数。
（4）培养学生理论联系实际的科学思维及实事求是的科学精神。

【实验仪器与用品】

法拉第效应实验装置（该装置示意图如图 5-2-2 所示），包括氦–氖激光器、起偏器、电磁铁、检偏器、探测器等，其中探测器包括光电转换盒和光功率计；游标卡尺；待测样品冕玻璃等。

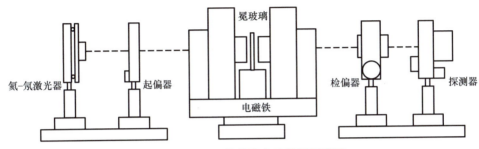

图 5-2-2　法拉第效应实验装置示意图

【实验原理】

实验现象：根据图 5-2-2，氦–氖激光器发出的激光光束通过起偏器后成为线偏振光，线偏振光通过电磁铁中心的小孔，并穿过处于磁隙中间的样品（本实验采用冕玻璃），进入检偏器和配有光电转换的探测器。未加磁场时，可以通过调节检偏器使其偏振方向与起偏器的偏振方向正交，此时光功率计显示值最小，通过该过程可以观察光的偏振和消光现象；加磁场后，可以明显地发现光的偏振方向发生改变，表现为光功率计显示值增大，通过再次消光，可以测出加磁场后偏振面转过的角度，并且可以观察到磁场不同时，偏转角也不同，这就是本实验观察到的法拉第效应。与一般的旋光相比，磁致旋光偏振面的旋转方向与光的传播方向无关，只与所加磁场的方向有关，这一点可以通过实验验证。

1. 唯象模型解释

实验中，从氦–氖激光器中发出的光束在通过起偏器后成为线偏振光，根据琼斯矢量表示，任一束线偏振光都可以用相同角速度转动的一束左旋和一束右旋的圆偏振光叠加得到，电子在左旋圆偏振光和右旋圆偏振光的电场作用下做左旋圆周运动和右旋圆周运动。在法拉第效应实验中，电子运动平面与磁场垂直，电子在磁场中受到洛仑兹力 F，其方向向着电子轨道中

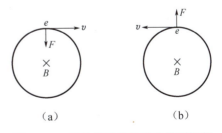

图 5-2-3　法拉第效应的唯象模型解释

心或背着电子轨道中心，视速度的方向而定，如图 5-2-3 所示。在洛仑兹力 F 向着电子轨道中心的情况下，电子受到的向心力增大，电子旋转变快；在洛仑兹力背着电子轨道中心的情况下，电子旋转变慢。电子旋转速度的变化影响了圆偏振光电场矢量的旋转角速度。当光从磁光介质（冕玻璃）中射出时，重新合成线偏振光。由于左旋圆偏振光和右旋圆偏振光

在介质中的速率不同，因此合成偏振光的振动面转过了一个角度。从图 5-2-3 中可以看出，电子旋转速率变化只取决于磁场方向与电子旋转方向，而与光的传播方向无关。

2. 经典理论解释

假设电子运动的速度比光速小得多，不必考虑相对论效应；假设外磁场的变化频率比光的频率小得多，可以将 B 看作不随时间改变的常数；只考虑光波的电场分量而忽略光波的磁场分量，因为在非相对论下电磁波的磁场对电荷的作用力远比电场的小。于是，电子在光波和外磁场作用下的运动方程为

$$\frac{d^2 r}{dt^2} + \omega_0^2 r = \frac{e}{m}\left(E + \frac{dr}{dt} \times B\right) \qquad (5\text{-}2\text{-}1)$$

式中，e 是电子电荷；m 是电子质量；B 是外磁场的磁感应强度；E 是光波的电场强度；r 是电子的位置坐标。在法拉第效应实验中，光波沿 z 轴传播，光波电场方向与 z 轴垂直，电子在 x—y 平面上运动，$r = xe_x + ye_y$，其中 e_x 和 e_y 分别为 x 轴方向和 y 轴方向的单位矢量。式（5-2-1）可以分解为 x 轴方向和 y 轴方向的两个分量

$$\frac{d^2 x}{dt^2} - \frac{e}{m} B \frac{dy}{dt} + \omega_0^2 x = \frac{e}{m} E_x \qquad (5\text{-}2\text{-}2)$$

$$\frac{d^2 y}{dt^2} + \frac{e}{m} B \frac{dx}{dt} + \omega_0^2 y = \frac{e}{m} E_y \qquad (5\text{-}2\text{-}3)$$

合并整理，得到

$$\frac{d^2}{dt^2}(x + iy) + i\frac{e}{m} B \frac{d}{dt}(x + iy) + \omega_0^2 (x + iy) = \frac{e}{m}(E_x + iE_y) \qquad (5\text{-}2\text{-}4)$$

$$\frac{d^2}{dt^2}(x - iy) - i\frac{e}{m} B \frac{d}{dt}(x - iy) + \omega_0^2 (x - iy) = \frac{e}{m}(E_x - iE_y) \qquad (5\text{-}2\text{-}5)$$

令 $E_r = E_x + iE_y$，$E_l = E_x - iE_y$，其中 E_r 和 E_l 分别对应于右旋圆偏振光和左旋圆偏振光，而 $(x + iy)$ 和 $(x - iy)$ 相当于电子分别向右旋转和向左旋转。式（5-2-4）和式（5-2-5）分别对应于电子的右旋运动和左旋运动。

令 $r_r = x + iy$，$r_l = x - iy$ 并代入式（5-2-4）和式（5-2-5），得到

$$\frac{d^2}{dt^2} r_r + i\frac{e}{m} B \frac{dr_r}{dt} + \omega_0^2 r_r = \frac{e}{m} E_r$$

$$\frac{d^2}{dt^2} r_l - i\frac{e}{m} B \frac{dr_l}{dt} + \omega_0^2 r_l = \frac{e}{m} E_l$$

这两个方程式分别是电子右旋和左旋的运动方程。设入射光进入磁光材料前是线偏振光，电矢量在 $z = 0$ 处（材料端点）的光振动满足 $E_x = E_0 \cos\omega t$，$E_y = 0$。进入磁光物质后，线偏振光分解为右旋圆偏振光和左旋圆偏振光：$E_r = \frac{E_0}{2} e^{i(\omega t - k_r z)}$，$E_l = \frac{E_0}{2} e^{i(\omega t - k_l z)}$，其中

k_r 和 k_l 分别是右旋圆偏振光和左旋圆偏振光在磁光介质中的波矢。解方程可以得到

$$r_r = \frac{eE_0/2m}{\omega_0^2 - \omega^2 - \frac{e}{m}B\omega} \qquad (5\text{-}2\text{-}6)$$

与 r_r 相当的感生电偶极矩为

$$P_r = Ner_r = \frac{Ne^2E_0/2m}{\omega_0^2 - \omega^2 - \frac{e}{m}B\omega} \qquad (5\text{-}2\text{-}7)$$

式中，N 是单位体积中电偶极子的数目。

令

$$\omega_r = \frac{e}{2m}B \qquad (5\text{-}2\text{-}8)$$

ω_r 与频率的量纲相同，称为拉摩频率，事实上它是在轨道上做圆周（或椭圆）运动的电子在外磁场 B 的作用下的进动频率。拉摩频率比光的频率（约 10^{14} Hz）小得多，如在 $B = 0.1\text{T}$ 的磁场作用下

$$\nu_r = \frac{\omega_r}{2\pi} = 1.4 \times 10^9 \text{ Hz}$$

将式（5-2-8）代入式（5-2-7），得到

$$P_r = \frac{Ne^2E_0/2m}{\omega_0^2 - \omega^2 - 2\omega_r\omega} \qquad (5\text{-}2\text{-}9)$$

由于 $\omega_r \ll \omega$，则有

$$(\omega + \omega_r)^2 = \omega^2\left(1 + 2\frac{\omega_r}{\omega} + \frac{\omega_r^2}{\omega^2}\right) \approx \omega^2\left(1 + 2\frac{\omega_r}{\omega}\right)$$

于是

$$\omega_0^2 - \omega^2 - 2\omega_r\omega \approx \omega_0^2 - (\omega + \omega_r)^2$$

代入式（5-2-9），得

$$P_r = \frac{Ne^2E_0/2m}{\omega_0^2 - (\omega + \omega_r)^2}$$

假设磁光材料是一种气体，可以得到折射率

$$n_r = 1 + \frac{Ne^2}{m\varepsilon_0} \cdot \frac{1}{\omega_0^2 - (\omega + \omega_r)^2} \qquad (5\text{-}2\text{-}10)$$

同理，可以得到

$$n_l = 1 + \frac{Ne^2}{m\varepsilon_0} \cdot \frac{1}{\omega_0^2 - (\omega + \omega_l)^2} \qquad (5\text{-}2\text{-}11)$$

实际上，大多数磁光材料是固体，可以得到

$$\frac{n_r^2-1}{n_r^2+2} = \frac{Ne^2}{3m\varepsilon_0} \cdot \frac{1}{\omega_0^2-(\omega+\omega_r)^2} \quad (5\text{-}2\text{-}12)$$

对于 n_l 也有类似的公式。无论是气体还是稠密介质，在磁光效应的情况下都有两个不同的折射率 n_l 和 n_r，它们分别对应于左旋圆偏振光和右旋圆偏振光。线偏振光进入磁光介质后分解为左旋圆偏振光和右旋圆偏振光，两种圆偏振光的折射率略有不同，经过厚度为 d 的介质后，两者的位相差为

$$\delta = \frac{2\pi}{\lambda}d(n_r-n_l) \quad (5\text{-}2\text{-}13)$$

当光从介质另一端射出时，振动面的旋转角度为

$$\Delta\theta = \frac{\delta}{2} = \frac{\pi}{\lambda}d(n_r-n_l) \quad (5\text{-}2\text{-}14)$$

【实验内容与步骤】

（1）按照图 5-2-2 连接好设备，调节氦－氖激光器底部的调节架，使激光器发出的准直光束完全通过电磁铁中心的小孔（电磁铁纵向放置）。

（2）调节刻度盘的高度，使激光器光斑正好打在光电转换盒的通光孔上，此时旋动刻度盘上的旋钮，可以发现光功率计读数发生变化。

（3）调节样品测试台，并旋动测试台上的调节旋钮，使冕玻璃缓慢转动升起，此时光应完全通过样品。

（4）如果氦－氖激光器激光管内已经装有布儒斯特窗，氦－氖激光器射出的光已经是线偏振光，则不需要加装图 5-2-2 中的起偏器；否则，需要调节起偏器获得偏振光。然后旋动检偏器刻度盘上的旋钮，使刻度盘内偏振片的检偏方向发生变化，转动刻度盘，必定存在一个角度，使光功率计示值最小（光功率计可以调节量程，以使测量更加精确），即此时激光器发出的线偏振光的偏振方向与检偏方向垂直，通过游标盘读取角度 θ_1。

（5）开启励磁电源，给样品加稳定磁场，此时可以看到光功率计读数增大，这完全是法拉第效应作用的结果。再次转动刻度盘，使光功率计读数最小，读取此时的角度 θ_2。

（6）关闭氦－氖激光器电源，旋下冕玻璃，移动样品测试台，使磁场测量探头正好位于磁隙中心，读取此时的磁感应强度测量值 B；用游标卡尺测量样品厚度（冕玻璃厚度参考值 $d=5$ mm），根据公式 $\Delta\theta=VBd$ 求出该样品的费尔德常数 V。

教师可以根据实际需要，合理安排实验过程，比如可以采用改变电流方向求平均值的方法来测量偏转角；也可以通过改变励磁电流而改变中心磁场的场强，测量不同场强下的偏转角，以研究材料的磁光特性。

【数据记录与处理】

将测得的数据填入表 5-2-1，并计算样品的费尔德常数。

表 5-2-1 法拉第效应实验数据

励磁电流 I_m/A	磁感应强度 B/mT	转动角度 $\Delta\theta$/rad	增加磁感应强度 ΔB/mT	$\Delta\theta/\Delta B$ (rad·mT^{-1})	费尔德常数 V/ (rad·T^{-1}·m^{-1})

【思考题】

(1) 通过冕玻璃的光是什么光？如何得到？

(2) 磁场与偏振角有什么关系？

(3) 许多晶体材料除了具有法拉第效应外，还可能存在自选旋光、双折射等固有的光学效应，这些效应会影响本实验测量的精度，用什么实验方法能去除这些因素的影响？

5-3 光电效应法测定普朗克常数

普朗克常数是联系物质的粒子性与波动性的重要物理常量，作为判别是否作量子领域处理的重要参数，它在宏观世界和微观世界之间架起了一座桥梁，同时反映了微观世界量子化的最小基本单位。光电效应实验不仅可以简单准确地测出普朗克常数，而且有助于学生理解光电效应的基本原理及更好地认识光的粒子性。

【实验目的】

(1) 通过实验深刻理解爱因斯坦的光电子理论，了解光电效应的基本规律。

(2) 验证爱因斯坦方程，用光电效应法测定普朗克常数。

(3) 了解计算机数据采集、数据处理的方法。

【实验仪器与用品】

ZKY-GD-4 智能光电效应实验仪、汞灯、光电管、滤光片等。

【实验原理】

当光照射在某些金属表面上时，电子从金属表面逸出，这种现象称为光电效应。逸出的电子称为光电子。

光电效应具有以下实验规律。

(1) 光电子的数目（光电流）与入射光的强度成正比。

(2) 光电效应存在一个截止频率，当入射光频率低于某个值时，无论光的强度如何、照射时间多长，都不产生光电子。

（3）光电子的最大初动能与入射光的强度无关，而只与入射光的频率成正比。

（4）光电效应是瞬时效应，一经光线照射，就立即产生光电子。

光电效应是光的经典电磁理论所不能解释的。1905年，爱因斯坦从普朗克的能量子假设中受到启发，提出了"光量子"概念。他认为光是一种微粒——光子；从一点发出的光不是按照麦克斯韦电磁理论指出的以连续分布的形式把能量传播到空间，而是以光子的形式一份份地向外辐射；频率为 ν 的光子具有能量 $\varepsilon = h\nu$，h 为普朗克常数（公认值为 6.626×10^{-34} J·s）。根据这一理论，光电效应可以解释如下：当光子照射到金属表面上时，一次被金属中的电子全部吸收，而无须积累能量的时间；电子把部分能量用来克服金属表面对它的约束，余下能量变为电子离开金属表面后的动能。根据能量守恒定律，爱因斯坦提出了著名的光电效应方程，即

$$h\nu = \frac{1}{2}mv_m^2 + W \qquad (5\text{-}3\text{-}1)$$

式中，m 和 v_m 分别是光电子的质量和最大速度；$\frac{1}{2}mv_m^2$ 是光子从金属表面逸出时的最大初动能；W 是电子摆脱金属表面的约束所需要的逸出功。

当光子能量 $h\nu$ 小于逸出功 W 时，电子不能逸出金属表面，因而不产生光电效应；产生光电效应的入射光的最低频率 $\nu_0 = W/h$，称为光电效应的截止频率。

光电效应实验原理如图 5-3-1 所示。图中 GD 为光电管，K 为光电管的阴极，A 为光电管的阳极，G 为检流计，V 为电压表，R_p 为滑线变阻器，调节 R_p 可以得到实验所需要的电位差 U_{AK}。当单色光入射到光电管的阴极 K 上时，光电子将从阴极逸出，由于光电子具有最大初动能，因此即使在加速电位差 $U_{AK} = U_A - U_K = 0$ 时，仍然有光电子落到阳极而形成光电流；若在阳极 A 和阴极 K 之间加一个反向电压 U_{AK}（K 为正极），则它对光电子运动起减速作用，随着 U_{AK} 绝对值的增大，到达阳极的光电子相应减少，光电流 I 减小，当 $U_{AK} = U_s$ 时，光电流降为零，如图 5-3-2 所示的光电管的 U–I 特性曲线，此时光电子的初动能全部用于克服反向电场作用，由功能原理得到

$$eU_s = \frac{1}{2}mv_m^2 \qquad (5\text{-}3\text{-}2)$$

此时反向电压 U_s 称为光电效应的截止电压。将式（5-3-2）和 $W = h\nu_0$ 代入式（5-3-1），得

$$U_s = \frac{h}{e}(\nu - \nu_0) \qquad (5\text{-}3\text{-}3)$$

式中，h、e 是常量，对同一光电管 ν_0 也是常量。

式（5-3-3）表明截止电压 U_s 是入射光频率的函数，入射光频率不同，截止电压也不同。

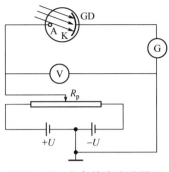

图 5-3-1 光电效应实验原理

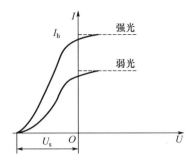

图 5-3-2 光电管的 U–I 特性曲线

图 5-3-3 所示为光电管对不同频率光的 U–I 特性曲线。在实验中，首先测量出不同频率下的 U_s，然后作出 U_s–ν 曲线，若它是一条直线，则说明光电效应方程是正确的，此时通过 U_s–ν 曲线求出斜率 $k=\dfrac{\Delta U_s}{\Delta \nu}$，从而根据 $h=ke$ 求出普朗克常数，其中 $e=1.60\times10^{-19}\mathrm{C}$。实验测得的 U_s–ν 曲线如图 5-3-4 所示。同时，可以由该直线在横坐标轴上的截距求出截止频率 ν_0，由该直线在纵坐标轴上的截距求出逸出电位 $\varphi_s=-\dfrac{h}{e}\nu_0$。

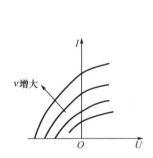

图 5-3-3 光电管对不同频率光的 U–I 特性曲线

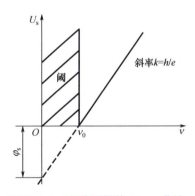

图 5-3-4 实验测得的 U_s–ν 曲线

极间接触电位差与入射光频率无关，只影响 U_s 的准确性，不影响 U_s–ν 的直线斜率，对测定 h 无大影响，从而本实验可以忽略接触电位带来的影响。

实验中测得的 U–I 特性曲线与理想曲线有所不同，原因如下。

（1）阳极是用逸出电势较高的铂、钨或镍等材料做成的，本来只有远紫外线照射才能逸出光电子，但是光电管在制作和使用过程中阳极常会沉积阴极材料，当阳极受到部分漫反射光照射时也会产生光电子。施加在光电管上的外电场对这些光电子来说正好是加速电场，它们很容易到达阳极，形成阳极反向电流。

（2）暗盒中的光电管即使没有光照射，在外加电压下也会流过微弱电流，称作暗电流，其主要原因是极间绝缘电阻漏电（包括管座及玻璃壳内外表面的漏电）、阴极在常温下的热电子辐射等。暗电流与外加电压基本呈线性关系。

由于以上原因，实验测得的 U–I 特性曲线如图 5-3-5 所示。这里光电流是阴极电流、阳极反向电流和暗电流的代数和。阳极反向电流和暗电流使得测定截止电压变得困难，对于不同的光电管，应根据 $U\text{-}I$ 特性曲线的特点，选用不同的方法确定截止电压。由图 5-3-5 可知，由于阳极反向电流的存在，当实测电流为零时，阴极电流并不为零，特性曲线与 U 轴的交点电势 U_{KA} 也并不是截止电压 U_s。由于本实验仪器的电流放大器灵敏度高、稳定性好；光电管阳极反向电流、暗电流都很小，截止电压与真实值相差较小；各谱线的截止电压都相差 ΔU，对 $U_s\text{-}\nu$ 曲线的斜率无大的影响，因此测定截止电压采用零电流法，即直接将光照射下测得的电流为零时对应的电压 U_{KA} 作为截止电压 U_s。故准确地找出每种频率入射光所对应的外加截止电压是本实验成功的关键。

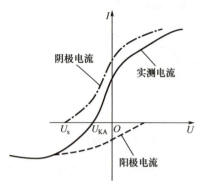

图 5-3-5 实验测得的 $U\text{-}I$ 特性曲线

【仪器介绍】

1. 仪器构成

光电效应实验装置由光电检测装置和实验主机（ZKY-GD-4 智能光电效应实验仪）两部分组成，整套仪器结构示意图如图 5-3-6 所示。ZKY-GD-4 智能光电效应实验仪面板示意图如图 5-3-7 所示。

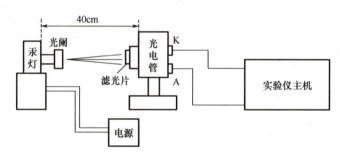

图 5-3-6 光电效应实验装置结构示意图

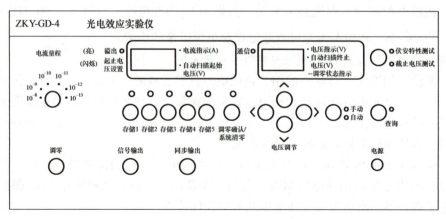

图 5-3-7 ZKY-GD-4 智能光电效应实验仪面板示意图

（1）光电检测装置包括汞灯及电源、滤光片、光阑、光电管（带暗盒）。

（2）实验主机为 ZKY-GD-4 智能光电效应实验仪（以下简称实验仪），它由微电流放大器和扫描电压源发生器两部分组成。

2. 实验仪的主要功能及特点

（1）实验仪自身提供手动测试和自动扫描测试两种工作方式，并可进一步升级为计算机联机测试，从而使测试操作、数据记录及数据处理更加方便。

（2）实验仪提供五个独立的测试数据存储区（每个存储区都可以存储 500 组数据），可以存储五次测试数据，同时可以对测试数据进行查询。

（3）通过普通示波器可以观察测试曲线的动态过程，从而更容易理解实验所表达的物理特性。

（4）通过选择实验类型、改变输出电压挡位可使实验仪支持测定普朗克常数和测定光电管伏安特性曲线两组实验。

（5）实验仪扫描电压源能分别提供 $-2 \sim 0V$ 及 $-1 \sim 50V$ 两挡扫描电压，供进行光电效应测定实验及光电管伏安特性实验使用；实验仪主机的微电流放大器分为六挡，测量范围为 $10^{-13} \sim 10^{-8}A$，最大指示值为 $2\mu A$。

3. 各部分的技术参数

（1）汞灯：可用谱线有 365.0nm、404.7nm、435.8nm、546.1nm、577.0nm；测量误差 $\leq 3\%$。

（2）光电管：阳极为镍圈；光谱的响应范围为 $340 \sim 700nm$；最小阴极灵敏度 $\geq 1\mu A/lm$；暗电流 $I \leq 2 \times 10^{-12}A$（$-2V \leq U_{AK} \leq 0V$）。

（3）滤光片：具有滤选 365.0nm、404.7nm、435.8nm、546.1nm、577.0nm 五组谱线的能力。

（4）微电流放大器。

① 电流测量范围：$10^{-13} \sim 10^{-8}A$，分为六挡，三位半数显，最小显示位 $10^{-14}A$。

② 零点漂移：开机 20min 后，30min 内不大于满度读数的 $\pm 0.2\%$（$10^{-13}A$）。

（5）光电管工作电源：$-2 \sim 0V$ 挡，示值精度 $\leq 1\%$，最小调节电压为 2mV；有 $-1 \sim 50V$ 挡，示值精度 $\leq 5\%$，最小调节电压为 0.5V。

【实验内容与步骤】

1. 测试前的准备

（1）将实验仪及汞灯电源接通（汞灯及光电管暗箱遮光盖盖上），预热 20min。

（2）调整光电管与汞灯的距离约为 40cm 并保持不变。

（3）用专用连接线将光电管暗箱电压输入端与实验仪电压输出端（背板）连接起来（红—红，蓝—蓝）。

（4）选择"电流量程"开关的挡位。在截止电压测试和伏安特性测试中电流挡位分别为 $10^{-13}A$ 和 $10^{-10}A$。

（5）实验仪调零。首先将光电管暗箱电流输出端 K 与实验仪微电流输入端（背板）断开；然后旋转"调零"旋钮，使电流指示值为000.0；最后按"调零确认/系统清零"键，跳出调零状态，系统进入测试状态。

注意：实验仪在开机或改变电流量程后，都要重新调零。

（6）将光电管暗箱电流输出端与实验仪微电流输入端连接起来。

2. 测定普朗克常数

测量截止电压时，"伏安特性测试/截止电压测试"状态键应为截止电压测试状态，"电流量程"开关应处于10^{-13}A挡。

（1）手动测试。

① 选择实验仪的工作状态，使"手动/自动"模式键处于手动模式。

② 将直径4mm的光阑及365nm的滤光片装在光电管暗箱输入口上，打开汞灯遮光盖。

③ 用电压调节键调节U_{AK}，使电压从低到高变化（绝对值减小），观察电流的变化，寻找电流为零时对应的电压U_{AK}，以其绝对值作为该波长对应的截止电压U_s，将此数据记于表5-3-1中。

④ 依次换上405nm、436nm、546nm、577nm的滤光片，重复以上测量步骤。

（2）自动测试。

① 选择实验仪的工作状态，使"手动/自动"模式键处于自动模式。

② 设置自动扫描电压。此时电流表左边的指示灯闪烁。建议扫描范围大致设置为365nm，$-1.90 \sim 1.50$V；405nm，$-1.60 \sim 1.20$V；436nm，$-1.35 \sim 0.95$V；546nm，$-0.80 \sim 0.4$V；577nm，$-0.65 \sim 0.25$V。

③ 按动相应的存储区按键，仪器首先清除存储区原有数据，等待30s；然后按4mV的步长自动扫描，并显示、存储相应的电压、电流值（灯亮表示该存储区已存有数据，灯不亮为空存储区，灯闪烁表示系统预选的或正在存储数据的存储区）。

④ 数据查询。扫描完成后，仪器自动进入数据查询状态，此时查询灯亮，显示区显示扫描起始电压和相应的电流值。用电压调节键改变电压值，可查阅在测试过程中，扫描电压为当前显示值时相应的电流值。读取电流为零时对应的U_{AK}，以其绝对值作为该波长对应的U_s，并把此数据记于表5-3-1中。

将以上手动测试和自动测试的截止电压输入计算机进行数据处理并作图。

（3）计算机测试。

使用者可以通过计算机对实验仪器进行控制和操作，完成实验的全部内容，并且自动记录、存储实验数据，显示图形，形成实验报告及打印结果。具体实验步骤参见光电效应实验仪和光纤传感实验仪网络实验管理系统软件介绍。

3. 测定光电管的伏安特性曲线

测定光电管的伏安特性曲线时，"伏安特性测试/截止电压测试"状态键应为伏安特性测试状态，"电流量程"开关应处于10^{-10}A挡，并重新调零。

（1）测定伏安特性曲线可选用"手动"或"自动"模式，测量的最大范围为$-1 \sim 50$V，自动测量时步长为1V。仪器的功能及使用方法如前所述。将相应的实验数据填入表 5-3-2。

（2）本实验还可以通过联机实时测试和虚拟伏安特性曲线。

根据实验需要，可完成如下测定。

① 可同时观察五条谱线在同一光阑、同一距离下的伏安饱和特性曲线。

② 可同时观察某条谱线在不同距离（不同光强）、同一光阑下的伏安饱和特性曲线。

③ 可同时观察某条谱线在不同光阑（不同光通量）、同一距离下的伏安饱和特性曲线。

由此可验证光电管饱和光电流与入射光强成正比。

【数据记录与处理】

将不同频率的光照射下光电管的实验数据分别填入表 5-3-1 和表 5-3-2。

表 5-3-1　不同频率的光照射下光电管的 U_s–ν 关系

波长 λ/nm		365	405	436	546	577	h($\times 10^{-34}$)/(J·s)	E/(%)
频率 ν($\times 10^{14}$)/Hz		8.214	7.408	6.879	5.490	5.916		
截止电压 U_s/V	手动							
	自动							
	联机							

表 5-3-2　不同频率的光照射下光电管的 I–U 关系

365nm	U_{KA}/V								
	I_{KA}($\times 10^{-10}$)/A								
405nm	U_{KA}/V								
	I_{KA}($\times 10^{-10}$)/A								
436nm	U_{KA}/V								
	I_{KA}($\times 10^{-10}$)/A								
546nm	U_{KA}/V								
	I_{KA}($\times 10^{-10}$)/A								
577nm	U_{AK}/V								
	I_{KA}($\times 10^{-10}$)/A								

（1）根据表 5-3-1 的实验数据，得到 U_s–ν 直线的斜率 k，然后用 $h=ke$ 求出普朗克数量，式中，$e=1.60\times 10^{-19}$ C。

（2）求出相对误差 $E=\dfrac{h-h_0}{h_0}\times 100\%$。式中，$h_0=6.626\times 10^{-34}$ J·s。

（3）根据表 5-3-2 实验数据作出在不同频率光照射下光电管的伏安特性曲线。

【注意事项】

（1）光电效应实验仪在开机或改变电流量程后，都要重新调零，并且应将光电管暗箱电流输出端K与实验仪微电流输入端（背板）断开。

（2）关闭汞灯后不要立即开启，须待汞灯冷却后开启。

（3）使用光电管时切忌强光直接照射，故打开遮光盖更换滤光片时最好遮住汞灯，然后更换滤光片。实验后，要立即用遮光盖盖住光电管的入光窗口。

（4）应保持滤光片清洁，使用时不得用手触摸滤光片表面。

【思考题】

（1）简述普朗克常数的重要性。

（2）极间接触电位差是否对本实验的测量结果有影响？

5-4 稳态平板法测定不良导体的导热系数

导热系数（又称热导率）是反映材料热性能的重要物理量。导热是热交换的三种基本形式（导热、对流和辐射）之一，是工程热物理、材料科学、固体物理、能源及环保等研究领域的课题。材料的导热机理在很大程度上取决于它的微观结构，热量的传递依靠原子、分子围绕平衡位置的振动及自由电子的迁移。在金属中电子流起支配作用，在绝缘体和大部分半导体中则以晶格振动起主导作用。因此，某种材料的导热系数不仅与构成材料的物质种类密切相关，还与它的微观结构、温度、压力及杂质含量相关。在科学实验和工程设计中，所用材料的导热系数需要用实验的方法精确测定。

1822年，法国科学家傅里叶提出了热传导理论。其他测量导热系数的方法都是建立在傅里叶热传导定律的基础之上的，从测量的方法来说，可分为两大类：稳态法和瞬态法。本实验采用稳态平板法测定不良导体的导热系数。

稳态平板法测定不良导体的导热系数

【实验目的】

（1）了解热传导现象的物理过程。

（2）学习用稳态平板法测定不良导体的导热系数。

（3）用作图法求冷却速率。

【实验仪器与用品】

YBF-2型导热系数测试仪、橡皮样品板、杜瓦瓶等。

【实验原理】

当物体内部存在温度梯度时，热量从温度高处传递到温度低处，这种现象称为热传导。

傅里叶在研究了固体的导热现象后，建立了热传导定律。他指出，在 dt 时间内通过面元 dS 的热量 dQ，正比于该处的温度梯度及面元 dS，即

$$\frac{dQ}{dt} = -\lambda \frac{dT}{dx} dS \qquad (5\text{-}4\text{-}1)$$

式中，$\frac{dQ}{dt}$ 为传热速率；λ 为导热系数，用于表征物体导热能力；$\frac{dT}{dx}$ 为与面元 dS 垂直方向上的温度梯度；"－"表示热量由物体高温区域传向低温区域。

通过实验发现，λ 一般因材料的不同而异。凡金属材料的 λ 都很大，这类材料称为热的良导体；凡非金属材料的 λ 一般都很小，称为热的不良导体。研究测试出 λ 的准确数值，对研究材料的物理性质有重要的意义。

在一维稳定导热的情况（热流垂直于 S 面，如图 5-4-1 所示）下，对于一个厚度为 h、上下表面面积为 $S = \frac{\pi}{4} D^2$ 的均匀平板样品（D 为样品直径），维持上下表面稳定的温度 T_1 和 T_2，此时通过样品的传热速率为

$$\frac{dQ}{dt} = \lambda \frac{T_1 - T_2}{h} S \qquad (5\text{-}4\text{-}2)$$

式中，λ 为该物质的导热系数。由此可知，导热系数是表示物质热传导性能的物理量，它的数值等于相距为单位长度的两平行平面，当温度相差一个单位时，在单位时间内垂直通过单位面积的热量。

导热系数的单位为 W/(m·K)（瓦特每米开尔文）。

由于材料的结构变化及杂质多寡对导热系数都有明显的影响，同时导热系数一般随温度而变化，因此实验时要一并记录材料的成分、温度等。

测定不良导体导热系数的实验装置示意图如图 5-4-2 所示，固定于底座上的三个隔热螺旋头支撑着铜制散热盘，在散热盘上安放待测的圆盘样品，样品上再安放圆盘发热体。实验时，一方面发热体的底面直接将热量通过样品的上表面传入样品，另一方面散热盘依靠电扇有效、稳定地散热，使传入样品的热量不断通过样品下表面散出，当传入的热量等于输出的热量时样品处于稳定导热状态，发热体与散热盘的温度为稳定的数值。该温度值由热电偶检测并转换为热电势后经数字电压表显示。

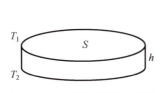

图 5-4-1 热流垂直于 S 面

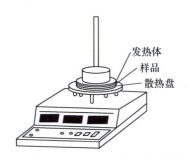

图 5-4-2 测定不良导体导热系数的实验装置示意图

在前面的讨论中，只考虑了一维稳定导热的情况（热流垂直于 S 面），未考虑样品侧面散热的影响，在实验中，要降低侧面散热的影响，就需要减小 h。另外，本实验用发热体和散热盘的温度代替待测样品上下表面的温度 T_1 和 T_2，故实验时必须保证样品与发热体的底部及散热盘的上表面密切接触。

由傅里叶热传导定律可知，通过待测样品的热流量为

$$\frac{\mathrm{d}Q}{\mathrm{d}t} = \lambda \frac{\pi D^2}{4} \cdot \frac{T_1 - T_2}{h} \tag{5-4-3}$$

式中，λ 为样品的导热系数；D 为样品的直径；T_1 和 T_2 分别为稳态时样品上下表面的温度；h 为样品的厚度。

考虑到实验时通过热电偶来测量发热体的底部及散热盘的温度，设热电偶输出的热电势为 E，E_1 和 E_2 分别表示温度为 T_1 和 T_2 时热电偶的输出。当温差不大时，可用 E_1 和 E_2 代替 T_1 和 T_2，此时，通过待测样品的热流量为

$$\frac{\mathrm{d}Q}{\mathrm{d}t} = \lambda \frac{\pi D^2}{4} \cdot \frac{E_1 - E_2}{h} \tag{5-4-4}$$

实验中，当传热达到稳态时，E_1 和 E_2 的值将稳定不变，可以认为发热体通过样品上表面向样品传热的速率与由散热盘向周围环境散热的速率相等。因此，可通过散热盘在稳定温度 T_2 下的散热速率求出热流量 $\dfrac{\mathrm{d}Q}{\mathrm{d}t}$，方法如下：读取稳态时的 E_1 和 E_2 后，抽去样品，在发热体的底面与散热盘直接接触后停止加热，让散热盘自然冷却，当散热盘的温度降到高于稳态 E_2 的热电势示值 0.1mV 时，每隔一段时间读取散热盘的热电势示值 E_{II}，直到热电势示值低于稳态 E_2 约 0.1mV。可测得热电势示值 E_{II} 在大于 E_2 到小于 E_2 区间随时间变化的 E_{II}-t 曲线，该曲线在 E_2 时的斜率 $(\mathrm{d}E/\mathrm{d}t)_{E_2}$ 就是散热盘在温度 T_2 时的冷却速率。设此时散热速率为 $\dfrac{\mathrm{d}Q'}{\mathrm{d}t'}$，则有

$$\frac{\mathrm{d}Q'}{\mathrm{d}t'} = c_\mathrm{o} m \left(\frac{\mathrm{d}E_{\mathrm{II}}}{\mathrm{d}t}\right)_{E_2} \tag{5-4-5}$$

式中，c_o 和 m 分别为散热盘的比热容和质量。因为散热盘冷却过程中与发热体接触，所以可得稳态时

$$\frac{\mathrm{d}Q}{\mathrm{d}t} = \frac{\mathrm{d}Q'}{\mathrm{d}t'}$$

将式（5-4-4）与式（5-4-5）结合，可以得到**导热系数的计算公式**，即

$$\lambda = \frac{4mc_\mathrm{o}}{\pi D^2} \cdot \frac{h}{E_1 - E_2} \cdot \left(\frac{\mathrm{d}E_{\mathrm{II}}}{\mathrm{d}t}\right)_{E_2} \tag{5-4-6}$$

【实验内容与步骤】

1. 连接各仪表及器材

按图 5-4-2 所示安装待测样品，连接好热电偶。

注意：圆盘发热体的侧面和散热盘的侧面都有安插热电偶的小孔，安置发热体、散热盘时，它们的小孔应与杜瓦瓶在同一侧，以免线路错乱。

2. 测量稳态时的 E_1 和 E_2

打开电源开关；接通风扇电源开关（K_1）；将控制方式开关（K_2）设置为"手动"；采用稳态法时，要使温度稳定，需要 1h 以上，为缩短达到稳态的时间，可先将"手动控制"的加热电源开关（K_3）设置为"高"，约 20min 后再将加热电源开关设置为"低"，每隔 2min 读取数字电压表上的热电势示值，如在 10min 内，样品上下表面示值 E_1 和 E_2 都不变，即可认为达到稳定状态。记下稳态时的 E_1 和 E_2。

3. 测出散热盘的温度示值 E_{II} 随时间的变化曲线

抽去样品，使发热体的底面与散热盘直接接触，断开加热电源开关，当散热盘的温度降到高于稳态 E_2 约 0.1mV 时，每隔 30s 记录一次热电势示值 E_{II}，直至热电势示值低于 E_2 约 0.1mV 为止。样品和散热盘的几何尺寸，可用游标卡尺多次测量取平均值。散热盘的质量 m 可从其侧面读出。

【数据记录与数据处理】

将散热盘降温过程中 E_{II} 随时间的变化填入表 5-4-1。

表 5-4-1　散热盘降温过程中 E_{II} 随时间的变化

散热盘的质量：$m=$_____ g
$E_1=$_____ mV，$E_2=$_____ mV

t/s	0	30	60	90	120	150	180	210	...
E_{II}/mV									

（1）绘出散热盘 E_{II} 在大于 E_2 到小于 E_2 区间随时间变化的 $E_{\mathrm{II}}-t$ 曲线，求出该曲线在 E_2 时的斜率 $\left(\dfrac{\mathrm{d}E_{\mathrm{II}}}{\mathrm{d}t}\right)_{E_2}$。

（2）求出待测样品的 λ ［已知 $c_0 = 389\mathrm{J/(kg \cdot K)}$］。

【思考题】

（1）如果用作图法测冷却速率 $\dfrac{\Delta T}{\Delta t}$，则应该取哪一点的斜率？为什么？

（2）什么是传热速率、散热速率、冷却速率？三者在稳态测量时有什么内在联系？

5-5 声速的测定

声学测量是人们认识声波本质的一种实验手段。对声波的传播速度、衰减等声学量的准确测量，可以使我们了解材料的许多物理性质和状态。声波的测量在定位、无损探伤、桩基检测、地质勘察、测距等领域的应用有很重要的意义。本实验用连续波方法测定空气中的声速。

【实验目的】

（1）了解声速测量仪的结构，掌握其使用方法。

（2）了解压电陶瓷换能器的功能，加深对驻波、振动合成和相位等理论知识的理解。

（3）学习用驻波法和相位比较法测定超声波的传播速度。

【实验仪器与用品】

SV-DDS 型声速测量专用信号源、SV 系列声速测定仪、双踪示波器、温度计等。

【实验原理】

声波是一种在弹性介质中传播的机械波，振动频率为 20Hz～20kHz 的声波称为可闻声波，振动频率低于 20Hz 的声波称为次声波，振动频率高于 20kHz 的声波称为超声波。超声波具有频率高、波长短，方向性好，易定向发射；穿透能力强，可在气体、液体、固体等介质中有效传播；易获得较集中的能量等特点。所以，在超声波段进行声速测量比较方便。

声速 v、频率 f 和波长 λ 之间的关系为

$$v = f\lambda \tag{5-5-1}$$

可见，只要测得声波的频率 f 和波长 λ，就可求得声速 v。本实验中，频率 f 可以从声速测定专用信号源直接读出。**为了确定声速，本实验的主要任务是测定声波波长**。

声速测定装置原理如图 5-5-1 所示，其中 S_1 和 S_2 分别是发射端和接收端，用来发送和接收声波。它们是以压电陶瓷为敏感元件做成的共振式电声换能器，此换能器的谐振频率约为 35kHz。当外加电信号的频率等于此频率时，换能器具有最高的灵敏度。因此，实验时必须在此谐振频率下测定波长。

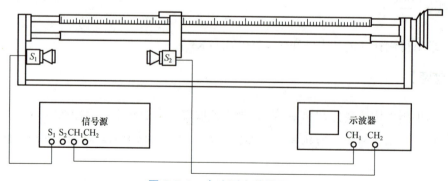

图 5-5-1　声速测定装置原理

压电陶瓷换能器根据工作方式分为纵向振动换能器、径向振动换能器及弯曲振动换能器，本实验中使用纵向振动换能器。当把电信号加在发射端 S_1 时，换能器产生机械振动（逆向压电效应：电信号转变为声信号）并在空气中激发出声波。当声波传递到接收端 S_2 表面时，激发 S_2 端面的振动，并在其电端产生相应的电信号输出（正向压电效应：声信号转变为电信号）。通过示波器对电信号的观察和声速测定仪的测量，利用下面两种方法均可以得到声波的波长。

1. 驻波法

在同一介质中，两列频率、振动方向相同且振幅相同的简谐波，在同一直线上沿相反方向传播时叠加形成驻波。

本实验中，由发射端 S_1 发出的超声波传播到接收端 S_2，在 S_2 端面激发起振动的同时，反射部分超声波。虽然接收的声波、反射的声波振幅有差异，但仍能满足驻波形成的条件。如果 S_1 和 S_2 的端面平行，S_1 发出的超声波和 S_2 反射的超声波在 S_1 和 S_2 之间的区域干涉而形成驻波。在示波器上观察到接收端的信号实际上是这两列相干波在 S_2 处合成振动的情况。

设入射波及反射波的波动方程分别为

$$y_1 = A\cos\left(\omega t - \frac{2\pi}{\lambda}x\right) \quad （5-5-2）$$

$$y_2 = A\cos\left(\omega t + \frac{2\pi}{\lambda}x\right) \quad （5-5-3）$$

两列波叠加后，驻波的振动方程为

$$y = y_1 + y_2 = \left(2A\cos\frac{2\pi}{\lambda}x\right)\cos\omega t \quad （5-5-4）$$

式（5-5-4）等号右侧是两个因子 $2A\cos\frac{2\pi}{\lambda}x$ 和 $\cos\omega t$ 的乘积。当给定 x 值时，后面因子 $\cos\omega t$ 表示质点做简谐振动，而前面因子 $2A\cos\frac{2\pi}{\lambda}x$ 决定质点振动的振幅。随着 x 值的不同，各点有不同的振幅。当 $\left|\cos\frac{2\pi}{\lambda}x\right|=1$ 时振幅最大，对应驻波的波腹，此处声压最小；当 $\left|\cos\frac{2\pi}{\lambda}x\right|=0$ 时振幅最小，对应驻波的波节，此处声压最大。可以看出，任何相邻两波节或相邻两波腹之间的距离均为 $\frac{\lambda}{2}$。将这个信号输入示波器，可以看到一组由声压信号产生的正弦波形。改变 S_1 和 S_2 之间的距离（L），可发现在示波器上正弦波振幅发生周期性的变化。**正弦波出现相邻两次振幅最大的过程中，S_1 和 S_2 之间距离的改变量为 $\frac{\lambda}{2}$**。为了测定声波的波长，可以在观察示波器上正弦波振幅的同时，转动鼓轮，缓慢移动 S_2 以改变 S_1 和 S_2 之间的距离。在正弦波振幅由最大变到最小再变到最大的过程中，S_2 移动的距离

也为 $\frac{\lambda}{2}$。测出 S_2 移动的距离，即可获得声波的波长。

2. 相位比较法

波是振动状态的传播，也可以说是相位的传播。对行波而言，沿传播方向上的任何一点，如果它和波源的相位差为 2π（或 2π 的整倍数），则此点和波源的距离等于一个波长（或波长的整数倍），即

$$l = n\lambda \quad (n \text{ 为正整数}) \quad (5\text{-}5\text{-}5)$$

就本实验而言，S_1 和 S_2 之间的空气柱受换能器激励做受迫振动，发射端的波与接收端的波的相位不同，其相位差为

$$\Delta\varphi = \varphi_1 - \varphi_2 = 2\pi \frac{l}{\lambda} \quad (5\text{-}5\text{-}6)$$

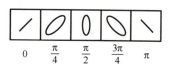

图 5-5-2　相位差与李萨如图形

如果两个在相互垂直方向上的简谐振动的频率比是常数，则合成时会形成一些稳定的图形，这样的图形称为李萨如图形，如图 5-5-2 所示，两个简谐振动的频率相同，相位差分别是 0、$\pi/4$、$\pi/2$、$3\pi/4$、π。当 $\Delta\varphi = 0$ 时，轨迹为处于第一象限和第三象限的一条直线；当 $\Delta\varphi = \pi$ 时，轨迹为处于第二象限和第四象限的一条直线。

把发射端 S_1 的电信号接到示波器的 CH_1 端，把接收端 S_2 的电信号接到示波器的 CH_2 端，可以在示波器上观察到李萨如图形。改变 S_1 和 S_2 之间的距离 L，相当于改变了发射波和接收波之间的相位差，则李萨如图形将如图 5-5-2 所示不断变化。显然，当 S_1 和 S_2 之间的距离改变半个波长时，相位差的改变量为 π。在相位差从 $0 \sim \pi$ 的变化过程中，李萨如图形从斜率为正的直线变为椭圆，再变到斜率为负的直线。因此，S_2 每移动半个波长，都会重复出现斜率符号相反的直线，测出 S_2 移动的距离可得声波的波长 λ。

【实验内容与步骤】

1. 仪器的连接与调试

按图 5-5-3 所示连接声速测定仪、声速测量专用信号源及双踪示波器。接通电源，声速测量专用信号源自动工作在连续波方式，选择介质为空气。

图 5-5-3　仪器连接图

2. 测定压电陶瓷换能器的谐振频率

为了得到较清晰的接收波形,应将外加的信号频率调节到换能器谐振频率点处,以较好地进行声能与电能的转换,提高测量精度,得到较好的实验效果。

换能器工作状态的调节方法如下:S_2 的位置为 60~250mm。调节信号频率至 37kHz,向右移动 S_2,改变 S_1 和 S_2 之间的距离,使示波器上出现的接收端波形振幅最大,再微调信号频率使波形振幅最大,记录信号频率 f_1。如此重复,依次测定工作频率 f_2,f_3,…,f_5,求平均值 $\overline{f}$,即为换能器的谐振频率,将信号源的频率调到 $\overline{f}$。

3. 用驻波法测量波长

(1) 为了保证测量范围为 60~250mm,将 S_2 调到 60mm 位置。

(2) 向右移动 S_2,获得接收端波形振幅的第一极大值,记录 S_2 的位置为 x_1;继续沿同一方向移动 S_2,观察示波器上的波形,依次记下振幅最大时 S_2 的位置 x_2,x_3,…,x_{20} 并填入表 5-5-1,用逐差法处理数据并求波长,记下室温。

(3) 由式(5-5-1)计算声速,将所得声速与声速理论值 $v_{理} \approx 331.45 + 0.61t \, (\text{m/s})$ 进行比较,按式(5-5-7)求出百分差。

$$\text{百分差} = \frac{|v - v_{理}|}{v_{理}} \times 100\% \tag{5-5-7}$$

4. 用相位法测量波长

(1) 为了保证测量范围为 60~250mm,将 S_2 调到 60mm 位置。

(2) 将示波器的时基调为 XY,向右移动 S_2。先记录下李萨如图形是斜率为正的直线时 S_2 的位置 x_1;继续沿同一方向移动 S_2,观察示波器上的图形,依次记下李萨如图形是直线时 S_2 的位置 x_2,x_3,…,x_{20} 并填入表 5-5-2,用逐差法处理数据并求波长。

(3) 由式(5-5-1)计算声速并求百分差。

【数据记录与数据处理】

将驻波法和相位法测量数据分别填入表 5-5-1 和表 5-5-2,求出波长。

表 5-5-1 驻波法测波长 (单位:mm)

序号	1	2	3	4	5	6	7	8	9	10
x_i										
x_{10+i}										
$\Delta x_i = x_{10+i} - x_i$										
位置差的平均值 $\overline{\Delta x}$										
波长 λ										

表 5-5-2　相位法测波长　　　　　　　　　　　　　　　　　　　　（单位：mm）

序号	1	2	3	4	5	6	7	8	9	10
x_i										
x_{10+i}										
$\Delta x_i = x_{10+i} - x_i$										
位置差的平均值 $\overline{\Delta x}$										
波长 λ										

由式（5-5-1）计算声速并求百分差。

【思考题】

（1）本实验中超声波的产生机理是什么？

（2）简述测定声速的方法。

（3）用驻波法测定波长时，最近两个测量点的距离 d 和波长 λ 的关系是什么？

【拓展知识】空气中声速的推导

连续介质中弹性波的传播速度为

$$v = \sqrt{\frac{K}{\rho}} \quad (5\text{-}5\text{-}8)$$

式中，ρ 为弹性介质密度；K 是传播介质的体积模量，定义为压力改变与体积的相对改变之比的负值，即

$$K = -\frac{\Delta p}{\Delta V / V} \quad (5\text{-}5\text{-}9)$$

体积模量与过程有关。在通常情况下，声波的传播过程可认为是绝热过程，对理想气体的绝热过程有

$$pV^{\gamma} = C \text{（常数）}$$

式中，γ 为比热比，对理想的双原子气体（如空气）$\gamma = 1.4$，由上式得

$$K = p\gamma \quad (5\text{-}5\text{-}10)$$

因此有

$$v = \sqrt{\frac{p\gamma}{\rho}} \quad (5\text{-}5\text{-}11)$$

再由理想气体状态方程

$$pV = nRT = \frac{M}{\mu}RT \quad (5\text{-}5\text{-}12)$$

可得

$$p = \frac{M}{V} \cdot \frac{RT}{\mu} = \rho \cdot \frac{RT}{\mu} \qquad (5\text{-}5\text{-}13)$$

将式（5-5-13）代入式（5-5-11），可得理想气体中的声速

$$v = \sqrt{\frac{\gamma RT}{\mu}} \qquad (5\text{-}5\text{-}14)$$

式中，n 为气体的物质的量，$n = \dfrac{M}{\mu}$，其中 M 为气体的质量，μ 为分子量；R 是摩尔气体常数，其值等于 8.3145J/(mol·K)；T 为绝对温度。

声波在空气中的传播速度与温度的关系为

$$v = v_0 \sqrt{1 + \frac{t}{273.15}} \qquad (5\text{-}5\text{-}15)$$

式中，v_0 是 0℃下干燥空气中的声速，v_0=331.45m/s。因此，当空气温度为 t℃时，声波在空气中的传播速度的理论值为

$$v \approx 331.45 + 0.61t \text{ (m/s)} \qquad (5\text{-}5\text{-}16)$$

声波在几种介质中的速度见表 5-5-3。

表 5-5-3　声波在几种介质中的速度

材料	声速/(m·s⁻¹)	材料	声速/(m·s⁻¹)
黄铜	4430	铝	6320
铜	4700	锌	4170
SUS（不锈钢）	5970	银	3600
丙烯酸（类）树脂	2730	金	3240
水（20℃）	1480	锡	3320
甘油	1920	铁	5900
水玻璃	2350		

【延伸阅读】

在人们熟知的各种信号中，电磁波和光波在海水中的衰减严重，声波是人类迄今为止已知可以在海水中远程传播的能量形式。海底声呐技术是利用声波在水中的传播和反射的特性，通过电声转换和信息处理进行导航和测距的技术，可完成对水下目标的探测、定位和通信。声呐技术不仅在水下军事通信、导航和反潜作战中占有非常重要的地位，而且是人类认识、开发和利用海洋的重要手段。习近平总书记提出了加快建设海洋强国的目标，他在山东考察时指出，建设海洋强国，必须进一步关心海洋、认识海洋、经略海洋，加快海洋科技创新步伐。2020年，由我国研发的"奋斗者"号载人潜水器完成万米海试，创造了10909m的中国载人深潜纪录，体现了我国在海洋高技术领域的综合实力。

5-6　红外物理特性及应用研究

波长范围为 0.75～1000μm 的电磁波称为红外波。对红外频谱的研究历来是基础研究的重要组成部分。红外光谱分析已成为材料分析的重要工具，可用于研究分子的结构和化学键，也可以用来表征和鉴别化学物质；另外，对红外材料性质（如吸收、发射、反射率、折射率、电光系数等参数）的研究，为它们在各个领域的应用奠定了基础。红外通信是采用红外线作为信号传输媒介的通信方式，具有价格低廉、稳定性好、传输快、私密性强且安全的优点，广泛应用于通信领域。

【实验目的】

（1）了解红外通信的原理及基本特性。
（2）测量部分材料的红外特性。
（3）测量红外发射管的伏安特性、电光转换特性。
（4）进行副载波调制传输实验。
（5）进行音频信号传输实验。
（6）进行数字信号传输实验。

【实验仪器与用品】

红外通信特性实验仪、测试平台（轨道）及测试镜架、示波器、信号发生器等。

【仪器介绍】

图 5-6-1 中，红外发射装置产生的各种信号通过发射管发射。发射的信号通过空气传输或者经过测试镜片后，由接收管将信号传输到红外接收装置。红外接收装置处理信号后，通过仪器面板或者示波器显示。

在测试镜架的 A 处可以安装不同的材料，以研究这些材料的红外传输特性。

信号发生器可以根据实验需要提供各种信号，示波器用于观测各种信号波形经红外传输后是否失真等。红外发射装置、红外接收装置、测试轨道要保证接地良好。

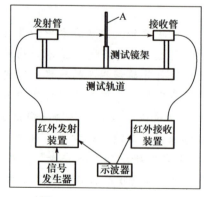

图 5-6-1　实验系统组成

【实验原理】

1. 红外通信

在现代通信技术中,为了避免信号相互干扰,提高通信质量与通信容量,通常用信号对载波进行调制,用载波传输信号,再在接收端解调还原需要的信号。无论采用什么方式调制,调制后的载波都要占用一定的频带宽度。若载波的频率间隔小于信号带宽,则不同信号间要相互干扰。能够用作无线电通信的频率资源非常有限,难以满足日益增长的信息需求。通信容量与所用载波频率成正比,与波长成反比,微波波长能做到厘米量级,但在开发应用毫米波和亚毫米波时遇到了困难。红外波长比微波波长短得多,用红外波做载波,其潜在的通信容量是微波通信无法比拟的。红外通信就是用红外波作载波的通信方式。

红外传输的介质可以是光纤或空气,本实验采用空气。

2. 红外材料

光在介质中传播时,受材料的吸收、散射影响,光波在传播过程中会逐渐衰减,对于确定的介质,光的衰减 dI 与材料的衰减系数 α、光强 I、传播距离 dx 成正比,即

$$dI = -\alpha I dx \tag{5-6-1}$$

对上式积分,得

$$I = I_0 e^{-\alpha L} \tag{5-6-2}$$

式中,I_0 为初始光强;L 为材料的厚度。

材料的衰减系数是由材料本身的结构及性质决定的,不同波长的衰减系数不同。普通的光学材料在红外波段衰减较大,通常不适用于红外波段。常用的红外光学材料包括石英晶体及石英玻璃、半导体材料、氟化物晶体、氧化物陶瓷和一些硫化物玻璃等。

光波在不同折射率的介质表面会反射,当入射角为零或入射角很小时反射率为

$$R = \left(\frac{n_1 - n_2}{n_1 + n_2}\right)^2 \tag{5-6-3}$$

式中,n_1、n_2 分别为两种介质的真实折射率(相对于真空的折射率)。

由式(5-6-3)可见,反射率取决于界面两边材料的折射率。折射率与衰减系数是表征材料光学特性的基本参数。

由于材料通常有两个界面,因此测得的反射光强与透射光强是在两界面间反射的多个光束的叠加效果,如图 5-6-2 所示。

反射光强与入射光强之比为

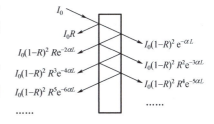

图 5-6-2 光在两界面间的多次反射

$$\frac{I_R}{I_0} = R[1 + (1-R)^2 e^{-2\alpha L}(1 + R^2 e^{-2\alpha L} + R^4 e^{-4\alpha L} + \cdots)] = R\left[1 + \frac{(1-R)^2 e^{-2\alpha L}}{1 - R^2 e^{-2\alpha L}}\right] \tag{5-6-4}$$

在推导式（5-6-4）的过程中用到无穷级数 $1+x+x^2+x^3+\cdots=(1-x)^{-1}$。透射光强与入射光强之比为

$$\frac{I_T}{I_0}=(1-R)^2 e^{-\alpha L}(1+R^2 e^{-2\alpha L}+R^4 e^{-4\alpha L}+\cdots)=\frac{(1-R)^2 e^{-\alpha L}}{1-R^2 e^{-2\alpha L}} \quad (5-6-5)$$

原则上，测量出 I_0、I_R、I_T，联立式（5-6-4）、式（5-6-5），可以求出 R 与 α（不一定是解析解）。

下面讨论在两种特殊情况下求 R 与 α。

对于衰减可忽略不计的红外光学材料，$\alpha=0$，$e^{-\alpha L}=1$，此时，由式（5-6-4）可解得

$$R=\frac{I_R/I_0}{2-I_R/I_0} \quad (5-6-6)$$

对于衰减较大的非红外光学材料，可以认为多次反射的光线经材料衰减后光强接近零，对图 5-6-2 中的反射光线与透射光线都可只取第一项，此时

$$R=\frac{I_R}{I_0} \quad (5-6-7)$$

$$\alpha=\frac{1}{L}\ln\frac{I_0(1-R)^2}{I_T} \quad (5-6-8)$$

由于空气的折射率为 1，因此求出反射率后，可由式（5-6-3）解出材料的折射率。

$$n=\frac{1+\sqrt{R}}{1-\sqrt{R}} \quad (5-6-9)$$

很多红外光学材料的折射率较大，故在空气与红外光学材料的界面会产生严重的反射。例如硫化锌的折射率为 2.2，反射率为 14%；锗的折射率为 4，反射率为 36%。为了降低表面反射损失，通常在光学元件表面镀上一层或多层增透膜来提高光学元件的透过率。

3. 发光二极管

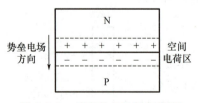

图 5-6-3 半导体 PN 结示意图

红外通信的光源为半导体激光器或发光二极管，本实验采用发光二极管。

发光二极管是由 P 型半导体和 N 型半导体组成的二极管。P 型半导体中有相当数量的空穴，几乎没有自由电子。N 型半导体中有相当数量的自由电子，几乎没有空穴。当两种半导体结合在一起形成 PN 结（图 5-6-3）时，N 区的自由电子（带负电）向 P 区扩散，P 区的空穴（带正电）向 N 区扩散，在 PN 结附近形成空间电荷区与势垒电场。势垒电场会使载流子向扩散的反方向做漂移运动，最终扩散与漂移达到平衡，流过 PN 结的净电流为零。在空间电荷区内，P 区的空穴被来自 N 区的自由电子复合，N 区的自由电子被来自 P 区的空穴复合，该区内几乎没有能导电的载流子，故又称结区或耗尽区。

当加上与势垒电场方向相反的正向偏压时，空间电荷区变窄，在外电场作用下，P区的空穴和N区的自由电子向对方做扩散运动，从而在PN结附近产生自由电子与空穴的复合，并以热能或光能的形式释放能量。采用适当的材料，使复合能量以发射光子的形式释放，就构成了发光二极管。采用不同的材料及材料组分，可以控制发光二极管发射光谱的中心波长。

图5-6-4与图5-6-5分别为发光二极管的伏安特性曲线与输出特性曲线。从图5-6-4可见，发光二极管的伏安特性与一般的二极管类似。从图5-6-5可见，发光二极管输出光功率与驱动电流近似呈线性关系，因为驱动电流与注入PN结的电荷数成正比，在复合发光的量子效率一定的情况下，输出光功率与注入电荷数成正比。

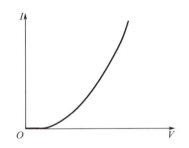 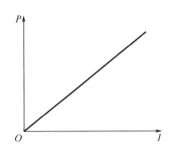

图 5-6-4　发光二极管的伏安特性曲线　　　　图 5-6-5　发光二极管输出特性曲线

4. 光电二极管

红外通信接收端由光电二极管完成光电转换。光电二极管是工作在无偏压或反向偏置状态下的PN结，反向偏压电场方向与势垒电场方向一致，使空间电荷区变宽，无光照时只有很小的暗电流。当PN结受光照射时，价电子吸收光能后挣脱价键的束缚成为自由电子，在空间电荷区产生电子-空穴对，在电场作用下，电子向N区运动，空穴向P区运动，形成光电流。

5. 副载波调制

由需要传输的信号直接对光源进行调制，称为基带调制。

由需传输的信号先调制一个射频（超短波到微波的频率）波，再用射频波对光源进行调制，称为副载波调制。这里有两重载波，一重是光波，另一重是射频波，称作副载波。

对副载波的调制可采用调幅、调频等方法。调频法具有抗干扰能力强，信号失真小的优点，故本实验采用调频法。

图5-6-6所示为副载波调制传输框图。

图 5-6-6　副载波调制传输框图

如果载波的瞬时频率偏移随调制信号 $m(t)$ 线性变化，即

$$\omega_d(t) = k_f m(t) \tag{5-6-10}$$

则称为调频，k_f 是调频系数，代表频率调制的灵敏度，单位为 $2\pi Hz/V$。

调频信号可写成

$$u(t) = A\cos[\omega t + k_f \int_0^t m(\tau)d\tau] \qquad (5\text{-}6\text{-}11)$$

式中，ω 为载波的角频率；$k_f \int_0^t m(\tau)d\tau$ 为调频信号的瞬时相位偏移。下面考虑两种特殊情况。

① 假设 $m(t)$ 是电压为 V 的直流信号，则式（5-6-11）可以写为

$$u(t) = A\cos[(\omega + k_f V)t] \qquad (5\text{-}6\text{-}12)$$

式（5-6-12）表明直流信号调制后的载波仍为余弦波，但角频率偏移了 $k_f V$。

② 假设 $m(t)=U\cos\Omega t$，则式（5-6-11）可以写为

$$u(t) = A\cos\left(\omega t + \frac{k_f U}{\Omega}\sin\Omega t\right) \qquad (5\text{-}6\text{-}13)$$

可以证明，已调信号包括载频分量 ω 和若干边频分量 $\omega \pm n\Omega$，边频分量的频率间隔为 Ω。

任意信号都可以分解为直流分量与若干余弦信号的叠加，式（5-6-12）和式（5-6-13）可以帮助理解一般情况下调频信号的特征。

【实验内容和步骤】

1. 部分材料的红外特性测量

将发射器连接到红外发射装置的"发射管"接口，接收器连接到红外接收装置的"接收管"接口（在所有实验中都不取下发射管和接收管），二者相对放置，通电。

连接电压源输出到发射模块信号输入端 2(注意按极性连接)，向发射管输入直流信号。将发射系统显示窗口设置为"电压源"，接收系统显示窗口设置为"光功率计"。

当电压源输出为零时，若光功率计显示不为零，即背景光干扰或零点误差，记下此时显示的背景值，之后的光强测量数据应是显示值减去该背景值。

调节电压源，使初始光强 I_0 > 4mW，微调接收器受光方向，使显示值最大。

按照表 5-6-1 样品编号安装样品（样品测试镜厚度都为 2mm），测量透射光强 I_T。

取下接收器，在紧靠发光二极管处安装好接收器，微调样品入射角与接收器方位，使接收到的反射光最强，测量反射光强 I_R，将测量数据填入表 5-6-1。

说明：测试镜片 01 对可见光与红外光都透光，衰减可忽略不计（$\alpha=0$）。测试镜片 02 不透可见光，透红外光，对红外光的衰减可忽略不计。测试镜片 03 对可见光有部分透过率，对红外光衰减严重。

对衰减可忽略不计的红外光学材料，用式（5-6-6）计算反射率，用式（5-6-9）计算折射率。

对衰减严重的材料，用式（5-6-7）计算反射率，用式（5-6-8）计算衰减系数，用式（5-6-9）计算折射率。

2. 发光二极管的伏安特性与输出特性测量

将发射器与接收器相对放置，连接电压源输出到发射模块信号输入端 2（注意按极性连接），微调接收端受光方向，使显示值最大。将发射系统显示窗口设置为"发射电流"，接收系统显示窗口设置为"光功率计"。

调节电压源，改变发射管电流，记录发射电流与接收器接收到的光功率（与发射光功率成正比）。将发射系统显示窗口切换到"正向偏压"，记录与发射电流对应的发射管两端电压。

改变发射电流，将数据填入表 5-6-2（仪器实际显示值可能无法精确地调节到表 5-6-2 中的设定值，应按实际调节的发射电流数值为准）。

3. 副载波调制传输实验

通过信号发生器，将频率约为 1kHz、峰峰值 V_{p-p} 小于 5V 的正弦信号接入发射装置 V–F 变换模块的外信号输入端，再将 V–F 变换模块 F 信号输出接入发射模块信号输入端 2，用副载波信号作发光二极管调制信号。

此时接收装置接收信号输出端输出的是经光电二极管还原的副载波信号，将接收信号输出接入 F–V 变换模块 F 信号输入端，在 V 信号输出端输出经解调后的基带信号。

用示波器观测基带信号（将"外信号观测"接入示波器），以及经调频、红外传输后解调的基带信号（F–V 变换模块的"观测点"接入示波器），将观测情况填入表 5-6-3。改变输入基带信号的频率（400Hz～5kHz）和幅度，转动接收器角度，使输入接收器的光强改变，观测 F–V 变换模块输出信号的波形。

4. 音频信号传输实验

将发射装置音频信号输出端接发射模块信号输入端，接收装置接收信号输出端接入音频模块音频信号输入端。

倾听音频模块播放的音乐。定性观察位置没对正、衰减、遮挡等外界因素对传输的影响，陈述测试感受。

5. 数字信号传输实验

若需传输的信号本身是数字形式，或将模拟信号数字化（模数转换）后进行传输，则称为数字信号传输。数字信号传输具有抗干扰能力强，传输质量高；易进行加密和解密，保密性强；可以通过时分复用提高信道利用率；便于建立综合业务数字网等优点，是今后通信业务的发展方向。

本实验用编码器发送二进制数字信号（地址和数据），并用数码管显示地址一致时所发送的数据。

将发射装置数字信号输出端接发射模块信号输入端，接收装置接收信号输出端接数字信号解调模块数字信号输入端。

设置发射地址和接收地址，以及发射装置的数字显示。可以观测到，当地址一致、信号正常传输时，接收数字随发射数字改变；当地址不一致或光信号不能正常传输时，不能正常接收数字信号。

在改变地址位和数字位时，也可以用示波器观察改变时的传输波形（示波器接发射模块的"观测点"），这样可以加深对二进制数字信号传输的理解。

【数据记录与处理】

（1）将部分材料的红外特性测量数据填入表5-6-1，计算反射率、折射率及衰减系数。

表 5-6-1　部分材料的红外特性测量

初始光强 I_0=_____mW

材料	样品厚度 /mm	透射光强 I_T/mW	反射光强 I_R/mW	反射率 R	折射率 n	衰减系数 α/mm^{-1}
测试镜片 01						
测试镜片 02						
测试镜片 03						

（2）将发光二极管伏安特性及输出特性测量数据填入表5-6-2。

表 5-6-2　发光二极管伏安特性与输出特性测量

正向偏压 /V									
发射电流 /mA	0	5	10	15	20	25	30	35	40	45
光功率 /mW									

按照表 5-6-2 数据作所测发光二极管的伏安特性曲线和输出特性曲线。

讨论所作曲线与图 5-6-4、图 5-6-5 描述的规律是否符合。

（3）将副载波调制传输实验观测情况填入表5-6-3，并对结果进行定性讨论。

表 5-6-3　副载波调制传输实验

基带信号		红外传输后解调的基带信号			
幅度 /V	频率 /kHz	幅度 /V	频率 /kHz	信号失真程度	衰减对输出的影响

【思考题】

（1）红外通信与微波通信相比有什么优点？

（2）红外材料有哪些用途？

【延伸阅读】

红外线的发现

在相当长的一段时间内，人们一直认为太阳光只能分解为红、橙、黄、绿、蓝、靛、紫七种颜色的光，直到红外线无意被发现。1800年，英国科学家赫胥尔想了解哪种颜色的光是产生热量的原因。他用各种颜色的光分别照射一支温度计，发现从紫色到红色的光谱波段，温度会逐渐升高，一直到红色末端之外的区域温度计的读数最高。经过反复试验，这个热量最多的高温区总是位于光带最边缘红色光的外面。于是，他宣布太阳发出的辐射中除可见光线外，还有一种人眼看不见的"热线"，这种看不见的"热线"位于红色光外侧，称为红外线。

5-7　密立根油滴法测定电子电荷

密立根油滴实验在近代物理学的发展史上是十分重要的实验。它证明了任何带电体所带的电荷都是基本电荷的整数倍；明确了电荷的不连续性；并精确地测定了基本电荷的数值，为实验测定其他基本物理量提供了可能性。

密立根油滴法测定电子电荷

密立根油滴实验设计巧妙、原理清楚、设备简单、结果准确，是一个著名且有启发性的物理实验。多年来，在国内外许多院校的物理实验室里，千千万万大学生（甚至中学生）进行该实验。对密立根油滴实验的设计思想和实验技巧的学习，可以提高学生的实验能力和素质。

【实验目的】

（1）通过对带电油滴在重力场和静电场中运动的测量，验证电荷的不连续性，并测定电子的电荷 e。

（2）通过实验时对仪器的调整、油滴的选择、耐心地跟踪和测量及数据的处理等，培养学生严肃认真、一丝不苟的科学实验态度。

【实验仪器与用品】

密立根油滴仪、实验用油、喷雾器等。

【实验原理】

用密立根油滴法测定电子的电荷，具体可以采用静态（平衡）测量法或动态（非平衡）测量法。前者的测量原理、实验操作和数据处理都较简单，常为非物理专业的物理实验所采用；后者常为物理专业的物理实验所采用。

1. 静态（平衡）测量法

用喷雾器将油喷入两块相距为 d 的水平放置的平行极板之间。油在喷射撕裂成油滴时，一般都是带电的。设油滴的质量为 m，所带的电荷为 q，两极板间的电压为 U，则油滴在平行极板间将同时受到重力 mg 和静电力 qE 的作用，如图 5-7-1 所示。调节两极板间的电压 U，可使两力达到平衡，这时

$$mg = qE = q\frac{U}{d} \quad (5\text{-}7\text{-}1)$$

由式（5-7-1）可见，为了测出油滴所带的电量 q，除需测定 U 和 d 外，还需测量油滴的质量 m。因 m 很小，故需用如下特殊方法测定：平行极板不加电压时，油滴受重力作用而加速下降，受空气阻力的作用，下降一段距离达到某速度 v_g 后，阻力 f_r 与重力 mg 平

衡，如图 5-7-2 所示（空气浮力忽略不计），油滴将匀速下降。

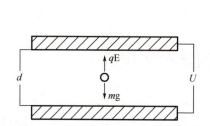

图 5-7-1　油滴在平行板间的受力示意图

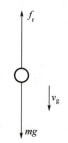

图 5-7-2　油滴下降速度为 v_g 时受力平衡示意图

根据斯托克斯定律，油滴匀速下降时

$$f_r = 6\pi\alpha\eta v_g = mg \tag{5-7-2}$$

式中，α 是油滴的半径（受表面张力的作用，油滴总是呈小球状）；η 是空气的黏滞系数。设油的密度为 ρ，则油滴的质量为

$$m = \frac{4}{3}\pi\alpha^3\rho \tag{5-7-3}$$

由式（5-7-2）和式（5-7-3），得油滴的半径为

$$\alpha = \sqrt{\frac{9\eta v_g}{2\rho g}} \tag{5-7-4}$$

对于半径为 10^{-6} m 的小球，空气的黏滞系数 η 应作如下修正，即

$$\eta' = \frac{\eta}{1+\dfrac{b}{p\alpha}}$$

式中，b 为修正常数，$b = 8.22 \times 10^{-2}$ m·Pa；p 为大气压强（Pa）。

此时根据斯托克斯定律得

$$f_r = \frac{6\pi\alpha\eta v_g}{1+\dfrac{b}{p\alpha}}$$

于是有

$$\alpha = \sqrt{\frac{9\eta v_g}{2\rho g}\cdot\frac{1}{1+\dfrac{b}{p\alpha}}} \tag{5-7-5}$$

式（5-7-5）的根号中还包含油滴的半径 α，但因它处于修正项中，不需要十分精确，故可用式（5-7-4）计算。将式（5-7-5）代入式（5-7-3），得

$$m = \frac{4}{3}\pi \left(\frac{9\eta v_g}{2\rho g} \cdot \frac{1}{1+\frac{b}{p\alpha}} \right)^{\frac{3}{2}} \rho \qquad (5\text{-}7\text{-}6)$$

可用下述方法计算油滴匀速下降的速度 v_g：当两极板间的电压 U 为零时，设油滴匀速下降的距离为 l，通过计时器测得其下降时间为 t_g，则

$$v_g = \frac{l}{t_g} \qquad (5\text{-}7\text{-}7)$$

将式（5-7-7）代入式（5-7-6），再将式（5-7-6）代入式（5-7-1），得

$$q = \frac{18\pi}{\sqrt{2\rho g}} \left[\frac{\eta l}{t_g \left(1+\frac{b}{p\alpha}\right)} \right]^{\frac{3}{2}} \frac{d}{U} \qquad (5\text{-}7\text{-}8)$$

式（5-7-8）是用静态（平衡）测量法测定油滴所带电荷的理论公式。

2. 动态（非平衡）测量法

静态（平衡）测量法是在静电力 qE 和重力 mg 达到平衡时导出式（5-7-8）进行实验测量的。动态（非平衡）测量法则是在平行极板上加适当的电压 U，但不调节 U 使静电力和重力达到平衡，而是使油滴受静电力作用加速上升。受空气阻力的作用，油滴上升一段距离达到某速度 v_e 后，空气阻力、重力与静电力达到平衡（空气浮力忽略不计），油滴将匀速上升，此时

$$6\pi\alpha\eta v_e = q\frac{U}{d} - mg$$

去掉平行极板上的电压 U 后，油滴受重力作用而加速下降。当空气阻力和重力平衡时，有

$$6\pi\alpha\eta v_g = mg$$

以上两式相除，得

$$\frac{v_e}{v_g} = \frac{q\frac{U}{d} - mg}{mg}$$

于是有

$$q = mg\frac{d}{U}\frac{v_g + v_e}{v_g} \qquad (5\text{-}7\text{-}9)$$

如果油滴所带的电荷从 q 变为 q'，则油滴在电场中匀速上升的速度将由 v_e 变为 v'_e，而匀速下降的速度 v_g 不变，此时

$$q' = mg\frac{d}{U}\frac{v_g + v'_e}{v_g}$$

电荷的变化量为

$$q_i = q - q' = mg\frac{d}{U}\frac{v_e - v'_e}{v_g} \tag{5-7-10}$$

实验中，取油滴匀速下降和匀速上升的距离相等，都为 l，测出油滴匀速下降的时间为 t_g，匀速上升的时间为 t_e 和 t'_e，则

$$v_g = \frac{l}{t_g}, \quad v_e = \frac{l}{t_e}, \quad v'_e = \frac{l}{t'_e} \tag{5-7-11}$$

将式（5-7-6）中油滴的质量 m 和式（5-7-11）代入式（5-7-9）和式（5-7-10），得

$$q = \frac{18\pi}{\sqrt{2\rho g}}\left(\frac{\eta l}{1 + \frac{b}{p\alpha}}\right)^{\frac{3}{2}}\frac{d}{U}\left(\frac{1}{t_e} + \frac{1}{t_g}\right)\left(\frac{1}{t_g}\right)^{\frac{1}{2}}$$

$$q_i = \frac{18\pi}{\sqrt{2\rho g}}\left(\frac{\eta l}{1 + \frac{b}{p\alpha}}\right)^{\frac{3}{2}}\frac{d}{U}\left(\frac{1}{t_e} - \frac{1}{t'_e}\right)\left(\frac{1}{t_g}\right)^{\frac{1}{2}}$$

令

$$K = \frac{18\pi}{\sqrt{2\rho g}}\left(\frac{\eta l}{1 + \frac{b}{p\alpha}}\right)^{\frac{3}{2}}d$$

则

$$q = K\left(\frac{1}{t_e} + \frac{1}{t_g}\right)\left(\frac{1}{t_g}\right)^{\frac{1}{2}}\frac{1}{U} \tag{5-7-12}$$

$$q_i = K\left(\frac{1}{t_e} - \frac{1}{t'_e}\right)\left(\frac{1}{t_g}\right)^{\frac{1}{2}}\frac{1}{U} \tag{5-7-13}$$

从实验结果可以分析出，q 与 q_i 只能为某数值的整数倍，从而得出油滴所带电子的总数 n 和电子的改变数 i，一个电子的电荷为

$$e = \frac{q}{n} = \frac{q_i}{i} \tag{5-7-14}$$

从上讨论可见：

（1）采用静态（平衡）测量法，原理简单、直观，但需调整平衡电压；采用动态（非平衡）测量法，在原理和数据处理方面较静态（平衡）测量法烦琐一些，但它不需要调整平衡电压。

（2）比较式（5-7-8）和式（5-7-12），当调节电压 U 使油滴受力达到平衡时，$t_e \to \infty$，式（5-7-12）和式（5-7-8）一致，可见静态（平衡）测量法是动态（非平衡）测量法的一个特殊情况。

【实验内容和步骤】

1. 调整仪器

将仪器放平稳，调节仪器底部左右调平螺钉，使水准泡指示水平，此时平行极板处于水平位置。预热 10min，利用预热时间，调节监视器，使分划板刻线清晰。

将油从油雾室旁的喷雾口喷入（喷一次即可），微调测量显微镜的调焦手轮。此时视场中出现大量清晰的油滴。如果视场太暗，油滴不够明亮，则可略微调节监视器面板上的微调旋钮。

注意：调整仪器时，打开有机玻璃油雾室前必须将平衡电压反向开关放在"0"位置。

2. 练习测量

（1）练习控制油滴。用静态（平衡）测量法实验时，在平行极板上加约 250V 的工作（平衡）电压，驱走不需要的油滴，直到剩下几滴缓慢运动的油滴为止。注视其中的某油滴，仔细调节平衡电压，使该油滴静止不动。然后去掉平衡电压，使它匀速下降，下降一段距离后再加上平衡电压和升降电压，使该油滴上升。如此反复练习，以掌握控制油滴的方法。

（2）练习测量油滴运动的时间。任意选择几滴运动速度不同的油滴，测出它们下降一段距离所需时间；或者加上一定的电压，测出它们上升一段距离所需时间。如此反复练习几次，以掌握测量油滴运动时间的方法。

（3）练习选择油滴。要做好本实验，很重要的一点是选择合适的油滴。选择的油滴体积不能太大，虽然太大的油滴比较亮，但一般带的电荷比较大，下降也比较快，时间不容易测准确。选的油滴体积也不能太小，太小则布朗运动明显。通常选择平衡电压在 200V 以上，在 10s 左右匀速下降 1.5mm 的油滴，其大小和带电量都比较合适。

（4）练习改变油滴的带电量。若采用 MOD-8B 型密立根油滴仪，则可以改变油滴的带电量。按下汞灯按钮，低压汞灯亮约 5s，油滴的运动速度发生改变，此时油滴的带电量已经改变。

3. 正式测量

从式（5-7-8）可见，用静态（平衡）测量法实验时要测量的量有两个：一个是平衡电压 U，另一个是油滴匀速下降一段距离 l 所需时间 t_g。必须仔细调节平衡电压，并将油滴置于分划板上某条横线附近，以便准确判断出这滴油滴是否平衡。

当测量油滴匀速下降一段距离 l 所需时间为 t_g 时，为了在按动计时键时有所准备，应在油滴下降一段距离后测量时间。选定测量的距离 l，应该在平行极板之间的中央部分，即视场中分划板的中央部分。若太靠近上电极板，则小孔附近有气流，电场也不均匀，会影响测量结果；若太靠近下电极板，则测量完时间 t_g 后，容易丢失油滴，影响测量，一般取 $l=0.200\text{cm}$。

对同一滴油滴应进行 6～10 次测量，而且每次测量都要重新调整平衡电压。如果油滴逐渐变得模糊，要微调测量显微镜跟踪油滴，勿使其丢失。

同理，分别测量 4～5 滴油滴（对于 MOD–8B 型密立根油滴仪，也可用改变油滴带电量的方法，反复对同一滴油滴进行实验），求得电子电荷 e。

4. 数据处理（平衡测量法）

数据处理根据式（5-7-8）进行：

$$q = \frac{18\pi}{\sqrt{2\rho g}} \left[\frac{\eta l}{t_g \left(1+\dfrac{b}{p\alpha}\right)} \right]^{\frac{3}{2}} \frac{d}{U}$$

式中，

$$\alpha = \sqrt{\frac{9\eta l}{2\rho g t_g}}$$

油的密度 $\rho = 981\text{kg}/\text{m}^3$，重力加速度 $g = 9.80\text{m}/\text{s}^2$，空气的黏滞系数 $\eta = 1.83\times10^{-5}\text{kg}/(\text{m}\cdot\text{s})$，油滴匀速下降的距离取 $l = 1.50\times10^{-3}\text{m}$，修正常数 $b = 8.22\times10^{-2}\text{ m}\cdot\text{Pa}$，大气压强 $p = 1.01325\times10^5\text{Pa}$，平行极板距离 $d = 5.00\times10^{-3}\text{m}$。将以上数据代入式（5-7-8），得

$$q = \frac{1.43\times10^{-14}}{\left[t_g(1+0.02\sqrt{t_g})\right]^{\frac{3}{2}}} \cdot \frac{1}{U} \qquad (5\text{-}7\text{-}15)$$

显然，由于油的密度 ρ 和空气的黏滞系数 η 都是温度的函数，重力加速度 g 和大气压强 p 又随实验地点和条件的变化而变化，因此，式（5-7-15）的计算是近似的。在一般条件下，这样的计算引起的误差约为 1%，但它的好处是运算方便很多，对于学生实验，这是可取的。

为了证明电荷的不连续性和所有电荷都是基本电荷 e 的整数倍，并得到基本电荷 e 值，应对实验测得的各个电荷 q 求最大公约数。这个最大公约数就是基本电荷 e 值，也就是电子的电荷值。但若学生实验操作不熟练，则测量误差可能大些，要求出 q 的最大公约数比较困难，通常用"倒过来验证"的方法进行数据处理。即用实验测得的电荷 q 除以公认的电子电荷值 $e = 1.60\times10^{-19}\text{C}$，得到一个接近某一整数的数值，这个整数就是油滴所带的基本电荷的数目 n。再用实验测得的电荷除以 n，即得电子的电荷值 e。

用这种方法处理数据只能作为实验验证，而且仅在油滴带电荷比较少（少数几个电子）时采用。当 n 值较大〔平衡电压 U 很低（100V 以下）时，匀速下降 2mm 的时间很短

（10s 以下）],将带来误差的 0.5 个电子的电荷分配给 n 个电子,误差必然很小,其结果 e 值总是十分接近 1.60×10^{-19} C。这也是实验中不宜选用带电荷比较多的油滴的原因。

油滴法实验也可用作图法处理数据,即以纵坐标表示电荷 q,横坐标表示油滴的序号,如图 5-7-3 所示。这种方法必须对大量油滴测出大量数据,作为学生实验是比较困难的。

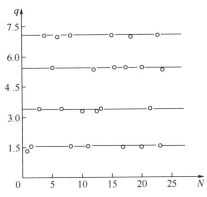

图 5-7-3　用作图法处理油滴实验数据

5. 计算机辅助实验

可以采用计算机辅助完成密立根油滴实验,使用方法如下。

（1）课前预习：打开并观看 CAI 课件。操作顺序为单击"开始"—"程序"—"密立根油滴实验.exe"。

（2）记录实验数据：打开 millikan.exe,选择"油滴实验"—"开始实验"选项,将油滴静止时的电压值,升、降距离 1.5mm 记录在相应的位置,并对该油滴编号,单击"开始"键计时,同时将平衡电压开关置于"0"处,记录油滴下降时间。

注意：选择适当的条件,电压值为 $200 \sim 300$ V,运动距离为 1.5mm,运动时间约为 10s。

【数据记录与处理】

（1）将实验中所得的 U、t_g 数据填入表 5-7-1。

表 5-7-1　静态（平衡）测量法实验数据

编号	U/V	t_g/s	q（$\times 10^{-19}$）/C	n	e（$\times 10^{-19}$）/C
1					
2					
3					
4					
5					

续表

编号	U/V	t_g/s	$q(\times 10^{-19})$/C	n	$e(\times 10^{-19})$/C
6					
7					
8					
9					
10					

（2）计算得到 q、n、e，并填入表 5-7-1。

【思考题】

（1）在极板带电的情况下，调节电压，使某个油滴静止后，重复测量下落时间，其间平衡电压会变化吗？

（2）喷油时，极板需要加电压吗？

【拓展知识】罗伯特·安德鲁斯·密立根简介

罗伯特·安德鲁斯·密立根（1868—1953）

密立根教授是美国杰出的实验物理学家和教育家，他把毕生精力用于科学研究和教育事业，是电子电荷的最先测定者。

1868 年 3 月 22 日，密立根生于美国伊利诺伊州的莫里森；1895 年，获得哥伦比亚大学物理学博士学位，之后到德国的柏林大学和哥廷根大学继续深造；1896—1921 年，在芝加哥大学任物理学助理教授和教授；1921 年，应聘担任加州理工学院物理实验室主任，并任校务委员会主席，一直工作到 20 世纪 40 年代。

密立根从 1907 年开始进行测量电子电荷的实验。1909—1917 年，他对带电油滴在相反的重力场和静电场中的运动进行了详细的研究。1913 年，密立根发表电子电荷测量结果 $e=(4.770\pm0.009)\times10^{-10}$ 静电单位电荷。这一著名的"油滴实验"曾轰动整个科学界，使密立根名扬四海。

1916 年，密立根解决了光电效应的精确测量问题，证实了爱因斯坦公式 $E=h\nu-A$，第一次采用光电效应实验测量了普朗克常数 h。密立根还从事宇宙射线的广泛研究工作，并取得了一定成果。

由于测量电子电荷和研究光电效应的杰出成就，密立根荣获了 1923 年诺贝尔物理学奖。

5-8 温度传感器

【实验目的】

（1）测定负温度系数热敏电阻的电阻-温度特性，并利用直线拟合的数据处理方法求材料常数。

（2）了解以热敏电阻为检测元件的温度传感器的电路结构及电路参数的选择。

（3）学习运用线性电路和运算放大电路理论分析温度传感器电压–温度特性的基本方法。

（4）掌握以迭代法为基础的温度传感器电路参数的数值计算技术。

（5）训练温度传感器的实验研究能力。

【实验仪器与用品】

TS-B3 型温度传感技术综合实验仪、磁力搅拌电热器、数字万用表、铜电阻、ZX21 型电阻箱、汞温度计（0～100℃）、烧杯、变压器油等。

【实验原理】

传感器是一种将非电量（物理或化学量）转换为与之有确定对应关系的电量并输出的装置，又称变换器或换能器，如温度传感器。

温度传感器是把温度转换为电信号的传感器。温度传感器发展较早，应用也较广泛。常用的温度传感器有热电偶、热电阻（包括金属热电阻和半导体热敏电阻）、晶体管 PN 结传感器和集成温度传感器。本实验所用的温度传感器是热敏电阻。

热敏电阻是电阻值随着温度的变化而显著变化的一种半导体温度传感器。目前使用的热敏电阻大多属于陶瓷热敏电阻。热敏电阻有以下三类。

（1）负温度系数热敏电阻，其阻值随温度的升高而呈指数减小。

（2）正温度系数热敏电阻，其阻值随温度的升高而显著地呈非线性增大。

（3）临界温度电阻热敏电阻，具有正或负的温度特性，它存在临界温度，超过此温度时阻值会急剧变化。

MF Ⅱ 型热敏电阻是一种具有负温度系数的热敏电阻，是由一种或多种锰、钴、镍、铁等过渡金属氧化物按一定比例混合，采用陶瓷工艺制备而成的，它的导电原理类似于半导体。一般材料的半导体，其电阻率随温度的变化主要取决于载流子浓度随温度的变化，而迁移率的变化随温度的变化不大；但过渡金属氧化物不同，载流子浓度与温度变化无关，而迁移率随温度的升高而增大，所以，它的阻值随温度的升高而减小，是具有负温度系数的热敏电阻。在较小的温度范围内，其电阻–温度特性之间的关系近似为

$$R_t = R_{25} e^{B_n \left(\frac{1}{T} - \frac{1}{298} \right)} \quad (5\text{-}8\text{-}1)$$

式中，R_t、R_{25} 分别为温度为 t、环境温度为 25℃时热敏电阻的阻值；$T=273+t$；B_n 为热敏电阻的材料常数。

下面对以 MF Ⅱ 型热敏电阻作为检测元件的温度传感器的电路结构、工作原理、电压–温度特性的线性化、电路参数的选择和非线性误差等问题进行论述。

1. 电路结构及工作原理

热敏电阻电路结构如图 5-8-1 所示，它由含 R_t 的桥式电路及差分运算放大电路两个主要部分组成。当热敏电阻 R_t 所在环境温度变化时，差分放大器的输入信号及其输出电压

U_o 均发生变化。传感器输出电压 U_o 随检测元件 R_t 环境温度变化的关系称为温度传感器的电压－温度特性。为了定量分析这种电路的电压－温度特性，可用戴维南定理将电路等效变换成图 5-8-2 所示的电路。图中

$$R_{G1} = \frac{R_1 R_t}{R_1 + R_t} \qquad E_{s1} = \frac{R_t}{R_1 + R_t} U_a \tag{5-8-2}$$

它们均与温度有关，而

$$R_{G2} = \frac{R_2 R_3}{R_2 + R_3} \qquad E_{s2} = \frac{R_3}{R_2 + R_3} U_a \tag{5-8-3}$$

与温度无关。

式（5-8-2）和式（5-8-3）中，U_a 为电桥的电源电压。

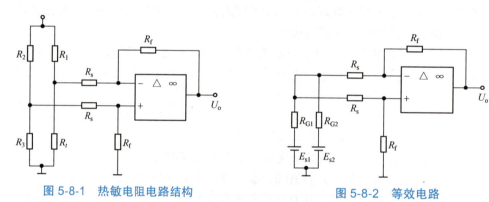

图 5-8-1　热敏电阻电路结构　　　　图 5-8-2　等效电路

根据电路理论中的叠加原理，差分运算放大器的输出电压 U_o 可表示为

$$U_o = U_{o-} + U_{o+} \tag{5-8-4}$$

式中，U_{o-} 和 U_{o+} 分别为图 5-8-2 中 E_{s1} 和 E_{s2} 单独作用时对电压的贡献。由运算放大器的理论可知

$$U_{o-} = -\frac{R_f}{R_s + R_{G1}} E_{s1} \tag{5-8-5}$$

$$U_{o+} = -\left(\frac{R_f}{R_s + R_{G1}} + 1\right) U_{i+} \tag{5-8-6}$$

式中，U_{i+} 为 E_{s2} 单独作用时运算放大器同相输入端的对地电压。由于运算放大器的输入阻抗很大，因此

$$U_{i+} = -\frac{E_{s2} R_f}{R_s + R_{G2} + R_f} \tag{5-8-7}$$

把以上结果代入式（5-8-4），并经整理得

$$U_o = \frac{R_f}{R_s + R_{G1}} \left(\frac{R_{G1} + R_s + R_f}{R_s + R_{G2} + R_f} E_{s2} - E_{s1} \right) \tag{5-8-8}$$

由于 R_{G1} 和 E_{s1} 与温度有关，因此式（5-8-8）就是温度传感器的电压 – 温度特性的数学表达式。只要电路参数和热敏元件的电阻 – 温度特性已知，式（5-8-8）所表达的输出电压与温度的函数关系就完全确定。

2. 电压 - 温度特性的线性化和电路参数的选择

MF Ⅱ 型热敏电阻：确定热敏电阻元件电阻 – 温度曲线测定和 U_a（电桥的电源电压）、U_3（传感器的最大输出电压）及其他电路参数后，传感器由式（5-8-8）所表达的电压 – 温度特性不是一条直线，而是一条图 5-8-3 所示的 S 曲线。在此情况下，若在传感器的输出端用刻度均匀的电压表头显示温度值，则相当于只有 t_1、t_2、t_3 三个测量点在 (U, t) 平面上落在通过原点的一条直线上，但整个测温范围内是直线关系代替了式（5-8-8）所表达的曲线关系，除 t_1、t_2、t_3 三点外，这一代替都会引起误差。在理论上，这一误差可表示为

$$\Delta t = t - \left[t - \frac{t_3 - t_1}{U_3} U_o(t) + t_1 \right] \tag{5-8-9}$$

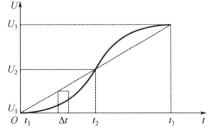

图 5-8-3　电压 – 温度特性及非线性误差

式中，t 是传感器探头所在环境处的实际温度值；$U_o(t)$ 是由实际温度按式（5-8-9）算出的输出电压值；方括号算式代表有均匀刻度特性的电压表头显示的温度值。

一般情况下，式（5-8-8）所表达的函数关系是非线性的，但适当选择电路参数可以使这一关系和一条直线关系近似。这一近似引起的误差与传感器的测温范围有关。设传感器的测温范围为 $t_1 \sim t_3$，则 $t_2 = (t_1 + t_3)/2$ 就是测温范围的中值温度。若对应于这三个温度值的传感器输出电压分别为 U_{o1}、U_{o2} 和 U_{o3}，则传感器电压 – 温度特性的线性化就是选择适当的参数使这三个点在电压温度坐标系中落在通过原点的直线上，即要求

$$U_{o1} = 0, \quad U_{o2} = U_3/2, \quad U_{o3} = U_3 \tag{5-8-10}$$

在图 5-8-2 中，需要确定的传感器电路参数有七个：R_1、R_2、R_3、R_f、R_s 及电桥的电源电压 U_a 和传感器的最大输出电压 U_3。这些参数的选择和计算可按以下原则进行。

（1）当温度为 t_1 时，电路参数效应使得 $U_o = U_{o1} = 0$，此时电桥应工作于平衡状态，差分运算放大器电源电路参数应处于对称状态，即要求 $R_1 = R_2 = R_3 = R_{t1}$（热敏电阻在 t_1 时的阻值），通常可选取 $R_2 = R_3 = R_A$，$R_1 = R_{t1}$，此处 R_A 为阻值最接近 R_{t1} 的电阻元件系列值。

（2）为了尽量减小热敏电阻中流过的电流所引起的发热对测量结果的影响，U_a 的值以不使 R_t 中的电流大于 1mA 为宜。

（3）传感器的最大输出电压值应与后面的显示仪表匹配。例如，为了使测量仪表的指示与被测温度的数值一致，要求 U_3 在数字上与测温范围的数字一致，$U_3 = (t_3 - t_1) \times 50\text{mV}/℃$。所以测温范围为 25 ～ 65℃ 时，$U_3 = 2000\text{mV}$。

（4）R_s、R_f 的值可按式（5-8-10）所表示的线性化条件的后两个关系式确定。

$$U_{o3} = U_3 = \frac{R_f}{R_s + R_{G13}} \left(\frac{R_{G13} + R_s + R_f}{R_s + R_{G2} + R_f} E_{s2} - E_{s13} \right) \quad （5\text{-}8\text{-}11）$$

$$U_{o2} = \frac{U_3}{2} = \frac{R_f}{R_s + R_{G12}} \left(\frac{R_{G12} + R_s + R_f}{R_s + R_{G2} + R_f} E_{s2} - E_{s12} \right) \quad （5\text{-}8\text{-}12）$$

式中，R_{G1i}、E_{s1i}（$i=2, 3$）是热敏电阻所处环境温度为 t_1 时按式（5-8-2）计算得到的 R_{G1}、E_{s1} 的值。在电桥各桥臂阻值、电源电压和热敏电阻的电阻-温度特性及传感器最大输出已知电压 U_3 后，式（5-8-11）和式（5-8-12）中，除 R_s、R_f 外，其余参数均具有确定的数值，只要求解上述两式就可得到 R_s、R_f 的值。然而上述两式是以 R_s、R_f 为未知数的二元二次方程组，很难用解析的方法求解，必须用数值计算的方法。

3. 确定 R_s 和 R_f 的数值计算技术

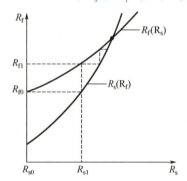

图 5-8-4 确定 R_s 和 R_f 的数值计算技术

如前所述，式（5-8-11）和式（5-8-12）是以 R_s 和 R_f 为未知数的二元二次方程组，每个方程式在（R_s，R_f）直角坐标系中都对应着一条二次曲线，两条二次曲线交点的坐标值即这个联立方程组的解，如图 5-8-4 所示，可以利用迭代法求得这个解。由于在 $R_s=0$ 处与式（5-8-12）对应的曲线对 R_f 轴的截距比式（5-8-11）对应的曲线的截距大（由数值计算结果可以证明），因此为了使迭代运算收敛，首先令 $R_s=0$，代入式（5-8-12），求出 R_f 的值，然后把这个 R_f 值代入式（5-8-11），并求出一个新的 R_s 值，接着代入式（5-8-12）……如此反复迭代，直到在一定的精度范围内认为相邻两次计算的 R_s 和 R_f 值相等为止。

【实验内容与步骤】

1. 热敏电阻元件电阻-温度特性的测定

热敏电阻元件电阻-温度特性的测定是设计温度传感器的基础，要求测量结果十分准确。测量时，把热敏电阻固靠在 0～100℃ 汞温度计的头部后，将温度计及热敏元件放入盛有变压器油的烧杯，并用磁力搅拌电加热器加热变压器油。在 25～65℃ 的温度范围内，从 25℃ 开始，每隔 5℃ 用数字万用表的电阻挡测量这些温度下热敏电阻的阻值，直到 65℃ 止。为了使测量结果更准确，可在降温过程中测量。完成该项测定后，采用直线拟合方法处理实验数据，求出式（5-8-1）所表示的热敏电阻电阻-温度特性中材料常数 B_n 的实验值。

2. 选择和计算电路参数

首先根据实验测得的热敏电阻的电阻-温度特性和测温范围（25～65℃），按前面所述并用迭代法计算电路参数 R_s 和 R_f，然后按式（5-8-8）和式（5-8-1）计算以上测温范围传感器电压-温度特性的理论值（TS-B系列中任一型号的温度传感技术综合实验仪均配有具有以上功能的计算程序软件）。具体方法如下。

（1）单击菜单栏中的"设置"命令，出现电路图和对话框。其基本参数如下：$U_a=3V$、$U_3=2V$；温度-电阻参数：$t_1=25℃$、$t_2=45℃$、$t_3=65℃$，R_{t1}、R_{t2}、R_{t3}分别为热敏电阻在25℃、45℃、65℃时的阻值。

（2）单击"计算"选项，计算R_s和R_f的值，在R_{s0}文本框中输入0，单击"计算"按钮，退出。

（3）单击"输入"选项，输入25～65℃下测出的热敏电阻的阻值。

（4）单击"输出"选项，屏幕出现25～65℃下的理论$U(t)$值。

（5）记录：记录R_s、R_f的数据和25～65℃下的理论$U(t)$值。

3. 温度传感器的组装与测试

（1）设置电阻：首先将TS-B3型温度传感技术综合实验仪背板的开关K_2拨到断的位置，电源开关在关的位置。用数字万用表电阻挡的R×20k挡，分别调节设置在前面板上的电位器R_1、R_2、R_3，使万用表上R_1、R_2、R_3的数值都为热敏电阻在25℃时的阻值。然后调节R_s和R_f的值为计算结果值（R_s和R_f在背板上，各有两个，都要调节）。

（2）设置电压：打开电源开关，接通开关K_2，用数字万用表电压挡的20V挡测量U_a，调节U_a旋钮使U_a为3V。

（3）零点调节：用ZX21型电阻箱代替热敏元件R_T接入热敏电阻的位置，将电阻箱的阻值调到热敏电阻25℃时的阻值，用万用表电压挡的2V挡观测传感器的输出电压U_o是否为零，如果不为零（允许±1mV的误差），则调节电位器R_3（对应图5-8-5中的R_{P1}），使U_o值为零。

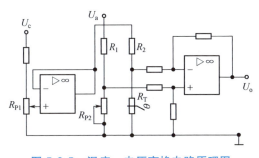

图 5-8-5 温度-电压变换电路原理图

（4）量程校准：完成零点调节后，把代替热敏电阻的电阻箱阻值调至热敏电阻在65℃的阻值，用数字万用表电压挡的20V挡观测传感器输出电压U_o是否为设计时所要求的2V。如果不是，则再次调节U_a旋钮改变电桥电源电压U_a，使$U_o=2V$。完成以上调节工作后，注意保持各电阻元件的阻值和U_a旋钮位置不变。

4. 传感器电压-温度特性的测定

把测温范围分成10个等间隔的子温区，加热变压器油，当温度计显示值低于65℃约5℃时停止加热（但不停止搅拌）。由于加热器有余热，因此变压器油的温度会继续升高，温度计示值高于65℃的某最高温度后，变压器油便处于降温状态。在降温过程中测量和记录以上各子温区交界点温度对应的传感器输出电压U_o值，并与按式（5-8-8）计算得出的理论值进行比较。

【数据记录与处理】

将实验测得的数据填入表5-8-1。

表 5-8-1　利用热敏元件测量传感器输出电压

$R_s=$ _____ Ω，　$R_f=$ _____ Ω

温度 /℃	25	30	35	40	45	50	55	60	65
热敏电阻 /Ω									
U_o 理论值 /mV									
U_o 实测值 /mV									

（1）根据实验数据在直角坐标上绘出 R_t 的电阻-温度特性曲线，并在同一坐标纸上作出求得的 B_n 值、由式（5-8-1）表示的特性曲线。

（2）在同一直角坐标系中作出温度传感器电压-温度特性的理论计算曲线和实验测定曲线。

（3）对实验结果进行分析、讨论和评定。

【思考题】

（1）用迭代法计算 R_s 和 R_f 的值时，若先给 R_f 赋值，则计算结果将会如何发展？

（2）调节温度传感器的零点和量程时，为什么要先调节零点后调节量程？

5-9　光纤传感实验仪

【光纤传感实验仪的理论基础】

光纤传感器是 20 世纪 70 年代中期发展起来的一种新型传感器，它是伴随着光导纤维及通信技术的发展应运而生的。

光纤是传光的纤维波导或光导纤维的简称。它是一种利用全反射原理，使光线和图像能够沿着弯曲路径传送到另一端的光学元件。通常，光纤是以高纯度的石英玻璃为主，掺少量杂质锗（Ge）、硼（B）、磷（P）等材料制成的细长圆柱体，直径为几微米到几百微米，实用的结构有两个同轴区，内区称为纤芯，外区称为包层，而且纤芯折射率 n_1 大于包层折射率 n_2；同时，在包层外面还有一层起支撑保护作用的套层。

光纤传感器的基本原理是将光源发出的光经过光纤送入调制区，在被测对象的作用下，光的光学性质（如光强、相位、频率、偏振态、波长等）发生变化，成为被调制的信号光，再经过光纤送入光探测器和一些电信号处理装置，最终获得被测对象的信息。

光纤传感器与传统的传感器相比有一系列独特的优点，如灵敏度高、抗电磁干扰、耐腐蚀、电绝缘性好、防爆、光路有可绕曲性、便于与计算机连接、结构简单、体积小、质量小、耗电少等。在此基础上，可以制造传感不同物理微扰（声、磁、温度、旋转等）的传感器。

光纤传感器按传感原理可分为功能型光纤传感器和非功能型光纤传感器。功能型光纤传感器是利用光纤本身的特性把光纤作为敏感元件，所以也称传感型光纤传感器或全光纤传感器。非功能型光纤传感器是利用其他敏感元件感受被测量的变化，光纤仅作为传输介质，传输来自远处或难以接近场所的光信号，所以也称传光型传感器或混合型传感器。

光纤传感器按被测对象可以分为温度传感器、流量传感器、速度传感器、位移传感器、压力传感器、磁场传感器、电流传感器、电压传感器、图像传感器和医用传感器。

光纤传感器按被调制的光波参数可以分为强度调制光纤传感器、相位调制光纤传感器、频率调制光纤传感器、偏振调制光纤传感器和波长（颜色）调制光纤传感器。强度调制是光纤传感器最早使用的调制方法，其特点是技术简单、可靠、价格低。平常使用的光纤传感实验仪就采用了强度调制光纤传感的方式，下面简单介绍强度调制的基本传感原理。

强度调制光纤传感器一般由入射光源光纤、调制器件及接收光纤组成，其传感原理如图 5-9-1 所示。将恒定光源发出的光波 I_{in} 注入调制区，在外力场 I_S 的作用下，输出光波强度被调制，载有外力场信息的 I_{out} 的包络线形状与 I_S 一样，光电探测器的输出电流 I_D（或电压）同样被调制，通过检测输出电流 I_D 的变化实现对待测量的测量。因此，光纤出射光场的场强分布对这类传感器的分析和设计至关重要。

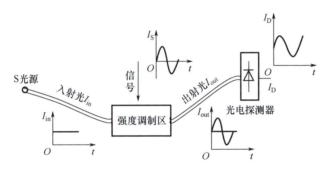

图 5-9-1 强度调制光纤传感原理

对于多模光纤来说，光纤端出射光场的场强分布为

$$\Phi(r, z) = \frac{I_0}{\pi \sigma^2 a_0^2 \left[1 + \zeta \left(\frac{z}{a_0}\right)^{\frac{3}{2}} \tan\theta_c\right]^2} \cdot \exp\left(-\frac{r^2}{\sigma^2 a_0^2 \left[1 + \zeta \left(\frac{z}{a_0}\right)^{\frac{3}{2}} \tan\theta_c\right]^2}\right) \quad (5\text{-}9\text{-}1)$$

式中，$\Phi(r, z)$ 为光纤端出射光场中位置（r, z）处的光通量密度；I_0 为由光源耦合入发送光纤中的光强；σ 为表征光纤折射率分布的相关参数，对于阶跃折射率光纤 $\sigma=1$；a_0 为光纤芯半径；ζ 为与光源种类及光源和光纤的耦合情况有关的调制参数；θ_c 为光纤的最大出射角。

如果将同种光纤置于发送光纤端出射光场中作为探测接收器，则所接收到的光纤可表示为

$$I(r, z) = \iint_S \Phi(r, z) dS = \iint_S \frac{I_0}{\pi \omega^2(z)} \cdot \exp\left[-\frac{r^2}{\omega^2(z)}\right] dS \quad (5\text{-}9\text{-}2)$$

式中，$\omega(z) = \sigma a_0 [1 + \zeta(z/a_0)^{\frac{3}{2}} \tan\theta_c]$；$S$ 为接收光面面积，即纤芯面面积。

在光纤端出射光场的远场区，为简便，可用接收光纤端面中心点处的光强作为整个纤

芯上的平均光强，在这种近似情况下，得到在接收光纤终端探测到的光强为

$$I(r,\ z) = \frac{SI_0}{\pi\omega^2(z)} \cdot \exp\left[-\frac{r^2}{\omega^2(z)}\right] \quad (5\text{-}9\text{-}3)$$

目前光纤端光场分布的公式大多是以实验数据为依据，以准高斯分布为原型构造而成，需要由实验来验证和改善。光纤传感仪提供了一种便利的测量二维光纤端光场分布的实验途径。

另外，在光纤传感器中，选择的光源必须与光纤传感器相容。半导体光源是利用 PN 结把电能转换为光能的半导体器件，它具有体积小、质量小、结构简单、使用方便、效率高和工作寿命长等优点，与光纤的特点相容，因此在光纤传感器和光纤通信中得到广泛应用。

【光纤传感实验仪结构】

1. 仪器构成

光纤传感实验仪是在光纤传感领域中的光纤透射技术、反射技术及微弯损耗技术等基本原理的基础上开发而成的。实验系统由光纤传感实验仪主机（图 5-9-2 所示为实验仪主机面板）、LED 光源、发射光纤、PIN 光电探测器、接收光纤、二维微位移调节架（图 5-9-3）、反射器、微弯变形器等组成。图 5-9-4 所示为三组光纤组件示意图。

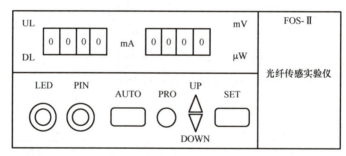

LED—光源输出插座；PIN—光探测器输入插座；AUTO—自动步进键；PRO—编程控制键；
UP，DOWN—配合 PRO 设定输出电流上、下限；SET—设置键；
UL，DL，mA，mV，μW—仪器显示状态指示灯。

图 5-9-2　光纤传感实验仪主机面板

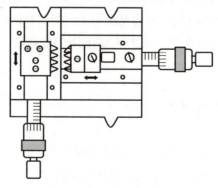

图 5-9-3　二维微位移调节架示意图

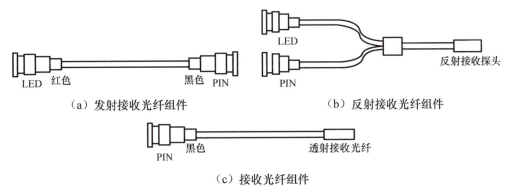

图 5-9-4　三组光纤组件示意图

2. 部分仪器功能

（1）光纤传感实验仪主机：为 LED 光源提供稳定的驱动电流，并且完成光电转换及放大，同时显示稳定的电信号输出。

（2）二维微位移调节架：固定光纤探头；实现微位移定量调节，最小分辨率为 0.01mm；用来放置和固定反射器及微弯变形器。

3. 仪器性能指标

（1）输入电压：AC 220V/50Hz。
（2）驱动电流的调节范围：0～100mA。
（3）驱动电流步进量：0.5 mA。
（4）A/D 转换器精度（12 位）：0.25%。
（5）放大器增益：1～1000 倍。
（6）放大器非线性度：<0.5%。

【思考题】

（1）光纤传感器与传统传感器相比有哪些优点？
（2）简述光纤传感器的应用领域。

5-10　LED 光源 I–P 特性曲线测定

　　LED 光源是继白炽灯和荧光灯之后的第三代固体照明光源，具有体积小、使用寿命长、节能、便于聚焦和色域丰富等特点，因其更接近自然光，可为人们提供更安全和舒适的视觉环境，故广泛用于照明、平板显示、交通信号灯等领域。LED 光源可以高效地将电能转换为光能，其核心是由半导体制成的 PN 结，它的输出光功率 P 随驱动电流 I 的变化而变化，研究其 I–P 特性曲线具有非常重要的理论意义和工程应用意义。

【实验目的】

（1）了解光纤传感实验仪 LED 光源及 PIN 探测器的结构和原理。

（2）了解光纤传感实验仪的基本构造和原理，熟悉各个部件，学习和掌握其正确使用方法。

（3）掌握 I–P 特性曲线的测定方法，熟悉 LED 光源的 I–P 特性。

【实验仪器与用品】

光纤传感实验仪、发射接收光纤组件等。

【实验原理】

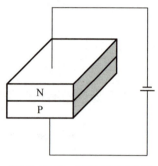

图 5-10-1 LED 发光原理

1. LED 光源的结构及发光原理

LED 光源是一种固态 PN 结器件，属于冷光源，其发光原理是电致发光。

LED 是由 P 型和 N 型两种半导体连接而形成的一个 PN 结，如图 5-10-1 所示，在平衡条件下，PN 结面附近形成了从 N 区指向 P 区的内电场，从而阻止了 N 区的自由电子和 P 区的空穴越过分界面向对方扩散。当 LED 的 PN 结上加有正向电压时，外加电场将削弱内电场，使得空间电荷区变窄，载流子扩散运动加强，在结面附近积累大量自由电子 – 空穴对，从而实现自由电子与空穴复合发光。从能带理论角度分析，当自由电子与空穴复合时，自由电子由高能级向低能级跃迁，同时以光子的形式释放多余的能量。发出光的波长取决于半导体的禁带宽度 E_g，即

$$\lambda = \frac{hc}{E_g} \qquad (5\text{-}10\text{-}1)$$

式中，c 为光速；h 为普朗克常数。

另外，LED 光源发出的光谱具有一定的宽度，原因如下。

（1）因为固体能带中的导带和价带都有一定的宽度，所以跃迁的起点和终点都有一定的宽度，导致光谱具有一定的宽度。

（2）实际上，半导体内的复合是复杂的，除本征复合之外，还存在导带与杂质能级、价带与杂质能级及杂质能级之间的跃迁。

本实验中光纤传感实验仪所采用的 LED 光源中心波长为 $0.89\mu m$。

2. PIN 型光电二极管的结构和工作原理

光电二极管通常是在反向偏压下工作的光探测器。在光纤系统中，光探测器的作用是将光纤传来的光信号功率转变为电信号电流。

光电二极管的基本结构是 PN 结，如图 5-10-2（a）所示，其基本工作原理是当光照到半导体 PN 结时，被吸收的光能转换为电能。这一转换过程是一个吸收过程，与前述 LED 的辐射过程相反。

当 PN 结受到能量大于禁带宽度 E_g 的光照射时，其价带中的电子在吸收光能后跃迁到导带成为自由电子；与此同时，在价带中留下自由空穴。这些由光照产生的自由电子和自由空穴统称光生载流子。在反向电压的作用下，光生载流子参与导电，从而形成

电流。由于光电流是光生载流子参与导电形成的,而光生载流子的数目又直接取决于光照强度,因此,光电流必定随入射光强度的变化而变化,这种变化特性在入射光强度很大的范围内保持线性关系,从而保证了光功率在很大范围内与电压有如下的线性关系。

$$P = KU \tag{5-10-2}$$

式中,P 为光功率;K 为比例系数;U 为 PN 结两端电压。因此,本实验直接测量 LED 光源的 I–U 特性曲线。

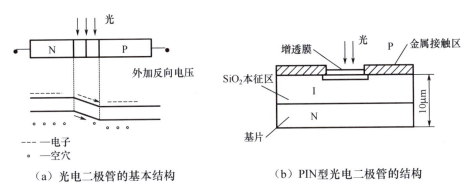

(a) 光电二极管的基本结构　　　　(b) PIN 型光电二极管的结构

图 5-10-2　光电二极管的结构

通常,PN 型光电二极管的响应时间只能达到 10^{-7}s,对于光纤系统的光探测器,往往要求响应时间小于 10^{-8}s,所以本实验采用 PIN 型光电二极管。如图 5-10-2(b)所示,PIN 型光电二极管在 P 区和 N 区增加了一个约为 $10\mu m$ 的 I 区,I 区相对于 P 区和 N 区而言是高阻区,外加反向偏压大部分都落在 I 区,这样加宽了耗尽区,增大了光电转换的有效工作区域,从而缩短了响应时间,提高了灵敏度。

【实验内容与步骤】

(1)将发射接收光纤组件的光源端与 LED 光源的插座连接,探测器与 PIN 探测器的插座连接。

(2)接通电源,调整电流调节键,使 LED 光源的驱动电流达到最小值。

(3)调整电流调节键,每隔 2.5mA 记录下经光电转换放大后的输出电压值(单位为 mV)。

【数据记录与处理】

把直接测得的 I、U 数据填入表 5-10-1。

表 5-10-1　测量在相应电流 I 下 LED 光源两端的输出电压 U

次数(n)	1	2	3	4	5	6	7	8	9	10
I/mA										
U/mV										
次数(n)	11	12	13	14	15	16	17	18	19	20
I/mA										
U/mV										

根据以上数据作 LED 光源的 I–U 特性曲线。

【思考题】

（1）LED 光源与传统光源相比有哪些优点？

（2）与 PN 型光电二极管相比，PIN 型光电二极管的结构有什么特点？

5-11　光导纤维中光速的测定

"光纤之父"高锟用光速连通世界，奠定了"光纤通信"的基础。对于活跃在互联网时代的我们来说，"光纤入户"早已成为日常生活中的一部分。但在 20 世纪 50 年代，高锟首先提出用石英基纤维进行长距离信息传输的设想后，被称"痴人说梦"，很少有人认为光纤通信是可行的，但在质疑声中，高锟的设想逐步变成现实。由石英玻璃制成的光纤的应用越来越广泛，在世界掀起了一场光纤通信的革命。高锟的贡献彻底改变了人类通信模式，也造就了今天互联网的大发展。他的科学思想和方法、超越逻辑的灵感、独树一帜的思维，以及既脚踏实地又高瞻远瞩的精神值得我们学习。

【实验目的】

（1）了解光纤中光速测定的基本原理。

（2）学习数字式异或逻辑相位检测器原理。

（3）掌握光纤中光速测定系统的调试技术。

【实验仪器与用品】

FOV-B 型光导纤维中光速测定实验仪（四川大学物理学院研制）、双踪示波器等。

【实验原理】

光纤中光速的测定是一项十分有趣的实验，通过这一实验能在理论上加深对光纤传光原理的理解。本实验的实验方法巧妙、测量技术新颖。另外，在光纤纤芯折射率 n_1 已知的情况下，利用本实验提供的方法还可测定光纤长度。因此，本实验涉及的内容有很大的实用价值。

光纤由纤芯和包层两部分组成，纤芯半径为 a，折射率为 $n_1(\rho)$，包层的外半径为 b，折射率为 n_2，且 $n_1(\rho) > n_2$。阶跃型多模光纤的结构示意图如图 5-11-1 所示。

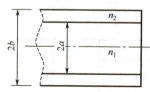

图 5-11-1　阶跃型多模光纤的结构示意图

从物理光学的角度，光波是一种振荡频率很高的电磁波，当光波在光纤中传播时，光纤就是光波导。从电磁场理论中 $\boldsymbol{E}$ 矢量和 $\boldsymbol{H}$ 矢量应遵从的麦克斯韦方程及其在纤芯和包层界面处应满足的边界条件可知：在光纤中主要存在两大类电磁场形态。一类是沿光纤横截面呈驻波状而沿光纤轴线方向为行波的电磁场形态。这种形态的电磁场的能量沿横向不会辐射，只沿轴线方向传播，这类电磁场形态为传导模式。另一类是能量在轴线方向传播的同时沿横向方向也有辐射，这类电磁场形态称为辐射模。利用光纤传输光信息就是依靠光纤中的传导模式。随着纤芯直径的增大，光纤中允许存在的传导模式增多。纤芯中存在多个传导模式的光纤称为多模光纤。当纤芯直径小到某程度后，纤芯中只允许称为基模的电磁场形态存在。这种光纤称为单模光纤。目前光纤通信系统使用的多模光纤的纤芯直径为 50μm，包层外径为 125μm。单模光纤的纤芯直径为 5～10μm，包层外径也为 125μm。在纤芯范围内，折射率不随径向坐标 ρ 变化，即 $n_1(\rho) = n_1$ 为常数的光纤，称为阶跃型光纤，否则称为渐变型光纤。

光束由光纤的入射端耦合到光纤内部后，会在光纤内同时激励起传导模式和辐射模式，但经过一段传输距离，辐射模的电磁场能量沿横向方向辐射尽后，只剩下传导模式沿光纤轴线方向继续传播。在传播过程中会有因光纤纤芯材料的杂质和密度不均匀而引起的吸收损耗和散射损耗，不会有辐射损耗。目前制造工艺能使光纤的吸收损耗和散射损耗程度很小，所以传导模式的电磁场能在光纤中能传输很远的距离。

假设光纤的几何尺寸和折射率分布具有轴对称和沿轴向不变的特点，则可以将光纤中光波的电磁场矢量 E 和 H 表示为

$$E = E(\rho, \varphi)e^{i(\omega t - \beta z)}$$
$$H = H(\rho, \varphi)e^{i(\omega t - \beta z)} \quad (5\text{-}11\text{-}1)$$

式中，(ρ, φ) 是把光纤轴线取作 Z 轴的圆柱坐标系的坐标变数；$\omega = 2\pi\nu$ 是光波的角频率，其中 ν 是光波的频率；β 是传导模式电磁波的轴向传播常数。根据式（5-11-1），轴向传播常数为 β 的传导模式的电磁波，沿光纤轴线方向传播的相速度为

$$v_p = \frac{\omega}{\beta} = \frac{2\pi\nu}{\beta} \quad (5\text{-}11\text{-}2)$$

对于光纤中存在的所有传导模式，其轴向传播常数为

$$\beta^2 = \omega^2 \mu_0 \varepsilon_0 \varepsilon_1 - U^2/a^2 \quad (5\text{-}11\text{-}3)$$

式中，μ_0 为真空磁导率；ε_0、ε_1、ε_2 分别为真空、纤芯、包层的介电常数；U 是由 E 矢量和 H 矢量在纤芯和包层界面处应满足的边界条件导出的模式特征方程的特征根。根据光波导的理论分析，对于光纤中的传导模式，特征根 U 的值在 $0 \sim R$ 范围内变化。R 由下式定义，即

$$R^2 = \omega^2 \mu_0 (\varepsilon_1 - \varepsilon_2)a^2 = (2\pi a / \lambda)^2(n_1^2 - n_2^2) \quad (5\text{-}11\text{-}4)$$

R 是一个表征光纤波导结构的重要参数，称为归一化频率。它不仅与光纤的几何参数和光学参数有关，还与激励光波的波长有关。所以，光纤中各传导模式的轴向传播常数 β 只能在

$$k_2 < \beta \leq k_1 \quad (5\text{-}11\text{-}5)$$

范围内变化。其中 $k_1 = n_1 k_0$、$k_2 = n_2 k_0$、$k_0 = \sqrt{\omega^2 \mu_0 \varepsilon_0}$ 均为光波在自由空间中的传播常数。

与 k_1 值接近的传播常数 β 所对应的模式，称为低阶模式（因为此种模式对应的模式特征方程的特征根 U 具有较小的值）。低阶模式在射线光学的理论范畴内对应与光纤轴线平

行或夹角很小的传播射线。与 k_2 值接近的传播常数 β 所对应的模式，称为高阶模式。高阶模式在射线光学的理论范畴下对应既满足全反射条件又很接近临界状态的光射线。由式（5-11-2）可知：低阶模式的相速度较高阶模式的相速度小。

在接收端，光电检测器件检测到的是与光波的振幅有关的电磁场能量。描述光振动幅度传播速度的物理量是群速度 v_g。当光纤入射端面激励光波的波谱具有一定宽度时，群速度可表示为

$$v_g = \frac{d\omega}{d\beta} \quad (5\text{-}11\text{-}6)$$

对于通信用光纤，为了减少模式色散，包层折射率 n_2 与纤芯折射率 n_1 的差异很小。因此，通信用多模光纤具有弱波导结构。根据文献，在弱波导近似下，多模光纤中同一模式场的相速度 v_p 和群速度 v_g 的关系为

$$v_g \times v_p = (c/n_1)^2 \quad (5\text{-}11\text{-}7)$$

即相速度 v_p 和群速度 v_g 的乘积等于折射率为纤芯折射率 n_1 的介质中光速的平方。相对多模光纤的模式色散，材料色散很小，式（5-11-7）的等号右边可视为常量。

如上所述，因为各传导模式的相速度不同，所以各模式的群速度也有差异，最低阶模式（称为基模）的群速度最高，它所携带的电磁场能量最先到达光纤终点。最高阶模式（称为截止模）的群速度最低，它所携带的电磁场能量最后到达光纤终点。对于长度为 L 的光纤，在输入端同时激励起多个传导模式的情况下，各个模式的电磁场能量到达光纤终点所需时间（$t = L/v_g$）略有差异。粗略估计，所需最长时间不会大于

$$t_{max} = \frac{Ln_1^2}{cn_2} \quad (5\text{-}11\text{-}8)$$

式中，c 是光波在自由空间的传播速度，$c = 2\pi\nu/k_0$。而最短时间不会小于

$$t_{min} = \frac{Ln_1}{c} \quad (5\text{-}11\text{-}9)$$

各传导模式到达光纤另一端的最大时间差为

$$\Delta t = t_{max} - t_{min} = \frac{Ln_1}{c} \cdot \frac{n_1 - n_2}{n_2} \quad (5\text{-}11\text{-}10)$$

最大时间差与基模和截止模传播相同长度光纤所需时间的平均值 $\bar{t}$ 的比为

$$\frac{\Delta t}{\bar{t}} = \frac{2(n_1 - n_2)}{n_1 + n_2} \quad (5\text{-}11\text{-}11)$$

对于通信用的石英光纤，纤芯折射率一般约为 1.5，包层折射率 n_2 与 n_1 的差异只有 0.01 的量级，故各传导模式到达光纤终点的时间差异与它们所需的平均传播时间的比值不会大于 0.66%，而实际值要比这一百分比小得多。因此，各模式光波在光纤中传播的群速度虽然不同，但各模式的群速度与按下列表达式

$$v_g = \frac{L}{t} = \frac{c}{n_1} \cdot \frac{2n_2}{n_1+n_2} \approx \frac{c}{n_1} \tag{5-11-12}$$

求得的群速度的平均值相差甚微。所以，在测定光纤中光速的实验中，可近似认为各种传导模式的电磁能量是以平均群速度 v_g 同时到达光纤另一端的（在分析光纤的带宽特性时不能做这样的近似）。由式（5-11-12）可知，在弱波导近似下，平均群速度 v_g 以很高的准确度近似等于折射率为 n_1 的纤芯介质中的光速。这一近似与测量装置的系统误差相比是完全允许的。

【实验内容与步骤】

图 5-11-2 所示为测定光纤中光速的实验装置原理。图中由时钟信号源提供周期为 T、占空比为 50% 的方波电信号对 LED 的光强进行调制，调制后的光信号经光纤、光电检测器件和信号再生电路再次变换成周期为 T、占空比为 50% 的方波电信号，但这一方波信号相对于原始的调制信号有一定的延时，其包括 LED 驱动与调制电路、光电转换及信号再生电路引起的延时，也包括被测定的光信号在给定长度光纤中所经历的时间。

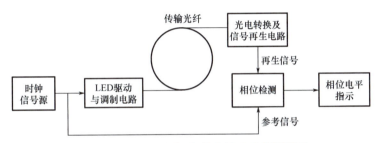

图 5-11-2　测定光纤中光速的实验装置原理

1. 调制信号周期 T 的测定

用双踪示波器的任一通道观测光信号发送模块中调制信号插孔的波形，可以测得调制信号周期 T。拨动仪器后面板的时钟切换开关可成倍改变调制信号的频率。

2. 光信号的发送实验

用导线连接光信号发送模块中调制信号和调制输入插孔，用示波器观测光信号发送模块中电流波形插孔的波形。若有类似于调制信号的波形出现，则表明光源器件 LED 驱动与调制电路工作正常。若 LED 处于正常工作状态，则有一个周期为 T、占空比为 50% 的方波光信号从 LED 发出，经传输光纤送到光信号接收模块的光电探头的入照窗口。此时把光信号接收模块中的 SPD 切换开关拨向"光功率计"侧，光功率计显示某读数。调节光信号发送模块中的 W1 调节旋钮，使光功率计大于 30μW。

3. 光信号的光电转换及再生调节

（1）把双踪示波器的 CH2 通道接至光信号接收模块中的再生输出端和 GND 端，并把这一通道置于直流工作状态，示波器同步信号选择 CH2。观察示波器 CH2 的扫描线是否处于高电平状态。若是，则可以继续进行以下实验操作；否则，需要调节光信号接收模块中的 W2 调节旋钮，使双踪示波器的 CH2 通道的扫描线达到高电平状态。若无论怎样调节 W2 调节旋钮都无法使 CH2 通道的扫描线达到高电平状态，则表明仪器的光电转换及信号再生电路有故障，需要维修仪器。

（2）完成第（1）步调节后，保持示波器的连接和上述各种选择状态不变。把光信号接收模块中的 SPD 切换开关从"光功率计"侧拨向另一侧。观察示波器的 CH2 通道波形，若观察到方波序列的占空比大于 50%（包括 CH2 的扫描线全为低电平状态），则顺时针方向调节 W2 调节旋钮，使波形占空比为 50%；若观察到方波序列的占空比小于 50%（包括 CH2 的扫描线全为高电平状态），则逆时针方向调节 W2 调节旋钮，使波形占空比为 50%。

能实现上述两步，表明光信号接收模块的光电转换和再生调节功能正常。

4. 光纤中光速的测定

（1）示波器法。示波器法测定光纤中光速的实验系统连线如图 5-11-3 所示。示波器的两个通道均选"DC"工作状态。示波器的时标分度值选 2μs。为了使调节光电转换信号占空比的操作更方便，示波器同步信号选择 CH2。

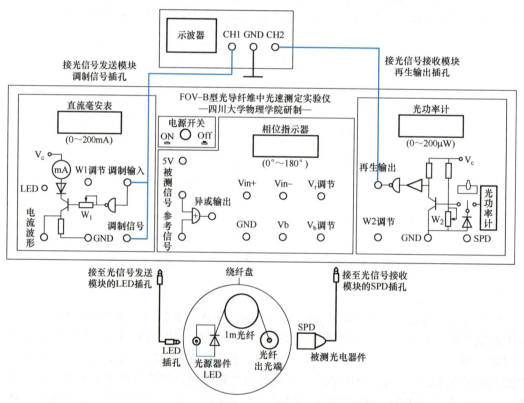

图 5-11-3 示波器法测定光纤中光速的实验系统连线

首先，把长度为 L_1 的光纤信道接入实验系统，按以上要求调节 W1 调节旋钮和 W2 调节旋钮，使接收端光电转换信号占空比为 50%，从示波器上读取再生信号相对于调制信号的延时 τ_1。然后，把长度为 L_2 的光纤信道接入实验系统，在保持实验系统电路状态不变的基础上，改变 SPD 光电探头与光纤信道出光端的光耦合状态，使示波器 CH2 通道波形的占空比再次为 50%，从示波器上读取再生信号相对于调制信号的延时 τ_2。根据实验数据，光纤中的光速为

$$v_z = \frac{L_1 - L_2}{\tau_1 - \tau_2} \qquad (5\text{-}11\text{-}13)$$

（2）相位检测器法。相位检测器法测定光纤中光速的实验系统连线如图 5-11-4 所示。测量前，把异或门两个输入端与调制信号端和再生输出端的连接断开，用仪器前面板的 GND 端和 5V 输出端，分别对它们进行"同"输入和"异"输入的连接。在"同"输入连接的情况下，调节 V_b 调节旋钮，使相位指示器的读数为 0；在"异"输入连接的情况下，调节 V_r 调节旋钮，使相位指示器的读数为 180，完成相位指示器的零点调节和满度调节后，按图 5-11-4 所示恢复异或门两个输入端与调制信号端和再生输出端的连接。

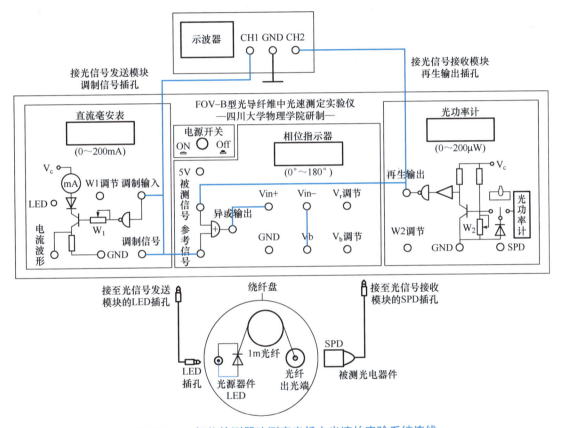

图 5-11-4　相位检测器法测定光纤中光速的实验系统连线

首先，把长度为 L_1 的光纤信道接入实验系统，按示波器法所述，首先调节 W1 调节旋钮，使光功率计读数大于 $30\mu W$；然后调节 W2 调节旋钮，使 CH2 通道的波形占空比达到 50%，读取并记录相位指示器的读数 $\Delta\varphi_1$。然后，把长度为 L_2 的光纤信道接入实验系统，在保持实验系统电路状态不变的基础上，改变 SPD 光电探头与光纤信道出光端的光耦合状态，使示波器 CH2 通道波形的占空比再次为 50%，读取并记录相位指示器的读数 $\Delta\varphi_2$。根据实验数据，光纤中的光速为

$$\Delta\tau = \frac{\Delta\varphi_1 - \Delta\varphi_2}{180} \cdot \frac{T}{2} \qquad (5\text{-}11\text{-}14)$$

$$v_z = \frac{L_1 - L_2}{\Delta \tau} \qquad (5\text{-}11\text{-}15)$$

【数据记录与处理】

（1）将不同光功率下光在光纤中的传输时间及相位变化填入表 5-11-1。

表 5-11-1　不同光功率下光在光纤中的传输时间及相位变化

光功率 /mW	示波器法				相位检测器法			
	τ_1	τ_2	$\tau_1 - \tau_2$	$v=(L_1-L_2)/(\tau_1-\tau_2)$	φ_1	φ_2	$\varphi_1-\varphi_2$	$v=\dfrac{2\times 180\times(L_1-L_2)}{T(\varphi_1-\varphi_2)}$
30								
35								
40								
45								
50								

（2）计算光在光纤中传输的光速理论值。
（3）分别用时间延迟法和相位比较法计算光速实验值。
（4）将所得光速实验值与理论值进行比较，求出百分差。

【思考题】

（1）简述光纤的典型结构和光纤的分类。
（2）光纤通信系统中常用的光源器件有哪些？
（3）光纤通信系统中常用的光电检测器件有哪些？

5-12　空气热机实验

【实验目的】

（1）理解热机原理及循环过程。
（2）测量不同冷热端温度时的热功转换值，验证卡诺定理。
（3）测定热机输出功率随负载及转速的变化关系，计算热机实际效率。

【实验仪器与用品】

空气热机实验仪、空气热机测试仪、电加热器电源、双踪示波器等。

【实验原理】

空气热机的结构及工作原理可用图 5-12-1 说明。热机主机由高温区、低温区、工作活塞及工作气缸、位移活塞及位移气缸、飞轮、连杆、热源等组成。

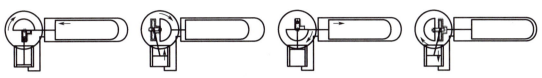

（a）位移活塞向左运动　（b）工作活塞向上运动　（c）位移活塞向右运动　（d）工作活塞向下运动

图 5-12-1　空气热机的结构及工作原理

热机中部为飞轮与连杆机构，工作活塞和位移活塞通过连杆与飞轮连接。飞轮的下方为工作活塞及工作气缸，飞轮的右方为位移活塞及位移气缸，工作气缸与位移气缸用通气管连接。位移气缸的右边是高温区，可用电热方式或酒精灯加热，位移气缸左边有散热片，是低温区。

工作活塞使气缸内气体封闭，并在气体的推动下对外做功。位移活塞是非封闭的占位活塞，其作用是在循环过程中使气体在高温区与低温区不断交换，气体可通过位移活塞与位移气缸间的间隙流动。工作活塞与位移活塞的运动是不同步的，当某活塞处于位置极值时，它的速度最小，而另一个活塞的速度最大。

当工作活塞处于最底端时，位移活塞迅速左移，使气缸内气体向高温区流动，如图 5-12-1（a）所示；进入高温区的气体温度升高，使气缸内压强增大并推动工作活塞向上运动，如图 5-12-1（b）所示，在此过程中热能转换为飞轮转动的机械能；当工作活塞在最顶端时，位移活塞迅速右移，使气缸内气体向低温区流动，如图 5-12-1（c）所示；进入低温区的气体温度降低，使气缸内压强减小，同时工作活塞在飞轮惯性力的作用下向下运动，完成循环，如图 5-12-1（d）所示。在一次循环过程中，气体对外所做净功等于 p–V 图所围的面积。

根据卡诺定理，对于循环过程可逆的理想热机，热功转换效率为

$$\eta = \frac{A}{Q_1} = \frac{Q_1 - Q_2}{Q_1} = \frac{T_1 - T_2}{T_1} = \frac{\Delta T}{T_1} \tag{5-12-1}$$

式中，A 为每个循环中热机做的功；Q_1 为热机每个循环从热源吸收的热量；Q_2 为热机每个循环向冷源放出的热量；T_1 为热源的绝对温度；T_2 为冷源的绝对温度。

实际的热机不可能是理想热机，由热力学第二定律可以证明，循环过程不可逆的实际热机，其效率不可能高于理想热机，此时的热机效率

$$\eta \leqslant \frac{\Delta T}{T_1} \tag{5-12-2}$$

卡诺定理指出了提高热机效率的途径，就过程而言，应当使实际的不可逆机尽量接近可逆机；就温度而言，应尽量提高冷热源的温度差。

热机每个循环从热源吸收的热量 Q_1 正比于 $\Delta T/n$，n 为热机转速，η 正比于 $nA/\Delta T$。n、A、T_1 及 ΔT 均可测量，测量不同冷热端温度时的 $nA/\Delta T$，观察其与 $\Delta T/T_1$ 的关系，可验证卡诺定理。

当热机带负载时，热机向负载输出的功率可由力矩计测量计算而得，且热机的实际输

出功率随负载的变化而变化。在这种情况下，可测量计算出不同负载时热机的实际效率。

【实验内容与步骤】

1. 仪器的连接

将各部分仪器安装摆放好后，根据实验仪上的标识使用配套的连接线将各部分仪器连接起来。具体的连接方法如下。

（1）用适当的连接线将热机测试仪的"压力信号输入""T_1/T_2 输入"和"转速/转角信号输入"三个接口与热机实验仪底座上对应的三个接口连接起来。

（2）用一根 Q9 线连接测试仪的压力信号和双踪示波器的 CH2（Y）通道，再用另一根 Q9 线连接测试仪的体积信号和双踪示波器的 CH1（X）通道。

（3）用两芯的连接线将测试仪背板的"转速限制接口"和电加热器电源背板的"转速限制接口"连接起来；用鱼叉线将电加热器电源的输出接线柱和电加热器的"输入电压接线柱"连接起来，黑色线对黑色接线柱，白色线对红色接线柱。

2. 观察热机循环过程

用手顺时针拨动飞轮，结合图 5-12-1 仔细观察热机循环过程中工作活塞与位移活塞的运动情况，切实理解空气热机的工作原理。

3. 验证卡诺定理

（1）根据测试仪面板上的标识和仪器介绍中的说明，将各部分仪器连接起来，开始实验。取下力矩计，将加热电压加到第 11 挡（36V 左右）。等待 6～10min，加热电阻丝发红后，用手顺时针拨动飞轮，热机运转（若运转不起来，则可查看测试仪显示的温度，冷热端温度差在 100℃以上时易启动）。

（2）减小加热电压至第 1 挡（24V 左右），调节示波器，观察压力和容积信号，以及压力和容积信号之间的相位关系等，并把 p–V 图调节到最适合观察的位置。等待约 10min，温度和转速平衡后，记录当前加热电压，并从测试仪上读取温度和转速，从双踪示波器显示的 p–V 图估算 p–V 图面积，填入表 5-12-1。

（3）逐步增大加热功率，等待约 10min，温度和转速平衡后，重复以上测量四次以上，将数据填入表 5-12-1。

（4）以 $\Delta T/T_1$ 为横坐标，$nA/\Delta T$ 为纵坐标，在坐标纸上作 $nA/\Delta T$ 与 $\Delta T/T_1$ 的关系图，验证卡诺定理。

4. 计算热机实际效率

（1）在最大加热功率下，用手轻触飞轮，使热机停止运转，然后将力矩计安装在飞轮轴上，拨动飞轮，使热机继续运转。

（2）调节力矩计的摩擦力（不要停机），待输出力矩、转速、温度稳定后，读取并记录各项参数于表 5-12-2 中。

（3）保持输入功率不变，逐步增大输出力矩，重复以上测量五次以上。

（4）以 n 为横坐标、P_0 为纵坐标，在坐标纸上作出 P_0 与 n 的关系图，表示同一输入功率下，输出耦合不同时输出功率或效率随耦合的变化关系。

【实验数据记录与处理】

（1）将验证卡诺定理及计算热机实际效率的实验数据分别填入表 5-12-1 和表 5-12-2。

表 5-12-1　测量不同冷热端温度时的热功转换值

加热电压 /V	热端温度 T_1/K	温度差 ΔT/K	$\Delta T/T_1$	A（p-V 图面积）/J	热机转速 n / (r·min^{-1})	$nA/\Delta T$ / (J·K^{-1})

表 5-12-2　测量热机输出功率随负载及转速的变化关系

热端温度 T_1/K	温度差 ΔT/K	输出力矩 M / (N·m)	热机转速 n / (r·min^{-1})	输出功率 $P_0=2\pi nm$ / (N·m·s^{-1})	输出效率 $\eta_{o/i}=P_0/P_i$

注：输入功率 $P_i = UI$。

（2）根据实验数据，在坐标纸上作 $nA/\Delta T$ 与 $\Delta T/T_1$ 的关系图并得出实验结论。

（3）在坐标纸上作出 P_0 与 n 的关系图，表示同一输入功率下，输出耦合不同时输出功率或效率随耦合的变化关系。

【注意事项】

（1）加热端在工作时温度很高，而且在停止加热后 1h 内仍然会有很高的温度，应小心操作，否则会被烫伤。

（2）热机在没有运转状态下，严禁长时间大功率加热，若热机运转过程中因各种原因停止转动，则必须用手拨动飞轮帮助其重新运转或立即关闭电源，否则可能会导致炸裂。外界水喷到空气热机玻璃上，也可能导致炸裂。

【思考题】

（1）为什么 p-V 图的面积等于将热能转换为机械能的数值？

（2）如何提高空气热机的效率？

5-13 多普勒效应综合实验

多普勒效应是奥地利科学家克里斯琴·约翰·多普勒提出的。其基本内容如下：波源和观察者之间有相对运动，使观察者感到频率发生变化的现象，称为多普勒效应。多普勒效应在寻找马航失联客机MH370事件中"大出风头"。专业人员根据多普勒效应，从极为有限的几架飞机和海事卫星的自动握手信号的频率微小变化中，分析出飞机的飞行方向，并结合合理假设的飞机飞行参数，判断出飞机坠海的大致区域，成为寻觅飞机下落的重要线索。多普勒效应综合实验可以拓展想象思维，即突破常规思考习惯，面对复杂棘手的问题时，以不寻常的思维方式提出一些想不到的观点、策略和措施，而这种思路和方法是有效的，能够切实解决问题。

【实验目的】

（1）测量超声接收器运动速度与接收频率的关系，验证多普勒效应，并由 f–v 关系直线的斜率求声速。

（2）利用多普勒效应测量物体运动过程中多个时间点的速度，由显示屏显示 v–t 关系图，或调阅有关测量数据，得出物体在运动过程中的速度变化情况，可研究：① 匀加速直线运动，测量力、质量与加速度之间的关系，验证牛顿第二定律；② 自由落体运动，并由 v–t 关系直线的斜率求重力加速度；③ 简谐振动，测量简谐振动的周期等参数，并与理论值作比较。

【实验仪器与用品】

ZKY多普勒效应综合实验仪、超声发射器、超声接收器、导轨、运动小车、支架、光电门、电磁铁、弹簧、滑轮、砝码等。

【实验原理】

根据声波的多普勒效应公式，当声源与接收器有相对运动时，接收器接收到的频率为

$$f = f_0 \frac{(u + v_1 \cos\alpha_1)}{(u - v_2 \cos\alpha_2)} \quad (5\text{-}13\text{-}1)$$

式中，f_0 为声源发射频率；u 为声速；v_1 为接收器运动速度；α_1 为声源和接收器连线与接收器运动方向之间的夹角；v_2 为声源运动速度；α_2 为声源和接收器连线与声源运动方向之间的夹角。

若声源保持不动，运动物体上的接收器沿声源和接收器连线方向以速度 v 运动，则从式（5-13-1）可得到接收器接收到的频率应为

$$f = f_0 \left(1 + \frac{v}{u}\right) \quad (5\text{-}13\text{-}2)$$

当接收器向着声源运动时，v 取正，反之取负。

若 f_0 保持不变，用光电门测量物体的运动速度，并由仪器对接收器接收到的频率自动计数，则根据式（5-13-2）作出 f–v 关系图，可直观验证多普勒效应，且由实验点作直线，其斜率为 $k = f_0/u$，由此可计算出声速 $u = f_0/k$。

由式（5-13-2）可解得

$$v = u\left(\frac{f}{f_0} - 1\right) \quad \text{（5-13-3）}$$

已知声速 u 及声源频率 f_0，通过设置使仪器以某种时间间隔对接收器接收到的频率 f 采样计数，由微处理器按式（5-13-3）计算出接收器运动速度，由显示屏显示 v–t 关系图，或调阅有关测量数据，即可得出物体在运动过程中的速度变化情况，进而对物体运动状况及规律进行研究。

【仪器介绍】

实验装置由 ZKY 多普勒效应综合实验仪、超声发射器、超声接收器、导轨、运动小车、支架、光电门、电磁铁、弹簧、滑轮、砝码等组成。ZKY 多普勒效应综合实验仪内置微处理器，带有液晶显示屏，图 5-13-1 所示为其面板。实验仪采用菜单式操作，显示屏显示菜单及操作提示，按"▲""▼""◀""▶"键选择菜单或修改参数，按"确认"键后仪器执行。

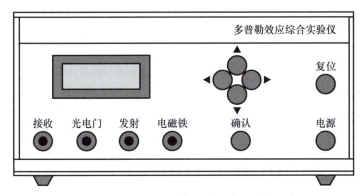

图 5-13-1　ZKY 多普勒效应综合实验仪面板

验证多普勒效应时，仪器安装如图 5-13-2 所示。导轨长度为 1.2m，两侧有安装槽，所有需固定的附件均安装在导轨上。

测量时，首先设置测量次数（选择范围 5～10 次），然后使运动小车以不同的速度通过光电门（既可用砝码牵引，又可用手推动），仪器自动记录小车通过光电门时的平均速度及与之对应的平均接收频率。完成测量次数后，仪器自动存储数据，根据测量数据作 f–v 关系图，并显示测量数据。

进行小车水平方向的变速运动测量时，仪器的安装类似于图 5-13-2，只是光电门不起作用。测量前，设置采样次数（选择范围 8～150 次）及采样间隔（选择范围 50～100ms），经确认后仪器按设置自动测量，并将测量到的频率转换为速度。完成测量后，仪器根据测量数据自动作 v–t 关系图，测量并存储实验数据与曲线供后续研究。图 5-13-3 表示采样数为 60、采样间隔为 80ms 时，对两根弹簧拉着的小车（小车及支架上留有弹簧挂钩孔）所做水平阻尼振动的一次测量及显示实例。

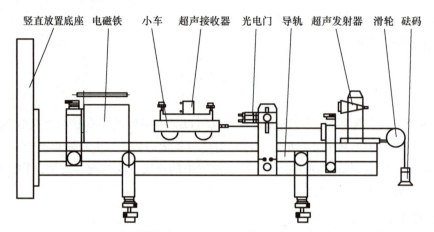

图 5-13-2　多普勒效应验证实验及测量小车水平运动仪器安装

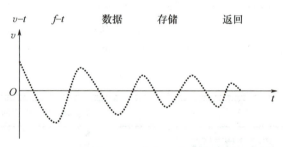

图 5-13-3　水平阻尼振动的一次测量及显示实例

为了避免摩擦力对测量结果的影响，也可以将导轨竖直放置，让垂直运动部件上下运动。在底座上安装超声发射器，在垂直运动部件上安装超声接收器进行垂直运动测量，实验时因测量目的不同需改变少量部件的安装位置，具体可见"实验内容与步骤"的描述及图 5-13-4 和图 5-13-5。

【实验内容与步骤】

1. 实验仪的预调节

实验仪开机后，首先要输入室温，因为计算物体运动速度时要代入声速，而声速是温度的函数。

第二个界面要求对超声发射器的驱动频率进行调谐。调谐时，将发射器和接收器接入实验仪，二者相向放置，按"▶"键调节发射器驱动频率，并以接收器谐振电流达到最大作为谐振的判据。在超声传感器的应用中，需要匹配发射器与接收器的频率，并将驱动频率调到谐振频率，以有效地发射与接收超声波。

2. 验证多普勒效应并由测量数据计算声速

将水平运动超声发射器、超声接收器及光电门、电磁铁按实验仪上的标示接入实验仪。调谐后，在实验仪的工作模式选择界面中选择"多普勒效应验证实验"，按"确认"键进入测量界面。用"▶"键输入测量次数5，用"▼"键选择"开始测试"，再次按"确认"键使光电门释放，光电门与接收器处于工作准备状态。

将仪器按图5-13-2所示安置好，光电门处于工作准备状态而小车以不同速度通过光电门后，显示屏会显示小车通过光电门时的平均速度与此时接收器接收到的平均频率，并可用"▼"键选择是否记录此次数据，按"确认"键后进入下一次测试。

完成测量次数后，显示屏会显示 $f-v$ 关系与一组测量数据，若测量点成直线，符合式（5-13-2）描述的规律，即直观验证了多普勒效应。按"▼"键翻阅数据并填入表5-13-1，用作图法或线性回归法计算 $f-v$ 关系直线的斜率 k，由 $u = f_0/k$ 计算声速 u 并与声速的理论值进行比较，声速理论值由 $u_0 = 331(1+t/273)^{1/2}$（m/s）计算，其中 t 表示室温。

3. 研究匀变速直线运动，验证牛顿第二定律

匀变速直线运动实验仪器安装如图5-13-4所示，质量为 M 的垂直运动部件与质量为 m 的砝码托及砝码悬挂于滑轮的两端，测量前砝码托吸在电磁铁上，测量时电磁铁释放砝码托，系统在外力作用下加速运动。运动系统的总质量为 $M+m$，所受合外力为 $(M-m)g$（滑轮转动惯量与摩擦力忽略不计）。根据牛顿第二定律，系统的加速度为

$$a = \frac{(M-m)g}{M+m} \tag{5-13-4}$$

用天平称量垂直运动部件、砝码托及砝码质量，每次取不同质量的砝码放于砝码托上，记录每次实验对应的 m。将垂直运动发射器、接收器接入实验仪，在实验仪的工作模式选择界面中选择"频率调谐"调谐垂直运动发射器、接收器的谐振频率，然后回到工作模式选择界面，选择"变速运动测量实验"，进入测量设置界面。设置采样点总数为8、采样步距为50ms，按"▼"键选择"开始测试"，按"确认"键使电磁铁释放砝码托，同时实验仪按设置的参数自动采样。

采样结束后，以类似于图5-13-3的界面显示 $v-t$ 直线，按"▶"键选择"数据"，将显示的采样次数及相应速度填入表5-13-2（为避免电磁铁剩磁的影响，不记录第一组数据，t_n 为采样次数与采样步距的乘积）。由记录的 t、v 数据求得 $v-t$ 直线的斜率即此实验的加速度 a。

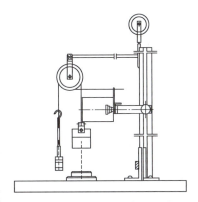

图 5-13-4 匀变速直线运动实验仪器安装

在结果显示界面中按"▶"键选择返回，重新回到测量设置界面。改变砝码质量，按以上程序进行测量。

以表5-13-2得出的加速度 a 为纵轴、$(M-m)/(M+m)$ 为横轴作图。若其呈线性关系，则符合式（5-13-4）描述的规律，即验证了牛顿第二定律，且直线的斜率为重力加速度。

4. 研究自由落体运动，求自由落体的加速度

重力加速度测量实验仪器安装如图 5-13-5 所示，将电磁铁移到导轨上方，测量前垂直运动部件吸在电磁铁上，测量时垂直运动部件自由下落一段距离后被细线拉住。

在实验仪的工作模式界面中选择"变速运动测量实验"，设置采样点总数为 8、采样步距为 50ms。按"▼"键选择"开始测试"，按"确认"键后电磁铁释放，接收器自由下落，实验仪按设置的参数自动采样。将测量数据填入表 5-13-3，由测量数据求得 v–t 直线的斜率即重力加速度 g。

为减小偶然误差，可进行多次测量，将测量的平均值作为测量值，并将测量值与理论值比较，求百分误差。

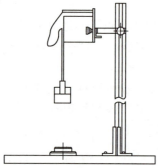

图 5-13-5　重力加速度测量实验仪器安装

5. 研究简谐振动

当质量为 m 的物体受到大小与位移成正比、方向指向平衡位置的力的作用时，若以物体的运动方向为 x 轴，则其运动方程为

$$m\frac{d^2x}{dt^2} = -kx \quad (5\text{-}13\text{-}5)$$

由式（5-13-5）描述的运动称为简谐振动，当初始条件为 $t=0$ 时，$x=-A_0$，$v=dx/dt=0$，则式（5-13-5）的解为

$$x = -A_0 \cos\omega_0 t \quad (5\text{-}13\text{-}6)$$

将式（5-13-6）对时间求导，可得速度方程

$$v = \omega_0 A_0 \sin\omega_0 t \quad (5\text{-}13\text{-}7)$$

由式（5-13-6）、式（5-13-7）可见物体做简谐振动时，位移和速度都随时间做周期性变化，式中 $\omega_0 = (k/m)^{1/2}$ 为振动的角频率。

测量时，仪器的安装类似于图 5-13-5，将弹簧通过一段细线悬挂于电磁铁上方的挂钩孔中，垂直运动超声接收器的尾翼悬挂在弹簧上，若忽略空气阻力，则根据胡克定律，作用力与位移成正比，悬挂在弹簧上的物体应做简谐振动，而式（5-13-5）中的 k 为弹簧的劲度系数。

实验时，先称量垂直运动超声接收器的质量 M，再测量悬挂上超声接收器之后弹簧的伸长量 Δx 并填入表 5-13-4，计算 k 及 ω_0。

在实验仪的工作模式界面中选择"简谐振动"，设置采样点总数为 150、采样步距为 100ms。按"▼"键选择"开始测试"，将接收器从平衡位置下拉约 20cm，松手使接收器自由振荡，同时按"确认"键，使实验仪按设置的参数自动采样，采样结束后会显示式（5-13-7）描述的速度随时间变化关系。查阅数据，记录第 1 次速度达到最大值时的采样次数 $N_{1\max}$ 和第 11 次速度达到最大值时的采样次数 $N_{11\max}$，由此可计算实际测量的运动周期 T 及角频率 ω，并可计算 ω_0 与 ω 的百分误差。

【数据记录及处理】

（1）验证多普勒效应，根据测量数据（表 5-13-1）计算声速。

表 5-13-1　多普勒效应的验证与声速的测量

$f_0=$ _____ Hz

测量数据							直线斜率 k/m^{-1}	声速测量值 $u=f_0/k$ (m·s^{-1})	声速理论值 $u_0/$ (m·s^{-1})	百分误差 $(u-u_0)/u_0\times 100\%$
次数	1	2	3	4	5	6				
$v_n/$ (m·s^{-1})										
$f_n/$Hz										

（2）利用多普勒效应研究匀变速直线运动（数据见表 5-13-2），验证牛顿第二定律。

表 5-13-2　匀变速直线运动的测量

n	2	3	4	5	6	7	8	加速度 $a/$ (m·s^{-2})	m/kg	$\dfrac{M-m}{M+m}$
$t_n=0.1n$ (s)										
$v_n/$ (m·s^{-1})										
$t_n=0.1n$ (s)										
$v_n/$ (m·s^{-1})										
$t_n=0.1n$ (s)										
$v_n/$ (m·s^{-1})										
$t_n=0.1n$ (s)										
$v_n/$ (m·s^{-1})										

（3）利用多普勒效应研究自由落体运动（数据见表 5-13-3），计算自由落体的加速度。

表 5-13-3　自由落体运动的测量

n	2	3	4	5	6	7	8	$g/$ (m·s^{-2})	$\bar{g}/$ (g·s^{-2})	理论值 $g_0/$ (g·s^{-2})	百分误差 $(g-g_0)/g_0\times 100\%$
$t_n=0.05n$ (s)											
$v_n/$ (m·s^{-1})											
$t_n=0.05n$ (s)											
$v_n/$ (m·s^{-1})											
$t_n=0.05n$ (s)											
$v_n/$ (m·s^{-1})											
$t_n=0.05n$ (s)											
$v_n/$ (m·s^{-1})											

（4）利用多普勒效应研究简谐振动（数据见表 5-13-4），计算简谐振动的周期及角频率。

表 5-13-4　简谐振动的测量

M/kg	Δx/m	$k=mg/\Delta x$ /(kg·s^{-2})	$\omega_0=(k/m)^{1/2}$ /(rad·s^{-1})	$N_{1\max}$	$N_{11\max}$	$T=0.01\times(N_{11\max}-N_{1\max})$/s	$\omega=2\pi/T$ /(rad·s^{-1})	百分误差 $(\omega-\omega_0)/\omega_0\times100\%$

【思考题】

（1）如何调节谐振电流？
（2）在验证多普勒效应的实验中，运用哪种方法求解斜率 k？

5-14　PN 结伏安特性随温度变化的测定

【实验目的】

（1）了解 PN 结伏安特性随温度变化的关系及其在测温技术中的应用。
（2）训练常温环境下 PN 结伏安特性的手动测量技术。
（3）掌握 PN 结伏安特性计算机测定的基本方法和实验技术。

【实验仪器与用品】

TS-B3 型温度传感技术综合实验仪、计算机（带 ISA 扩展槽）、数字万用表、汞温度计（0～100℃）、磁力搅拌加热器、烧杯、变压器油等。

【实验原理】

根据半导体物理学的理论可知，流过三极管 PN 结的电流与电压满足以下关系：

$$I = I_0(T)(e^{qv/KT}-1)$$

式中，q 为电子电荷；v 是 PN 结正向压降；K 为玻尔兹曼常数；T 是 PN 结温度（绝对温度）；$I_0(T)$ 是 PN 结的反向穿透电流，其值随温度的升高而增大，所以三极管 PN 结伏安特性随温度变化如图 5-14-1 所示。由图 5-14-1 可知，在某确定的 R_c 和 V_c 状态下，PN 结的结电压随温度的升高而减小，R_c 和 V_c 大于某范围时，在 0～100℃ 的温度范围内，PN 结结电压的变化与温度变化成正比，所以 PN 结在测温技术中常作温度传感器的热敏探头。

PN 结伏安特性测试电路如图 5-14-2 所示，在室温环境下可用手动方式测量，调节 W_1 使电压表读数从零慢慢增大，每增大 50mV 读取一次 I-U 转换电路的输出电压 V_0 值，用其除以 R_f 便得到相应的结电流值。

用手动方式完成一条伏安特性曲线的测试工作需要较长时间，在温度不等于室温的情况下，在这一时间内要求实验系统加热装置的加热温度稳定在某确定温度值是较困难的，因此采用计算机对 PN 结伏安特性曲线进行自动测量。

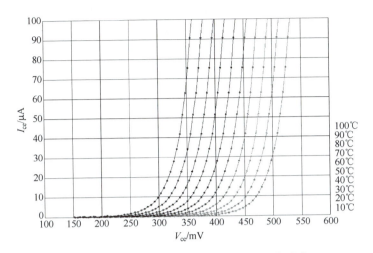

图 5-14-1　三极管 PN 结伏安特性随温度变化

计算机自动测量的基本方法如下：在程序作用下，当 PN 结的环境温度达到某值时，计算机不断给出一组从零逐渐变大的数字量，经数/模转换电路转换为一组从零逐渐增大的自动扫描电压，经过极性变换和分压后加在图 5-14-2 所示的 PN 结伏安特性测试电路的输入端，PN 结伏安特性测试电路的输出端的电压值（代表 PN 结结电流变化）经模/数转换后的数据被计算机采集后存入程序所确定的数据段，并与代表扫描电压的数字量一起实时显示在计算机屏幕上的 I–U 坐标系中。扫描过程完毕，计算机系统又处于等待测试

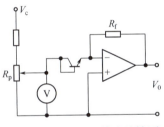

图 5-14-2　PN 结伏安特性测试电路

状态。当 PN 结所在环境温度到达另一测量温度值时，在程序作用下，计算机测量系统重复以上过程。在根据测温范围和测温间隔确定的所有测温点对应的伏安特性测量工作完成后，计算机测量系统停止工作，并把测量结果存于内存储器供实验操作人员打印输出。

为构成一个能实现上述功能的自动测量系统，除图 5-14-2 所示的 PN 结伏安特性测试电路外，还应为实验系统备制一个检测 PN 结所在环境温度的温度传感器、数/模转换电路、模/数转换电路和含应用程序的配套软件。

随 TS–B3 型温度传感技术综合实验仪主机配置的 MCS–2 型 AD/DA 转换接口板具有模/数转换和数/模转换的功能。

测量系统中的温度传感器由 AD590 组成。AD590 是一种输出电流与温度成正比的集成温度传感器，其内部电路如图 5-14-3 所示，根据参考文献的推导，在电源的作用下，该电路总的工作电流 I_0 为

$$I_0 = \frac{3k\ln T}{q(R_6 - R_5)} \quad (5\text{-}14\text{-}1)$$

式中，k 为玻尔兹曼常数；q 为电子电荷量；T 为被测温度（绝对温度）。在制作过程中精确控制 R_5 和 R_6 的阻值，可使式（5-14-1）变为 $I_0 = K_0 T$，其中 K_0 为测温灵敏度常数。在

不同温度下，AD590 的伏安特性曲线如图 5-14-4 所示，从该图可知在某一确定温度下当电源电压大于某值后，输出电流几乎不变（电源电压在 5～15V 变换时，其影响只有 0.2μA/V）。AD590 温度-电流特性电路及由 AD590 组成的测温电路如图 5-14-5 所示，其中 R_{p1} 起调零作用，R_{p2} 起量程校准作用。

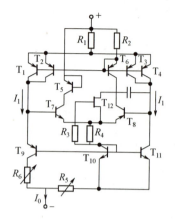

图 5-14-3　集成温度传感器 AD590 内部电路　　图 5-14-4　不同温度下 AD590 的伏安特性曲线

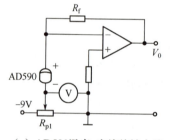

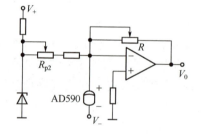

（a）AD590 温度-电流特性电路　　　　（b）测温电路

图 5-14-5　AD590 温度-电流特性电路及由 AD590 组成的测温电路

【实验内容与步骤】

1. 室温下 PN 结伏安特性的手动测定

测量前，把被测 PN 结热敏元件的红、黑插头插入仪器前面板左侧的 PN 结伏安特性测试电路中标有"PN 结"标记的相应插孔，并把测试电路中测定方式切换开关 K_1 置于"手动"模式，然后用一根导线接通仪器前面板右侧量程为 0～20V 的数字电压表与这一单元中 PN 结伏安特性测试电路的输出端，把数字万用表电压挡的 2V 挡接到 PN 结的红色插头与测试电路的"地"端，调节仪器前面板上的"给定调节"旋钮，使 PN 结的电压 V_{PN} 从零慢慢增大，每增大 50mV 读取一次测试电路的输出电压，直到这一读数接近（但必须小于）5V 为止。

测量完毕，在断电情况下，测量出测试电路输出端和 PN 结黑色插孔之间电阻的准确值 R_f 和实验室的温度值。根据测量结果，按表 5-14-1 列出 PN 结在室温下的伏安特性。

2. PN 结伏安特性随温度变化的计算机自动测定

（1）准备工作。

① 接口板及"PN 结温度特性"软件的安装。把 MCS-2 型 AD/DA 转换接口板插入计算机的 ISA 扩展槽，用两头带 D 形 9 针插头的电缆线接通仪器主机与计算机，把随仪器配给的"PN 结温度特性"软件安装在计算机内，该软件将被存入"程序"菜单中名为"PN 结温度特性"的文件中。

② AD590 的组成及温度–电压变换特性的实验测定。

a. AD590 输出电流随温度变化特性曲线的测定。把仪器前面板"AD590 温度特性测试"单元中的开关 K 置于"断"，将 I–U 变换电路中的电位器 R_{p2} 的阻值调为 10kΩ，I–U 变换电路的输出接至 20V 量程的数字电压表，然后把 AD590 的探头置于盛有变压器油的烧杯中，加热变压器油，使其温度升至 75℃时停止加热，变压器油继续升温到某最高点后，在降温过程中从 80℃开始每隔 5℃记录一次 I–U 转换的输出电压，直到接近室温为止。用不同温度对应的电压值除以 10kΩ 便得相应温度下 AD590 的输出电流值（μA）。最后以电流为纵坐标（μA）、温度为横坐标（℃）绘制 AD590 的温度–电流曲线。在上述测温范围内，它几乎是一条直线，根据这一条直线与纵轴的截距及斜率就可推断出在温度为℃时的电流值及温度每升高 1℃时电流的变化值。

b. 温度–电压变换电路的组成。为了组成一个测温范围为 0～100℃，在 t=100℃输出电压为 5000mV 的温度–电压变换电路，严格来说，先按 TS-B3 型温度传感技术综合实验仪前面板右侧所示的原理图把开关 K 置于"通"；接着把 AD590 置于 0℃的温度环境中，调节"R_{p1} 调节"旋钮，使其输出电压为 0mV；然后把 AD590 置于 100℃的温度环境中，调节"R_{p2} 调节"旋钮，使其输出电压为 5000mV。

在实际操作中，也可按以下方法进行调节：在完成第一项测量的基础上，保持电位器 R_{p2} 的阻值 =10kΩ 不变，把开关 K 置于"通"，断开 AD590 与转换电路的连接，调节"R_{p1} 调节"旋钮使 I–U 变换电路的输出电压 U=–I_0×10kΩ（其中 I_0 为根据第一项测量结果推断出的 AD590 在 0℃时的电流值），在此后的测量过程中注意保持 R_{p1} 这一状态不变。然后连接 AD590 与转换电路，并记录下 AD590 探头所在环境的温度值，调节"R_{p2} 调节"旋钮（R_{p2} 原为 10kΩ），使转换电路的输出电压 U=50t_r（mV），其中 t_r 为 AD590 所在环境的温度（℃）（若 t_r=20℃，则调节 R_{p2} 时应使 U=1000mV），然后保持电位器 R_{p2} 的这一状态不变。

c. 温度–电压变换特性的实验测定。在完成 AD590 元件特性测试和温度–电压变换电路组装工作后，保持转换电路中 R_{p1} 和 R_{p2} 的阻值不变，在降温过程中测量转换电路的温度–电压特性，并列表记录测量结果。

③ 测量系统参数的设置与温度传感器特性的输入。开启计算机，在"开始"菜单中选择"程序"，在"程序"的子菜单中打开"PN 结温度特性"文件，然后单击计算机屏幕左上角"文件"—"新建"命令，弹出描绘 PN 结伏安特性的结电流–结电压的坐标系。单击"设置"选项，弹出有关利用计算机自动测试 PN 结伏安特性时 AD/DA 转换通道的选择、测温范围、测温间隔的设置及测量过程中用作温度传感器的温度–电压转换特性的输入等窗口，供用户输入相关信息。输入完毕，单击"确定"按钮，再单击"运行"选

项，计算机按程序进入 PN 结伏安特性自动测试状态。

在测试过程中，计算机系统随时监测测量系统中温度传感器温度－电压变换电路的输出电压，并把这一电压与已经输入计算机的温度－电压特性的有关测温点（由设定的测温范围和测温间隔确定）对应的电压值比较，当两者相等时，计算机系统通过数/模转换电路给出一个扫描电压，使加在 PN 结的电压从零逐渐升高，PN 结逐渐导通，电流从零逐渐增大，并经 $I-U$ 转换电路转换的电压也从零逐渐升高；同时，计算机系统通过模/数转换电路，不断采集代表 PN 结电流变化的这一电压值，扫描电压和 PN 结电流的变化过程实时地存入计算机内存的有关数据区并显示在屏幕上。测量完毕，计算机屏幕上将显示出图 5-14-1 所示的特性曲线。

④ 计算机测量系统电流、电压坐标轴的校准调节。为了使计算机屏幕上显示的 PN 结伏安特性曲线在定量关系上能反映真实情况，在正式测量前，需要对特性曲线坐标轴的刻度和作为参数的温度值进行校准。关于作为参数的温度值的校准，只要设置时输入的温度传感器的温度－电压变换关系与测量过程中实际使用的温度传感器的特性一致，计算机屏幕上显示的 PN 结伏安特性曲线中的温度值的标定就是正确的，如果在测量过程中使用其他温度传感器，则需在设置时重新输入新的数据。下面仅介绍计算机屏幕上显示的 PN 结伏安特性曲线坐标轴刻度的校准方法。

a. 关于电流坐标轴刻度的校准。把仪器前面板的测量方式切换开关 K_1 置于"手动"状态，在室温下调节"给定调节"旋钮，使 PN 结的电压为 550mV，并打开"PN 结温度特性"程序，单击"文件"—"新建"命令后，再单击"运行"选项，观察计算机屏幕右下角显示的温度传感器当前的温度值，接着单击屏幕上左上角的"停止"选项，然后单击"设置"选项，把测温范围的起始温度设置成当前的温度值，最后单击"运行"选项，此时计算机屏幕上应扫描出一条水平线，在扫描过程中观察这条直线对应的电流值是否与手动测量时 PN 结 550mV 电压对应的电流值相等，若有偏差，则调节仪器背板"I_{cc}轴定标"旋钮，使扫描点对应的电流值与其相等，在之后的测量过程中保持"I_{cc}轴定标"旋钮的状态不变。"关闭"原来的屏幕画面后，按以上步骤重新扫描出一条对电流轴已校准好的水平线。

b. 关于电压坐标轴刻度的校准。把测定方式切换开关 K_1 置于"自动"状态，在"设置"状态不变的情况下，运行"PN 结温度特性"程序，此时计算机屏幕上将出现一条室温状态下的伏安特性曲线，观察这条曲线 550mV 电压对应的扫描点是否落在前面电流轴已校准的水平线上。若未落在这条直线上，则调节仪器背板的"V_{cc}轴定标"旋钮（不要错误地调节"I_{cc}轴定标"旋钮）使之落到这条直线上，调节完毕在之后的实验过程中，注意保持"V_{cc}轴定标"旋钮的状态不变。

（2）测量。

把 PN 结与温度传感器的热探头靠在一起，并共同置于盛有变压器油的烧杯中，利用磁力搅拌加热器加热变压器油，当计算机屏幕右下角显示的温度接近选定测温范围的最高温度 t_1 时，停止加热，PN 结的温度还会继续上升，升高到某最高点后，温度会下降，当温度降到 t_1 温度时，计算机就在 $t_1 \sim t_2$ 温度区间内按程序进行 PN 结不同温度下的伏安特性曲线的测定。

【数据记录与处理】

将室温下 PN 结伏安特性的测量数据填入表 5-14-1，并根据数据绘制伏安特性曲线。

表 5-14-1 PN 结在室温下的伏安特性

测试温度 =_____ /℃，R_f =_____ /kΩ

V_{ce}/mV	50	100	150	200	250	300	350	400	450	500	550	600
V_{PN}/V												
$I_{ce}=V_{PN}/R_f$ /（mA）												

【思考题】

（1）PN 结测量温度与热电偶测量温度有什么不同？

（2）二极管的 PN 结是否可以测量温度？

5-15 用波尔共振仪研究受迫振动

振动是自然界的运动形式之一，是物理量随时间做周期性变化的运动。任何振动系统都会受到阻力的作用，此时的振动称为阻尼振动。阻尼振动的振幅会不断减小，为了得到振幅不衰减的振动，就要对振动系统施加周期性外力，这种周期性外力称为强迫力。在强迫力作用下的振动就称为受迫振动。在受迫振动中，当强迫力的频率等于振动系统的固有频率时，振幅达到最大值，一般把这种振幅达到最大值的现象称为共振。

在机械制造和建筑工程等科技领域，由受迫振动导致的共振现象引起了工程技术人员的极大注意。共振有破坏作用，但也有许多实用价值。例如许多电声器件就是运用共振原理设计制作的。此外，在微观科学中，"共振"也是一种重要研究手段，如可以利用核磁共振和顺磁共振研究物质结构等。

表征受迫振动性质用受迫振动的振幅 – 频率特性和相位 – 频率特性（简称幅频特性和相频特性）。

本实验中，利用波尔共振仪定量测定机械受迫振动的幅频特性和相频特性，并利用频闪法测定动态的物理量——相位差。

【实验目的】

（1）掌握波尔共振仪的结构和使用方法。

（2）利用波尔共振仪测定阻尼系数。

（3）研究波尔共振仪中弹性摆轮做受迫振动时的幅频特性和相频特性。

（4）研究不同阻尼力矩对受迫振动的影响，观察共振现象。

（5）学习用频闪法测定运动物体的某些量（如相位差）。

【实验仪器与用品】

ZKY–BG 型波尔共振仪、电气控制箱、闪光灯等。

【实验原理】

1. 自由振动

当摆轮不受任何外力作用时，其绕中心轴做定轴转动，根据定轴转动定律有

$$J\frac{d^2\theta}{dt^2} = -k\theta \quad (5\text{-}15\text{-}1)$$

令 $\omega_0^2 = \frac{k}{J}$（ω_0 为系统的固有频率），则方程的通解为

$$\theta = \theta_m \cos(\omega_0 t + \varphi) \quad (5\text{-}15\text{-}2)$$

式中，J 为摆轮的转动惯量；k 为弹簧扭转常数，θ 为电磁阻尼系数，$-k\theta$ 为弹性力矩；θ_m 为振幅。

2. 阻尼振动

振动系统受到阻力时，将做振幅不断减小的振动，这种振动称为阻尼振动。设其受到的阻尼力矩为 $-b\frac{d\theta}{dt}$，则其运动方程为

$$J\frac{d^2\theta}{dt^2} = -k\theta - b\frac{d\theta}{dt} \quad (5\text{-}15\text{-}3)$$

令 $\omega_0^2 = \frac{k}{J}$，$2\beta = \frac{b}{J}$，则此方程的通解为

$$\theta = \theta_m e^{-\beta t} \cos(\omega_f t + \varphi) \quad (5\text{-}15\text{-}4)$$

式中，J 为转动惯量；β 为阻尼系数；$\omega_f = \sqrt{\omega_0^2 - \beta^2}$。由方程可看出阻尼振动的振幅 $\theta_m e^{-\beta t}$ 随时间按指数规律衰减。

3. 受迫振动

物体在周期性强迫力的持续作用下做受迫振动。如果强迫力按简谐振动规律变化，那么稳定状态时的受迫振动也是简谐振动，此时，振幅保持恒定，其值与强迫力的频率、原振动系统无阻尼时的固有振动频率及阻尼系数有关。在受迫振动状态下，系统除受到强迫力的作用外，还受到恢复力和阻尼力的作用。所以，在稳定状态下，物体的位移、速度变化与强迫力变化不是同相位的，存在一个相位差。当强迫力频率与系统的固有频率相同时产生共振，此时振幅最大，相位差为 90°。

本实验的原理是使摆轮在弹性力矩作用下自由摆动，在电磁阻尼力矩作用下做受迫振动来研究受迫振动特性，直观地显示机械振动中的一些物理现象。

实验采用的波尔共振仪的外形结构如图 5-15-1 所示。

当摆轮受到周期性强迫力矩 $M = M_0 \cos\omega t$ 的作用，并在有空气阻尼和电磁阻尼的介质中运动时（阻尼力矩为 $-b\frac{d\theta}{dt}$），其运动方程为

$$J\frac{d^2\theta}{dt^2} = -k\theta - b\frac{d\theta}{dt} + M_0\cos\omega t \tag{5-15-5}$$

式中，M_0 为强迫力矩的幅值；ω 为强迫力的角频率。

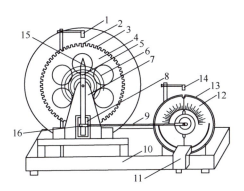

1—光电门 H；2—长凹槽 C；3—短凹槽 D；4—铜质圆形摆轮 A；5—摇杆 M；6—涡卷弹簧 B；
7—支撑架；8—线圈 K；9—连杆机构 E；10—底座；11—闪光灯；12—有机玻璃转盘；13—角度盘 G；
14—光电门；15—夹持螺钉 L；16—摇杆调节螺钉。

图 5-15-1　波尔共振仪的外形结构

令 $h = \dfrac{M_0}{J}$，则式（5-15-5）变为

$$\frac{d^2\theta}{dt^2} + 2\beta\frac{d\theta}{dt} + \omega_0^2\theta = h\cos\omega t \tag{5-15-6}$$

此方程的通解为

$$\theta = \theta_1 e^{-\beta t}\cos(\omega_f t + \varphi_1) + \theta_2\cos(\omega t + \varphi_2) \tag{5-15-7}$$

由式（5-15-7）可见，受迫振动可分成两部分：第一部分，$\theta_1 e^{-\beta t}\cos(\omega_f t + \varphi_1)$ 表示阻尼振动，经过一定时间后衰减消失；第二部分，说明强迫力矩对摆轮做功，向振动体传送能量，最后达到稳定的振动状态。

稳态时的振幅为

$$\theta_2 = \frac{h}{\sqrt{(\omega_0^2 - \omega^2)^2 + 4\beta^2\omega^2}} \tag{5-15-8}$$

稳态时强迫力与受迫振动之间的相位差 φ 为

$$\varphi = \tan^{-1}\frac{2\beta\omega}{\omega_0^2 - \omega^2} = \tan^{-1}\frac{\beta T_0^2 T}{\pi(T^2 - T_0^2)} \tag{5-15-9}$$

由式（5-15-8）和式（5-15-9）可看出，振幅 θ_2 及相位差 φ 的数值取决于强迫力矩 M、角频率 ω、系统的固有角频率 ω_0 和阻尼系数 β 四个因素，而与振动起始状态无关。

由极值条件 $\dfrac{\partial}{\partial \omega}\left[(\omega_0^2 - \omega^2)^2 + 4\beta^2\omega^2\right] = 0$ 可得出，当强迫力的角频率 $\omega = \sqrt{\omega_0^2 - 2\beta^2}$ 时，θ 有极大值。若共振时角频率和振幅分别用 ω_r、θ_r 表示，则

$$\omega_r = \sqrt{\omega_0^2 - 2\beta^2} \tag{5-15-10}$$

$$\theta_r = \dfrac{h}{2\beta\sqrt{\omega_0^2 - \beta^2}} \tag{5-15-11}$$

在弱阻尼（$\beta \ll \omega_0$）的情况下有 $\omega_r = \omega_0$，即强迫力的角频率等于振动系统的固有角频率，振幅达到最大值。把这种振幅达到最大值的现象称为共振。式（5-15-10）、式（5-15-11）表明，阻尼系数 β 越小，共振时角频率越接近系统固有角频率，振幅 θ_r 也越大。图 5-15-2 和图 5-15-3 表示 β 不同时受迫振动的幅频特性曲线和相频特性曲线。

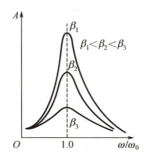

图 5-15-2　β 不同时受迫振动的幅频特性曲线　　图 5-15-3　β 不同时受迫振动的相频特性曲线

【实验内容与步骤】

1. 测量自由振动时摆轮的振幅与周期

按照拓展知识中波尔共振仪电气控制箱的使用方法步骤（2）测量自由振动的振幅与周期的关系，找到不同振幅对应的固有周期。

2. 测定阻尼系数 β

按照拓展知识中波尔共振仪电气控制箱的使用方法步骤（3）测量阻尼振动，选择不同的阻尼系数，分别测出摆轮做阻尼振动时的振幅数值 θ_{m_1}，…，θ_{m_i}，…利用公式求出 β 值。

$$\ln \dfrac{\theta_{m_i}}{\theta_{m_{(i+n)}}} = \ln \dfrac{\theta_{m_0} e^{-\beta t_i}}{\theta_{m_0} e^{-\beta(t_i + nT)}} = n\beta T \tag{5-15-12}$$

$$\beta = \dfrac{\ln \dfrac{\theta_{m_i}}{\theta_{m_{(i+n)}}}}{nT} \tag{5-15-13}$$

式中，n 为阻尼振动的周期数；θ_{m_i} 为 $t=t_i$ 时阻尼振动的振幅；$\theta_{m_{(i+n)}}$ 为 $t=t_i+nT$ 时阻尼振动的振幅；T 为阻尼振动周期的平均值，可由测出的摆轮的 10 个振动周期值，取平均值得到。

实验中，电动机电源必须切断，指针 F 在 0° 位置，摆轮的初始转角约为 160 °。

3.测定受迫振动的幅频特性和相频特性曲线

保持阻尼选择开关在原位置，改变电动机的转速，即改变强迫力矩角频率 ω。受迫振动稳定后，读取摆轮的振幅值，并利用闪光灯测定受迫振动位移与强迫力的相位差（$\Delta\varphi$ 控制在 10° 左右）。

强迫力矩的角频率可从摆轮振动周期计算出，也可以将周期选择开关指向"10"处直接测定强迫力矩的 10 个周期后计算出，达到稳定状态时，两者数值应相同。前者为 4 位有效数字，后者为 5 位有效数字。

在共振点附近由于曲线变化较大，因此测量数据要相对密集些，此时电动机转速的极小变化会引起 $\Delta\varphi$ 很大改变。电动机转速旋钮上的读数（如2.50）是一个参考数值，建议记录 ω 不同情况下的值，以便实验中快速寻找要重新测量时参考。

【数据记录与处理】

（1）测量自由振动时摆轮的振幅、周期，填入表 5-15-1。

表 5-15-1 自由振动时摆轮的振幅、周期

θ_m / (°)	T_0 /s

（2）测量摆轮做阻尼振动时的振幅，填入表 5-15-2。

表 5-15-2 阻尼系数的测定根据阻尼振动时摆轮的振幅计算阻尼系数

阻尼开关位置：_____

振幅 / (°)				$\ln\dfrac{\theta_{m_i}}{\theta_{m_{(i+5)}}}$	$\ln\dfrac{\overline{\theta_{m_i}}}{\theta_{m_{(i+5)}}}$
i	θ_{m_i}	$i+5$	$\theta_{m_{i+5}}$		
1		6			
2		7			
3		8			
4		9			
5		10			

$10T=$_____s，$T=$_____s

$$\beta = \frac{\ln\dfrac{\theta_{m_i}}{\theta_{m_{(i+5)}}}}{5T} \tag{5-15-14}$$

利用式（5-15-14）求出 β 值。

（3）测量受迫振动的幅频特性和相频特性。

实验方法见拓展知识波尔振动仪电气控制箱的使用方法步骤（4）。电动机转速旋钮处于某个值时，记录强迫力矩的周期 T 及摆轮相应的振幅 θ_m，填入表 5-15-3，并利用频闪法测量强迫力与受迫振动的相位差，测量约 15 组数据，找到共振点，作出幅频特性（$\theta_m - \omega/\omega_0$）曲线和相频特性（$\varphi - \omega/\omega_0$）曲线。

表 5-15-3 幅频特性和相频特性测量数据

阻尼开关位置：_____

电动机转速旋钮值	强迫力矩周期 T/s	振幅 θ_m/（°）	相位差 φ/（°）	摆轮固有周期 T_0/s	$\dfrac{\omega}{\omega_0} = \dfrac{T_0}{T}$

【注意事项】

（1）先将电动机转速旋钮处于某个值，再使电动机由"关"→"开"，周期由"1"→"10"，达到稳定状态时，把"测量"开关由"关"→"开"。

（2）对应不同振幅时的固有周期 T_0 可由表 5-15-1 查出。

（3）电动机转速旋钮值取 10~15 个，在共振点附近数值更密集。电动机转速刻度值只供参考用，但改变它可以改变强迫力矩的周期。

（4）当受迫振动达到稳定时，记录强迫力矩的周期 T，此时强迫力矩的周期应与摆轮的周期相同。

（5）实验中不要按电气控制箱的"复位"按钮，否则会丢失数据。实验前按"复位"按钮，并在启动时记录机号"00#"。

【思考题】

（1）在自由振动的测量中，振幅逐渐减小，所以实际上存在阻尼，分析一下都有哪些阻尼？

（2）在实际生产和生活中，共振是一种常见现象，其既有害处又有益处，试举例说明。

（3）研究受迫振动时，调整电动机转速旋钮值后，是否能立即测量受迫振动的振幅？如果不能，则应该什么时候开始记录数据？

【拓展知识】波尔共振仪

1. 波尔共振仪的结构

ZKY-BG 型波尔共振仪的结构组成如图 5-15-4 所示，由振动仪与电气控制箱两部分组成。振动仪结构简图如图 5-15-1 所示。铜质圆形摆轮 A 安装在机架上，涡卷弹簧 B 的一端与摆轮 A 的轴相连，另一端可固定在机架支柱上。在弹簧弹性力的作用下，摆轮可绕轴自由往复摆动。在摆轮的外围有一卷槽型缺口，其中长凹槽 C 比其他凹槽 D 长很多。在机架上对准长型缺口处有光电门 H，它与电气控制箱连接，用来测量摆轮的振幅（角度值）和摆轮的振动周期。在机架下方有一对带有铁芯的线圈 K，摆轮 A 恰巧嵌在铁芯的空隙中。利用电磁感应原理，线圈中通过直流电流后，摆轮受到电磁阻尼力的作用。改变电流的数值即可使阻尼力相应变化。为使摆轮 A 做受迫振动，在电动机轴上装有偏心轮，通过连杆机构 E 带动摆轮 A，在电动机轴上装有带刻线的有机玻璃转盘，它随电动机一起转动。由它可以从角度盘 G 上读出相位差 φ。调节电气控制箱上的电动机转速旋钮，可以精确改变加在电动机上的电压，使电动机转速在实验范围（30～45r/min）内连续可调。由于电路中采用特殊稳速装置，电动机采用惯性很小的带有测速发电机的特种电动机，因此转速极稳定。电动机的有机玻璃转盘上装有两个挡光片。在角度盘 G 中央上方 90° 处也装有光电门（强迫力矩信号），并与电气控制箱相连，以测量强迫力矩的周期。

受迫振动时，利用小型闪光灯测量摆轮与外力矩的相位差。闪光灯受摆轮信号光电门 H 的控制，每当摆轮上长凹槽 C 通过平衡位置时，光电门 H 接受光，引起闪光。闪光灯放置位置如图 5-15-4 所示搁置在底座上，切勿拿在手中直接照射有机玻璃转盘。稳定情况时，在闪光灯照射下可以看到有机玻璃转盘指针 F 好像一直"停在"某一刻度处，这一现象称为频闪现象，此数值可方便地直接读出，误差不大于 2°。

摆轮振幅是利用光电门 H 测出摆轮 A 转过圈上的凹型缺口数，并由数字显示装置直接显示，精度为 2°。

波尔共振仪电气控制箱的前面板如图 5-15-5 所示。

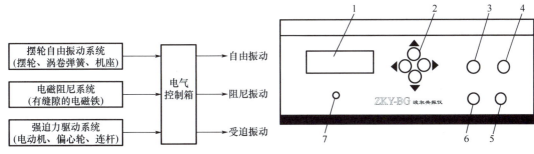

1—液晶显示屏幕；2—方向控制键；3—确认键；
4—复位键；5—闪光灯开关；
6—电源开关；7—强迫力周期调节电位器。

图 5-15-4　ZKY-BG 型波尔共振仪的结构组成　图 5-15-5　波尔共振仪电气控制箱的前面板

电动机转速旋钮是带有刻度的十圈电位器，调节此旋钮可以精确改变电动机转速，即改变强迫力矩的周期。刻度仅供实验时参考，以便大致确定强迫力矩周期值在多圈电位器上的相应位置。

可以通过软件控制阻尼线圈内的直流电流,达到改变摆轮系统阻尼系数的目的。选择开关分为四挡,"阻尼 0"挡电流为零,"阻尼 1"挡电流约为 280mA,"阻尼 2"挡电流约为 300mA,"阻尼 3"挡电流最大,约为 320mA。阻尼电流由恒流源提供,实验时根据不同情况进行选择(可先选择在"阻尼 2"挡,若共振时振幅太小则可改用"阻尼 1"挡,但不可放在"阻尼 0"挡),振幅不大于 150°。

闪光灯开关用来控制闪光,按下按钮时,摆轮长缺口通过平衡位置时便产生闪光,由于存在频闪现象,因此可从相位差读数盘上看到刻度线似乎静止不动的读数(实际上有机玻璃转盘上刻度线一直匀速转动),从而读出相位差数值,为使闪光灯管不易损坏,采用按钮开关,仅在测量相位差时按下按钮。

使用软件控制电动机转动,测定阻尼系数和摆轮固有频率 ω_0 与振幅关系时,必须关闭电动机。

电气控制箱与闪光灯和振动仪之间通过专用电缆相连,不会产生接线错误的现象。

2. 波尔共振仪电气控制箱的使用方法

(1)开机介绍。

按下电源开关几秒后,屏幕上出现欢迎界面,其中 NO.0000X 为电气控制箱与主机相连的编号。几秒后,屏幕上显示图 5-15-6 所示的"按键说明"字样。其中,"◀"为向左移动,"▶"为向右移动,"▲"为向上移动,"▼"为向下移动。下文中的符号不再重复介绍。

(2)自由振动。

在图 5-15-6 所示的状态下按"确认"键,显示图 5-15-7 所示的实验类型,默认选中"自由振荡",字体反白为选中(实验前必须做自由振动,其目的是测量摆轮的振幅与固有振动周期的关系)。按"确认"键,显示如图 5-15-8 所示。

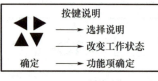

图 5-15-6 按键说明 图 5-15-7 实验步骤

用手逆时针转动摆轮 160°左右,放开手后按"▲"或"▼"键,测量状态由"关"变为"开",电气控制箱开始记录实验数据,振幅的有效数值范围为 50~160(振幅小于160 测量开,小于 50 测量自动关闭)。测量显示关时,此时数据已保存并发送至主机。

可以按"◀"或"▶"键查取实验数据,选中"回查",再按"确认"键,显示如图 5-15-9 所示,表示第一次记录的振幅为 134,对应的周期为 1.442s。然后按"▲"或"▼"键查看所有记录的数据,回查完毕,按"确认"键,返回图 5-15-8 所示状态。若进行多次测量,则可重复操作,自由振荡完成后,选中"返回",按"确认"键,返回图 5-15-7 所示界面,选择其他实验类型,进行实验。

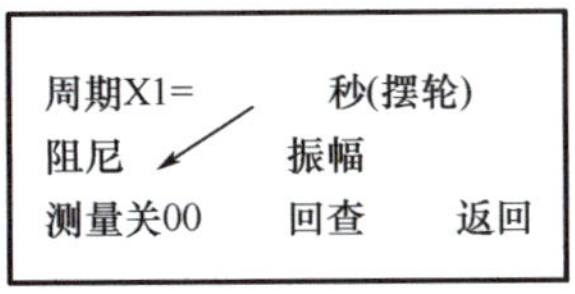

图 5-15-8　选择显示

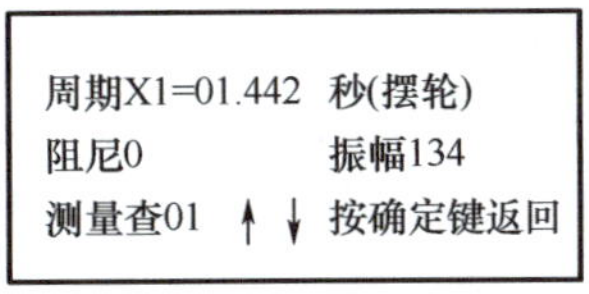

图 15-15-9　确认显示

（3）阻尼振动。

在图 5-15-7 所示状态下，根据实验要求，按"◀"键选中"阻尼振荡"，按"确认"键显示阻尼，如图 5-15-10 所示。阻尼分三个挡，阻尼 1 最小，阻尼 3 最大，根据实验要求选择阻尼挡，如选择阻尼 1，按"确认"键，显示如图 5-15-11 所示。用手转动摆轮 160°左右，放开手后按"▲"或"▼"键，测量由"关"变为"开"并记录数据。记录十组数据后，测量自动关闭，此时振幅值还在变化，但仪器已经停止记数。

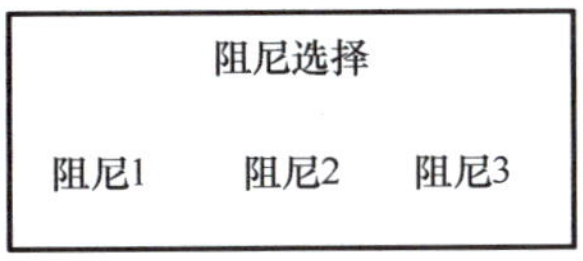

图 5-15-10　阻尼选择

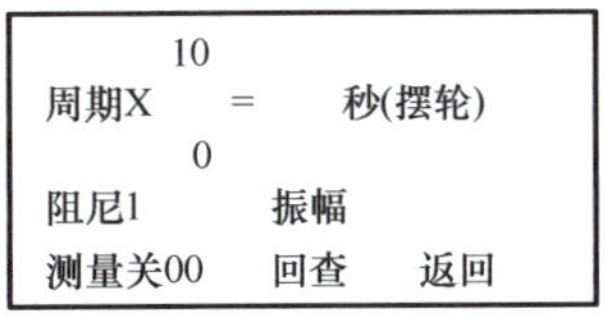

图 5-15-11　确认显示

阻尼振动的回查与自由振动类似，可参照上面的操作。若改变阻尼挡测量，则可重复阻尼 1 的操作步骤。

（4）受迫振动。

在图 5-15-7 所示状态下根据实验要求，按"◀"键选中"强迫振荡"，按"确认"键，显示如图 5-15-12 所示（进行受迫振动前必须选择阻尼挡，否则无法实验），默认选中电动机。

按"▲"或"▼"键，电动机启动，但不能立即进行实验。当周期相同时，再开始测量。测量前选中周期，按"▲"或"▼"键把周期由 1（图 5-15-12）改为 10（图 5-15-13），目的是减少误差，若不改周期，则测量无法打开。待摆轮和电动机的周期稳定后选中"测量"，按"▲"或"▼"键，测量打开并记录数据，如图 5-15-13 所示。可进行同一阻尼下不同振幅的多次测量，每次都保留实验数据。

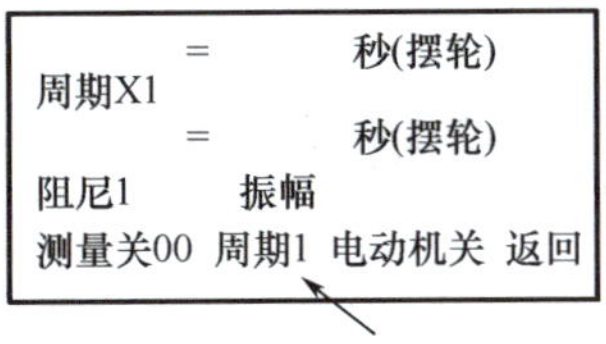

图 5-15-12　确认显示

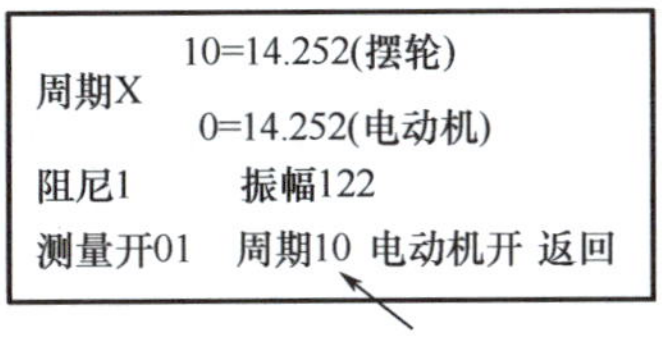

图 5-15-13　记录数据

测量相位时，应把闪光灯放在电动机转盘前下方，按下"闪光灯"按钮，根据频闪现象测量，仔细观察相位位置。

受迫振荡测量完毕，按"◀"或"▶"键，选中"返回"，按"确认"键，重新回到图 5-15-7 所示状态。

（5）关机。

在图 5-15-7 所示状态下按"复位"键，此时实验数据全部清除（在实验过程中不要误操作复位键，如果操作错误要清除数据，可按此按钮），然后按下电源开关，结束实验。

3. ZKY–BG 型波尔共振仪的调整方法

波尔共振仪各部分已经校正，勿随意拆装、改动，电气控制箱与主机由专门电缆相接，不会混淆，使用前务必清楚各开关与旋钮功能。

经过运输或实验后，若发现仪器工作不正常，则可自行调整，具体步骤如下。

（1）将有机玻璃转盘指针 F 置于"0"处。

（2）松开连杆上的锁紧螺母，然后转动连杆机构 E，使摇杆处于垂直位置，然后固定锁紧螺母。

（3）摆轮上一条长凹槽（用白漆线标志）应基本与指针对齐，若发现明显偏差，则可将摆轮后面的三只螺钉略松动，一只手握住涡卷弹簧 B 的内端固定处，另一只手转动摆轮转动，使白漆线对准尖头，然后旋紧三只螺钉。一般情况下，只要不改变涡卷弹簧 B 的长度，就极少进行此项调整。

（4）若放松涡卷弹簧 B 与摇杆 M 连接处的外端夹持螺钉 L，则涡卷弹簧 B 外圈可任意移动（缩短、伸长），缩短距离不宜小于 6cm。旋紧外端夹紧螺钉 L 时，务必使涡卷弹簧 B 处于垂直面内，否则将明显影响实验结果。

将光电门 H 中心对准摆轮上白漆线（长狭缝），并保持摆轮在光电门 H 中间狭缝中自由摆动，此时可选择"阻尼 1"或"阻尼 2"，启动电动机，摆轮将做受迫振动，待达到稳定状态时，打开闪光灯开关，将看到指针 F 在相位差读数盘中似有一个固定读数，两次读数值在调整良好时差 1° 以内（在不大于 2° 时可进行实验）。若发现两次读数值相差较大，则可调整光电门 H 位置。若两次读数值相差超过 5° 以上，则必须重复上述步骤进行调整。

由于弹簧制作过程中存在一定问题，在相位测量过程中可能会出现指针 F 在相位差读数盘上两端重合较好、中间较差或中间较好、两端较差现象。

【注意事项】

波尔共振仪各部分均精确装配，不能随意调整。电气控制箱与面板上旋钮、按键均较多，务必在弄清其功能后，按规范操作。

5-16 静态磁致伸缩系数的测定

磁致伸缩材料广泛应用于传感器、致动器等领域。利用磁致伸缩材料设计的设备将在海洋工程、军事战场、航空航天事业方面突显其重要地位和重大作用。磁致伸缩系数是磁致伸缩材料的基本磁性参数。因此，磁致伸缩系数的测定对于磁致伸缩材料的研究和应用是至关重要的。磁致伸缩系数分为静态磁致伸缩系数和动态磁致伸缩系数。本实验中测定材料的静态磁致伸缩系数。

【实验目的】

（1）了解磁致伸缩效应。
（2）掌握静态磁致伸缩系数的测定方法。

【实验仪器与用品】

静态应变仪、磁致伸缩样品、应变片、变阻箱、直流电源、电磁铁等。

【实验原理】

1. 磁致伸缩效应

物质有热胀冷缩现象。除加热外，磁场和电场也会导致物体尺寸的伸长或缩短。在外磁场作用下，铁磁性和亚铁磁性物质的尺寸伸长（或缩短），去掉外磁场后恢复原来的长度，这种随自身磁化状态改变的弹性形变现象称为磁致伸缩（magnetostriction）或磁致伸缩效应。磁致伸缩效应可用磁致伸缩系数（或应变）λ 描述，$\lambda=(l_H-l_0)/l_0$，l_0 为原来的长度，l_H 为在外磁场作用下伸长（或缩短）后的长度。一般铁磁性物质的 λ 很小，约为百万分之一。1842 年，英国物理学家焦耳在观察铁棒磁化强度变化时发现铁棒的长度发生了变化，这便是人们第一次发现磁致伸缩效应。

磁致伸缩一般有如下三种形式。

（1）沿着外磁场方向尺寸的相对变化（$\Delta l/l$），称为纵向磁致伸缩。

（2）垂直于外磁场方向尺寸的相对变化（$\Delta l/l$），称为横向磁致伸缩。

纵向磁致伸缩或横向磁致伸缩称为线磁致伸缩，简称磁致伸缩，表示为 $\lambda=\Delta l/l$，它表现为材料在磁化过程中具有线度的伸长或缩短而体积不变。磁化时，伸长的为正磁致伸缩，如铁的磁致伸缩；缩短的为负磁致伸缩，如镍的磁致伸缩。

（3）磁性材料被磁化时体积的相对变化（$\Delta V/V$），称为体积磁致伸缩。

早期人们主要用具有磁致伸缩效应的镍基合金制造电话听筒、扭矩计、磁致伸缩振荡器、水听器和扫描声呐等。如今，多种具有磁致伸缩效应的材料在微电子机械系统中扮演着重要角色，并广泛应用于声学传感器和发生器、致动器、线性电机、减振装置和扩音器等。

2. 静态磁致伸缩系数的测定原理

采用电阻应变法测定样品的磁致伸缩，通过测量电阻的变化，间接计算出磁致伸缩系数 λ。测量时，将电阻应变片粘贴在样品上。电阻应变片是一种将长度转化为电阻变化的传感器，由形变电阻丝粘在两层绝缘纸片之间制成，电阻的相对变化与长度的相对变化成正比。本实验使用的电阻应变片的灵敏系数为 2，电阻为 120Ω。

将粘有电阻应变片的样品放在磁场中，其在磁场的作用下被磁化，产生磁致伸缩 $\Delta L/L$，磁致伸缩使电阻应变片的电阻 R 发生变化，当 $\Delta L/L$ 较小（小于 0.01）时，电阻的相对变化 $\Delta R/R$ 可表示为

$$\frac{\Delta R}{R}=K\frac{\Delta L}{L} \tag{5-16-1}$$

式中，R 和 K 分别为电阻应变片的阻值和灵敏系数；L 为样品的长度。

磁致伸缩引起的电阻应变片的电阻变化是非常微小的，可用惠斯通电桥法测量，如图 5-16-1 所示。图中 R_1 为粘在样品上的应变片电阻，R_2 为相同应变片的电阻；r 为并联在 R_2 上的大电阻电位器，用于调节电桥的平衡。电桥的一对顶点接直流电源 U，另一对顶点接检测仪表 G（检流计）。如果考虑温度补偿问题，则将 R_2 粘在与样品形状和尺寸相同的非磁性金属表面，并与样品并排放置在磁场中，使它们处于相同的环境。

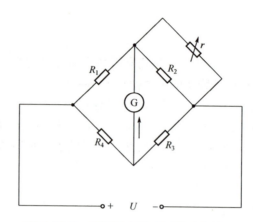

图 5-16-1　惠斯通电桥法测量磁致伸缩

用非平衡电桥测量电阻的改变时，可以证明电阻的变化比较小，流经检流计 G 的电流强度正比于 ΔR_1。根据直流电桥理论，流经电桥中的电流为

$$I_g = \frac{U(R_1 R_4 - R_2 R_3)}{R_g(R_1 + R_2)(R_3 + R_4) + R_1 R_2 (R_3 + R_4) + R_3 R_4 (R_1 + R_2)} \quad (5\text{-}16\text{-}2)$$

磁化前调节电桥平衡，此时 $I_g = 0$，$R_1 = R_2 = R_3 = R_4 = R$。如果使 R_1 增大 ΔR，变为 $R + \Delta R$，则

$$I_g = U \frac{\Delta R / R}{4(R + R_g) + (2R_g + 3R)\Delta R / R} \quad (5\text{-}16\text{-}3)$$

去掉值小的参量，得到

$$I_g = \frac{U}{4(R + R_g)} \cdot \frac{\Delta R}{R} \quad (5\text{-}16\text{-}4)$$

将式（5-16-4）代入式（5-16-1），得

$$\lambda = \frac{\Delta L}{L} = \frac{1}{K} I_g \frac{4(R + R_g)}{U} \quad (5\text{-}16\text{-}5)$$

因为 $R_g \gg R$，所以式（5-16-4）中的 R 可以忽略，桥路检测仪表两端的电压

$$V = I_g R_g = \frac{U}{4} \cdot \frac{\Delta R}{R} \tag{5-16-6}$$

由式（5-16-1）得磁致伸缩系数 λ 为

$$\lambda = \frac{4}{K} \cdot \frac{V}{U} \tag{5-16-7}$$

因为粘在样品上的应变片的应变与样品的磁致伸缩一致，所以只要有足够灵敏的检流计或数字电压表，就可以测出样品的磁致伸缩。

【实验内容与步骤】

（1）粘应变片。

① 清洁表面：在粘贴应变片之前，务必将物体表面彻底清洁干净，以确保应变片可以紧密地黏附在物体表面。可以使用丙酮、酒精等溶液擦拭物体表面，并去除尘埃或杂质。

② 选择胶黏剂：胶黏剂应与应变片的材料和尺寸相符。对于薄应变片，应选择低黏性的胶黏剂，以避免应变片在缩回到原来的形状时被胶黏剂拉伸。

③ 粘贴：应变片应粘贴在冷却的物体表面上，并在黏合过程中避免使用过多的压力。

（2）连接线路。

① 需将应变片正确地连接到电缆中，粘贴连接电缆时避免产生应变。当环境温度变化时，电缆的长度会发生变化，所以需要考虑使用补偿器或相应的电缆连接方案，以便在温度变化时准确地测量应变。

② 应变片两端接入仪器相应位置（根据选用仪器具体确定）。

（3）测量磁场。利用霍尔效应实验仪测量磁场左边缘处磁感应强度（方法详见利用霍尔效应测量磁场实验）。由于该磁场对称分布，可认为右边缘处的磁场与左边缘处的磁场相同，因此将待测样品置于与霍尔元件中心对称的右边磁场位置。在许多场合，确定磁场效应的量是磁场强度 H，而不是磁感应强度 B。在真空中，当磁场强度为 $(10^7/4\pi)$ A/m 时，相应的磁感应强度为 1T。

（4）测定磁致伸缩系数。分别将样品平行和垂直放置于磁场中，改变励磁电流，分别测出 $\lambda_{//}$ 和 $\lambda_{\perp}$ 的值。

【实验数据及处理】

（1）将测量数据填入表 5-16-1。

表 5-16-1　磁场与磁致伸缩测量数据

I_M/A	V_1/V	$-V_2$/V	V_3/V	$-V_4$/V	B/T	H/(A·m^{-1})	$\lambda_{//}$ (×10^{-6})	$\lambda_{\perp}$ (×10^{-6})

（2）绘制磁致伸缩随磁场强度变化的曲线（参见图 5-16-2）。

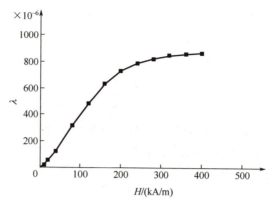

图 5-16-2　磁致伸缩随磁场强度变化的曲线

【思考题】

（1）本实验采用的仪器和方法除可研究磁致伸缩外，还可用于测量哪些量？请举出 1～2 个例子。

（2）粘贴应变片时，使用胶黏剂时需要注意什么？

5-17　铁磁材料的磁滞回线和基本磁化曲线的测定

铁磁材料的磁滞回线和基本磁化曲线的测定

　　我国磁现象的发现、应用和研究历史源远流长，古人将具有吸铁特性的天然铁矿石称为"慈石"，意为慈爱的石头，后逐渐演化为"磁石"。春秋时期的著作《管子》中有磁石和磁石引铁的记载。此后，经过一系列观察、实验和工艺改进，发明了指南针，对磁学和技术的发展以及磁性材料的应用有深远影响。近代磁学由库仑定律的确立和延伸开始，经过奥斯特、安培、韦伯、法拉第、居里和郎之万等科学家的研究，取得长足发展。现代磁学内容更加丰富，新的磁性材料、磁技术和磁学理论不断涌现。稀土永磁材料、巨磁电阻磁记录材料、磁悬浮技术已得到或将得到更加广泛的应用。

磁材料的磁滞回线和磁化曲线对磁性能的研究与应用有显著的基础作用。本实验对磁化强度、矫顽力、剩磁等磁学概念的理解与测量有重要意义。

【实验目的】

（1）了解铁磁物质的磁化过程及相关磁学物理量。

（2）了解用示波器观察和测定磁滞回线及基本磁化曲线的基本原理。

（3）测定样品的磁滞回线。

（4）测定样品的基本磁化曲线。

【实验仪器与用品】

DH4516 型磁滞回线实验仪、YB4325 型示波器、硅钢片等。

【实验原理】

1. 铁磁材料的磁滞现象

铁磁材料是一种性能特异、用途广泛的材料。铁、钴、镍及其合金，以及含铁的氧化物（铁氧体）均属于铁磁材料。其一个显著特征是在外磁场作用下能被强烈磁化，故磁导率 μ 很高；另一个特征是磁滞，即磁化场作用停止后，铁磁质仍保留磁化状态。图 5-17-1 所示为铁磁材料的起始磁化曲线和磁滞回线。图中的原点 O 表示磁化之前铁磁物质处于磁中性状态，即 $B=H=0$，当磁场强度 H 从零开始增大时，磁感应强度 B 随之缓慢上升，如图中线段 $0a$ 所示，B 随 H 迅速增大，如图中线段 ab 所示，其后 B

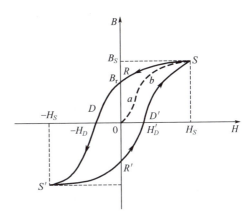

图 5-17-1 铁磁材料的起始磁化曲线和磁滞回线

的增大趋于缓慢，且当 H 增大至 H_S 时，B 到达饱和值，$0abs$ 称为起始磁化曲线。当磁场强度从 H_S 逐渐减小至零时，磁感应强度 B 并不沿起始磁化曲线恢复到 0 点，而是沿另一条新曲线 SR 下降。比较线段 $0S$ 和 SR 可知，H 减小，B 也相应减小，但 B 的变化滞后于 H 的变化，这种现象称为磁滞。磁滞的明显特征是当 $H=0$ 时，B 不为零，而保留剩磁 B_r。

当磁场强度反向从 0 逐渐变至 $-H_D$ 时，磁感应强度 B 消失，说明要消除剩磁，必须施加反向磁场，H_D 称为矫顽力，其值反映铁磁材料保持剩磁状态的能力，线段 RD 称为退磁曲线。

由图 5-17-1 可知，当磁场强度按 $H_S \to 0 \to -H_D \to -H_S \to 0 \to H_D' \to H_S$ 顺序变化时，相应的磁感应强度 B 沿闭合曲线 $SRDS'R'D'S$ 变化，这条闭合曲线称为磁滞回线。当铁磁材料（如变压器中的铁芯）处于交变磁场中时，其沿磁滞回线反复被磁化→去磁→反向磁化→反向去磁。在此过程中要消耗额外的能量，并以热的形式从铁磁材料中释放，这种损耗称为磁滞损耗。可以证明，磁滞损耗与磁滞回线所围面积成正比。

初始态为 $H=B=0$ 的铁磁材料在交变磁场强度由弱到强依次磁化，可以得到面积由小到大向外扩张的一簇磁滞回线，如图 5-17-2 所示。这些磁滞回线顶点的连线称为铁磁材料的基本磁化曲线，可近似确定磁导率 $\mu=B/H$，因为 B 与 H 呈非线性关系，所以铁磁材料的 μ 不是常数，而是随 H 变化的（图 5-17-3）。铁磁材料相对磁导率可高达数千乃至数万，这一特点是它用途广泛的主要原因。

可以说磁化曲线和磁滞回线是铁磁材料分类和选用的主要依据，图 5-17-4 所示为常见的两种典型的磁滞回线。其中，软磁材料磁滞回线狭长，矫顽力、剩磁和磁滞损耗均较小，是制造变压器、电动

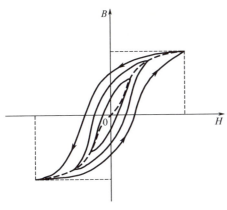

图 5-17-2 同一铁磁材料的一簇磁滞回线

机和交流磁铁的主要材料；硬磁材料磁滞回线较宽，矫顽力大、剩磁大，可用来制造永磁体。

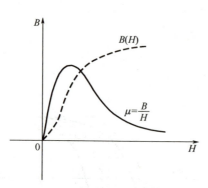

图 5-17-3　铁磁材料磁导率与磁场强度的关系　　图 5-17-4　常见的两种典型的磁滞回线

2. 用示波器观察和测定磁滞回线及基本磁化曲线的实验原理、线路

观察和测定磁滞回线及基本磁化曲线的线路如图 5-17-5 所示。

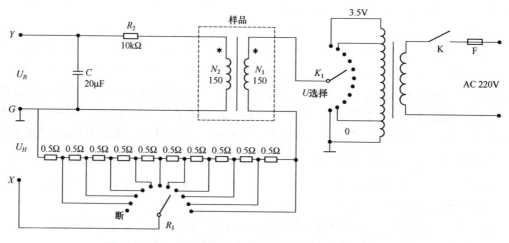

图 5-17-5　观察和测定磁滞回线及基本磁化曲线的线路

待测样品 EI 型硅钢片，N_1 为励磁绕组，N_2 为测量磁感应强度 B 而设置的绕组。R_1 为励磁电流取样电阻，设通过 N_1 的交流励磁电流为 i，根据安培环路定理，样品的磁化场强为

$$H = \frac{N_1 \cdot i}{L}$$

式中，L 为样品的平均磁路长度。

因为

$$i = \frac{U_H}{R_1}$$

所以有

$$H = \frac{N_1}{LR_1} U_H \quad\quad (5\text{-}17\text{-}1)$$

因为式中 N_1、L、R_1 均为已知常数，所以可由 U_H 确定 H。

在交变磁场中，样品的磁感应强度瞬时值是由测量绕组和 R_2C 电路给定的，根据法拉第电磁感应定律，随着样品中的磁通量 ϕ 的变化，测量线圈中产生的感生电动势为

$$\varepsilon_2 = N_2 \frac{\mathrm{d}\phi}{\mathrm{d}t}$$

$$\phi = \frac{1}{N_2}\int \varepsilon_2 \mathrm{d}t$$

$$B = \frac{\phi}{S} = \frac{1}{N_2 S}\int \varepsilon_2 \mathrm{d}t \tag{5-17-2}$$

式中，S 为样品的截面面积。

如果忽略自感电动势和电路损耗，则回路方程为

$$\varepsilon_2 = i_2 R_2 + U_B$$

式中，i_2 为感应电流；U_B 为积分电容器 C 两端电压。设在 Δt 时间内，i_2 向电容器 C 充电电量为 Q，则

$$U_B = \frac{Q}{C}$$

$$\varepsilon_2 = i_2 R_2 + \frac{Q}{C}$$

如果选取足够大的 R_2 和 C 使 $i_2 R_2 \gg Q/C$，则

$$\varepsilon_2 = i_2 R_2$$

因为

$$i_2 = \frac{\mathrm{d}Q}{\mathrm{d}t} = C \frac{\mathrm{d}U_B}{\mathrm{d}t}$$

所以

$$\varepsilon_2 = CR_2 \frac{\mathrm{d}U_B}{\mathrm{d}t} \tag{5-17-3}$$

由式（5-17-2）和式（5-17-3）得

$$B = \frac{CR_2}{N_2 S} U_B$$

因为式中 C、R_2、N_2 和 S 均为已知常数，所以可由 U_B 确定 B。

综上所述，只要将图 5-17-5 中的 U_H 和 U_B 分别加到示波器的"X 输入"和"Y 输入"，就可观察样品的 B–H 曲线，并可用示波器测出 U_H 和 U_B 值，进而根据公式计算出 B 和 H；同理，还可求得饱和磁感应强度 B_S、剩磁 B_r、矫顽力 H_C、磁滞损耗 W_{BH} 及磁导率 μ 等。

【实验内容与步骤】

（1）电路连接：选样品按实验仪上所给的电路图连接线路，并令 R_1=2.5Ω，将"U 选择"旋钮置于 0 位。U_H 和 U_B 分别接示波器的"X 输入"和"Y 输入"，┴插孔为公共端。

（2）样品退磁：开启实验仪电源，对样品进行退磁，即顺时针转动"U 选择"旋钮，使 U 从 0 增至 3V，然后逆时针转动旋钮，使 U 从最大值降为 0。其目的是消除剩磁，确保样品处于磁中性状态，即 $B=H=0$，如图 5-17-6 所示。

（3）观察磁滞回线：开启示波器，令光点位于坐标网格中心，$U=2.4V$，分别调节示波器 X 轴和 Y 轴的灵敏度，使显示屏上出现图形尺寸合适的磁滞回线（若图形顶部出现编织状的小环，如图 5-17-7 所示，则可降低励磁电压 U 予以消除）。

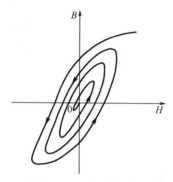

图 5-17-6　退磁示意图

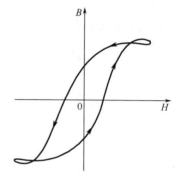

图 5-17-7　调节不当引起的畸变现象

（4）测定基本磁化曲线：按步骤（2）对样品进行退磁，从 $U=0$ 开始，逐挡提高励磁电压，在显示屏上得到面积由小到大一个套一个的一簇磁滞回线。记录这些磁滞回线顶点的坐标，其连线就是样品的基本磁化曲线。将测量数据填入表 5-17-1。

（5）调节 $U=3.5V$、$R_1=2.5Ω$，测定样品的一组 U_B、U_H 值（记录磁滞回线与坐标轴的四个交点及两个顶点坐标），将测量数据填入表 5-17-2。

【数据记录与处理】

（1）将记录的 U_B、U_H 值填入表 5-17-1 和表 5-17-2。

表 5-17-1　基本磁化曲线测量数据

U / V	U_H / mV	U_B / mV	H / (A·m^{-1})	B / T
0				
0.5				
0.9				
1.2				
1.5				

续表

U / V	U_H / mV	U_B / mV	H / (A·m^{-1})	B / T
1.8				
2.1				
2.4				
2.7				
3.0				
3.5				

表 5-17-2　磁滞回线测量数据

序号	U_H / mV	U_B / mV	H / (A·m^{-1})	B / T
1				
2				
3				
4				
5				
6				

B_S=＿＿＿＿＿＿, B_r=＿＿＿＿＿＿, H_C=＿＿＿＿＿＿

（2）根据已知条件 L=75mm，S=120mm^2，N_1=150 匝，N_2=150 匝，C=20μF，R_2=10kΩ，计算相应的 B 和 H 值。

（3）根据得到的 B 和 H 的值作出 B–H 曲线，并求得 B_S、B_r 和 H_C 等参数，并填入表 5-17-2。

【注意事项】

（1）测量磁滞回线前，应对样品进行去磁处理。
（2）示波器选择"X、Y"方式工作。

【思考题】

（1）为什么测试前要对样品进行退磁？
（2）测量磁滞回线，可以获得材料的哪些性能参数？

5-18　巨磁电阻效应及其应用

2007 年诺贝尔物理学奖授予了巨磁电阻（giant magnetoresistance，GMR）效应的发现者、法国物理学家阿尔贝·费尔和德国物理学家彼得·格伦贝格。诺贝尔奖委员会说明："这是一次好奇心导致的发现，但其随后的应用是革命性的，因为它使计算机硬盘的容量从几百兆、几千兆一跃提高几百倍，达到几百吉乃至上千吉。"本实验介绍多层膜巨磁电阻效应的原理，并通过实验让学生了解几种巨磁电阻传感器的结构特性及应用领域。

【实验目的】

（1）了解巨磁电阻效应的原理。
（2）测量巨磁电阻模拟传感器的磁电转换特性曲线。
（3）测量巨磁电阻的磁阻特性曲线。
（4）了解磁记录与读出的原理。

【实验仪器与用品】

巨磁电阻效应实验仪、基本特性组件、磁读写组件等。

【实验原理】

根据导电的微观机理，电子在导电时不是沿电场直线前进的，而是不断与晶格中的原子产生碰撞（称为散射）的。每次散射后电子都会改变运动方向，总的运动是电场对电子的定向加速与这种无规散射运动的叠加。电子在两次散射之间走过的平均路程称为平均自由程。电子散射概率越小，平均自由程越长，电阻率越低。电阻定律 $R=\rho l/s$ 中，把电阻率 ρ 视为常数，其与材料的几何尺度无关，因为通常材料的几何尺度远大于电子的平均自由程（如铜中电子的平均自由程约为34nm），可以忽略边界效应。当材料的几何尺度小到纳米量级，只有几个原子的厚度（如铜原子的直径约为0.3nm）时，电子在边界上的散射概率增大，便可以明显观察到随厚度减小电阻率增大的现象。

电子除携带电荷外，还具有自旋特性，自旋磁矩有平行或反平行于外磁场两种可能取向。1936年，英国物理学家、诺贝尔奖获得者内维尔·弗朗西斯·莫特指出，在过渡金属中，自旋磁矩与材料磁场方向平行的电子，散射概率远小于自旋磁矩与材料的磁场方向反平行的电子。总电流是两类自旋电流之和，总电阻是两类自旋电流的并联电阻，这就是所谓的两电流模型。

在图 5-18-1 所示的多层膜结构中，无外磁场时，上下两层磁性材料是反平行（反铁磁）耦合的。施加足够强的外磁场后，两层铁磁膜的方向都与外磁场方向一致，外磁场使两层铁磁膜从反平行耦合变成平行耦合。电流在多数应用中是平行于膜面的。图 5-18-2 是图 5-18-1 结构的某种巨磁电阻材料的磁阻特性曲线。由图可见，随着外磁场的增大，电阻逐渐减小，其间有一段线性区域。外磁场使两铁磁膜完全平行耦合后，继续增大外磁场，电阻不再减小，进入磁饱和区域。磁阻变化率 $\Delta R/R$ 为百分之十几，加反向磁场时磁阻特性是对称的。图 5-18-2 中有两条曲线，分别对应增大磁场和减小磁场时的磁阻特性，因为铁磁材料都具有磁滞特性。

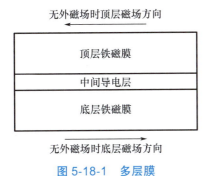

图 5-18-1　多层膜

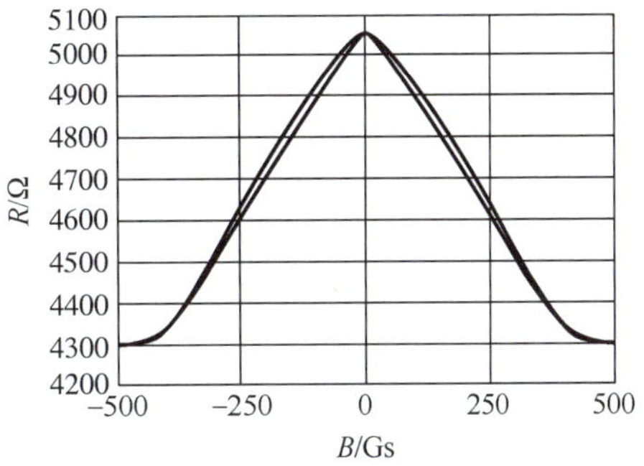

图 5-18-2　某种巨磁电阻材料的磁阻特性曲线

如下两类与自旋相关的散射对巨磁电阻效应有贡献。

（1）**界面上的散射**。无外磁场时，上下两层铁磁膜的磁场方向相反，无论电子的初始自旋状态如何，从一层铁磁膜进入另一层铁磁膜时都面临状态改变（平行—反平行，或反平行—平行），电子在界面上的散射概率很大，对应于高电阻状态。有外磁场时，上下两层铁磁膜的磁场方向一致，电子在界面上的散射概率很小，对应于低电阻状态。

（2）**铁磁膜内的散射**。即使电流方向平行于膜面，受无规散射的影响，电子也有一定的概率在上下两层铁磁膜之间穿行。无外磁场时，上下两层铁磁膜的磁场方向相反，无论电子的初始自旋状态如何，在穿行过程中都会经历散射概率小（平行）和散射概率大（反平行）两种过程，两类自旋电流的并联电阻类似于两个中等阻值的电阻并联，对应于高电阻状态。有外磁场时，上下两层铁磁膜的磁场方向一致，自旋平行的电子散射概率小，自旋反平行的电子散射概率大，两类自旋电流的并联电阻类似于一个小电阻与一个大电阻并联，对应于低电阻状态。

多层膜巨磁电阻结构简单、工作可靠，磁阻随外磁场线性变化的范围大，在制作模拟传感器方面得到广泛应用。在数字记录与读出领域，为进一步提高灵敏度，发展了自旋阀结构的巨磁电阻，如图 5-18-3 所示。自旋阀结构的巨磁电阻（spin valve GMR，SV-GMR）由钉扎层、被钉扎层、中间导电层和自由层构成。其中，钉扎层使用反铁磁材料，被钉扎层使用硬铁磁材料，铁磁材料和反铁磁材料在交换耦合作用下形成偏转场，此偏转场将被钉扎层的磁化方向固定，不随外磁场改变。被钉扎层和自由层之间的中间导电层是非磁性金属隔离层，只对被钉扎层和自由层隔离，而不进行电隔离，可以通过改变该层厚度以实验对其两面磁性薄膜之间耦合强度的控制。自由层使用软铁磁材料，它的磁化方向易随外磁场转动。这样，很弱的外磁场就会改变自由层与被钉扎层磁场的相对取向，对应于很高的灵敏度。制造时，使自由层的初始磁化方向与被钉扎层垂直，磁记录材料的磁化方向与被钉扎层的方向相同或相反（对应于 0 或 1），当感应到磁记录材料的磁场时，自由层的磁化方向向着与被钉扎层磁化方向相同（低电阻）或相反（高电阻）的方向偏转，检测出电阻的变化，就可确定记录材料所记录

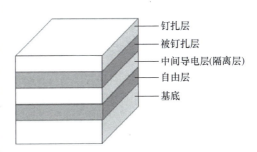

图 5-18-3　自旋阀结构的巨磁电阻

的信息，硬盘所用的巨磁电阻磁头就采用这种结构。

【仪器介绍】

1. 实验仪

图 5-18-4 所示为巨磁阻效应实验仪前面板。

区域 1——电流表部分：作为一个独立的电流表。有两个挡位，20mA 挡和 2mA 挡，可通过电流量程切换开关选择合适的电流挡位。

区域 2——电压表部分：作为一个独立的电压表。有两个挡位，2V 挡和 200mV 挡，可通过电压量程切换开关选择合适的电压挡位。

区域 3——恒流源部分：可变恒流源。实验仪还提供巨磁电阻传感器工作所需的 4V 电源和运算放大器工作所需的 ±8V 电源。

2. 基本特性组件

基本特性组件（图 5-18-5）由巨磁电阻模拟传感器、螺线管及比较电路、输入/输出插孔组成，用于测量巨磁电阻的磁电转换特性、磁阻特性。

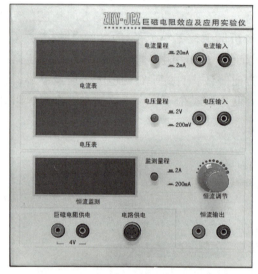

图 5-18-4　巨磁阻效应实验仪前面板

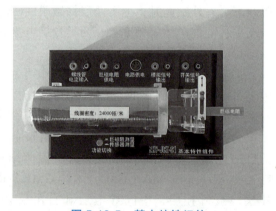

图 5-18-5　基本特性组件

巨磁电阻传感器置于螺线管的中央。螺线管用于在实验过程中产生可计算的磁场，由理论分析可知，无限长直螺线管内部轴线上任一点的磁感应强度为

$$B = \mu_0 n I \qquad (5\text{-}18\text{-}1)$$

式中，μ_0 为真空中的磁导率，$\mu_0 = 4\pi \times 10^{-7} \text{H/m}$；$n$ 为线圈密度；I 为流经线圈的电流强度。采用国际单位制时，由式（5-18-1）计算出的磁感应强度单位为 T（1T=10000Gs）。

3. 磁读写组件

磁读写组件（图 5-18-6）用于演示磁记录与读出的原理。磁卡作为记录介质，通过写磁头可写入数据，通过读磁头可读出写入的数据。

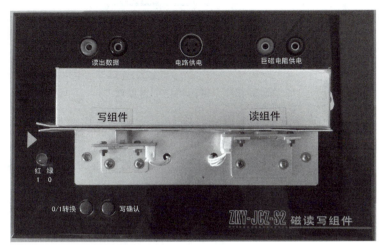

图 5-18-6　磁读写组件

【实验内容与步骤】

1. 巨磁电阻模拟传感器的磁电转换特性测量

将巨磁电阻模拟传感器置于螺线管磁场中，功能切换按钮切换为"传感器测量"。实验仪的 4V 电压源接至基本特性组件"巨磁电阻供电"，恒流源接至"螺线管电流输入"，基本特性组件"模拟信号输出"接至实验仪电压表。

按表 5-18-1 中数据，调节励磁电流，逐渐减小磁场，在表格"减小磁场"列中记录相应的输出电压。由于恒流源本身不能提供负向电流，因此当电流减至 0 后，交换恒流输出接线的极性，使电流反向。再次增大电流，此时流经螺线管的电流与磁感应强度的方向为负，从上到下记录相应的输出电压。

电流至 –100mA 后，负向电流逐渐减小，电流为 0 时同样需要交换恒流输出接线的极性。在"增大磁场"列中从下到上记录数据。

理论上讲，外磁场为零时，巨磁电阻传感器的输出应为 0，但由于半导体工艺的限制，四个桥臂的电阻值不一定完全相同，导致外磁场为 0 时的输出不一定为 0，在有的传感器中可以观察到这一现象。

2. 巨磁电阻磁阻特性测量

为加深对巨磁电阻效应的理解，需要对构成巨磁电阻模拟传感器的磁阻进行测量。将基本特性组件的功能切换按钮切换为"巨磁阻测量"，此时被磁屏蔽的两个电桥电阻 R_3、R_4 被短路，而 R_1、R_2 并联。在电路中串联电流表，测量不同磁场下回路中的电流值，从而计算出磁阻值。磁阻特性测量原理如图 5-18-7 所示。

将巨磁电阻模拟传感器置于螺线管磁场中，功能切换按钮切换为"巨磁阻测量"。实验仪的 4V 电源串联电流表后接至基本特性组件"巨磁电阻供电"，恒流源接至"螺线管电流输入"。

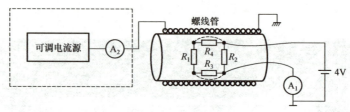

图 5-18-7　磁阻特性测量原理

按表 5-18-2 中的数据，调节励磁电流，磁场逐渐减小，在表格"减小磁场"列中记录相应的磁阻电流。由于恒流源本身不能提供负向电流，因此电流减至 0 后，交换恒流输出接线的极性，使电流反向。再次增大电流，此时流经螺线管的电流与磁感应强度的方向为负，从上到下记录相应的磁阻电流。

电流至 –100mA 后，负向电流逐渐减小，电流为 0 时同样需要交换恒流输出接线的极性。在"增大磁场"列中从下到上记录数据。

3. 磁记录与读出

磁记录是数码产品记录与存储信息的主要方式，随着巨磁电阻的出现，存储密度有了成百上千倍的提高。目前，在磁记录领域，为了提高记录密度，读写磁头是分离的。写磁头是绕线的磁芯，线圈中通过电流时产生磁场，在磁性记录材料上记录信息。巨磁电阻读磁头利用磁记录材料上不同磁场下电阻的变化读出信息。磁读写组件用磁卡作为记录介质，通过写磁头可写入数据，通过读磁头可读出写入的数据。读者可自行设计一个二进制码，按二进制码写入数据，然后读出记录的结果。

实验仪的 4V 电源接至磁读写组件"巨磁电阻供电"，"电路供电"接口接至基本特性组件对应的"电路供电"，磁读写组件"读出数据"接至实验仪电压表。同时按下"0/1 转换"和"写确认"按键约 2s 对读写组件进行初始化，初始化后可以进行写和读。

将需要写入与读出的二进制数据记入表 5-18-3 第 2 行。

将磁卡有刻度区域的一面朝前，沿着箭头标识的方向插入划槽，按需要切换写"0"或写"1"（按"0/1 转换"按键，当状态指示灯显示为红色表示当前为写"1"状态，绿色表示当前为写"0"状态），按住"写确认"按键不放，缓慢移动磁卡，根据磁卡上的刻度区域线完成写数据后，松开"写确认"按键，此时组件处于读状态，将磁卡移动到读磁头处，注意：为了使后面的读出数据更准确，写数据时，应以磁卡上各区域两边的边界线开始和结束，即在每个标定的区域内，磁卡的写入状态都完全相同。

完成写数据后，松开"写确认"按键，此时组件处于读写状态，将磁卡移动到读磁头处，并轻划磁卡通过磁头，此时电压表上即出现相应数值，将其填入表 5-18-3。

【数据记录与处理】

（1）根据螺线管上标明的线圈密度，由式（5-18-1）计算出螺线管内的磁感应强度 B，填入表 5-18-1。以磁感应强度 B 为横坐标、电压表的读数为纵坐标，作出磁电转换特性曲线。外磁场强度不同时，输出电压的变化反映巨磁电阻传感器的磁电转换特性，同一外磁场强度下输出电压的差值反映材料的磁滞特性。

表 5-18-1　巨磁电阻模拟传感器磁电转化特性的测量数据

电桥电压 4V

励磁电流 /mA	B/Gs	输出电压 /mV	
		减小磁场	增大磁场
100			
90			
80			
70			
60			
50			
40			
30			
20			
10			
5			
0			
−5			
−10			
−20			
−30			
−40			
−50			
−60			
−70			
−80			
−90			
−100			

（2）根据螺线管上标明的线圈密度，由式（5-18-1）计算出螺线管内的磁感应强度 B。由欧姆定律 $R=U/I$ 计算磁阻，填入表 5-18-2。以磁感应强度 B 为横坐标、磁阻为纵坐标，作出磁阻特性曲线。由于巨磁电阻模拟传感器的两个磁阻位于磁通聚集器中，因此，与图 5-18-2 相比，实验得出的磁阻曲线斜率大了约 10 倍，磁通聚集器结构使磁阻灵敏度提高。不同外磁场强度时磁阻的变化反映巨磁电阻的磁阻特性，同一外磁场强度下磁阻的差值反映材料的磁滞特性。

（3）将刻度区域在电压表上对应的电压填入表 5-18-3。此实验演示了磁记录与磁读出的原理与过程（由于测试卡刻度区域的两端数据记录可能不准确，因此实验中只记录中间的 1–8 号区域的数据）。

表 5-18-2　巨磁电阻磁阻特性的测量

磁阻两端电压 4V

励磁电流 /mA	B/Gs	减小磁场		增大磁场	
		磁阻电流 /mA	磁阻 /Ω	磁阻电流 /mA	磁阻 /Ω
100					
90					
80					
70					
60					
50					
40					
30					
20					
10					
5					
0					
−5					
−10					
−20					
−30					
−40					
−50					
−60					
−70					
−80					
−90					
−100					

表 5-18-3　二进制数字的写入与读出

十进制数字								
二进制数字								
磁卡区域号	1	2	3	4	5	6	7	8
读出电压								

【注意事项】

（1）由于巨磁电阻传感器具有磁滞现象，因此在实验中，恒流源只能单方向调节，不能回调，否则测得的实验数据不准确。实验表格中的电流只作为参考，实验时以实际显示的数据为准。

（2）磁读写组件不能长期处于"写"状态。

（3）在实验过程中，实验不得处于强磁场中。

【思考题】

（1）在磁场中，通常巨磁电阻材料的电阻随磁场的增大出现什么变化？请简述其发生机理。

（2）实验中调节恒流源时，为什么只能单方向调节，不能回调？

附 录

附表 1　国际单位制的基本单位

基本量	单位名称		单位符号	
	中文	英文	中文	SI
长度	米	meter	米	m
质量	千克（公斤）	kilogram	千克	kg
时间	秒	second	秒	s
电流	安培	ampere	安［培］	A
热力学温度	开尔文	kelvin	开［尔文］	K
物质的量	摩尔	mole	摩［尔］	mol
发光强度	坎德拉	candela	坎［德拉］	cd

附表 2　国际单位制的导出单位

导出量	单位名称	单位符号	
		中文	SI
面积	平方米	米^2	m^2
体积	立方米	米^3	m^3
速率，速度	米每秒	米/秒	$m \cdot s^{-1}$
加速度	米每平方秒	米/秒^2	$m \cdot s^{-2}$
波数	每米	1/米	m^{-1}
密度	千克每立方米	千克/米^3	$kg \cdot m^{-3}$
比容（比体积）	立方米每千克	米^3/千克	$m^3 \cdot kg^{-1}$

续表

导出量	单位名称	单位符号 中文	单位符号 SI
电流密度	安[培]每平方米	安/米^2	A·m^{-2}
磁场强度	安[培]每米	安/米	A·m^{-1}
[物质的量]浓度	摩[尔]每立方米	摩/米^3	mol·m^{-3}
[光]亮度	坎[德拉]每平方米	坎/米^2	cd·m^{-2}

附表3　国际单位制中具有专门名称的导出单位

导出量	单位名称	单位符号 中文	单位符号 SI	用SI导出单位表示	用SI基本单位表示
[平面]角	弧度	弧度	rad		
立体角	球面度	球面度	sr		
频率	赫[兹]	赫	Hz		s^{-1}
力，重力	牛[顿]	牛	N		m·kg·s^{-2}
压力，压强，应力	帕[斯卡]	帕	Pa	N·m^{-2}	m^{-1}·kg·s^{-2}
能量，功，热	焦[耳]	焦	J	N·m	m^2·kg·s^{-2}
功率，辐射通量	瓦[特]	瓦	W	J·s^{-1}	m^2·kg·s^{-3}
电荷量	库[仑]	库	C		s·A
电位，电压，电动势	伏[特]	伏	V	W·A^{-1}	m^2·kg·s^{-3}·A^{-1}
电容	法[拉]	法	F	C·V^{-1}	m^{-2}·kg^{-1}·s^4·A^2
电阻	欧[姆]	欧	Ω	V·A^{-1}	m^2·kg·s^{-3}·A^{-2}
电导	西[门子]	西	S	A·V^{-1}	m^{-2}·kg^{-1}·s^3·A^2
磁通量	韦[伯]	韦	Wb	V·s	m^2·kg·s^{-2}·A^{-1}
磁通[量]密度，磁感应强度	特[斯拉]	特	T	Wb·m^{-2}	kg·s^{-2}·A^{-1}
电感	亨[利]	亨	H	Wb·A^{-1}	m^2·kg·s^{-2}·A^{-2}
摄氏温度	摄氏度		℃		K
光通量	流[明]	流	lm	cd·sr	m^2·m^{-2}·cd
[光]照度	勒[克斯]	勒	lx	lm·m^{-2}	
[放射性]活度	贝可[勒尔]	贝可	Bq		s^{-1}
吸收剂量，比授[予]能	戈[瑞]	戈	Gy	J·kg^{-1}	m^2·s^{-2}
剂量当量	希[沃特]	希	Sv	J·kg^{-1}	m^2·s^{-2}

附表4 基本物理常数

量	符号	数值	单位
真空中的光速	c	299792458	$m \cdot s^{-1}$
真空的磁导率	μ_0	1.25663706143592e-06	$N \cdot A^{-2}$
真空的介电常数	ε_0	8.854187817e-12	$F \cdot m^{-1}$
万有引力常数	G	6.67259e-11 ± 8.5e-15	$m^3 \cdot kg^{-1} \cdot s^{-2}$
普朗克常数	h	6.6260755e-34 ± 4.0e-40	$J \cdot s$
基本电荷	e	1.60217733e-19 ± 4.9e-26	C
电子的静止质量	m_e	91093897e-31 ± 5.4e-37	kg
电子荷质比	$-e/m_e$	−175881962000 ∓ 53000	$C \cdot kg^{-1}$
电子摩尔质量	M_e	5.48579903e-07 ± 1.3e-14	$kg \cdot mol^{-1}$
经典电子半径	r_e	2.81794092e-15 ± 3.8e-22	m
质子的质量	m_p	1.6726231e-27 ± 1.0e-33	kg
质子摩尔质量	M_p	0.00100727647 ± 1.2e-11	
阿伏伽德罗常数	N_A	6.0221367e+23 ± 3.6e+17	mol^{-1}
精细结构常数	α	0.00729735308 ± 3.3e-09	$kg \cdot mol^{-1}$
摩尔气体常数	R	8.31451 ± 7.0e-05	$J \cdot mol^{-1} \cdot K^{-1}$
玻尔兹曼常数	k	1.380658e-23 ± 1.2e-28	$J \cdot K^{-1}$
法拉第常数	F	96485.309 ± 0.029	$C \cdot mol^{-1}$
电子伏特	eV	1.60217733e-19 ± 4.9e-26	J
标准状态下理想气体的摩尔体积	V_m	0.0224141 ± 1.9e-07	$m^3 \cdot mol^{-1}$
标准大气压	atm	101325	Pa
标准重力加速度	g_n	9.80665	$m \cdot s^{-2}$

附表5　20℃某些金属的杨氏模量[①]

金属	杨氏模量 E ($\times 10^{11}$)/(N·m^{-2})	金属	杨氏模量 E ($\times 10^{11}$)/(N·m^{-2})
铝	0.69～0.70	镍	2.03
钨	4.07	铬	2.35～2.45
铁	1.86～2.06	合金钢	2.06～2.16
铜	1.03～1.27	碳钢	1.96～2.06
金	0.77	不锈钢	1.60
银	0.69～0.80	铸钢	1.72
锌	0.78	硬铝合金	0.71

① 杨氏模量的值与材料的结构、化学成分及其加工制造方法有关。因此，在某些情形下，实际材料的杨氏模量可能与表中所列的平均值不同。

附表6　固体的线膨胀系数

固体	温度范围/℃	α ($\times 10^{-6}$)/℃$^{-1}$
铝	0～100	23.8
铜	0～100	17.1
铁	0～100	12.2
金	0～100	14.3
银	0～100	19.6
钢（0.05%C）	0～100	12.0
铅	0～100	29.2
锌	0～100	32.0
铂	0～100	9.1
钨	0～100	4.5
石英玻璃	0～100	0.59

附表 7 标准大气压下不同温度时水的密度

温度 $t/℃$	密度 $\rho/(kg \cdot m^{-3})$	温度 $t/℃$	密度 $\rho/(kg \cdot m^{-3})$	温度 $t/℃$	密度 $\rho/(kg \cdot m^{-3})$	温度 $t/℃$	密度 $\rho/(kg \cdot m^{-3})$
0.0	999.87	13.0	999.40	26.0	996.81	39.0	992.62
1.0	999.93	14.0	999.27	27.0	996.54	40.0	992.24
2.0	999.97	15.0	999.13	28.0	996.26	41.0	991.86
3.0	999.99	16.0	998.97	29.0	995.97	42.0	991.47
4.0	1000.00	17.0	998.90	30.0	995.68		
5.0	999.99	18.0	998.62	31.0	995.37	50.0	988.04
6.0	999.97	19.0	998.43	32.0	995.05	60.0	983.21
7.0	999.93	20.0	998.23	33.0	994.72	70.0	977.80
8.0	999.88	21.0	998.02	34.0	994.40	80.0	971.80
9.0	999.81	22.0	997.77	35.0	994.06	90.0	965.31
10.0	999.73	23.0	997.57	36.0	993.71	100.0	958.36
11.0	999.63	24.0	997.33	37.0	993.36		
12.0	999.52	25.0	997.07	38.0	992.99		

附表 8 在 20℃ 时一些固体和液体的密度

物质	密度 $\rho/(kg \cdot m^{-3})$	物质	密度 $\rho/(kg \cdot m^{-3})$
铝	2698.9	水晶玻璃	2900～3000
铜	8960	窗玻璃	2400～2700
铁	7874	冰（0℃）	800～920
银	10500	甲醛	792
金	19320	乙醇	789.4
钨	19300	乙醚	714
铂	21450	汽车用汽油	710～720
铅	11350	氟利昂-12	1329
锡	7298	变压器油	840～890
汞	13546.2	甘油	1260
钢	7600～7900	蜂蜜	1435
石英	2500～2800		

附表9 液体的黏度

液体	温度 t/℃	黏度 $\eta\times(10^{-3})$/(Pa·s)	液体	温度 t/℃	黏度 $\eta\times(10^{-3})$/(Pa·s)
汞	−20	1.855	甘油	−20	134
汞	0	1.658	甘油	0	12.1
汞	20	1.554	甘油	20	1.50
汞	100	1.240	甘油	100	0.0129
乙醇	−20	2.780	蓖麻油	0	5.30
乙醇	0	1.780	蓖麻油	10	2.42
乙醇	20	1.190	蓖麻油	20	0.986
甲醇	0	0.814	蓖麻油	30	0.451
甲醇	20	0.584	蓖麻油	40	0.230
乙醚	0	0.296	变压器油	20	0.0198
乙醚	20	0.243	葵花籽油	20	0.0500
汽油	0	1.788	蜂蜜	20	6.50
汽油	18	0.530	蜂蜜	80	0.0100

附表10 常用材料的导热系数（$p=1.01325\times10^5$Pa）

物质	温度/K	导热系数/(W·m^{-1}·K^{-1})	物质	温度/K	导热系数/(W·m^{-1}·K^{-1})
空气	300	0.0260	铜	273	400
氢气	300	0.0260	铝	273	238
氮气	300	0.0261	钨	273	170
氧气	300	0.0268	镍	273	90
二氧化碳	300	0.0166	铁	273	82
氦	300	0.1510	黄铜	273	120
氖	300	0.0491	康铜	273	22.0
水	273	0.561	不锈钢	273	14.0
水	293	0.604	硼硅酸玻璃	273	1.0
水	373	0.680	陶瓷	373	30.0
冰	273	2.2	石英	273	1.40
汞	273	8.4	云母	373	0.72
银	273	418	橡胶	298	0.16

附表 11 AI 伴学内容及提示词

序号	AI 伴学内容	AI 提示词
1	第 1 章 不确定度与数据处理基础	介绍不确定度的计算方法及应用案例
2	第 2 章 力学及热学实验	介绍测量长度、时间、质量和温度的测量器具，探讨热电偶的应用
3		列举测量长度的基本仪器，阐述各类长度测量仪器的测量原理、读数方法、分度值及最大允许误差
4		列举测量物体密度的常用方法
5		介绍气垫导轨和通用计数器的使用方法，验证牛顿第二定律
6		试举出一些动量守恒定律的工程应用场景
7		介绍简谐振动，研究简谐振动的规律及特征
8		介绍一些微小位移测量的方法，PID 调节的原理
9		阐述动态法和静态法测定材料的弹性模量的优缺点和适用范围
10		介绍扭摆法测定物体转动惯量的方法，实验中如何验证平行轴定理
11		介绍温度对黏度的影响机制
		举例说明弹性模量在工程领域的重要性
12	第 3 章 电磁学实验	介绍电磁学实验室常用设备和电学实验操作规则
13		介绍伏安特性曲线、电流表内外接法及对应的电表接入误差的计算方法
14		介绍表头改装核心理论及校准依据，表头参数测量方法，改装电路的连接类型
15		从二极管的内部结构分析二极管的单向导电性
16		介绍三极管的结构和基本放大原理，探讨三极管的具体应用
17		介绍 RC 电路的充放电规律，探讨时间常数的作用
18		单臂电桥的主要误差来源有哪些
19		介绍双臂电桥与单臂电桥的差异，四端电阻的结构，电桥的平衡条件
20		非平衡电桥如何测非电量
21		介绍补偿法测电动势的原理
22		为什么要用模拟法测绘静电场？分析电流场和静电场中电势分布的相似性
23		介绍霍尔效应及反常霍尔效应。附加电压是怎样产生的
24		介绍示波器的组成及工作原理，利用示波器观察波形
25		介绍 NE555 芯片的来源、用途，分析其未来的发展趋势
26	第 4 章 光学实验	介绍几种常用的光学仪器和常用光源
27		介绍透镜成像原理，利用自准直法和二次成像法测定薄透镜的焦距
28		分光计的应用有哪些
29		列举测量玻璃三棱镜折射率的方法
30		介绍折射定律和折射的临界状态，探讨用折射极限法测定液体的折射率

续表

序号	AI 伴学内容	AI 提示词
31	第 4 章 光学实验	阐述光栅的发展历程和应用领域
32		介绍牛顿环的应用，阐述用牛顿环法测定平凸透镜曲率半径的原理
33		阐述用劈尖测量薄片厚度的方法
34		介绍光的偏振现象，阐述光的偏振在工程领域中的应用
35		介绍照相机的种类和构造
36		介绍菲涅耳双棱镜的干涉现象
37		阐述声光效应并介绍超声光栅测量声速原理
38		阐述望远镜和显微镜在实践中的应用
39		阐述杨氏双缝干涉实验测波长原理
40	第 5 章 近代物理和综合实验	阐述等厚干涉条纹和等倾干涉条纹的区别
41		阐述磁致旋光效应，测量样品的费尔德常数
42		介绍光电效应的基本规律，利用光电效应测定普朗克常数
43		阐述导热系数的物理意义及测量方法
44		分析压电陶瓷的工作原理和应用领域。分析驻波的产生机理，列举生活中的驻波现象
45		阐述红外通信的原理，并将红外通信与其他通信方式进行比较
46		介绍密立根油滴法测定电子电荷的实验背景、实验原理和数据处理方法
47		介绍几种温度传感器，讨论将非电量（如温度）转化为电量的方法
48		光纤传感器的分类，强度调制光纤传感器的原理
49		介绍 LED 光源 I–P 特性曲线的测定方法
50		光在光导纤维中的传输速度与哪些因素有关？请列举几种测定光速的方法
51		介绍热机的工作循环过程，热机的效率如何计算？结合卡诺定理，讨论提高空气热机效率的可能途径有哪些
52		阐述多普勒效应的原理，列举多普勒效应的一些实际应用
53		介绍 PN 结的温度特性，讨论 PN 结测定温度的几种方法
54		阐述共振现象在实际生活和生产中的利弊
55		介绍磁致伸缩效应，阐述磁致伸缩材料的种类及其应用
56		阐述铁磁物质的磁化过程，介绍测定磁滞回线及基本磁化曲线的原理
57		阐述巨磁电阻效应的原理，介绍测量巨磁电阻特性的方法

参考文献

陈怀琳，邵义全，1990. 普通物理实验指导：光学［M］. 北京：北京大学出版社.
丁慎训，张孔时，1992. 物理实验教程：普通物理实验部分［M］. 北京：清华大学出版社.
方立新，2017. 大学物理实验［M］. 青岛：中国海洋大学出版社.
冯文林，杨晓占，魏强，2015. 近代物理实验教程［M］. 重庆：重庆大学出版社.
国家质量技术监督局计量司，2000. 测量不确定度评定与表示指南［M］. 北京：中国计量出版社.
贾玉润，王公治，凌佩玲，1987. 大学物理实验［M］. 上海：复旦大学出版社.
刘智敏，刘风，1997. 现代不确定度方法与应用［M］. 北京：中国计量出版社.
刘子臣，2005. 大学基础物理实验：力学、热学及分子物理分册［M］. 2版. 天津：南开大学出版社.
吕洪方，石文星，2020. 大学物理实验［M］. 武汉：华中科技大学出版社.
田民波，2001. 磁性材料［M］. 北京：清华大学出版社.
万纯娣，王永新，万春华，等，2000. 普通物理实验［M］. 3版. 南京：南京大学出版社.
王惠棣，任隆良，谷晋骐，等，1997. 物理实验［M］. 2版. 天津：天津大学出版社.
邬铭新，李朝荣，等，1998. 基础物理实验［M］. 北京：北京航空航天大学出版社.
谢慧瑗，梁秀慧，朱世嘉，等，1989. 普通物理实验指导：电磁学［M］. 北京：北京大学出版社.
谢银月，2017. 大学物理实验［M］. 上海：同济大学出版社.
熊泽本，张定梅，李传新，2017. 大学物理实验：一［M］. 成都：西南交通大学出版社.
朱绍伟，王丽，张健，2018. 大学物理实验教程［M］. 北京：北京理工大学出版社.
朱世国，李德炯，王和恩，等，1988. 大学基础物理实验［M］. 成都：四川大学出版社.
GIACOMO，1993. 国际通用计量学基本术语［M］. 2版. 鲁绍曾，译. 北京：中国计量出版社.